U0278004

商代中原生态环境研究

朱彦民 著

A Study on the Ecological Environment of the Central Plains during the Shang Dynasty

社会科学文献出版社
SOCIAL SCIENCES ACADEMIC PRESS (CHINA)

《华北区域环境史研究丛书》总序

本套丛书包括7本专著，大约300万字，是以国家社科基金重点项目——“华北环境变迁史研究”（2009年立项，2016年结项，批准号：09AZD050）的成果为基础，经多年增补、打磨而成。该项目原以5部专著结项，其中1部专论水力加工机具，因作者已经另做安排，未能收入；新增的3部，研究主题都是华北环境史且都出自南开大学同事和同学的手笔，可以视作项目后续推进的成果，承蒙诸位慷慨应允，一并集结出版。由于我的拖延，成果积滞多年，新著渐成旧稿。承蒙社会科学文献出版社领导和同仁鼎力扶持，幸获国家出版基金资助，如今终于付梓，一时多种滋味齐齐涌上心头。编辑同志命为作序，我就借机略做回顾、介绍和检讨。

一 何以“华北”？哪个“华北”？

最近10多年，同仁陆续推出了三套具有通史性质的多卷本中国环境史，本套丛书以华北作为专门对象，或是迄今卷帙最大的一套基于单个项目研究的区域环境史著作结集。不过，若是将中国环境史学的多个先导甚至母体领域如历史地理、农（林渔牧）业史、水利史、灾疫史等研究合并观之，它就只是诸多系列研究成果之一。早在我们之前，已有多个团队大批学者对江南（江浙）、两湖（湖广）、西北（黄土高原）、西南（云贵川）等重要区域的人地关系和环境变迁展开集群探研并且推出了系列论著。

有人说：历史学是时间科学，地理学是空间科学。在特定的语境中，这种学科判分固有道理，但只是学术任务的分工、认知向度的分异而非客观对象的真如。时间和空间作为一切事物存在和运动的两个基本形式，从来都是共在、协进而未曾亦不能彼此分离。历史学虽以时间作为第一标尺，但任何人物活动和事件的发生都离不开特定的空间，并且受到诸多空间条件的规定和制约。孔子以微言大义编订《春秋》，虽按时间年代顺序记事述往，但从来不离地域空间；司马迁被刑发愤而著《史记》，更欲以“究天人之际，通古今之变”，其时空统一的思想一直被史家奉为圭臬，不仅塑模了历代正史，而且规制了各地方志。时至今日，基于各种问题意识和学术诉求，选取特定空间尺度和区域范围开展研究，早已成为历史探索尤其是那些与自然环境、物质因素关联紧密的课题研究惯常采用的进路和策略。环境史研究既要把历史上的人与自然关系作为主题，更应践行先史“天人本一”“时空不二”的思想理念。这并非简单接续本土史学道统，而是基于现代科学、针对现实问题而展开的一种新历史认知活动。

诸多领域的科学研究已经明示：人类作为地球生命系统的一部分，必须依赖一定的自然资源和生态环境而存活和延续，但大自然中的万事万物从来不是专为人类而设计和准备的，自然界中的物理运动、化学反应和生物演化从来不以人的意志和意愿为转移。环境史学及其诸多先导领域的研究也愈来愈证明：人类与自然之间有着与生俱来的矛盾，并非今天才面临资源制约、环境挑战和生态风险。自古到今以至未来，自然力量始终作用于人类社会，为人类生命活动提供物质资源及其他条件，同时造成各种约束、阻碍和威胁；人类社会则不断创造、运用各种观念知识、工具技术、经济方式和社会组织，根据自己的需要和意愿认识、适应、利用和改造周遭环境，自然系统和社会系统彼此因应，两大系统及其众多要素之间的复杂关系始终处在流变不居、主次不定和后果不同的动态演化之中。中国疆域版图辽阔，生态环境复杂，民族文化多元，文明历史绵长，人与自然关系有着举世无双的多样性、复杂性和悠久性。同一时代不同区域，同一区域不同时代，人与自然双向作用、相互影响和彼此塑造的规模大小不一、速度快慢不同，东西南北不同区域环境与社会互动关系的历史局势、面貌、情态和模式可谓千姿百态，由分区考察逐渐达成整体认识，是中国环境史研究的必然进路。

我们选择以“华北”作为区域环境史研究的第一个学术试验场，既因这里是华夏文明肇兴之地，是多元一体中华民族的“长房”，是百川交汇中国文化的“主根”，更因这里传载着最漫长、最丰富、最复杂和最惊心动魄的人与自然关系故事，其古今山川大地巨变举世罕见，用沧海桑田、天翻地覆都不足以形容，而现实环境困局和生态危机令人忧心。

我们最初计划以“大华北”作为项目研究范围，这是基于流域生态史实和广域生态史观。所谓“大华北”，系采用多数地理学家所认可的自然地理区划概念：大致东起于海，西至青藏高原东缘，北抵长城一线，南则以淮河—秦岭为界，这个地理范围与近世曾经多次调整的华北行政区划俱不相同。在漫长的地质时代，中国大地经历了气候回旋、造山运动、高原隆起、黄土堆积、海面升降、大河形成、生物演化等一系列巨大变迁，逐渐形成如今所见的地理格局和自然面貌，终于在距今两三百万年前造就了新生代第四纪的人类适生环境和生态。而苍莽辽阔的华北大地，由于天、地诸多因素特别是地理纬度、海陆位置的综合影响，自然环境和生态系统具有显著的区域特征，气候、地形、水文、土壤等诸多结构性要素动静相随，彼此因应，协同作用，构成了当地万物孳育、竞生和人类生活、劳作的基底环境。

“大华北”位于中纬度地区，处在东亚大陆性季风气候控制之下；西部的黄土高原，是世界上最典型的黄土区，东部的华北平原则属次生黄土区；从北到南，可以大致划分为海河、黄河和淮河三个流域，而黄河自古居于主导地位。在过去几千年里，由于自然营力驱动和人类活动影响，黄土高原水土流失不断加速，巨量泥沙导致黄河下游河道淤积、河床抬升，黄河成为举世罕见的“地上悬河”，频繁决溢泛滥特别是多次重大的河道移徙和南北摆动，对黄淮海平原自然景观塑造和生态系统演变产生了根本性的影响。如今黄河下游流域宛若一条狭长的地垄，河床高出两岸地面，非但不能汇纳诸河之水，反而成了南北“分水岭”，但这并未减弱甚至增强了其不断重塑华北平原水土环境、频繁重创当地人民生活的巨大威力，学人常把“大华北”笼统称为“黄河中下游地区”，并非没有理由。

黄河中下游东西两大地形地貌板块——华北平原、黄土高原和南北三大河流——淮河、黄河和海河流域，自然生态和社会文明都具有非常紧密的整体关联性。作为世界最古老的人类活动舞台和文明起源发展中心之一，区域经济、社会和文化的历史性格独特，色彩鲜明。在当地百万年人类史、一万年农业史和五千年文明史上，人类系统与自然系统始终相互制约、彼此塑造，人与天、地“三才相参”，各种自然和文化力量、众多环境要素和生物种群共同编织极其复杂的物质、能量和信息关系网络，不断竞合消长、协同演变。

中国幅员辽阔，生态环境复杂多元，中华文明因此多元起源、多元交汇、多元一体，地域差异显著，民族特色鲜明。一个不容否认的事实是，1000多年前，黄河两岸、黄土地带一直是大多数中国先民的生存家园，中华文明于兹完成基本构型并取得长足发展，“黄土”“黄河”是最显著的两大自然、历史标识，既预设了其生态系统演化的基调，也铺陈了其社会文明发展的底色。早期“中国”曾与“中原”地域概念相近，后世涵盖愈来愈广大。西周青铜器——何尊（1963年陕西宝鸡出土）铭文有云：“宅兹中或（国），自兹乂民。”若在何尊铭文追补自然环境说明，最应加上“殖兹黄土”“济兹大（黄）河”。

我们最初设计以“大华北”作为研究范围，试图“取百科之道术，求故实之新知”，综合考察区域自然环境的古今变化及其同社会文明变迁的关系，可谓胸怀荦荦大志，如今看来，实在有些好高骛远和自不量力。特别幸运和必须深表感谢的是，在项目评审阶段，曾有专家提醒应当避免因为研究范围过大而流于泛泛言说，建议着重考察“小华北”即京津冀地区。后来的实践证明：这些善意提醒和中肯建议真是非常宝贵的“经验之谈”！经过反复斟酌、不断调整，我们决定以“大华北”作为综合论述、整体观照的“棋盘”“棋局”，而以“小华北”作为要素分析和专题考察的“棋子”“落点”。

二 研究目的和思想导向

黄河中下游的古今自然环境和生态系统变迁，是众多领域共同关注的重大课题。不论是“大华北”的研究，还是“小华北”的研究，我们都不是先行者，而是小跟班。在项目设计阶段，我们曾对先贤时彦的相关成果进行过系统梳理，结果令人惊讶：已有论文、著作和报告数量之多，远远超乎我们此前的想象。自清末民初仿照西学重构中国学统，百余年来，地质、地理、生物、农林、气象、水利、生态、考古、历史等诸多学科领域已有成千上万学者分别考察了难以计数的区域自然历史事项和问题，当我们试图围绕环境史学主题即历史上的人与自然关系进行汇集、整理时，感到很难将所有相关成果尽行收纳和编目，其学术史本身就是一个值得研究并且不易完成的课题。

但我们同时发现：由于过度细化的“分科治学”，兼以部门职事条块切割，众多学科、行业和部门研究者都拥有各自的学术导向、问题关怀、理论方法、技术手段、时空尺度和概念话语，彼此之间缺少对话、交流与合作，关于同类问题的研究，论著陈陈相因，而事实判断、因果分析和价值评估时常相去颇远甚至彼此扞格，大量重复性、碎片化研究不仅造成思想认识片面和混乱，甚或导致决策、行动偏差与失误。百余年来，关于华北大地历史自然环境和生态系统变迁的研究论著堆积如山，针对众多具体问题的探研已经取得丰富成果，但是关于这个地区人与自然关系的古今变化以及诸多环境生态问题的来龙去脉，还缺少广域观察、多线联结和多层观照的综合论说，没有足够的连贯性、系统性和统合性，这给同仁运用生态系统思想方法进一步探究这个古老文明区域“天人之际”的“古今之变”留下了一些思想劳作的空间，若能汇集众家之长，加强对自然、经济、社会诸多要素相互作用、协同演变历史关系的系统观察和综合论说，仍可在某些方面发现新的问题，取得新的成果。

该项目的基本立意，就是试图整合诸多领域已有的研究成果，进一步发掘相关历史资料和经验事实，对华北区域古今环境变迁轨迹和重大生态问题根源，开展自然、经济、社会诸多要素相互结合的历史－生态系统考察，为生态恢复、环境治理和资源保护提供历史知见。为此，我们预设了三个目标：一是遵循区域社会文明演进的历史轨迹，讲述随着时间推移而多维展开的先民生命活动同天、地、万物广泛联系的历史故事；二是聚焦自然环境和生态系统主要结构性因素的古今变化，探询当今主要区域环境挑战和生态危机的历史生成、积聚过程；三是基于华北环境史实，探求人类系统与自然系统相互塑造和协同演变的动力机制。

为了实现这些新的目标，开展不同于此前学者的叙事和论说，我们努力寻找、运用新的思想方法，例如生态学家马世骏、王如松所提出的“社会－经济－自然复合生态系统”理论就是我们借鉴的主要思想框架之一。我们把人类历史和自然历史视为既相分别又相统一的生态系统过程，动态、整体地观察自然生态和经济社会诸多因素之间繁复变化的相互作用和彼此影响，提问题、摆事实和讲道理，都既注重揭示众多社会历史变化背后的自然力量和环境基础，也尽量避免只就特定自然现象和环境因素“就事论事”和“见物不见人”。

“因应－协同论”则是我们自己提出和尝试运用的一种新思想方法，旨在形成一种更具动态性、复合性和系统性的环境史学思维。在我们的思想理念中，因果关系是世界运动和历史变化的普遍关系，但是不论在人类系统还是自然系统中，特定因子的地位、作用、功能及诸多因子之间的关系都是动态变化的，不同的自然、经济、社会要素之间并非总是单向、直接的主动与受动、作用与被作用和决定与被决定的关系，而是在不同的时空尺度、数量范围、组织结构和秩序状态之下表现出疏密不同、主次不定和极其复杂的彼此因应、协同演变关系。环境史研究的主要目标，就是透过时间纵深解说特定自然空间和生态单元中的人类社会行为包括经济生产、物质生活消费乃至政治、文化和军事活动如何不断响应周遭环境的变化、而又不断驱动新的环境变化的，同时探查古往今来自然系统与人类系统、环境因素与社会因素如何彼此因应、相互反馈。我们试图采用“因应－协同”这一思想方法，超越“人类中心主义”与“生态中心主义”、“文化决定论”与“环境决定论”的长期理论纷争，纠正一度相当普遍存在的“经济开发导致环境破坏”的简单因果论说，以广泛联系、协同作用和多维立体的生态系统网络思维，呈现华北区域人与自然关系的历史复杂性。

前贤时彦的大量论说已经充分证明：黄河两岸、黄土地区在中华民族生存发展史上具有不容置疑的重要地位，中国文明的诸多传统和特质，例如天人相应的自然观念，顺时而动的生活节律，以农为本的经济模式，家国同构的政治形态，抚近徕远的天下秩序，敬祖睦族的人伦关系等都是在这里最早生成和确立的。我们尝试从“天人关系”角度重新解说这个生态系统脆弱多变区域的历史，对她的社会文明历史成就及其早熟性、持续性、起伏性和强韧性做出“历史的生态学解释”，探询当地先民的独特生命历程和特殊“生生之道”，并阐释他们面对种种环境制约、自然威胁和灾害打击迎难而上的积极应对策略和勇敢抗争精神，为当今环境资源保护和生态系统恢复提供历史资鉴。

三 主要内容和重点问题

基于上述思想导向和学术企图，同时根据历史资料条件和前人研究状况，我们大致以五代时期为界，对唐以前和宋以后分别采用不同的研究策略：前者进行全域观察和综合论说，后者专题探讨重点地区、关键问题。

本丛书有两部专著综合论说唐朝以前的华北环境史问题。其中，《商代中原生态环境研究》选取出现最早系统文字记录和拥有丰富考古实物资料的商朝作为一个历史截面进行宽频观察，尽可能全面地描述那时中原地区自然环境的基本面貌，包括气候、水文、土质土壤、草木植被、野生动物等方面的情况，以及这些自然因素同人口变动、经济生产、社会生活和文化观念的互相影响，为考察后代华北区域的生态环境和人与自然关系变化提供一个早期历史参照。

《黄土文明与黄河轴心时代》试图纵观远古至唐代华北自然、经济、社会诸多要素之间的交相作用和协同演变，探询中国古代基本经济生产和社会生活模式、重要文化元素和文明特质在黄土地上率先发生、奠基、成熟甚至定格的自然根柢，追寻生态退化、资源减耗、水土流失、旱涝灾害等诸多环境问题最早在黄河两岸发生和累积的人类行为导因、社会应对策略及其生态系统影响，揭示“黄河轴心时代”的商周、秦汉和隋唐文明得以灿烂辉煌的环境资源基础，并就古代文明历史空间格局的变化、社会经济发展优势的南北易位等问题提出“历史的生态学解释”。

关于宋代以后的环境问题研究主要聚焦于“水”“土”“林”，水的问题更是重中之重。我们认为：“水”“土”“林”是自然环境和生态系统的三大结构性要素，也是经济、社会和文化发展的主要物质基础。在华北环境史上，三者交相联动、协同作用，经历了极其复杂的演变过程，并且表现出非常显著的区域特征。三者之中，流注不定、形态易变的水最具有不确定性，对华北人民生命活动的历史影响制约最为广泛深刻，如今更是构成区域发展的主要环境约束和资源瓶颈。

鉴于前人针对水的问题已经做过大量探讨，成果非常丰富，为了避免简单重复，我们选择研究基础相对薄弱的海河流域作重点突进。在博士学位论文基础上加工、完成的三部专著——《从渠灌到井灌——海河平原近 600 年水环境与灌溉水利变迁研究》、《清代海河流域湖泊洼淀衰变与社会应对研究》和《近代天津水资源状况与城市供排水系统研究》分别就下列问题做了比较深入的探讨：一是近 600 年来海河流域水资源如何逐渐衰退并迫使当地农田水利由渠灌向井灌（由地表水向地下水）转变；二是清代以来海河流域湖、泊、洼、淀经历了怎样的衰变过程，官方和民众面对由此带来的环境变化、资源萎缩和生存压力采取了哪些因应策略和举措；三是近代天津如何在诸多自然与社会、本土和外来因素的共同作用下逐渐完成其城市供水排水系统的近代转型，又给天津城市生活方式带来了哪些显著改变。

《管子·水地》有云：“地者，万物之本原，诸生之根菀也。”[①] 其以“水地”命篇，当然是因为两者密不可分：虽然“地”的基本构成要素是“土”，但“地”之生物必赖“水”的条件，有“水”方有“地”。华北先民早已知晓，“水土”“土地”“壤土”乃是生命之本、万物之根和衣食之源，故赋予它们以“母亲”“家园”这些最亲切的生命意义和伦理价值。成千上万年来，黄土地上的人们辨土、用土、亲土、保土，始终同土地保持着亲密接触、相互塑造的和谐共生关系。

但这并不意味着人、土之间从未发生任何环境问题。事实上，自从进

---

① 黎翔凤撰，梁运华整理《管子校注》卷第十四《水地第三十九》，中华书局，2004，第 813 页。

入农耕时代，人类即已发现一些类型的土地不合己用，而对土地的不当作为和过度利用亦最先造成诸如肥力下降、水土流失之类的环境问题。古代华北“土”的环境问题主要是表土侵蚀和斥卤贫瘠，举其大要有四：一是高原山区水土流失和地面破碎；二是河流泥沙搬运和下游土地堆积；三是多种类型、成因的土地盐碱化；四是西北边缘和黄河故道的砂碛化。关于这些问题，前人已有许多研究成果，而《以土为中心的历史——山西明清时期的环境与社会》以清代山西高原作为专门对象，深入生产、生活细节，对出于不同目的（如农作、筑路、造桥、建窑洞等），运用不同知识技术的识土、选土、用土和治土展开了新的探讨，试图还原一段人土互动的动人或辛酸的往事，可谓另辟蹊径。

在地球生命系统演化史上，林草是依托水土以及其他条件而“继生”的自然事物和环境因素，但人类活动改变自然环境并且造成生态问题，却是林草损毁在先，水土破坏在后——前者是因，后者是果，而水土流失造成土地贫瘠，又反过来导致林草难以茂长。因此，森林植被破坏与水土环境退化始终呈现正相关、强叠加和恶性循环的关系，并且引起连锁性的生态与社会系统响应，这些在华北环境史上有着非常显著和特别典型的表现。正因如此，从农林史、历史地理到环境史研究，森林植被破坏及其环境生态恶果一直受到高度重视，甚至形成“经济开发－森林破坏－环境恶化”的思维定式。我们同样非常关注森林植被变迁，但是试图采用新的叙事、论说方式。不同于惯常采用的套路，《自然－经济－社会协同演进中的古代华北燃料危机与革命》并不径直亦不局限于考论华北森林植被破坏和林草资源耗减的历史，而是从百姓日日所需的薪柴燃料出发展开人与自然交往的故事。作者对古代华北燃料危机形成、燃料革命发生和燃料格局演变的环境资源条件、人类应对策略及其广泛的经济、社会和生态效应，进行了别开生面和颇有深度的探讨。

要之，关于宋代以后特别是明清以来华北“水”“土”“林”的专题探讨，不是单纯讲述森林资源如何耗减，水土环境怎样退化，而是试图把它们同产业经济调整、物质生活变迁乃至文化风俗嬗变紧密联系起来，围绕焦点问题考论具体事实，揭示华北环境史上自然系统与人类系统相互影响、彼此因应和协同演变的长期过程和复杂机制。

四 基本认识和主要心得

以上七部著作或可算得上一个“系列”，却远远构不成一个“系统”，因为还有太多方面的事实和问题我们未做探讨：有些是刻意回避，有些是无力进行。稍可欣慰的是，通过 10 多年的学习和思考，我们对华北区域社会、经济和环境相互影响、协同演变的大致历史轨迹有了一些初步认识，对若干重要环境问题的历史成因和演变过程提出了自己的看法，在思想进路、叙事框架、资料发掘、事项观察和问题分析方面都有一些新的尝试和推进。

在对中古之前的长时纵观和断代综论中，我们就华北区域自然环境的基本面貌，先民对自然事物、资源禀赋、生态条件、环境威胁的认知、顺应、利用、改造和应对，以及它们对经济类型、生活模式、社会制度和文明特质形成、发展的历史影响，都做了一些力所能及的新解说。我们认为：在采集捕猎时代和农业起源发生阶段，华北区域的人与自然关系已经表现出诸多特色，但经济社会发展并未居于显著优势地位。距今四五千年前，气候演变进入一个特殊周期，由于自然环境和资源禀赋的某些特点，工具技术水平等自然、文化因素“恰巧”更加耦合，中原地区人口增长、经济发展和社会进步的速度显著高于其他地区。因此，在中国文明国家发展的早期阶段，黄河、长江两大流域都产生了发达的地域文明，形成了多个文明板块，古老文明之光南北辉映而以中原文明最为耀眼，形成“众星拱月”之势。

自夏商周到秦汉、隋唐，黄河两岸一直是中华民族生命活动的主要历史舞台，黄土大地是大多数人口世代劳作、休憩的家园，因此我们用“黄土文明”和“黄河轴心时代”加以概括。

进入公元后的第一个千年，特别是在其后半期，中国文明的空间格局开始发生巨大变化，长江流域加速崛起，但经济、社会和文化发展的中心区域依然是华北。虽然黄土高原的过度垦殖已经造成相当严重的流域性环境问题特别是黄河水患，森林资源消耗逐渐造成的燃料短缺，但是直到唐代，华北地区的自然环境和生态系统整体还较健康，至少尚未恶化。文献记载反映，那时华北地区的水资源依然相当丰富，众多河流尚可通行船只，山区林泉众多，平原湿地广袤，一些地方水网交织，泽淀辽阔，稻荷飘香，不输江南，令人怀想。

然而中古以后，由于长期消耗，自然资源约束逐渐加强，北方经济增长和社会发展愈来愈现颓势，而南方地区不断强势崛起甚至后来居上，华北地区失去了“一区独大”、傲视四方的优势，中国历史的“黄河轴心时代”终告结束。尽管如此，在最近的1000多年里，华北大地依然是中国经济社会发展的基本局域、中华民族历史活动的主要舞台和亿万人民生息繁衍的主要家园之一。在环境资源压力持续加大、生态系统退化渐趋严重的情况下，华北区域的人口数量和经济规模依然在波动之中呈现总体增量趋势，而没有像两河流域和世界其他古老文明那样发生严重中断甚至几乎完全衰没，这是必须首先肯定的历史事实，其背后必有非常值得深究的历史缘由。

通过前期宏观整体考察和后期具体实证研究，我们对华北区域水土资源环境变迁的历史过程形成了若干基本认识，认为华北地区的水土环境变迁大致可以分为三个阶段。

第一阶段，自远古至北宋，是地表水资源比较丰裕的时期，西部高原山区水泉众多，东部平原湿地广袤，大小河川的水量远比现在丰富且稳定。那时也频繁发生旱灾，农民必须努力保墒抗旱，但主要是水资源的时空分布不均（包括降水年季变差较大和农田水利工程失修），而不是资源性缺水所致。在相当长的历史时期，华北平原水土环境的主要问题并非严重缺水，而是地表水流漫衍，地下水位高，导致土地下湿沮洳、盐卤贫瘠。如何排除积潦、扩大耕地和化除斥卤，是许多地方不得不长期面对的农业生产难题，而垦辟稻田、引渠排灌、治垄作沟、淤泥压碱等，是常见的工程对策和技术措施。

第二阶段，自南宋至民国（12世纪到20世纪前期），是各类水体逐渐萎缩、地表水源渐趋匮乏时期。西北高原山地森林植被耗竭，导致水源涵养能力衰弱；东部平原湖泊沼泽淤填，致使水流潴蓄能力持续下降；黄河下游、海河和淮河变迁剧烈，河道飘忽不定，水系紊乱不堪，决溢、泛滥和断流频繁，资源性缺水局面自西而东渐次形成，到了明朝后期，一些地区开始抽取地下水以弥补地表水源不足，以凿井浇灌替代引渠灌溉，国家、地方和民间社会不得不面对日渐众多的利益纠缠和矛盾冲突，而斥卤盐碱治理任务依然沉重。

第三阶段是20世纪中期以来，人口快速增加和经济巨量增长，导致需水总量直线上升，地表和地下水资源都以空前速度急剧耗竭，而工业化、城市化和农业化学化给各类水体造成严重污染，更导致有限的水资源不能被充分利用，形成资源性缺水与水质性缺水不断叠加的严重局面。这也成为华北特别是京津冀地区经济社会发展的最大资源约束。

总而言之，当代华北的环境挑战和生态危机并非朝夕之间陡然出现，许多问题是在漫长时代“积渐所至”。当然，水、土、空气的严重污染是最近百余年快速形成和积聚的问题。

华北自然环境既有得天独厚的优势，也有诸多不利的因素和限制。“水”是历史环境变迁的枢机，也是现实生态危机的要害，而长期历史观察结果清楚地表明：“水”“土”“林”乃是相互牵连、协同作用和密不可分的整体。正如习近平总书记所指出的那样：“山水林田湖是一个生命共同体，人的命脉在田，田的命脉在水，水的命脉在山，山的命脉在土，土的命脉在树。”① 在过去1000年，“先天不足的客观制约”和“后天失养的人为因素”② 逐渐加速耦合和叠加，导致水土环境和生态系统总体呈现资源耗减、功能退化直至恶化的趋势，干旱、洪涝及其他自然灾害的发生频率不断增加，危害程度不断加深，黄河肆虐、断流是其中最为突出的历史表现。当地人民一面频繁遭罹黄河、淮河、海河及其众多支流决溢、泛滥甚至移徙造成的巨大灾难，一面频遭旱魃肆虐，每逢甘霖不济，往往人畜渴死、禾苗枯槁甚至赤地千里。由于

① 习近平：《关于〈中共中央关于全面深化改革若干重大问题的决定〉的说明》，2013年11月15日，中华人民共和国中央人民政府网，https://www.gov.cn/ldhd/2013-11/15/content_2528186.htm。

② 习近平：《在黄河流域生态保护和高质量发展座谈会上的讲话》，2019年10月15日，中华人民共和国中央人民政府网，https://www.gov.cn/xinwen/2019-10/15/content_5440023.htm。

时代局限，古人长期不知诸多环境问题的根源一在高原山区过度砍伐、垦殖导致水源涵养能力下降、水土流失严重，二在平原地区泽、淀、洼、泊消亡和河道壅塞抬高造成洪水无以潴蓄、旱涝瞬时翻转。由于缺乏大流域大生态的系统观念和全局意识，更无全域观察、长远考量、整体布局、多方协同和综合施治的科学决策、社会组织及工程技术能力，先民面对水患，唯知下游疏堵，耗费公帑、竭尽民力而不能纾解；遭遇旱灾，常常束手无策，只能跪拜龙王、哀告上苍。成千上万年来，华北先民一直靠天吃饭，频繁受打击，生计维艰，但始终坚忍顽强地生活着，历尽磨难而又生生不息，书写了无数可歌可泣的人与自然关系故事，令人慨叹！令人感佩！

新中国成立以来，在中国共产党的坚强领导下，亿万华北人民奋力拼搏，治理大河、兴建水利、植树造林、治沙改土……古老华北大地迅速恢复蓬勃生机。党的十八大以来，以习近平同志为核心的党中央把生态文明建设纳入国家发展“五位一体”总体布局，把人与自然和谐共生确定为中国式现代化宏图伟业的一个新的主要目标，把资源环境保护和生态系统修复摆在全局工作的优先位置。随着《黄河流域生态保护和高质量发展规划纲要》和《京津冀协同发展规划纲要》的颁布和实施，华北区域生态环境同全国各地一样正在发生历史性、转折性、全局性变化。项目执行期间，我们反复学习两大《纲要》，发现它们拥有一个非常重要的共同点，就是高度重视流域区域环境资源、经济产业和社会事业众多要素的系统性、综合性和协同性，感觉此乃基于深刻历史反思甚至是在痛定思痛之后做出的长远谋划、整体布局和统筹安排，科学理性地规划了区域文明复兴的美好前景，符合中华民族的共同意愿和长远利益。时至今日，环境保护和生态文明理念日益深入人心，越来越多的人士对中国历史上的环境问题产生了兴趣，相信也有不少读者愿意了解当今华北主要环境问题的来龙去脉。若是有缘人能够从本套丛书获取些许有用的资料和知识，我们将会深感欣慰！

五　没有尽头的思想旅行

在我撰写这篇序言期间，正值炎夏酷暑，窗外的热浪和雨声不时扰乱心绪、阻滞文思，遣词造句前所未有地艰涩，而媒体不断传来今年气候异常的报道，特别是华北多地“先旱后涝”的消息，更是让我深感忧虑，同时有些自责。

这套丛书的研究、撰写和修订、编集工作，因为杂事不断干扰一直断断续续，自立项通知书下达至今，竟然已有整整15年！问题酝酿和资料积累时间更长，有些阅读思考题可以追溯到我在南开大学攻读博士学位期间，差不多有30年了。我的学长和同事朱彦民教授也早在20年前就开始探研商代中原环境问题并发表专题研究论文。5位青年学者——赵九洲、曹牧、潘明涛、高森和韩强强在过去10多年里陆续加入华北环境史研究。他们曾经都南开大学历史学院环境史专业（自主设置交叉学科，教育部正式公布）的博士研究生，贡献给本套丛书的著作都以其博士学位论文作为基础。我们一路走来，任凭寒暑往还，兀自苦中作乐，一起困惑，一起求索，一起成长。“学海无涯，唯苦能渡，重在尝试，贵在坚持”，是我们在这段人与自然关系历史行思中的共同领悟。

前贤一再训诫：治史如同修行，要“十年磨一剑”。我辈根基浅薄，自是“信受奉行”。但经验告诉我们，时间长短与水平高低并不总是正相关的关系，一项研究成果的学术质量和思想高度，受众多主、客观因素的影响和制约，包括学人的资质、识见、功力和专注程度，以及问题的复杂性、任务的难易度等。这套丛书从酝酿到完成，时间远远不止10年，但我们拖延越久就越是缺少自信，丝毫不敢自矜自夸。项目所涉事实和问题之庞杂性，让我们越来越尴尬地发现自己竟是这般志大才疏、眼高手低！

这套丛书出版意味着我们总算完成了一项延宕太久的任务，但压在心头的石头并未移除，反而更加沉重，因为这些成果距离理想目标十分遥远：我们花费20多年将近30年时间，找到并探讨了若干典型、关键的历史问题，但是它们太过复杂，我们的思想认识还有很大推进空间；我们尽力博采众长，冀成“一家之言”，但诸多领域的相关前期成果堆积如山，我们并未能也无力尽予消化、吸收；我们努力学习和运用自然科学知识以期提升专业水平，增加技术含量，但是其中定然存在这样、那样的知识错误和思想偏差；我们试图借用“社会 – 经济 – 自然复合生态系统”框架梳理这一古老文明区域“天人之际”的“古今之变”，揭示自然系统与社会系统协同演变的历史过程和动力机制，现在看来，那是一个“道阻且长”、甚至可能没有尽头的思想旅行。

令人高兴的是，在本项目执行期间，环境史研究已在中国迅速发展起来，不再像几十年前那样被看成历史学的异类。更可喜的是，近年获得国家社科基金和其他经费资助的华北环境史研究项目越来越多，形势令人鼓励！我们自知这套丛书存在诸多缺陷和不足，但仍然期望它能够充当推进相关研究的垫脚石。诚恳等待来自读者的批评，期盼同仁不断推出更加系统、精湛的新著，而我们自己亦将继续勉力前行。

王利华

2024 年 8 月 17 日草就、20 日修订于空如斋

目　录

图表目录

一　图目录

二 表目录

前　言

在当前中国，中原地区历史时期的气候、生态环境及其变迁，早已成为学术界普遍关注的重要课题。对这些问题的探索，有着非常重要的学术价值和现实意义。

但是由于相关资料的缺乏（主要是文献记载的缺失），目前关于先秦时期生态环境方面的研究仍然比较薄弱。所幸的是，夏商周时代考古学遗址的发现，尤其是作为商代晚期都城的殷墟遗址的考古发现与科学发掘，出土了丰富的考古资料，特别是珍贵可信的甲骨文材料，为复原殷商时期的气候状况提供了极为便利的条件，也使对殷商时期中原地区生态环境的研究成为可能。

为什么要单说殷商时代？首先是因为这段历史比较靠前，属于中国历史的早期阶段之一，其本身就具有追溯源头的历史学意义。其次，殷墟出土的甲骨文材料和研究成果显示，甲骨卜辞中的某些内容，可与文献中的商王朝历史记述相联系，证实了文献中只有零星记录的商王朝的存在，并由此使《史记·殷本纪》等文献所载内容成为信史。这是对20世纪初期以来中国学术界在历史研究中盛行的疑古之风做了一个正面的回应。随着商王朝的存在被考古学证实，在此基础上，中国学术界得以展开有关文献记载中的夏王朝历史的探索，因此殷商历史为中国历史学研究提供了巨大的动力。再次，也正是因为殷墟作为晚商都城遗址，其考古学资料和文化遗存比较丰富，因此我们能够将此一时段的历史状况复原并表述得清楚明白，才显得殷商时代在中国历史的早期阶段具有历史学研究的标本意义，在中国考古学史上占据重要的地位。最后，商代考古尤其是殷墟考古发现所展示的一些文化现象是中国历史上某一时段独有的现象，比如大规模的人殉人祭现象、高度发达的青铜器文明、系统而走向成熟的甲骨文字体系等，这也使商代成为备受瞩目的一个历史时段。凡此种种，都使殷商时代在中国历史早期阶段具有非常重大的科学价值和重要的历史意义，使殷商时代历史具有无可争议、无可比拟的重要性，并在国内外学术界和文化界产生了重大的社会影响。

正因如此，殷商时代自然会成为我们研究中国早期生态环境状况的一个关注点。同时，历史研究证明的商代晚期直至西周早期生态环境的变化史事，则是我们将殷商时代视为研究殷周之际环境变化过程中重要转折点的根本原因。

本书所指的中原地区，是为了方便表达而借取的一个地域名词，也许并不具有多少对历史的继承性。因为在中国先秦文献典籍中，“中原”一词往往并没有专指的意味，而是指相对于都城之外的旷野和郊原。比如《诗经·小雅·吉日》:“瞻彼中原，其祁孔有。”《诗经·小雅·小宛》:“中原有菽，庶民采之。”春秋时期，“中原”一词仍有原野之意，比如《左传·僖公二十三年》:“若以君之灵，得反晋国，晋、楚治兵，遇于中原，其辟君三舍。若不获命，其左执鞭弭、右属櫜鞬，以与君周旋。”《国语·越语上》:“寡人不知其力之不足也，而又与大国执仇，以暴露百姓之骨于中原，此则寡人之罪也。寡人请更。”《国语·越语下》:“夫谋之廊庙，失之中原，其可乎？王姑勿许也。”这里的“中原”都有野外之意。至战国末年《荀子·王制》“兵革器械者，彼将日日暴露毁折之中原，我今将修饰之，拊循之，掩盖之于府库”，这里的“中原”显然也是原野之意。

中原地区概念的形成经历了一个相当长的时期。大概在春秋战国时期初现端倪，经过两汉时期的发展，到六朝时期“中原”一词已经成为一个专有的地区名词，专指中原地区了。

考虑到先秦时期尤其是夏商时期中国历史文化的地理特征，中原地区是较早进入文明状态并较为发达的地区，所以书中所言中原地区，不是狭义上的专指河南省中州一隅，而是指广义上的包括河南省大部分地区以及河北省南部、山西省南部、陕西省东部及山东省西部在内的黄河中下游地区，这里是中华文明的发源地之一，是华夏民族的摇篮。随着后来历史的发展，早期先民的活动区域有所扩大，中原地区的概念也在变化，也可以泛指华北大平原，也就是由黄河、淮河、海河冲积而成的大平原地区，这里已然是先秦时期先民活动的大舞台了。本书为了胪列相关材料以为论据的方便，偶尔将这个中原地区概念做相应的扩展，这也是为了弥补相关材料匮乏的缺憾。当然，在这个广泛的地域当中，处于重心地位的商代疆域中心之都城所在地的中州地区，尤其是商代后期都城殷墟所在的豫北安阳及附近地区，是殷商晚期考古学文化的密集发现所在地，材料丰富而且集中，是观察这个时期生态环境变化的典型区域，自然也就倚重于此而着墨较多。

本书主要利用殷墟考古资料，结合相关文献记载以及甲骨卜辞所反映的内容，对商代中原地区的气候、生态环境及其变迁等一系列问题进行学术考察，在此基础上提出自己的观点。

本书关于商代中原地区生态环境的研究，主要限于对商代晚期的自然环境诸如气候、降水量和水文、土壤土质、动植物及生态系统等变化的综合考察。总的来说，此时此地的生态环境状况，基本上属于良好状态，气候温暖湿润，雨水丰沛，河流密布，植被葱郁，野生动物出没其间，自然资源十分丰富，非常适于人类生活。一个时代的一个地区生态环境的变化，原因应该是多方面的，但在中国上古时期，先民们对自然环境的利用和开发非常有限，生态环境的人为破坏还不是主要因素，所以说此时生态环境的变化主要是自然界本身变化所引起的结果。人类在向大自然索取资源，充分利用生态环境的便利条件营建自己的生活时，自然也会对生态环境造成一定程度的破坏。比如对森林植被的乱砍滥伐，对野生动物的狂捕滥杀，竭泽而渔、焚林以猎虽然不会使动植物灭绝，但也对生态环境产生了消极的影响，这也是加速该地区生态环境恶化的因素之一。自然界的气候变化，一般来讲难以避免，而有限的人为破坏则能够控制，容易修复。因此我们说，商代中原地区生态环境的变迁，主要是指西北季风等自然因素使气候、降水和土壤等总的环境基础发生了变化，一些动植物不能适应变化了的气候环境、生态系统，这才是它们灭绝或迁移他处的真正原因。

第一章

商代中原地区的气候

从整体上看，长达约600年的有商一代的生态环境处在“中国全新世大暖期”，居住和生存的生态环境较为优越，表现在气温较今为高，温暖适宜，水源充足，降水充沛，河流湖泊纵横其间，气候条件非常之好。但在商代历史中，以气候为主要因子的生态环境也出现了不小的波动。其后的反常和变化，直接影响了当时的生态环境，表现为在商代早期出现了短暂的干旱，中期到后期有较长时期的温暖适宜期，商末环境又有转为干旱的迹象。研究商代中原地区的气候变化及生态环境的变迁，具有重要的学术价值和现实意义。

第一节　商代中原地区气候研究综述

对于中国北方地区历史时期气候变迁问题，现当代许多天文学家、气象学家和历史学家都做了深入的探讨，这也是20世纪中国历史自然地理研究中最为活跃和深入的领域。

不过，这个研究也是逐渐深入的。20世纪20年代，学术界对历史时期气候变迁问题已开始予以关注，但发表的研究成果数量有限且缺乏深度，研究水平大体仍处于发轫与起步阶段。20世纪50~70年代，在研究方法上，除继承前一阶段依靠文献资料进行统计归纳外，还拓展了资料范围，对资料的解读更加全面和深入。在此之后，又陆续引入了同位素、孢粉分析以及模拟方法等全新的科学研究方法。到了 20 世纪 80~90 年代，随着对资料的重新解读以及新的考古资料的发掘，涌现出一批具有突破性的研究成果，区域研究呈现出更加活跃的局面，相关理论体系已初步形成。

一 气候学、历史学研究的交会

早在殷墟甲骨文发现的初期，就有学者开始利用甲骨文材料来研究商代的环境状况。比如在 1914 年，罗振玉先生即在《殷虚书契考释》中指出：

> 《说文解字》："象，长鼻牙，南越大兽，三年一乳，象耳牙四足之形。"今观篆文，但见长鼻及足尾，不见耳牙之状。卜辞亦但象长鼻，盖象之尤异于他畜者，其鼻矣。又象为南越大兽，此后世事。古代则黄河南北亦有之。为字从手牵象，则象为寻常服御之物。今殷墟遗物，有镂象牙礼器，又有象齿甚多（非伸出口外之二长牙，乃口中之齿）。卜用之骨，有绝大者，殆亦象骨。又卜辞卜田猎有"获象"之语，知古者中原有象，至殷世尚盛也。①

这里已指出现代生活在云贵及两广地区的大象，在商代却出没活动于华北安阳一带。王国维先生也重新审视了《吕氏春秋·古乐》篇中"商人服象，为虐于东夷"记载的可靠性，认为"此殷代有象之确证矣"②。尽管这种探讨比较简单和相对浅显，但谁也不能否定这些研究的开创之功。

较早正式涉及殷商时期北方气候和生态环境研究的，是气象和物候学家

① 罗振玉:《殷虚书契考释》，永慕园石印本，1915，第 36 页下。

② 王国维:《敦卣跋》,《观堂别集》卷 2,《观堂集林》第 4 册，中华书局，1984；又见罗振玉《增订殷虚书契考释》卷中，东方学会，1927，第 30 页下。

竺可桢先生。他在 20 世纪 20 年代就开始了对这一问题的系列探索，[①] 开这一历史科学领域的研究先河。

与此同时，胡焕庸从理论上介绍了气候变迁的概念和研究方法；[②] 丁文江[③]、吕炯[④]、周廷儒[⑤] 等学者也从历史地理、地质地貌等不同角度对我国北方气候逐渐变旱这一地理现象进行了有益的探索。他们的研究在当时引起了学术界的普遍关注，对我国早期历史气候变迁的研究起到积极的推动作用。

历史学家蒙文通先生也对这一问题产生了极大兴趣，予以极大的关注并展开研究，写了《中国古代北方气候考略》《古代河域气候有如今江域说》[⑥] 等一系列学术论文。这批研究成果被公认为我国气候变迁研究的较早历史学文献，拓宽了中国古史研究的领域，为历史学界在古史研究中自觉采用多学科综合研究的方法进行了有益的尝试。蒙先生认为，古代黄河流域河湖密布，气候适宜，盛产竹子和水稻，“正有似今江南地带，则古时北方气候之温和适宜，必远非今之荒凉干亢者比矣。故中国古文化必发生于黄河流域而不在长江流域也”，并指出气候恶化是黄河流域人民在西周末年大量南迁的原因之一。实际上他已认识到殷商时期的气候大部分时间是温暖湿润的。总的来说，蒙先生的研究对学术界产生了一定的影响，此后史学界对历史时期气候变迁这一问题更为重视。

---

① 竺可桢:《中国历史上气候变迁》,《东方杂志》第 22 卷第 3 号，1925 年；Co-Ching Chu, “Climate Pulsations during Historic Time in China”, *The Geographical Review*, Vol.16, 1926, pp.274-282;《中国气候上之脉动现象》，美国《地理评论》第 4 期，1926 年;《中国历史之旱灾》,《史地学报》第 3 期，1928 年;《中国历史时代之气候变迁》,《国风半月刊》第 2 卷第 4 期，1933 年;《华北之干旱及其前因后果》,《地理学报》第 1 卷第 2 期，1934 年。

② 胡焕庸:《气候变迁说述要》,《地理杂志》第 2 卷第 5 期，1929 年。

③ 丁文江:《陕西省水旱灾之记录与中国西北部旱化之假说》,《地理学报》第 1 卷第 2 期，1934 年。

④ 吕炯:《华北变旱说》,《地理》第 1 卷第 2 期，1941 年。

⑤ 周廷儒:《从自然地理现象证明历史时代西北气候变化》,《地理》第 2 卷第 3、4 期合刊，1942 年。

⑥ 蒙文通:《中国古代北方气候考略》,《史学杂志》第 2 卷第 3、4 期合刊，1930 年;《古代河域气候有如今江域说》(蒙文通讲述、王树民笔录),《禹贡半月刊》第 1 卷第 2 期，1934 年;《由禹贡至职方时代之地理知识所见古今之变》,《图书集刊》第 4 期，1943 年。

二　考古学与其他学科的综合研究

20 世纪初叶以来，随着现代考古学的建立与田野发掘工作的开展，新的考古学材料为历史研究提供了丰富的实物资料。尤其值得注意的是，自 1928 年殷墟科学考古发掘工作的开展与甲骨文研究的深入，为包括殷商史在内的上古历史研究提供了较为丰富的殷墟考古实物资料和甲骨文等古文字材料，针对商代气候的研究成为该阶段先秦史研究中的一个新的热点。

1930 年 5 月徐中舒先生发表了《殷人服象及象之南迁》[①] 一文，在学术界产生了较大影响。徐先生根据殷墟甲骨文“获象”“来象”之记载，结合《吕氏春秋·古乐》篇中“商人服象”的传说和对“豫”“为”二字的解析，还根据西方地质学家在华探险所获资料，证明“殷代河南实为产象之区”，“旧石器时代，中国北部曾为犀、象长养之地。此种生长中国北部之犀、象，如环境无激烈之变迁，决不能骤然绝迹”。徐先生从野生动物分布变迁的角度研究古代气候的变化，视角颇为新颖，影响很大。

但徐文发表后，一些古生物学家就对根据殷墟动植物状况推测气候的做法提出了怀疑，比如法国古生物学家德日进和中国古生物学家杨钟健、刘东生等人，系统地研究了殷墟出土地的哺乳动物群，指出这些动物中如竹鼠、貘、圣水牛、獐、大象等，为活动在热带、亚热带的动物，与今日安阳之动物有明显的不同，这为认识殷商时期的生态环境提供了珍贵的实物资料。不过他们将这些野生动物分成几类，认为象等是“由他处搬运而来”。安阳古今哺乳动物的不同，可以“人工猎逐，森林摧毁，人工搬运以及气候变异诸原因解释之”，认为“此不同之故，恐气候与人工，兼而有之”[②]。

自 1955 年起，徐近之先生对中国地方志等各种史籍中有关历史时期气候的记载进行系统的整理和分析，至 70 年代编印了宁夏等 18 个省份的历史气

---

① 徐中舒:《殷人服象及象之南迁》,《中央研究院历史语言研究所集刊》第 2 本第 1 分，1930。

② 〔法〕德日进、杨钟健:《安阳殷墟之哺乳动物群》，实业部地质调查所、国立北平研究院地质学研究所印行，1936；杨钟健:《安阳殷墟扭角羚之发见及其意义》,《中国考古学报》第 3 册，1948 年；杨钟健、刘东生:《安阳殷墟之哺乳动物群补遗》,《中国考古学报》第 4 册，商务印书馆，1949。

候记载约 70 万字，使中国历史气候序列向前延伸至千年以上，为中国早期气象历史的研究提供了弥足珍贵的参考资料。①

到了 20 世纪六七十年代，竺可桢先生将冬季温度作为统一标准，参考历代物候记录，研究中国古气候的变迁。陆续发表了《历史时代世界气候的波动》和《中国近五千年来气候变迁的初步研究》等气候研究论文。②《历史时代世界气候的波动》阐述了 20 世纪上半期世界气候变暖的事实，并追溯整个历史时期以至第四纪各国水旱寒暖波动的历程，以中国历史上的寒冬与欧洲记录相比较，从而发现 17 世纪后半期长江下游寒冷期与欧洲的“小冰期”是一致的。《中国近五千年来气候变迁的初步研究》则是一篇经常被人引用的经典论文，是竺可桢先生气候变迁研究成果的总结和精华，可以称得上地球古气候史研究领域的一个承前启后的里程碑。该文初步建立了我国近 5000 年来的温度变化序列，成功地描绘了我国历史时期气候变化的轮廓，引起了国内外学术界的高度重视。有的学者称，“竺先生的这篇论文利用我国考古、文献和其他材料建立了五千年来气候变化大势的连续系列，并且与格陵兰冰芯用氧同位素推算的温度变迁相对比，为有史以来全球气候变迁提供了证据，这是他对世界气候变迁研究作出的贡献”③。此后的研究表明，该序列所勾画的中国历史时期温度变化的基本框架从总体上看是正确的，特别是对主要冷期的识别是较为准确的。④

其关于“近五千年中的最初二千年，即从仰韶文化到安阳殷墟，大部分时间的年平均温度高于现在 2℃左右”，大致相当于现在长江流域的气温的推论，与国际学术界认同的全新世中期出现过世界性的气候回暖期——“全新世最佳适宜期”的看法正相吻合，对认识包括殷商时期在内的生态环境大有裨益。对

① 徐近之：《黄淮平原气候历史记载的初步整理》，《地理学报》1955 年第 2 期；《黄河中游历史上的大水和大旱》，《地理学资料》1957 年第 1 期。

② 竺可桢：《历史时代世界气候的波动》，《光明日报》1961 年 4 月 27 日；《中国近五千年来气候变迁的初步研究》，《中国科学》1973 年第 2 期，又《考古学报》1972 年第 1 期。

③ 吕炯、张丕远、龚高法：《竺可桢先生对气候变迁研究的贡献》，《地理研究》1984 年第 1 期。

④ 葛全胜、方修琦、郑景云：《中国历史时期温度变化特征的新认识》，《地理科学进展》2002 年第 4 期。

商代晚期殷墟地区的气候条件，竺先生也形成了自己的具体看法，他提出，“在安阳这样的地方，正月平均温度减低 3~5℃，一定使冬季的冰雪总量有很大的不同，并使人很容易觉察”，“近五千年期间，可以说仰韶和殷墟时代是中国的温和气候时代，当时西安和安阳地区有十分丰富的亚热带植物类和动物类”①。

竺可桢先生的这一研究，极大地推动了中国古代气候的研究。此后文焕然等在 1978 年发表了《近六七千年来中国气候冷暖变迁初探》的长篇论文。之后，文焕然等还对中国历史上植物和动物的变迁、历史时期气候的冷暖变迁进行了多方面的研究，根据新的材料将竺可桢提出的从仰韶文化到安阳殷墟“是中国的温和气候时代”，更具体地修正为“8000aB.P.~2500aB.P. 为温暖时代；2500aB.P.~ 公元 900aB.P. 为相对温暖时代”的新认识。②

三 甲骨卜雨卜辞的争论

随着甲骨文的发现和研究以及殷墟遗址的考古发掘，学者们开始依据殷墟甲骨文中卜雨卜辞材料研究商代气候。首先是德国学者魏特夫引证了 108 条有关气象的卜辞，根据卜辞所记载的降雨、农稼、征伐、田游等事类的季节和月份时间，考察当时的气候状况，得出了殷代气候较今稍暖的结论。③胡厚宣先生则在此基础上征引更多的甲骨卜辞，其中气象卜辞多达 151 条，并旁涉其他材料推断殷墟地区的气候状况。④胡氏《卜辞中所见之殷代农业》一

---

① 竺可桢:《历史时代世界气候的波动》,《光明日报》1961 年 4 月 27 日;《中国近五千年来气候变迁的初步研究》,《中国科学》1973 年第 2 期，又《考古学报》1972 年第 1 期。

② 文焕然等:《中国历史时期植物与动物变迁研究》，重庆出版社，2006；文焕然、文榕生:《中国历史时期冬半年气候冷暖变迁》，科学出版社，1996；文焕然、徐俊传:《距今约 8000~2500 年前长江、黄河中下游气候冷暖变迁初探》，见《地理集刊》第 18 号，科学出版社，1987。另注：aB.P. 为地理学专业术语，a 指年，B.P. 是距今（before present），指“距今多少年”。

③ Karl August Wittfogel，“Meteorological Records from the Divination Inscriptions of Shang”，*The Geographical Review*，Vol.30，No.1，1941;〔德〕魏特夫:《商代卜辞的气象纪录》，陈家芷译，《大学》第 1 卷第 1、2 期合刊，1942 年。

④ 胡厚宣:《气候变迁与殷代气候之检讨》《卜辞中所见之殷代农业》,《甲骨学商史论丛》第 2 集，成都齐鲁大学国学研究所，1944;《论殷卜辞中关于雨雪之记载》,《甲骨学商史论丛》第 3 集，成都齐鲁大学国学研究所，1945。

文专门论及农业环境，他根据卜辞所载降雨、降雪、获象等刻辞和殷墟发掘出土的今多见于南方的竹鼠、獐、大象、圣水牛遗骸相印证，推测殷代“气候必与今日长江流域甚或以南者相当也”。《气候变迁与殷代气候之检讨》一文是在受到质疑之后的回应之作，利用丰富翔实的甲骨文资料，以更全面的论据详细地考察了史前时代、历史时代、欧美各地的气候变迁，深刻分析了古籍中所见气候方面的史料，在更广阔的时空背景下深入论证了商代气候状况，进一步论证了殷代气候远较今日为热，与今日长江流域或更南者相当的观点。该文被学术界誉为一篇研究殷代气候的典范之作，受到学术界的普遍重视。胡厚宣先生的“殷代气候远较今日为热”的观点自20世纪40年代以来得到大多数学者的支持，如李济先生曾提及，关于殷代时安阳的气候，“胡厚宣的论述是相当有说服力的”①。

魏特夫、胡厚宣先生同样采用了统计学的方法，分析卜辞中记有月份的气候记录，以此作为商代降水的主要证据，提出了殷商时期降水较多、温暖湿润的观点。这对此前的竺可桢、蒙文通等先辈学者的观点，无疑是个积极的支持，即上古时北方黄河流域气候比现在温和，类似于今天长江流域的气温和潮湿度。

步武胡氏之后，丁骕先生也对华北地区的地形地貌及气候变迁展开了研究，于1965年发表了《华北地形史与商殷的历史》一文。他根据对黄河冲积量和黄土被蚀去容积的估算，推测出夏代之前及夏商时期华北地区的地貌状况，认为“禹之前”华北黄河沿岸的气温为夏热冬温，到禹时逐渐减低，商代早、中期最冷，盘庚迁殷时又转暖，“约同今日九江—南昌、岳阳一带的气温”②。这与竺氏、胡氏的观点可谓和而不同同中有异。

然而对这样一个观点完全持不同意见的学者，还不在少数。比如以著名甲骨学家董作宾先生为代表的学者认为，殷代黄河流域的气候与现在并无差异，从而形成了两种存在争论的学术观点。

---

① 李济:《安阳——殷商古都发现、发掘、复原记》，中国社会科学出版社，1990，第143页。

② 丁骕:《华北地形史与商殷的历史》，《“中央研究院”民族学研究集刊》第20期，1965年。

董作宾先生先后发表了《读魏特夫商代卜辞中的气象纪录》、《殷文丁时卜辞中一旬间之气象纪录》、《殷历谱》下编卷9《日谱二·殷代气候与近世无大差异说》、《再谈殷代气候》等文，同样也从研究甲骨材料出发，却对魏特夫和胡厚宣的观点进行了详细的批驳。他在《读魏特夫商代卜辞中的气象纪录》中认为，魏氏观点尚有可商讨之处，“骨化石所提出者，不过是一种意见，而卜辞是不能证实，也还有许多问题”。他在《再谈殷代气候》一文中认为，“据我粗略的观察，我所感到的殷代的气候，表现于卜辞中的，同现在的黄河流域的气候，并没有什么差异，因之我不能说殷代气候要比现在为暖，甚至于说远较今日为热。这是我和魏、胡二氏的见解根本不同之处”。[①]我们认为，董作宾先生与胡厚宣先生在商代气候问题认识上的分歧，完全是由对相同的甲骨文字材料的解释不同和对大致相同的考古材料认识上的差异所致。

作为董作宾学生的甲骨学家张秉权先生，力图从材料上驳倒胡厚宣等人的观点，以证明董作宾的看法正确。[②]陈梦家先生则对根据殷墟发掘情况进行的古气候研究持存疑态度。他认为，根据卜辞推测雨量以推测气候“不很准确”，根据殷墟出土的动物来推测殷代的豫北气候较今之豫北为暖“尚无坚强的证据”[③]。日本学者白川静以及何炳棣、朱培仁等学者的某些研究，也

---

① 董作宾:《读魏特夫商代卜辞中的气象纪录》,《中国文化研究所集刊》第3卷，成都华西协合大学，1942;《殷文丁时卜辞中一旬间之气象纪录》,《气象学报》第17卷第1~4期，1943年;《殷历谱》下编卷9《日谱二·殷代气候与近世无大差异说》，中央研究院历史语言研究所专刊，1945;《再谈殷代气候》,《中国文化研究所集刊》第5卷，成都华西协合大学，1946;《殷墟文字乙编自序》,《中国考古报告集》之二《小屯》第2本，中央研究院历史语言研究所，1948；等等。

② 张秉权:《商代卜辞中的气象记录之商榷》,《学术季刊》1957年第2期。张氏后来在《殷代的农业与气象》一文中，专门列有“殷代的气象之殷人的天文历象知识”一节，又作了进一步的论证，继续坚持这一观点。见张秉权《殷代的农业与气象》,《“中央研究院”历史语言研究所集刊》第42本第3分册，1970。

③ 陈梦家:《殷虚卜辞综述》，中华书局，1988，第523、556~557页。

都认为古今气候无太大变化，殷墟时代中原地区气候与现在并无二致。[①]1991年日本学者末次信行先生则从另外一个角度对这一问题进行了回答，他对降水卜辞进行研究后发现，一年之中降水量从九月份开始增多，十一月份到二、三月份达到最多，而到四、五月份又急速下降；而适应这一气候的农作物不是一般认为的“黍”而是“麦”。现在北方小麦播种期与收获期也正好适应这个降水时间，所以他认为古今气候无大变化。[②]

在此我们略作评判：相比而言，董作宾等先生的判断根据，仅就殷墟所出甲骨文材料。而我们知道，卜辞资料所涉及的范围有限，它们始终不离与王室有关的活动，而且现在所能看到的也只是当时遗留下来的一部分残缺不全的占卜记录。[③] 所以利用卜辞材料论证某一问题，还应该得到其他方面资料的佐证。中国和世界各国的许多气象学家，对冰川期之后的气候研究，都发现气候有冷暖的变化。[④] 董作宾先生无视气候变化的世界性规律，认定商代华北的气候与今日无大差异，在研究的方法上就是错误的，遑论结论。另外，董先生关于卜雨卜辞的“卜月雨”与“卜遘雨”之划分，是其立论的基础，也不正确（详见下文）。何炳棣先生从农耕角度对生态环境的研究，主要限于黄土高原地区的材料，因而其结论适合于西北高原地带，对于华北平原的情况未必合适。至于末次信行先生的研究，是迁就他以前的将甲骨文中农作物“黍”改释作“麦”之观点，[⑤] 而此字无论是从字形还是音义上，释为“黍”都不容置疑，况且甲骨文自有“麦”字“来”字，“黍”“麦”不容混

---

① 〔日〕白川静：《胡厚宣氏的商史研究——〈甲骨学商史论丛〉》，《甲骨文与殷商史》第3辑，上海古籍出版社，1991；何炳棣：《中国农业的本土起源》，马中译，《农业考古》1984年第2期和1985年第1、2期；朱培仁：《甲骨文所反映的上古植物水分生理学知识》，《南京农学院学报》1957年第2期。

② 〔日〕末次信行：《殷代气象卜辞之研究》（附：《殷代的气候》），京都：玄文社，1991。

③ 张秉权：《甲骨文与甲骨学》，台北“国立”编译馆，1989，第301~302页。

④ 中外学者论证冰山气候世界范围内的气候变化，详见胡厚宣《气候变迁与殷代气候之检讨》（《甲骨学商史论丛》第2集，成都齐鲁大学国学研究所，1944）第6~13页“三　历史时代之气候变迁”“四　欧美各地之气候变迁”两节所引。

⑤ 〔日〕末次信行：《𥝌字考——殷代武丁期卜辭に見える麥栽培について》，《东方学》第58辑，东方学会，1979。

淆，所以他由此得出的商代所谓“麦子”（其实是“黍”）播种和收获期与今相同，故而认为古今气候无大变化的观点，也是不能服人的。

四 新时期多学科联合攻关的深入探索

20 世纪 90 年代，中国科学院施雅风院士曾组织地理学、地质学、冰川学、植物学、古生物学及第四纪生态环境方面的专家进行联合攻关，选择 8500~3000aB.P. 为中国全新世大暖期（Megathermal）的起讫时间，他们的研究成果表明，在整个中国全新世大暖期，包括黄河流域在内的我国各地的生态环境，要较今日温暖湿润，总的说来是较为适宜人们生存的。而在五六千年的时期内，环境状况也发生了不少波动。施雅风院士等指出，根据 20 世纪 70 年代以来中国全新世孢粉及其他古植物、古动物、古土壤、古湖泊、冰芯、海侵与考古等研究资料，初步确定中国全新世大暖期开始于 8500aB.P. 的高温事件，结束于 3000aB.P. 的高温事件，其间经历了许多冷暖与干湿气候波动：8500~7200aB.P. 以不稳定的暖、冷波动为特征，7200~6000aB.P. 是稳定暖湿阶段，也是大暖期的鼎盛阶段；6000~5000aB.P. 是气候波动剧烈，包含显著寒冷事件的环境较差的阶段；5000~3000aB.P. 的前 1000 年为气候波动和缓的亚稳定暖湿期，而后 1000 年也为亚稳定暖湿期，但气候波动加剧；至 3000aB.P. 前后，大暖期最终结束。[①] 殷商时代约在 3600~3046aB.P.，属中国全新世大暖期后 1000 年的亚稳定暖湿期，自然也有温暖湿润的生态环境。当然，其间也有气候干湿冷暖的起伏和波动。

由于殷商时期的气候较今温暖的观点有着较为充分的甲骨文献和考古资料的支持，尤其是得到了气象学、地质学、环境变迁学等方面的科学家所提供的科学资料的印证，并且和全球性的环境变迁时期“全新世最佳适宜期”相吻合，因此为越来越多的学者所接受。一些考古学家如因研究安阳殷墟而著名的李济先生根据殷墟考古发现认为商代的气候确较现在温暖湿润，认为

---

① 施雅风主编《中国全新世大暖期气候与环境》，海洋出版社，1992。

这一观点“是相当有说服力的”[①]；旅美考古学家张光直先生则利用孢子、花粉和化石的证据，证明中国古代北方有许多森林、湖沼与鸟兽资源，黄河流域气候湿热，大致类似于现在长江流域的气候，[②]“商都安阳处于一个较今天更为温暖、森林更为茂盛的环境之中”[③]。

20世纪八九十年代，气象学家利用更为充分的古代物候材料进行研究，大致证明并补充了竺可桢先生的观点。[④]综合近年来的古代气候研究新成果来看，距今5000~4000年的大洪水，使强盛的夏季风北移到中国北方，因而形成温暖湿润的气候和高海面。当时年均气温要比当今高2~4℃，类似于目前长江下游江南的气候。根据古气候、古水文研究，华北地区黄河下游如河南一带，距今8000~6000年气温高而降水不多，但是在5000~3800年则属于高温多雨气候。[⑤]仰韶时期普遍较现今温暖，相应的气候带较现在偏北；历史时期亚热带的北界，在最温暖时曾达到华北平原，而在最寒冷时期却移至长江以南。[⑥]历史时期中国北方地区气候变迁确实经过了四个冷暖波动期。而第一个温暖期大约开始于公元前3500年，下至公元前1000年，即相当于新石器时代至殷商时期，是中国5000年来气候最温暖的时期。[⑦]从20世纪40年代以来对地下发掘出来的动物骨骼种类的鉴定和对植物及花粉孢子的分析，都指向同一个结论，即商代的气候比现在温暖潮湿。从而验证了蒙文通、竺可桢、胡厚宣等老一代专家学者的学说仍是大致正确的。

于是，一些史学著作也开始接受殷商时代气候较现在温暖的观

① 李济：《安阳——殷商古都发现、发掘、复原记》，中国社会科学出版社，1990，第143页。

② 〔美〕张光直：《中国考古学论文集》，三联书店，1999，第245页。

③ 〔美〕张光直：《商文明》，张良仁等译，辽宁教育出版社，2002，第128页。

④ 周锋：《全新世时期河南的地理环境及气候》，《中原文物》1995年第4期；《中国大百科全书·地理学》“中国历史气候变迁”词条，中国大百科全书出版社，1991，第282页。

⑤ 杨怀仁：《古季风、古海面与中国全新世大洪水》，么枕生主编《气候学研究——气候与中国气候问题》，气象出版社，1993，第194~203页。

⑥ 龚高法、张丕远、张瑾瑢：《历史时期我国气候带的变迁及生物分布界限的推移》，《历史地理》第5辑，上海人民出版社，1987。

⑦ 国家科学技术委员会：《气候》，气象出版社，1990。

点。[①] 而另外一些历史学者在引述这一观点时，进一步将生态环境变迁和夏商时期的社会变化联系起来，取得了可喜的研究成果。比如李民教授发表了《殷墟的生态环境与盘庚迁殷》一文，该文以盘庚迁殷为例，来探索先民活动与生态环境的关系，指出商人原居都城地区生态环境的恶化，是盘庚迁殷的重要原因，而殷地优越的生态环境条件，促使盘庚做出将殷作为“用永地于新邑”的历史性选择。[②] 王晖、黄春长先生的《商末黄河中游气候环境的变化与社会变迁》一文，则论述了商代后期气候变异对古公亶父迁岐、文王迁程迁丰、帝乙帝辛向南发展及周武王克商的社会政治影响。[③] 王星光在《生态环境变迁与夏代的兴起探索》一书中指出，黄河中下游地区新石器时代的裴李岗文化、仰韶文化、龙山文化及夏商王朝的年代恰好与中国全新世大暖期的年代相对应，正是在这一“全新世气候最佳适宜期”，农业开始萌发并得到迅速发展，新石器文化迅速取代旧石器文化并出现繁荣景象，代表文明和权力的国家开始奠基并建立起强盛的夏商王朝。由此可见，全新世大暖期为黄河中下游地区新石器文化的形成、繁盛和该地区成为中国早期文明的中心提供了最为适宜的环境条件。[④]

近年来，由中国社会科学院考古研究所和美国明尼苏达大学科技考古实验室联合组成的中美洹河流域考古队已在合作进行洹河流域区域考古调查工作，其总体目标就是“研究史前及商周时期，特别是商代晚期洹河流域人类活动与自然环境的关系”[⑤]。但时至今日，这批考古调查资料尚未完全公布，有限的公开资料已经表明，殷墟时期这里的生态环境确实适宜人类居住，气候比现在温暖湿润得多。我们相信，将来这批资料的面世将会对加深商代中原地区尤其是洹河流域及殷墟都城的生态环境认识产生积极的影响。

---

① 王贵民:《商代农业概述》,《农业考古》1985 年第 2 期；孙淼:《夏商史稿》，文物出版社，1987，第 418 页；李民:《殷商社会生活史》，河南人民出版社，1993，第 153 页；等等。

② 李民:《殷墟的生态环境与盘庚迁殷》,《历史研究》1991 年第 1 期。

③ 王晖、黄春长:《商末黄河中游气候环境的变化与社会变迁》,《史学月刊》2002 年第 1 期。

④ 王星光:《生态环境变迁与夏代的兴起探索》，科学出版社，2004。

⑤ 中美洹河流域考古队（中国社会科学院考古研究所、美国明尼苏达大学科技考古实验室）:《洹河流域区域考古研究初步报告》,《考古》1998 年第 10 期。

第二节 商代晚期中原地区的气候及其变迁

一个时代和地区的气候条件及其变化，是影响其生态环境的直接因素。因此，商代晚期中原地区气候变化的客观存在，自然也就成了人们考察这个时段这个地区生态环境变迁的着力点。

一 挪威雪线图窥视下的中国上古气候变化

从竺可桢先生文中绘制的“一万年来挪威雪线高度与五千年来中国温度变迁图”来看，中国 5000 年气候变化的波动曲线与之大体一致。这说明同一时期气候的变化是具有世界普遍性的。中国北方上古时期的气候条件与今天相比变化差异很大。这一时期，中国南方、北方与全球一样，都处于历史上的“气候最适宜时期”（Climatic Optimum），而在中国由于这个时期年代与仰韶文化有些关联，所以被称为“仰韶温暖时期”[①]。学者们从考古学、古文字学、孢粉学等不同角度对这一时期的气候进行了研究，得出了大致相同的结论：华北地区年平均温度比现在高 2~3℃，冬季 1 月平均气温比现在高 3~5℃。年降水量比现在多约 200 毫米。[②] 平均气温的几摄氏度之差，在非专业人士看来微不足道，似乎不会对气候、环境产生多大影响，而实际上，它足以引起≥ 10℃ Σt（即大于等于 10℃的年积温，可以很好地衡量热资源情况）的数以百计的增加，相当于某个地区南移几个纬度。当时黄河流域（尤其是中下游地区）是文化发达地带，完全处于亚热带气候影响之下。所以可以肯定，我们所云中原地区即中国北方文化核心区的气候属于亚热带半湿润气候。

我们所说的北方文化核心区，是指以陇山、吕梁山、太行山、泰山、嵩山和秦岭为界所围成的黄河中下游地区，也即现在意义上的中原地区所代指

---

① 段万倜等:《我国第四纪气候变迁的初步研究》,《全国气候变化学术讨论会文集（一九七八年）》，科学出版社，1981。

② 李克让:《中国气候变化及其影响》，海洋出版社，1992，第 229 页；王会昌:《中国文化地理》，华中师范大学出版社，1992，第 36 页；张兰生:《环境演变研究》，科学出版社，1992，第 76 页。

的基本区域。[①] 这是一个较广大的地域，在商代，这个地区也正是商王朝直接统治的疆域，即王畿范围，而作为殷墟都城的安阳地区无疑就在这个区域之中心位置。

具体来说，我们仍从竺文中的挪威雪线图来看，相当于商代纪年的公元前 2000~前 1000 年，挪威雪线几乎达到了最高值，海拔高达 1800~1900 米（见图一）。雪线的高低升降与气候变化有一定关系，气温高，则雪线升高，反之则降低。殷商时期，挪威雪线最高，反映此时温度很高。所以竺先生称商代是中国历史上气候最适宜的时期。

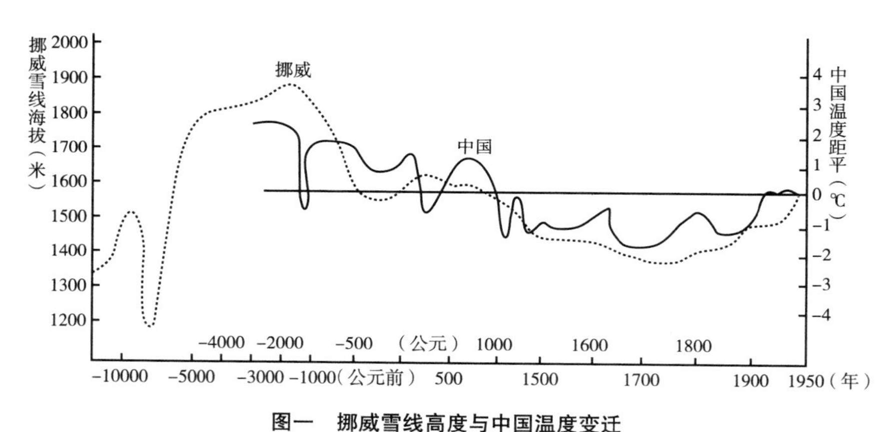

图一 挪威雪线高度与中国温度变迁

（摘自《科学新闻》2008 年 8 月第 1 期“李佩成院士访谈”）

据调查，殷墟所在地安阳市的现在年平均气温为 14℃，最冷月 1 月份的多年平均气温为 -1℃上下。[②] 而安阳殷墟时期大部分时间的年平均温度高于现在 2~3℃，1 月份温度比现在高 3~5℃。由此可知殷商时期殷都气候的大致情况如下：年平均气温为 16~17℃，1 月份平均气温为 2~4℃。如以某地区年平均温度每升高 1℃，就等于将此地向南推移 200~300 公里[③] 这个标准来计算，则商代安阳气候正如同今天长江流域气候。我们知道，现在长江流域如湖北

① 史念海：《河山集》，人民出版社，1988，第 26 页。

② 中国天气网 · 城市介绍 · 安阳城市介绍，http://www.weather.com.cn/cityintro/101180201.shtml。

③ 程洪：《新史学：来自自然科学的“挑战”》，《晋阳学刊》1982 年第 6 期。

省武汉市的年平均气温为 15.8~17.5℃，1 月份平均气温为 1~6℃，[①] 正与我们的推算值大体相当。也就是说，殷商时期的中原地区有一个温暖湿润，适宜人类生存、繁衍、发展的良好气候条件。

这一结论，也被近年的考古发现所证实。在位于殷墟遗址以西 10 公里的安阳水冶镇姬家屯西周遗址中，发现了大量可以反映当时生态环境信息的新资料，考古学家通过对文化层伏生土所做的磁化测定、孢粉分析以及古土壤微结构分析，认为商代晚期的气候总特征是温和适宜，平均气温为 16℃（现为 13.6℃），年降水量在 800 毫米以上（现为 700 毫米），这种情况与今天的长江流域相似。[②] 这与竺可桢等前辈学者的结论基本吻合。

二 动物、植物的研究成果

21 世纪前夕，在安阳洹河北岸花园庄中商遗址出土了一些能够比较明显地反映当时环境特征的动物骨骼，如绵羊、黄牛等属于北方的动物群，以及犀、麋鹿和水牛等属于南方的动物群。袁靖、唐际根先生认为，这种南方与北方的动物群共存的特点，证明当时安阳地区的气候比现在温暖湿润，具有较明显的南北气候过渡带的特点，即类似现在的淮河地区。另外，蚌、鱼等动物的发现，则表明当时遗址附近有较大的河流，这很可能就是我们现在看到的洹河。[③] 这一研究虽然提出了殷商时期安阳殷墟地区处于南北气候过渡地带即类似现今淮河流域气候的新观点，不过仍然与以往的学者一样，根据部分野生动物种类的发现，证明了殷商时期中原地区的气候比现在温暖湿润。

殷墟考古发掘材料反映的殷墟都城一带即安阳地区的情况如此，结合中原地区其他考古遗址的发掘材料来看，亦无不如此。早在属于新石器时代早期的裴李岗文化河南舞阳贾湖遗址就发现了水稻、扬子鳄、黄缘闭壳龟、菱角、栎果核等生物遗存，该遗址的孢粉组合中还出现了常绿落叶阔叶林乔木

---

① 中国天气网·城市介绍·武汉城市介绍，http://www.weather.com.cn/cityintro/101200101.shtml。

② 唐际根、周昆叔：《姬家屯遗址西周文化层下伏生土与商代安阳地区的气候变化》，《殷都学刊》2005 年第 3 期。

③ 袁靖、唐际根：《河南安阳市洹北花园庄遗址出土动物骨骼研究报告》，《考古》2000 年第 11 期。

树种的枫香、山毛榉以及水蕨等植物。① 研究者通过对上述动植物水热因子的分析，认为在新石器时代淮河上游支流的贾湖地区应属亚热带和暖温带的过渡区，有着温暖湿润的季风气候。② 考古工作者通过对河南驻马店杨庄遗址的环境考古学研究，认识到这个地区的气候从温暖湿润转为低湿低温，而后又进入温暖湿润的过程。而考古学文化的消长和变异过程可能与这一环境变化过程有关。③ 可以推断这个地区的殷商时代的环境也是温暖湿润的。

考古工作者对郑州商代遗址出土的植物标本进行的孢粉和硅酸体测试分析结果显示，在属于商代时期的二里冈文化层中，发现的孢粉数量很少，且以草木类型为主，包括藜、禾本科、菊科和葫芦科。这一发现，也正和二里头遗址四期所发现并测定的孢粉情况相吻合。草本植物之外，木本植物有松属、桦属、栎属、桑属等，占孢粉总数的 8.9%。在商代中期的小双桥遗址中，孢粉数量和种类明显增多，乔木类划分有松树、桦树、枫香、栎树、柳树和胡桃，其中枫香是现在生长在亚热带的植物。草本植物则有蒿、藜、禾本科、菊科、瑞香科、十字花科、旋花科、豆科等，④ 说明此时气候要比二里冈时期更加温暖。而在属于中原地区东部边缘的山东滕州一带，距今 4000 年左右龙山文化中晚期的庄里西遗址中，发现了粳稻、黍、野大豆、葡萄、酸枣果核、李属种等植物遗存，也反映了当时温暖湿润、多雨季风的气候环境，但旱作农业作物的发现也表明中原边缘地区已经开始干旱化的气候变化趋向。⑤

20 世纪 80 年代发掘的河北省藁城台西商代中期遗址，也从考古学角度为

---

① 张居中:《环境与裴李岗》,《环境考古研究》第 1 辑，科学出版社，1991，第 122~129 页。

② 孔昭宸、刘长江、张居中:《河南舞阳县贾湖遗址八千年前水稻遗存的发现及其在环境考古学上的意义》,《考古》1996 年第 12 期。

③ 北京大学考古学系、驻马店市文物保护管理所编著《驻马店杨庄——中全新世淮河上游的文化遗存与环境信息》，科学出版社，1998。

④ 宋国定、姜钦华:《郑州商代遗址孢粉与硅酸体分析报告》,《环境考古研究》第 2 辑，科学出版社，2000。

⑤ 孔昭宸、刘长江、何德亮:《山东滕州市庄里西遗址植物遗存及其在环境考古学上的意义》,《考古》1999 年第 7 期。

这一观点提供了有力的辅证。该遗址出土了一些动物骨骼，经过裴文中、李有恒两位先生的鉴定，兽类主要有四不像鹿、斑鹿（梅花鹿）、圣水牛，通过对这些动物习性的研究，他们认为："滹沱河边藁城一带，在三千多年前是雨水充沛、气候温暖的地方，并且附近地区生长了森林。"① 叶祥奎先生对台西遗址出土的占卜龟甲进行了鉴定，结果是属于龟鳖类的乌龟类，这与殷墟占卜龟甲用海龟明显不同，"本科龟类大都为水生或半水生，喜欢潮湿、温暖气候，沼泽、低洼等近水地区是它们最常出没之处。因此，可以揣测，在商代，河北藁城一带的气候应较现在为温暖、潮润"②。这些都为殷商时期中原地区气候状况的判断提供了有力的辅助材料。

环境考古学者通过综合早期考古资料，将各个遗址的孢粉分析结果进行归纳，对殷商时代以前的植被种类与环境变化之间的关系做了大致分期，认为中国北方地区在 11000~8500 年前植被以榆树、桦树等落叶阔叶林为主，处于气候逐渐变暖的时期；8500~7000 年前的植被，以暖温带落叶阔叶林为主，当时的年平均气温较现在高 2~3℃；7000~6000 年前，主要植被属暖温带落叶阔叶林，当时气候温暖，降水量增加；到距今 6000~5000 年，与前一阶段有相似之处，气温曾一度下降；而 5000~4000 年前，植被主要是暖温带针阔叶混交林，气温又有回升，气候温暖湿润。③ 而最后一个阶段，正是持续到殷商时代的气候期，所以我们说商代的气候状况是气温上升，温暖湿润。

三 大框架下的商代晚期气候波动

据研究可知，商代中原地区的气候条件，正如同今天长江流域的气候，年平均气温为 16~17℃，1 月份平均气温为 2~4℃。殷商时期的中原地区有一

① 裴文中、李有恒：《藁城台西商代遗址中之兽骨》，河北省文物研究所编《藁城台西商代遗址》，文物出版社，1985，第 188 页。

② 叶祥奎：《藁城台西商代遗址中的龟甲》，河北省文物研究所编《藁城台西商代遗址》，文物出版社，1985，第 191 页。

③ 孔昭宸等：《中国北方全新世植被的古气候波动》，张丕远主编《中国历史气候变化》，山东科学技术出版社，1996。

个温暖湿润、适宜人类生存发展的良好气候条件。

这是对殷商时代中原地区气候条件的总概括。但是正如所有的事物都会发生变化一样，中国古代的气候尤其多变。在一个大的气候条件下，局部地区和某个时间段气候出现反常都是经常发生的事。尤其是商代正好处在“全新世温暖期”的最后阶段，气候由此出现波动和反常也就是非常自然之事了。各个角度的研究结果表明，商代晚期中原地区气候经历了最温暖和最宜人的时期之后，开始出现气候恶化的倾向，从而引发了商代中原地区生态环境诸多因素的一系列变迁。“在总的全新世大暖期背景下，表现为在商代早期出现有短暂的干旱，商代中期到后期有较长时期的温暖适宜期，商代末年环境又有转为干凉的迹象。”①

20 世纪 90 年代，学者们在赞同殷商时代气候温暖潮湿的说法之同时，也根据各种考古学、地质学新材料，明确提出殷商时期气候干旱化的问题。比如陈昌远先生通过考察稻在北方的种植变迁，认为黄河流域在殷墟时代的气候与今天没有多大差别，古今气温大体一致，只是湿润度有所差异，呈现由湿润到干燥的缓慢变化趋势而已。②而考古发现材料也颇能为这些说法提供一些证据。比如在对属于夏代纪年范畴的二里头遗址文化层采集样品包含的孢粉进行分析后，考古学家得出了这样的结论：从二里头文化二期到二里头文化三期，气候干旱程度不断加深，并形成了稀树草原植被，虽然二里头文化四期干旱程度有所减轻，但总体上仍较为干旱，水生草本植物中的香蒲属标本仅发现 1 粒。③文献记载商汤初年有大旱事件，如“汤七年旱，民有无粮卖子者”（《管子·轻重》），“昔者汤克夏而正天下，天大旱，五年不收”（《吕氏春秋·顺民》），“尧、禹有九年之水，汤有七年之旱”（《汉书·食货志》）。二里头文化晚期的孢粉材料透露了夏末商初干旱灾害的信息，

① 王星光：《生态环境变迁与商代农业发展》，《环境考古研究》第 3 辑，北京大学出版社，2006，第 182 页。

② 陈昌远：《古代黄河流域的气候变迁》，《中国历史地理简编》，河南大学出版社，1991，第 79~87 页。

③ 宋豫秦等：《河南偃师市二里头遗址的环境信息》，《考古》2002 年第 12 期。

成为这一历史事件的直接物证。

1997年在安阳白家坟东地发现了三眼商代水井。“其中一口水井，年代属于殷墟文化第一期，该井壁上发现有使用期间明显的水位线痕，距该水井4米处，发现一处殷墟文化第二期的窖穴，经测量知，二期窖穴的底部低于一期水位线痕2.5米。由此可以推测，殷墟文化第一期某个时候，黑水河一带的地下水位曾大大高于殷墟二期。”① 周伟先生根据殷墟水井及墓葬资料反映地下水位变化的资料，认为殷商时期气候存在由潮湿向干旱发展的趋势，殷墟文化一期到四期中，三期后段直至殷亡，气候变旱，总体呈现出逐渐干旱化的面貌。② 魏继印也据此判断，“殷墟一、二期之间是气候由暖湿向冷干的转折点”③。

王晖、黄春长先生则依据古代土壤学的研究新成果，以距今3100年为界，认为此前的新石器时代到商代（距今8500~3100年）黄河流域的气候为温暖湿润期。到距今3100年，从地质上看，古代土壤（即黑垆土或褐土）被现代黄土层所覆盖。黄河中游地区所反映的“古土壤顶部与黄土底部交界处的时代应在商代末年至西周之际”，黄土层所含乔木种类很少，而菊花、蒿草、蒺藜等形成于草原乃至荒漠草原环境的花粉异常突出。从这些碳14数据及考古学证据来看，到商代后期气候出现了干旱化趋向，并导致了商周之际的政权更迭。④

在殷墟以西安阳水冶附近的姬家屯遗址发现了西周文化层伏生土，对其采样分析得出的结论是:“孢粉随地层和时间的变化在发生类型和数量的变化。其中最为明显的变化是到古土壤末期木本花粉减少，而喜干凉的蒿、藜、禾本科花粉与卷柏孢子的数量增加。”⑤ 这也正是商代末年土壤干旱化的典型

① 中国社会科学院考古研究所安阳工作队:《殷墟考古又有重大突破》,《中国文物报》1997年8月31日，第1版。

② 周伟:《商代后期殷墟气候探索》,《中国历史地理论丛》1999年第1辑。

③ 魏继印:《殷商时期中原地区气候变迁探索》,《考古与文物》2007年第6期。

④ 王晖、黄春长:《商末黄河中游气候环境的变化与社会变迁》,《史学月刊》2002年第2期。

⑤ 唐际根、周昆叔:《姬家屯遗址西周文化层下伏生土与商代安阳地区的气候变化》,《殷都学刊》2005年第3期。

物候表征。

而在山东大辛庄商代遗址中不同层位出土的农作物数量的变化，也指向了这样的变化趋势。考古工作者对该遗址农作物出土频率和出土丰度进行了分析，发现在中商时期和晚商早期一直存在的小麦作物，在晚商晚期并没有出现。因此推测可能是因为小麦的产量对降水量比较敏感，在灌溉系统并不发达的条件下，随着降水量的减少，小麦的产量也在减少。[①] 这也反映出商代末年气候的干旱化趋势。

同样，考古学者发现的商代不同时期的木炭材料，也是借以研究此时生态环境变化的很好资料。在属于商代中期洹北商城宫殿区和属于商代晚期殷墟三、四期的同乐花园刘家庄北地，分别出土了一些木炭和井架木材标本。因此，学者根据出土树种的生态习性初步推测殷墟三、四期气候比商代中期偏干。[②]

凡此种种，都与《周语·国语》记载商晚期“河竭而商亡”，《竹书纪年》记载文丁三年“洹水一日三绝”，商代晚期“周大饥”，以及甲骨文中记录洹水水量大、时有泛滥，而至文丁时遂绝 [③] 等颇相一致。这几方面的若合符契，愈加证明这样一个变化的趋势是真实存在的，因而是可信的。

---

① 陈雪香:《海岱地区新石器时代晚期至青铜时代农业稳定性考察》，博士学位论文，山东大学，2007，第 115 页。

② 王树芝等:《洹北商城和同乐花园出土木材初步研究》，纪念世界文化遗产殷墟科学发掘 80 周年考古与文化遗产论坛会议论文，2008。

③ 侯甬坚、祝一志:《历史记录提取的近 5~2.7ka 黄河中下游平原重要气候事件及其环境意义》，《海洋地质与第四纪地质》2000 年第 4 期。

第二章

商代中原地区的水文条件与降雨情况

水文条件是构成生态环境的重要因素，也是判断生态环境好坏的重要指标。商代中原地区的水资源主要来源有二：一是天降的雨水及雪水；二是陆地上的江河湖泊。从文献记载和古文字资料以及考古发现材料来看，殷商时代的华北大平原上，有众多的河流水系和湖泊泽薮，又有大量的降雨过程，雨量充沛，所以该地区的水文条件极其优越，为人类及各种野生动植物的生存提供了一个良好的家园。殷商王朝中心所在的地区也有众多的河流、湖泊等水体，可为其生产生活提供稳定可靠的水源。商人虽屡次迁都，但其政治中心皆在黄河和济水所在的华北平原。

第一节　甲骨文字形中所见商代中原的“水系”

甲骨卜辞虽然只是反映当时王室占卜部分内容的材料，但是其中依然涉及许多当时的“水系”，包括河流、小溪、湖泊、沼泽、泉眼等。正如胡厚宣先生所云：“河汉洮洨洛洒洹淮淡滤泾潩潢滴淩潦澅濭泺瀡灦，或就水道而名之也。”[①] 宋镇豪在言及甲骨文所反映的地理地貌时，也以“泉、橐、川、州、

① 胡厚宣：《卜辞地名与古人丘居说》，《甲骨学商史论丛》初集，河北教育出版社，2002，第491页。

洲、渊、河、涛、洹、滴、湡、灉、泷、汫、沚、潢、淮、洋、泾、洛、淋、洒、淡、澎、冲、汇”为水道或河谷地貌类型的专有名词。[①] 不过，这肯定也只是当时的部分水系，即与王室占卜相关的那一部分水系有幸被保存到占卜记录中而已。可以肯定的是，当时的水系远比这些水名为多。

一　工具书所统计的甲骨文水名数量

我们仅从甲骨文字形从水者，就能窥见一些当时的水系或与水有关的事物或行为。不过在不同时期的甲骨学工具书中，对于从水字的数量，有不同的认识，这一方面说明材料是在变化的，另一方面也反映了人们对这些材料理解程度的不同。

比如，依据商承祚《殷虚文字类编》，金祖同先生认为："甲骨文从水的字，有⺢、∷、≀、≀≀、巛五形，依据《殷虚文字类编》统计起来的从≀的十五，从∷的九，从⺢的七，从≀≀的字三，从巛的字二。"[②]

而李孝定编述《甲骨文字集释》水部字收字81个。[③]

孙海波《甲骨文编》水部字收字83个。[④]

岛邦男编《殷墟卜辞综类》水部字收字31个，岛氏《殷墟卜辞研究》收从水地名字45个。[⑤]

于省吾主编《殷墟甲骨刻辞类纂》水部字收字73个。[⑥]

饶宗颐主编《甲骨文通检·地名》收疑为水名及从水之字近100个。[⑦]

我们知道，古代文献记载中的水流河道，远不止这些。比如《水经》记水137条，而《水经注》记水1252条。西周《宜侯夨簋》铭文称，当时还是

---

① 宋镇豪:《夏商社会生活史》(修订本)，中国社会科学出版社，2005，第279页。

② 金祖同:《殷契遗珠》(影印本)，中法文化出版委员会，1939，第5页。

③ 李孝定编述《甲骨文字集释》，"中央研究院"历史语言研究所，1965，第3259~3408页。

④ 孙海波:《甲骨文编》，中华书局，1965，第431~499页。

⑤ 〔日〕岛邦男编《殷墟卜辞综类》，东京：汲古书院，1971，第180~184页;《殷墟卜辞研究》，濮茅左、顾伟良译，上海古籍出版社，2006，第666~669页。

⑥ 于省吾主编《殷墟甲骨刻辞类纂》，中华书局，1989，第484~500页。

⑦ 饶宗颐主编《甲骨文通检·地名》，香港中文大学出版社，1994，第41~76页。

“厥川三百”[①]。而甲骨文时代的水系理应比两周及后世丰富得多，所以现在所能见之于甲骨卜辞者，肯定不是当时河流水道的全部，而只是其中的较小一部分。

二　甲骨文中从水之字举例

尽管如此，我们这里列举一下甲骨文中从水的字，也还是颇能说明问题的。比如有（限于能够隶定者）：

水（《合集》19151正、10159、28299、33350、34165）、川（《合集》3748、4366,《屯南》2161）、州（《合集》659、17577正）、㴇（《合集》33136,《英藏》540）、泉（《合集》8379、34165）、河（《合集》24958,《英藏》780正,《花东》36·4）、洹（《合集》7853、13014）、滳（《合集》28178、《屯南》930）、渭（《合集》36789）、湶（《合集》7329、13421）、沁（《合集》20738、22370）、洒（《合集》36789）、酒（《合集》9560、28231,《花东》137·3）、潢（《合集》36589、37514）、澫（《合集》20710,《花东》55·4）、洎（《合集》7047）、浇（《合集》37533、37637）、潦（《合集》24422、24423）、洱（《合集》14122）、湡（《合集》36531,《屯南》2232）、渊（《合集》21252、29401,《屯南》722、2650）、涑（《合集》11156）、湣（《合集》37714）、浞（《怀特》448）、冲（《合集》32906）、淉（《合集》8358）、濼（《合集》28095）、泝（《合集》13830）、汏（《合集》27982）、瀘（《合集》29292,《屯南》2320）、潾（《合集》27286）、洛（《合集》1523反、36960）、淄（《合集》10163）、涞（《合集》36956）、沰（《合集》9339）、泷（《合集》3755）、涂（《合集》15484、17168、17170）、洦（《合集》36919）、沓（《合集》10550,《屯南》2579）、湝（《合集》28798）、涑（《合集》11156）、泊（《合集》36812）、溎（《合集》29207）、沛（《合集》36428,《怀特》1800）、涉（《合集》27802、28239,《花东》429）、沚（《合集》9572）、涛

---

① 中国社会科学院考古研究所编《殷周金文集成》（修订增补本），第4320号，中华书局，2007，第2695页。

（《合集》10984）、涵（《合集》29345）、沉（《合集》326、14380）、渔（《合集》130 正、10475）、泉（《合集》10156、34165）、浍（《合集》36893）、涑（《合集》41749）、汝（《合集》2791 反）、淯（《合集》36919）、涇（《合集》8354）、湄（《合集》27799）、淮（《合集》41762、36968）、洧（《合集》20569）、涿（《英藏》837，《花东》36・6）、泺（《合集》5902）、沮（《英藏》2563）、汳（《合集》10874）、汜（《合集》8367）、洚（《合集》19869）、沙（《合集》27996、31817）、洼（《合集》15678）、汉（《合集》34246）、沺（《合集》18781）、潡（《合集》8363）、分（汾）（《合集》11398）、泂（《合集》29401）、洱（《合集》9774）、滆（《合集》5708）、沝（《合集》28299）、泞（《合集》32277，《花东》467・3）、洓（《合集》37459）、宊（《合集》29358）、溘（《屯南》2169）、溲（《合集》8365）、凄（《合集》30215）、瀼（《合集》28188）、泆（《合集》204）、汒（《合集》27884）、霤（《合集》14357）、湿（《合集》8355）、汶（《合集》8363）、沘（《合集》13517）、灂（《合集》36851）、瀑（《合集》36955）、沇（《合集》24464、29244、41563）、沌（《合集》36531）、演（《合集》36590）、泊（《合集》3681）、灘（《合集》36560）、淪（《合集》24368）、泦（《屯南》2320）、泂（《合集》29401）、泲（《合集》41749）、溳（《合集》8357）、潐（《合集》36765）、泏（《合集》21114）、沘（《合集》36946）、深（《合集》557）、澍（《合集》36522）、汈（《合集》33034）、汫（《合集》18770）、洌（《合集》18773）、浔（《合集》36779）、洀（《合集》27996）、㳧（《合集》8344）、沺（《上博》2436.360）、汉（《合集》8363）、汷（《合集》31828）、濼（《合集》14755）、澳（《合集》36835）、洋（《合集》367）、泛（《合集》36898）、浐（滤）（《合集》6131 正、32333）、濾（《合集》20364）、灙（《屯南》2116）、洑（沭？）（《合集》41762）、汜（《合集》36946）、菭（《屯南》4266）、漖（《合集》36536）、淜（《合集》17997）、漕（《合集》5499）、澊（《合集》24339）、洶（《合集》36753）、涳（《合集》30167）、汕（《合集》32103）、涖（《合集》18768）、沘（《合集》4499 乙反、19257）、淩（《合集》37475，《英藏》2563）、洋（《英藏》1891）、洫（《合集》31990，《花东》53・7）、温（《合集》36957，《英藏》2562）、澮（《合集》30429）、汱（《合集》

23623、24983）、滴（《合集》28375、29221）、潎（《合集》36753）、澴（《合集》30614）、瀆《合集》4164）、潗（《合集》36765）、㳍（《合集》22044）、洎（《合集》21372）、淒（《屯南》4266）、灉（《合集》14362）、湨（《合集》8357）、浞（《合集 24369》）、湝（《合集》24421）、瀀（《合集》18764）、瀉（《合集》36903）、瀪（《合集》36484）等。

三 甲骨文从水之字分析

当然，甲骨文中从水的字有些不一定是河水名，有些也可能是湖泊、沼泽、溪流、泉眼，或与水有关的东西。

比如“水”字作（《合集》10153）、（《合集》33347）、（《合集》33351）、（《合集》5810）、（《合集》14399 反）、（《合集》22044）等形，象流水之形，后两种字形更像“川”字。“水”字在甲骨文中既泛指河流和河水，如“来水”（《合集 10159》）、“其告水”（《合集》33347），也可以加上河流的专名指具体某条河流，比如“亘水”（《合集》34165）指洹水，“商水”（《合集》33350）指滴水等。

“州”字作形（《合集》18103），象河流中间有小岛，本义为水中陆地，今作洲。《尔雅·释水》：“水中可居者曰洲。”《说文》：“州，水中可居者曰州。……昔尧遭洪水，民居水中高土，或曰九州。”

“渊”字作形（《合集》18854），象潭中有水之形，本义当为深渊。《管子·度地》：“水出地而不流，命曰渊水。”《说文》：“渊，回水也。”

“泉”字作形（《合集》2611），象水从洞中流出之形，本义为源泉。《说文》：“泉，水原也。象水流出成川形。”

“沚”字作形（《合集》5540），本义为水中小洲。《尔雅·释水》：“小洲曰陼，小陼曰沚。”

“派”字作形（《合集》3753 正），象河流分叉之形。《说文》：“派，别水也。”

四 甲骨文中的河水名字

不过，上述从水之字中，肯定包括大量河流的名字。如“溴”（《合集》33361）字，卜辞中有“涉溴”（《合集》7320），显然它是一条河流之名。又如“洛”显然是指今洛阳南的洛水。河流水名大多从水旁，但“甲骨文水名之省水旁者常见”[①]，如“沁”作“心”，“贞：涉心狩”（《合集》14022 正）；“泷”作“龙”，“令众涉龙西北”（《怀特》1654）；“涂”作“余”，“余羡”（《合集》21724）。其他如“瀶”与“爵”（《合集》36537）、“澫”与“萬”（《合集》10046）、“瀼”与“襄”（《合集》10991）、“濞”与“鼻”（《合集》8189）、“淩”与“麦”（《屯南》1103）、“泛”与“之”（《合集》13505）、“澅”与“畫”（《合集》28319）、“泞”与“宁”（《合集》3061）等。非常遗憾的是，这些众多的水系，除了极个别的如“河”“洹”“滴”“洛”“潢”“沁”等外，大多数已不知道它们究竟是后世的哪条河流或湖泊了，很有可能的是，这些众多的水系大都干涸消失了。

今天在中原大地还能够看得见的若干大小河流，只是殷商时代众多河流存留下来的一小部分，且水量比古时大为减少，而有些早已干涸枯竭，只剩下苍凉焦渴的裸露河道河床了。

第二节 甲骨卜辞中的大河大水

见于甲骨卜辞的大河大水主要有“河”“洹”“滴”等。这三条河流应当就是殷墟都城附近的主要河流，所以能够频繁地出现在王室占卜的刻辞中。

当然，对于这些河流何以会频繁“光顾”于占卜刻辞，学术界颇有一些研究。比如赵诚先生认为：“一条河流是否被神化，即是否被尊为神，以及一条河流的神是否由自然神转化为先祖神，当然决定于商代人的意识，但似乎也与河流本身的大小有关……在商王朝的版图之内，或在商王曾经到过的地

① 于省吾：《释溴》，《甲骨文字释林》，中华书局，1979，第 140 页。

区之内，还有不少河流，如淇河、卫河、惠济河、沙河、淮河、沁河、伊河、洛河等等，有的与洹河、滴河大小相当，有的则较大，但未见被尊为神。看来除了河流大小之外，尚有其他原因，为我们所不知，只能存以待考。”① 而余方平先生认为：“如此看来，滴、洹二水一带，是商族祖先的发祥地，是商族、商国、商朝的得名之处，是商族先公王们开创基业的历史舞台，殷人自然要将二水奉为神灵，屡屡祭祀以示永志不忘，同时亦祈求二水之神灵，永远福佑殷人及其后嗣。”②

这些分析都是有一定道理的，但都不够全面。有鉴于此，我们在此作如下考论。

一 甲骨文中的“河”——黄河

1. 甲骨文“河”字考辨

“河”字在甲骨文中作（《合集》18775）、（《合集》39649）、（《苏德美日》59）、（《合集》18774）、（《合集》8324）、（《合集》30426）、（《合集》26907）等形。孙诒让先生最早释为“人乙”③；而罗振玉先生释为“妣乙”④；王国维从罗氏也释为“妣乙”，对另外一个字形则释为“汱”⑤；王襄依照此字的不同字形分别释为“斤”、“沥”和“伏”字⑥；叶玉森先从罗、王之说而释为“妣乙”，又释为“沘水”之“沘”字⑦；李旦丘释为“没”，认为没水在河南省北部⑧；商承祚承王襄之说而释为“沥”字，也认为

① 赵诚：《甲骨文与商代文化》，辽宁人民出版社，2001，第 65 页。

② 余方平：《殷人神化滴洹二水之原因浅析》，《河南师范大学学报》（哲学社会科学版）2004 年第 5 期。

③ 孙诒让：《契文举例》卷下，楼学礼校点，齐鲁书社，1993，第 134 页。

④ 罗振玉：《增订殷虚书契考释》卷上，东方学会，1927，第 9 页下。

⑤ 王国维：《戬寿堂所藏殷虚文字》考释，《艺术丛编》石印本，1917，第 21 页上、第 23 页上。

⑥ 王襄：《簠室殷契类纂》（增订本）“正编”第 14 卷，河北第一博物院，1929，第 61 页上，“存疑”第 53 页上、下。

⑦ 叶玉森：《殷虚书契前编集释》，大东书局，1934，第 1 卷第 106 页下，第 2 卷第 48 页下。

⑧ 李旦丘：《铁云藏龟零拾》，上海中法文化出版委员会，1939，第 29 页上、第 38 页下。

是水名[①]；朱芳圃也释为“汈”字[②]；唐兰释为“汅”[③]；等等，均非的释。

郭沫若先生首先释为“河”字，认为:“汅字习见，旧多释为匕乙或谓即简狄，以言鸟故事为说。案匕形不类，疑是河之初文，从水丂声也，卜辞从水之字多与乙形相混。”[④]又云:“�（𣲦）即河字，旧或释沈，非是。它辞言‘岳眔浇酒，王受又又’（通・七七七，后上・二〇・一〇），岳河连文，正其确证。”[⑤]之后于省吾先生又对“河”字的形、音、义等做了极好的阐释。[⑥]此后，孙海波、杨树达、陈梦家、李孝定、李学勤、饶宗颐、屈万里、张秉权、姚孝遂、白玉峥、贾平等甲骨学家，均对此字续有考证。[⑦]由此，学术界对“河”字的认识渐成定论。

不过也有异样的声音，如岑仲勉先生就强烈反对释“汈”为“河”字，认为甲骨文中只有从水从乃的“汈”字，[⑧]而无从水从可的“河”字。他认为商周言文不一，周代有“河”字，商代未必有；黄河在商代可能不称为“河”;《尚书・盘庚》中的“河”，乃是周人以自家言语表达异族的行动；金文中只有一个从“河”的“濶”字而未见“河”，证甲骨文中的“汈”为“河”实属冒险；即使认“汈”为“河”，但“河”字直至后世还常常用作通名，不一定指黄河。[⑨]

我们认为甲骨文中的“河”字可以肯定，不容置疑。详见下文。

2. 甲骨文中“河”字的本义用法

“河”字在甲骨文中有不同义项，首先是用其本义，即指今之黄河。如卜辞云：

---

① 商承祚:《殷契佚存考释》，金陵大学石印本，1933，第84页。

② 朱芳圃:《甲骨学文字编》第11卷，商务印书馆，1933，第5页上。

③ 唐兰:《古文字学导论》（增订本）下编，齐鲁书社，1983，第14页上。

④ 郭沫若:《卜辞通纂》，第259片考释，科学出版社，1983。

⑤ 郭沫若:《殷契粹编》，第834片考释，科学出版社，1965，第111页上。

⑥ 于省吾:《释河岳》，《双剑誃殷契骈枝三编》，北京大业书局，1944，第9页上~第11页上。

⑦ 以上诸位甲骨学家的考证文字，详见于省吾主编《甲骨文字诂林》第2册，中华书局，1996，第1281~1291页。

⑧ 见孙海波《甲骨文编》一一。

⑨ 岑仲勉:《黄河变迁史》，人民出版社，1957，第82页。

庚子卜，㱿贞：令子商先涉羌于河？庚子卜，㱿贞：勿令子商先涉羌于河？（《合集》536）

甲戌卜，亘贞：呼往见于河㑜至？（《合集》4356）

壬辰王其涉河……易日？（《合集》5225）

癸巳卜，古贞：令师般涉于河东？（《合集》5566）

贞：往于河有雨？（《合集》8329）

呼毕往于河？（《合集》8330 正）

贞：翌日丁卯呼往于河有来？（《合集》8332 反）

虎……方其涉河东兆其……（《合集》8409）

出虹自北饮于河。（《合集》10405 反、13442 正）

呼目于河有来？（《合集》14787 正）

己卯卜，出贞：今日王其往河？（《合集》23786）

壬戌卜，行贞：今夕无咎在河？（《合集》24420）

王其寻舟于河，亡灾？（《合集》24609）

弜衣荡河，亡若？（《合集》20611）

贞：王其往观河，不若？（《合集》5158 乙）

贞：王观河若？（《合集》5159）

王令毕供众伐，在河西北。（《屯南》4489）

庚辰贞：至河，毕其戎㲋方？（《屯南》1009）

贞：呼往见于河有来……（《英藏》1165）

丁卜，在[illegible]，其东狩？其涿河狩至于暮？不其狩？丁卜，其［狩］？不其狩？入商在[illegible]。丁卜，不狩？丁卜，其涉河狩？（《花东》36，原出土片号为 H3:126+1547）

以上这些辞例中的“河”，有言“在河”“至河”“往河”“往于河”“目于河”“见于河”“观河”等，也可以看出，“河”确实指的是一条水的名字。由“涉河”及“寻舟于河”等辞例来看，皆用其字本义，指商代确实存在的可以荡舟行船的自然河流。又从“涉河东”等辞来看，在商都之东的河，只有黄河能当之。非常有趣的是，甲骨卜辞中称“河”，还有“出虹自北饮于河”这样的辞例。“饮”字作（《合集》10405），象一人两手捧樽饮水之形。“虹”字作（《合集》10405 反），一端像从河中升起，乃是河中水汽上升，经日照而出虹的自然现象，人们不解虹的成因和性质，以为神物，因一端接于河而以为是饮水。甲骨文“虹”字两端皆画成龙首形，是商人认为虹是有生命之物。虹到河里饮水的传统说法，直到现在有些农村地区还保留着。虹所饮水的河，当指一条规模较大的河流，一般小的河流或小溪是不会有“虹饮水”的景象出现的。

至于能够“涉”过的“河”能否指一条大河，杨升南先生有非常精彩的解说。“涉河的涉字，象两足跨过河之形。涉字的本义虽是徒步涉水，但在古文献中也泛指渡水。《尔雅·释诂》‘涉，渡也’。《尚书·微子》‘若涉大川’。《诗·匏有苦叶》‘招招舟子，人涉卬否’。《易经》中‘利涉大川’‘用涉大川’‘不可涉大川’。对‘大川’言‘涉’，称‘舟子’言‘涉’，皆是用舟渡水之意。《吕氏春秋·异宝》伍员‘至江上，欲涉，见一丈人，刺小船，方将渔，从而请焉，丈人度（渡）之’，此乃明为船渡而言涉，故涉包括用舟船渡水之义，非仅指徒步涉水而渡。虹饮其水，可以行舟，需要舟船涉渡的河，当然是指流经地上的河流。”①

所以，在甲骨文中，作为地名的河，不是河流的泛称，而是专指流经商代晚期王都之东自南向北流的一条大河，这条大河就是指商代之时流经殷墟都城东边不远处的大水系——今天被称为黄河的商时河道。

作为一条重要的河流之专用名词的“河”，不仅甲骨文中的指代如此，在古代文献中也是指今天的黄河。在先秦文献《左传》中，单言“河”就是指今之黄河，如《左传·僖公十五年》，晋惠公“赂秦伯以河外列城五”，宣公十二年，楚庄王“将饮马于河而归”等文中之“河”，皆指今日的黄河。同

---

① 杨升南：《殷墟甲骨文中的“河”》，《殷墟博物苑苑刊》创刊号，中国社会科学出版社，1989。在此段引文中，杨氏也引用了台湾学者屈万里的说法。屈万里：《河字意义的演变》，《“中央研究院”历史语言研究所集刊》第 30 本上册，1959。

样，《尚书·禹贡》中的“河”毫无例外地都指后世的黄河。之所以在“河”之前加上“黄”字而称为“黄河”，是黄河之水从清变浊、由白变黄的缘故。《汉书·高帝纪》田肯说服汉高祖谓齐地形势：“东有琅邪、即墨之饶，南有泰山之固，西有浊河之限，北有勃海之利。”《集解》引晋灼云：“河水东北过高唐，高唐即平原也。孟津号黄河故曰浊河。”“黄河”之名最早见于《汉书》，在《高惠高后文功臣表》载汉初高祖封功臣时的“封爵之誓”中，有这样一句话：“使黄河如带，泰山若厉，国以永存，爰及苗裔。”《汉书》成于东汉初年。而同样的话在西汉司马迁《史记·高祖功臣侯者年表》中则作：“使河如带，泰山若厉，国以永宁，爰及苗裔。”可见西汉时尚称“河”而不称“黄河”，而加“黄”字于“河”字之前称“黄河”，最早应是在东汉初年。《晋书·地理志》也还称黄河为“浊河”，不称黄河，“昔大禹观于浊河而受绿字（按：“绿字”指传说中的河图洛书），寰瀛之内可得而言也”。到北魏时，在正史中才称河为黄河，《魏书·成淹传》有“黄河浚急，虑有倾危”“黄河急浚，人皆难涉”等语。“黄河”变名，而将“河”作为河流的通称，这大约是魏晋以后之事。《北史·刘库仁传附刘嵩传》记刘嵩请“疏黄河以通船漕”，但仍有一些记载以“河”名黄河，如《隋书·炀帝上》“引沁水南达于河，北通涿郡”，此中之河即指黄河。

黄河在古代是一条巨大的河流，也是一条经常改道的河流。据胡渭《禹贡锥指》统计，黄河自古以来有5次大改道。第一次改道是在春秋时期，《汉书·沟洫志》载大司空掾王横语云：“禹之行河水，本随西山下东北去，《周谱》云‘定王五年河徙’，则今所行非禹之所穿也。”周定王五年为公元前602年。而这次改道前的商周时期的黄河故道，据《尚书·禹贡》记载，“东过洛汭，至于大伾；北过降水，至于大陆；又北，播为九河，同为逆河入于海”。这应该就是殷商时代黄河的流经地域信息。由此复原的黄河河道，应该是自今河南武陟县东北流，至浚县大伾山西折而北行，经河北平乡县东，再东北分为“九河”，其最北的一支为主干，在今天津附近入海。[①] 学者对天津

① 谭其骧：《〈山海经〉河水下游及其支流考》，《中华文史论丛》第7辑，上海古籍出版社，1978。

地区成陆年代的地质考察，也在一定程度上印证了这一结论。[①]

结合《山海经》《水经注》《汉书》等文献记载以及先秦时期河北平原考古学材料，谭其骧先生指出汉代以前至少可以上溯到新石器时代，黄河下游一直是取道河北平原注入渤海的。在肯定《禹贡》的说法基础上，谭先生也认为黄河在河北平原的河道并不单一，计有《禹贡》河、《山经》河与《汉志》河三条不同的河道。其中《禹贡》河自宿胥口（今淇河、卫河合流处）北流走《水经注》所谓"宿胥故渎"，至内黄会洹水，又北流走《汉志》邺东"故大河"，至曲周会漳水，又北走《水经》漳水至今深州市南，又东北流经交河青县至天津市东南入海。《山经》河深州市以上段与《禹贡》河大致相同，以下段则北流走《汉志》滱水经高阳、安新折东经霸州至天津市东北入海。《汉志》河则自宿胥口东北流至今濮阳西南长寿津，折而北流至今馆陶县东北，折东经高唐县南，折北至东光县西汇合漳水，折而东北流经汉章武县（今黄骅市故县村）南至今黄骅市东入海。谭先生认为，在春秋战国时代，黄河下游以走《汉志》河为主为常，也曾不止一次走《禹贡》河、《山经》河；也可能东（《汉志》河）西（《禹贡》河、《山经》河）两股河道曾长期同时存在，两股迭为干流，而以东股为常。[②] 史念海先生论证了春秋时期的《禹贡》河不从浚县大伾山北折，而是流经濮阳一带与《汉志》河分流北行。[③] 史先生在另一篇论文中，也认为大伾山西即浚县城西的古河道不是黄河故道，而是淇河故道，晋定公十八年（前494）黄河向北倒岸，将淇河由东向北转弯处（今浚县新镇申店一带）切断而形成淇河下游断流。如此则在春秋时期，黄河经浚县东、清丰县西向北流。[④]

谭、史两先生这里所说的是黄河在先秦秦汉时期尤其是春秋战国以后改道的复杂情况。其实相比较而言，《禹贡》河河道的形成应该是比较早的。关于《尚书·禹贡》文本的成书时代，过去受"古史辨"派的影响，一般认为

---

① 韩嘉谷：《天津平原成陆过程试探》，《中国考古学会第一次年会论文集》，文物出版社，1980；《论第一次到天津入海的古黄河》，《中国史研究》1982年第3期。

② 谭其骧：《西汉以前的黄河下游河道》，《历史地理》创刊号，上海人民出版社，1981。

③ 史念海：《论〈禹贡〉的导河和春秋战国时期的黄河》，《陕西师大学报》（哲学社会科学版）1978年第1期。

④ 史念海：《河南浚县大伾山西部古河道考》，《历史研究》1984年第2期。

是在战国时期。但现在看来，在这一问题上是需要“走出疑古时代”的。其实辛树帜先生早就根据多方面的资料做过综合研究，认为《禹贡》成书年代应该是西周的文、武、成、康全盛时期，下限到穆王时期。[①]考古学家邵望平则从考古学角度入手，将黄河、长江流域等考古发现与《尚书・禹贡》九州对比，发现《禹贡》九州分野与中国境内早期考古学所反映的各历史文化区系大致契合，九州行政区划的时代较早，古人的九州划分古老而真实，推测《禹贡》“九州”章的成书当在西周时期。[②]近年来新发现的西周铜器《遂公盨》铭文“禹敷土，随山浚川”[③]，就是《尚书・禹贡》开篇的内容，可见《禹贡》在西周已被著录。所以说，《禹贡》成文不早于西周时代，不晚于春秋时代，这已成为学界共识。[④]

刘起釪、杨升南等从甲骨文中有关“河”的资料，研究了殷商时代的黄河流向，指出当时的黄河就是传统的《禹贡》河，也就是胡渭《禹贡锥指》里所谓“鄴东大河故渎”，而非《汉志》河。[⑤]也就是说，商代的黄河从今河南武陟县折而北行，经浚县，北走内黄进入河北省曲周，过巨鹿，经深州、安新、霸州到天津汇入渤海。[⑥]

所以说，商代的黄河正好经过殷墟都城的东部而向北流，这与甲骨卜辞所记载的辞例内容是非常吻合的。

文献记载中多有殷商人与黄河有关的内容，如《国语・鲁语上》：“冥勤其官而水死。”《礼记・祭法》郑玄注：“冥，契六世孙之也。其官玄冥，水官也。”《左传・昭公十八年》“禳火于玄冥、回禄”，杜注：“玄冥，水神。回禄，火神。”今本《竹书纪年》少康十一年“使商侯冥治河”，帝杼十三年“商侯冥死于河”。是言早在先商时期，商族的先公“冥”（或即甲骨文中的“季”[⑦]）就

① 辛树帜：《禹贡新解》，农业出版社，1964，第121页。

② 邵望平：《〈禹贡〉“九州”的考古学研究》，《考古学文化论集》（二），文物出版社，1989。

③ 周宝宏：《近出西周金文集释》，天津古籍出版社，2005。

④ 王晖、贾俊侠：《先秦秦汉史史料学》，中国社会科学出版社，2007，第29页。

⑤ 刘起釪：《卜辞的河与〈禹贡〉大伾》，《殷墟博物苑苑刊》创刊号，中国社会科学出版社，1989。

⑥ 杨升南：《殷墟甲骨文中的“河”》，《殷墟博物苑苑刊》创刊号，中国社会科学出版社，1989。

⑦ 王国维：《殷卜辞所见先公配偶考》，《观堂集林》卷9，中华书局，1959。

曾受命治理河水而因公殉职，并被后世奉为水神。

《山海经·大荒东经》:“有困民国，句姓而食。有人曰王亥，两手操鸟，方食其头。王亥托于有易、河伯仆牛。有易杀王亥，取仆牛。”郭璞注引今本《竹书纪年》:“殷王子亥宾于有易而淫焉，有易之君绵臣杀而放之，是故殷主甲微假师于河伯以伐有易，灭之，遂杀其君绵臣也。”今本《竹书纪年》帝泄十二年:“殷侯子亥宾于有易，有易杀而放之。”十六年:“殷侯微以河伯之师伐有易，杀其君绵臣。”由以上所引文献可知，早期商族在王亥、上甲之时，也曾与“河伯”产生影响重大的联系，其曾经是打败有易部族的同盟军。关于此处“河伯”的身份和地位，我们认可清儒顾炎武所说“国居河上之伯”的观点。详见下文。

《尚书·盘庚》篇中有“盘庚作，惟涉河以民迁”，是说盘庚时渡过黄河而迁徙到殷地;《国语·楚语上》中有“昔殷武丁能耸其德，至于神明，以入于河，自河徂亳，于是乎三年，默以思道”，则讲了武丁即位后渡过黄河来到了圣都亳城，凭吊先王寻找治国方策的故事。

《国语·周语上》云:“伊洛竭而夏亡，河竭而商亡。”这更是说明了黄河的水流情况与殷商王朝的命运关系密切，休戚攸关。正是因为有黄河这样的大河及其众多支流流经殷商王朝的腹地，所以才使这里当时的水土湿润，一度形成了极为优越的水文环境。

因为黄河对于商王朝非常重要，所以在以农业为主要经济命脉的商代，“河”的地位和作用是非常明显的。以至于作为祭祀对象的“河神”，在甲骨文中有着超乎一般自然神的职责和权能。

3. 甲骨文所见河患及治理

黄河在安阳殷都之东由南向北流过，由于华北平原西高东低的地势走向，黄河并不能直接对王都造成直接的威胁，这恐怕也是当时盘庚迁殷选择在黄河以西的殷地建都的一个原因。但是黄河对其下游两岸的影响是存在的。因为黄河毕竟离殷墟都城较近，与殷商王朝命运攸关，所以在卜辞中也能见到黄河为患以及对其进行治理的占卜记录:

贞：河水？（《合集》22290）

丙申卜，亘贞：河纠㲋？贞：河纠不其㲋？（《合集》14621）

第一个辞例中，“水”应该是名词作动词用法，即发大水之意，占问黄河会不会发大水。第二辞中的“纠”字，作丩形，依照《甲骨文合集释文》[①]而释。而在《甲骨文合集释文》出版之前，王贵民先生认为“丩字尚未有考释，而为河决之形象甚显”[②]，此处我们遵从王氏的说解。

面对河患，殷商时代的人们不仅有祭祀河神、祈求禳灾的宗教活动，如上辞是用“㲋”作牺牲祭祀河神，也有实际的应对措施，计有治河、正河、逆河、圣河、凿河等多种方法。

贞：河其㓹？（《合集》14622）

贞：河不其㓹？（《合集》14623）

这是一对异版对贞卜辞，以往㓹字无释，王贵民先生认为：“㓹字从可从司，隶定之当为㓹字，可为河之省，司为声兼义，司音有治理、主管之义，㓹字则当有治河之意。”[③]王氏之释，可备一说。

贞：令……屰河？（《合集》14626、40408，两片疑为重片）

屰即古逆字，本义是逆，迎、迎接之义。《说文》：“逆，迎也。”逆训迎，典籍习见，多用于战争，为迎战之义。卜辞中另有“逆羌”，于省吾先生“谓以羌为牲而迎之以致祭”[④]。这里的逆河，依王贵民先生释，应是堵截河水冲决

① 胡厚宣主编《甲骨文合集释文》，中国社会科学出版社，1999，第767页。

② 王贵民：《商代农业概述》，《农业考古》1985年第2期。

③ 王贵民：《商代农业概述》，《农业考古》1985年第2期。

④ 于省吾：《释逆羌》，《甲骨文字释林》，中华书局，1979，第47页。

之义。[1]

> □卯卜，争贞：王乞正河新[illegible]？允正。［十一月］。(《合集》16242)
>
> 庚戌卜，争贞：王乞正河新[illegible]？允正。［十月］。(《合集》16243)

郭沫若先生尝谓，"'正河'疑是治河之意"[2]。陈邦怀先生则释"正"为足，读为拒，并引《广韵》："拒，扞也。"陈先生认为："[illegible]释从[illegible]，象器物形，从于声则无可疑。以声义求之，盖用为圩。《史记·孔子世家·索隐》：'筑堤而扞水曰圩。'卜辞[illegible]字用于'足河'之事，其为圩字审矣。卜辞先言王乞扞河者，卜问之辞也。继言新圩信能扞河水者，纪应验之辞也。据此，知扞水用圩，自殷已然矣。"[3] 张兴照认为，细审字形，[illegible]字似不从"于"，其为圩亦不足信。[4] 但此字另外两个字形，分别作[illegible]、[illegible]，[5] 确实从"于"。故而郭、陈两位甲骨学家释为"正河"或"足河"，皆将其作为整治黄河的一条史料，应是可信的。

> 甲□［卜］，□贞：其圣河……王穷……隹王……八月。(《合集》14535)

辞中的"圣"字作[illegible]（《合集》3123）、[illegible]（《合集》20291）、[illegible]（《合集》6773）等形。卜辞用法多为"圣田"（如《合集》6、22、33213等）。关于此字，有多种释读，比如有"贵""塞""粪""掘""裒"等多种读法。余永梁先生首释此字为"圣"，即《说文》"汝领之间谓致力于地曰圣"之"圣"字。[6]

---

① 王贵民：《商代农业概述》，《农业考古》1985年第2期。

② 郭沫若：《殷契粹编》，第524片考释，科学出版社，1965，第77页。

③ 陈邦怀：《殷代社会史料征存》卷下，天津人民出版社，1959，第2页下～第3页上。

④ 张兴照：《商代水利研究》，中国社会科学出版社，2014，第94页。

⑤ 孙海波：《甲骨文编》附录上五二，中华书局，1965，第740页。

⑥ 余永梁：《殷虚文字考》，《国学论丛》第1卷第1号，1926年。

郭沫若也释为“圣”，谓“圣田”即后世《诗经·豳风·七月》“筑场圃”义。[①]于省吾先生考证“圣”当读为“垦”，“圣田”就是垦田。[②]观“圣”字形，象手持土块之形，故有学者认为这也是“砌”之初文，表示垒砌之义，“圣河”就是垒砌河堤之义，[③]也有其道理。按：贾让曾说“堤防之作，近起战国”（《汉书·沟洫志》），历史地理学者也考证认为黄河大规模筑堤是在战国之时。在此之前，人们为保护田园，免受水灾，在小的范围内筑堤也是可能的。《礼记·月令》：“时雨将降，下水上腾，循行国邑，周视原野，修利堤防，道达沟渎，开通道路，毋有障塞。”将“圣河”一词看作由商王亲自主持整治黄河的活动，在河患频发的环境灾害背景下，整治黄河是发生概率比较大的事情。

4. 甲骨文中作为祭祀对象的“河”神

“河”字在卜辞中有两种用法：其一是祭祀的对象“河”神，其二是作为其本义的黄河。

甲骨文涉及“河”字的卜辞达500多条，除了少数辞例是作为专名黄河外，绝大多数是作为商代人们心目中的神灵以祭祀对象的面目出现的。或以为是祖先神，或以为是自然神，或以为是兼具祖先神和自然神双重神格的神灵，迄无定论。[④]

---

① 郭沫若：《殷契粹编》，第1221片考释，科学出版社，1965，第657~658页。

② 于省吾：《从甲骨文看商代的农田垦殖》，《考古》1972年第4期；《释圣》，《甲骨文字释林》，中华书局，1979，第232~242页。

③ 陆忠发：《圣田考》，《农业考古》1996年第3期。

④ 郭沫若：《卜辞通纂》，第259、458、777片考释，科学出版社，1983；《殷契粹编》，第73片考释，科学出版社，1965，第372页；陈梦家：《古文字中之商周祭祀》，《燕京学报》第19期，1936年；《殷虚卜辞综述》，中华书局，1988，第343、344页；董作宾：《五十年来考订殷代世系的检讨》，《学术季刊》第1卷第3期，1953年；〔日〕岛邦男：《殷墟卜辞研究》，濮茅左、顾伟良译，上海古籍出版社，2006，第401~410页；彭裕商：《卜辞中的土河岳》，《四川大学学报》丛刊第10辑《古文字研究论文集》，四川人民出版社，1982；饶宗颐：《说河宗》，《胡厚宣先生纪念文集》，科学出版社，1998；罗琨：《殷墟卜辞中的高祖与商人的传说时代》，《全国商史学术讨论会论文集》，《殷都学刊》增刊，殷都学刊编辑部，1985；姚孝遂、肖丁：《小屯南地甲骨考释》，中华书局，1985，第16页；姚孝遂：《殷墟与河洹》，《史学月刊》1990年第4期。

甲骨卜辞中关于祭祀河的辞例，兹征引数例如下：

□□卜，今日……舞河眔岳……从雨？（《合集》34295）

癸巳贞：既燎于河……于岳……（《合集》34225）

□子贞：岳燎眔河……（《屯南》4397）

岳眔河酒王受有佑？（《合集》30412）

戊午卜，宾贞：酒，求年于岳、河、夒？（《合集》10076）

辛巳卜，贞：来辛卯酒河十牛，卯十牢？王亥燎十牛，卯十牢？上甲燎十牛，卯十牢？辛巳卜贞：王亥、上甲即宗于河？（《屯南》1116）

辛巳卜，贞：王亥、上甲即于河？（《合集》34294）

辛未贞：叀上甲即宗于河？（《屯南》2272）

燎于河、王亥、上甲十牛，卯十宰？五月。（《合集》1182）

癸巳卜，又于河？不用。癸巳卜，又于王亥？癸巳卜，又于大乙？（《合集》34240）

庚子卜，争贞：其祀于河氏大示至于多后？（《合集》14851）

辛未贞：求禾于高眔河？（《屯南》916）

壬申贞：求年于夒？壬申贞：求年于河？……庚午燎于岳，又从才雨？燎于岳，亡从才雨？……（《合集》33273）

□卯［贞］，河□高祖□壱禾？（《合集》33339）

庚申卜，殻贞：取河，有从雨？（《合集》14575）

癸巳……巫宁……土河岳？（《合集》21115）

酒河五十牛？（《合集》672 正）

御于河，羌三十人？（《合集》26907 正）

癸丑，贞：率求年于河？癸丑，贞：［率］求年［于］高祖？（《合集》32286）

辛未，贞：求禾于高祖，燎五十牛？辛未，贞：求禾于河，燎三牢，沉三牛宜牢？辛未，贞：求禾于高祖？辛未，贞：求河于岳？辛未，贞：求禾于河？辛未，贞：求禾于高祖、河，于辛巳酒、燎？（《合集》32028）

在这些祭祀“河”的卜辞中，一些是向“河”求年的，一些则是向“河”求雨的；所使用的祭祀方法有燎祭、侑祭、御祭、酒祭、取祭、舞祭等，所使用的牺牲有牛、羊、牢、宰，还有人牲。一些是将“河”与“岳”“土”等自然神一起祭祀，也有一些是将“河”与祖先神一起祭祀，情况比较复杂，以至于学术界对于这个作为祭祀对象的“河”究竟是自然神还是祖先神，一直争论不休。

一部分学者坚持认为“河”只是指黄河神或上甲微假师以伐有易的河伯，属于自然神。郭沫若先生曾云：“岳之名上已屡见。此与河并举，河是黄河。可无疑，盖有事于山川也。”① 陈梦家先生认为“河于卜辞为大河、河水、黄河之河”，“大河而受祭祀者，盖认大河为水源之主宰，以年丰雨足为河神所赐，而灾咎由河神为祟”，“河为水神，而农事收获首赖雨水与土地，故河又为求雨求年之对象”。② 董作宾③、岛邦男④、彭裕商⑤、饶宗颐⑥、詹鄞鑫⑦等先生也均持此论。

另一些学者认为，“河”是由自然神演变而成的祖先神，或“河”作为商人崇拜祭祀的神祇，兼具自然神和祖先神的双重性质。陈梦家就有“河”集合自然神与祖先神的意思，所以他说“由于当时未曾体会到人王与神帝，历史人物与神话人物的转化关系，因此对于卜辞的祭河或是执着于自然崇拜，或是执着于与典籍先公的对照，这种看法是要纠正的”，“似乎卜辞之沔为大河之河。但此与以河为其先世的想法并无冲突”⑧。罗琨先生认为：“尽管卜辞中的河有比夒更为重要的地位，他不仅是有势力的自然神——大河之神，

① 郭沫若：《卜辞通纂》，第 777 片“岳眔河酒，王受又又（有侑），于辛酉酒？”考释，科学出版社，1983，第 549 页。

② 陈梦家：《古文字中之商周祭祀》，《燕京学报》第 19 期，1936 年。

③ 董作宾：《五十年来考订殷代世系的检讨》，《学术季刊》第 1 卷第 3 期，1953 年。

④ 〔日〕岛邦男：《殷墟卜辞研究》，濮茅左、顾伟良译，上海古籍出版社，2006，第 401~410 页。

⑤ 彭裕商：《卜辞中的土河岳》，《四川大学学报》丛刊第 10 辑《古文字研究论文集》，四川人民出版社，1982。

⑥ 饶宗颐：《说河宗》，《胡厚宣先生纪念文集》，科学出版社，1998。

⑦ 詹鄞鑫：《神灵与祭祀——中国传统宗教综论》，江苏古籍出版社，2000，第 67 页。

⑧ 陈梦家：《殷虚卜辞综述》，中华书局，1988，第 343、344 页。

还兼有祖神的性质，具有双重性格，但是没有卜辞能证明他被商人奉为高祖。”[1] 姚孝遂、肖丁也如此立说。[2]

还有一部分学者则认为“河”就是商族先公之一，是祖先神。郭沫若先生虽曾称“河”“岳”为自然神，但又多次言称，“此言‘求年于丂’与‘求年于夒’为对贞，知丂亦必殷之先世，无可考”，“岳亦习见，当是殷之先人”，“岳与河与夒每同见于一片，今更同见于一辞，而以次相比，夒既为帝喾，则岳与河亦必为殷之先人无疑，惜终未能明也”[3]。胡厚宣先生也持此论。[4]

同意“河”为商族先公的学者，对河为何世先公也有不同的看法。陈梦家先生曾认为甲骨文中的“河”有可能是文献中的“帝喾”:“古音‘丂’‘告’是相同的，所以河可能转化为帝喾（帝俈）。帝喾本来是天帝而转化为人帝的，而帝与河都是令雨的主宰，则以河为其先祖，亦是可能的。”[5] 与此相近似，杨树达先生曾认为见于甲骨卜辞中的“岳”即“喾”（详下），而以“河”为假师于上甲以伐有易的河伯，“余疑河为殷之先人，而实为河伯之嫡祖。上甲与河伯族属虽或疏远，要有同族之谊，故上甲从之乞师，而河伯亦遂假之以师，使得杀绵臣报父仇也”。[6] 于省吾先生认为“河”为“根国”的合音，遂以甲骨文中的“河”当商代先公报圉即曹圉。[7] 史学家翦伯赞先生

---

① 罗琨:《殷墟卜辞中的高祖与商人的传说时代》,《全国商史学术讨论会论文集》,《殷都学刊》增刊，殷都学刊编辑部，1985。

② 姚孝遂、肖丁:《小屯南地甲骨考释》，中华书局，1985，第 16 页；姚孝遂:《殷墟与河洹》,《史学月刊》1990 年第 4 期。

③ 郭沫若:《卜辞通纂》，第 259、458 片考释，科学出版社，1983。但同时，郭氏在考释第 777 片“岳眔河酒，王受又又（有佑），于辛酉酒？”时则称:“岳之名上已屡见。此与河并举，河是黄河。可无疑，盖有事于山川也。”《殷契粹编》（科学出版社，1965）第 73 片之考释也持此观点，是知郭氏又称河是自然神，自相矛盾，不知究竟何所适从。

④ 胡厚宣:《战后宁沪新获甲骨集》，北京来薰阁书店，1951。

⑤ 陈梦家:《殷虚卜辞综述》，中华书局，1988，第 344 页。

⑥ 杨树达:《释丂》,《积微居甲文说》卷下，《杨树达文集》之五，上海古籍出版社，1986，第 59~60 页。

⑦ 于省吾:《释河岳》,《双剑誃殷契骈枝三编》，北京大业书局，1944，第 9 页。

认为，所谓“河伯”就是商族的先公“冥”。[1] 与此颇相类似的是，杨升南先生也认为甲骨文中作为祭祀对象的“河”不可能是作为自然神祇的河神，而是商王的直系先祖。[2] 根据甲骨文中河祭祀的隆重程度，结合古文献记载，杨先生认为河即《史记·殷本纪》中的冥、《楚辞·天问》和卜辞中的季，河、冥、季为一人，也是商族先公中颇有作为的人物，故被尊称为“高祖”，而享有专祭之日的隆重礼遇。[3] 而王晖先生则认为文献记载中有殷人先祖与河伯交往的历史传说，可以推测河伯是与殷人世代通婚的外“高祖”，故卜辞中有“高祖河”的称呼。[4]

不同意“河”为商族先公的学者，所持的理由更是大相径庭。

《山海经·海内北经》说河伯是“人面，乘两龙”。《尸子》《酉阳杂俎·诺皋记》也说他是“人面鱼身”。《庄子·秋水》《楚辞·九歌》也都将河伯描绘成神的形象。可见古人多不认为河伯是某个部族实际存在的先公。但顾炎武在《日知录》卷25“河伯”条中考述河伯本事曰：“《竹书》：‘帝芬十六年，洛伯用与河伯冯夷斗。’‘帝泄十六年，殷侯微，以河伯之师伐有易，杀其君绵臣。’是河伯者，国居河上而命之为伯，如文王之为西伯，而‘冯夷’者，其名尔。”则将河伯视为同周文王一样的历史上存在的古代帝王之一。但这些观点都不认为“河”（河伯）是商族的先公。

今人学者郑慧生先生不认为“河”“岳”“土”为商之先公。“王国维虽曾说过卜辞里的‘土’就是相土的话（《先公先王考》），但不久这话就为一片武乙卜辞‘亳土’（《粹》20）所推翻。因为亳土就是亳社，若‘宅殷土茫茫’（《诗·商颂·玄鸟》）的殷土。土就是社，与先公相土无干。”“河、岳、凶、夭，也不是商人的祖先。”他说：“卜辞中有河、岳（羋，又释羔）、凶（或曰夒）、夭（罗振玉释夨，丁山释吴。卜辞一作王夭），旧以为商之先公，但其实不是。商人祭祖，均按辈分先后依次进行，但祭祀他

① 翦伯赞：《中国史纲》第1卷，三联书店，1950，第166~167页。

② 杨升南：《殷契“河日”说》，《殷都学刊》1992年第2期。

③ 杨升南：《殷墟甲骨文中的“河”》，《殷墟博物苑苑刊》创刊号，中国社会科学出版社，1989。

④ 王晖：《商周文化比较研究》，人民出版社，2000，第34页。

们就不是这样，时而岳、夭、山、凶（《续》1.49.4），时而土、凶、河、岳（《粹》23），次序不一，说明他们不是宗亲关系，可能是地祇、山灵、河伯之属。”[①]

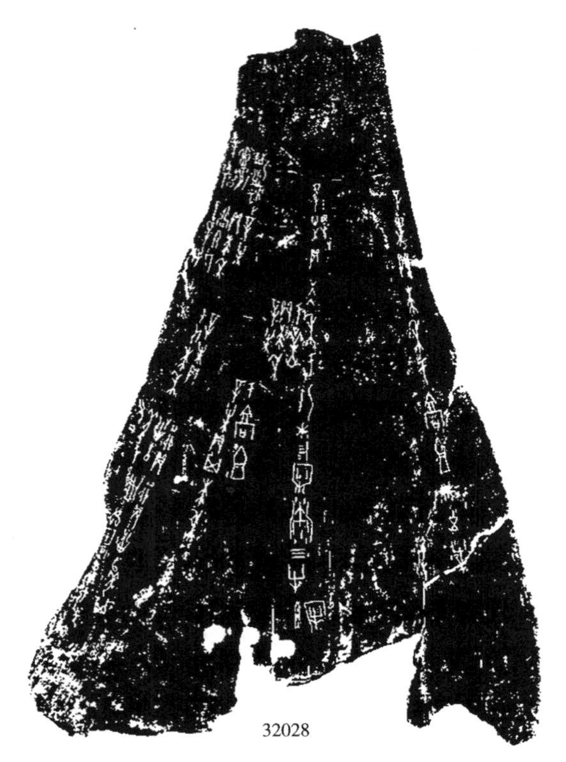

图二　甲骨文中祭祀“河”与其他祖先神的占卜辞例
（《合集》32028）

日本学者伊藤道治先生也注意到了“河”“岳”“土”等作为神祇性质的复杂性，为了考察问题的方便，他把它们归并作先公，但他认为上甲以前的这些“先公”，本不是商人的先祖。河、岳、土等加上未出现于世系中的诸神，在神格上跟先王不同，更具有自然神的性质。他们本是各地的地方神以及当地的族神，是农业或气候的灵鬼，祭祀的方法以燎、沉、埋为主，即祭

① 郑慧生:《从商代的先公和帝王世系说到他的传位制度》,《史学月刊》1985 年第 6 期。

毕后或将祭品烧掉，或沉入水中，或埋入地下。这与传统的祭祖后将祭品分给有血缘关系的同族人吃掉的处理方式大异。祭后祭品不分给同族人食用，就是所祭对象与祭者没有血缘关系之故。在卜辞第一期，这些“先公”与先王的区别还是明显的，第二期这些“先公”就与先祖相混，到第三、四期时他们就完全被整理成商人的先祖系列。商人把一些地方的族神纳入自己的先祖神之列，是商人已经占领了这些地方，为了便于对所占地方进行统治的政治需要。[①]

另外，甲骨文中也有称“河”为高祖的现象，如：

> 辛未，贞：求禾于高祖，燎五十牛？辛未，贞：求禾于河，燎三牢，沉三牛宜牢？辛未，贞：求禾于高祖？辛未，贞：求河于岳？辛未，贞：求禾于河？辛未，贞：求禾于高祖、河？于辛巳酒、燎？（《合集》32028）

对于卜辞中的“高祖、河”，学术界的认识也有歧异。对“高祖河”的断句方法不同，直接影响到“河”是否为商族先公的判断。有些学者认为应当连读，如于省吾以为读作“高祖河”。[②] 胡厚宣先生也称：“言‘高祖河’，知河为商先祖之名。”[③] 杨升南先生认为“河”是商族的先公之一，既然“高祖夒”“高祖王亥”“高祖上甲”“高祖大乙”等可以连读，“高祖河”也可以连读。[④] 而有些学者认为该辞应该断开分读，如陈梦家举例说明甲骨文中河岳总是与高祖相对而贞，“凡此诸例，似乎高祖与河岳总是对立的，亦即高祖不包括河岳等”，河不可能是高祖，而当读作“高祖、河”。[⑤] 罗琨先生亦作如

---

① 〔日〕伊藤道治：《中国古代王朝的形成——以出土资料为主的殷周史研究》，第一部分第一章“祖灵观念的变迁”，江蓝生译，中华书局，2002。

② 于省吾：《释河岳》，《双剑誃殷契骈枝三编》，北京大业书局，1944，第 8 页。

③ 胡厚宣：《战后宁沪新获甲骨集》，北京来薰阁书店，1951。

④ 杨升南：《殷墟甲骨文中的“河”》，《殷墟博物苑苑刊》创刊号，中国社会科学出版社，1989。

⑤ 陈梦家：《殷虚卜辞综述》，中华书局，1988，第 343 页。按：这也与陈氏自己的“河”即帝喾说相矛盾。

是观。[①]

笔者认为，河、岳、土等皆是自然神，而不是商族血亲的直系先公。“高祖河”应当分读而不当连读。这就如同甲骨卜辞中祭祀对象经常并列出现的情况一样，如“癸巳卜，□贞：大乙、伊其……”（《合集》27134）“甲辰卜，贞：王宾求祖乙、祖丁、祖甲……庚……祖丁、武乙衣，亡尤？”（《合集》35803）不是一个同位的词，而是并列的关系。我们再就上引《合集》32028一辞分析之。这是一版第四期的祭祀卜辞。从辞例内容来看，它是在同一天“辛未”进行的连续占卜。前几条卜辞分别是向高祖、河、岳求禾，并分别以丰厚的牺牲向高祖及河进行了燎祭，最后一条又贞问向高祖、河求禾，并打算在下一个辛日“辛巳”继续进行酒祭和燎祭。那么最后一条卜辞当是对前面几条占卜的总结，所以“高祖河”应当是前几条中所出现的“河”“高祖”的并列，而不会是突然又冒出的另一个先祖神。在甲骨卜辞中，除此条卜辞外，确实有一些辞例可以表明“河”与“高祖”是经常相对而言的。如“癸丑贞：寻求禾于河？癸丑贞：寻求禾于高祖？”（《合集》33286）这是一对对贞卜辞，对贞卜辞一般是在两种可能之间进行选择，非此即彼。“河”与“高祖”对贞，即表明两者不同，不能相属。“辛未贞：求禾于高眔河？”（《屯南》916）“□卯贞：河□高祖□它禾？”（《合集》3339）亦即其证。其中“高”是“高祖”之省略，“高眔河”的结构，说明河与高祖分属，河明显不是殷人的高祖。

另外，“辛巳卜，贞：王亥、上甲即于河？”（《合集》34294）“辛未贞：叀上甲即宗于河？”（《屯南》2272）也就是说，商人出于同祭王亥、上甲与河的目的，把王亥、上甲庙主牌位也一并置于“河宗”之中，使其就享于河神之庙。但甲骨文中从未见“河即宗于王亥、上甲”的辞例。这些辞例也表明，“河”与王亥、上甲等商族先公并非同一种类的神祇。虽然如此，但由于河、岳、土等自然神祇有着与某些商族先公同样的神职权能，如司风掌雨、福祸

① 罗琨:《殷墟卜辞中的高祖与商人的传说时代》,《全国商史学术讨论会论文集》,《殷都学刊》增刊，殷都学刊编辑部，1985。

年成，所以他们常与一些商族著名先公共组享受商代君臣的隆重祭祀。而且在甲骨卜辞中，“上甲以前诸先公‘夒’、‘王亥’、‘河’、‘䖵’、‘岳’均有‘宗’，唯先祖始有宗，此点应无可怀疑”[①]，以至于让人们以为，他们就像是商族的先公一样。这也难怪有些学者将其视为祖先神。

“河”与其他自然神的不同之处在于，它与一些著名祖先神一样，享受人祭。“癸卯卜，𣪘贞：于河三羌卯三牛燎三牛？”（《合集》1027正）“丙辰卜，𣪘贞：御羌于河？”（《合集》6616正）“己巳卜，彭贞：御于河，羌三十人？在十一月。”（《合集》25970正）祭祀河用羌人为牺牲，一次竟达三十人之多。可见，河作为商族神灵地位甚高，非一般天神地祇人鬼所能比拟。

另外，至于甲骨文中有所谓“河妾”（《合集》658）、“河妻”（《合集》686）、“河女”（或“河母”）之说，论者认为是先公河的配偶，对此我们持否定的意见，详见另文，[②] 兹不一一。

二 甲骨文中的“洹”——安阳河

1. 甲骨文“洹”字的考辨

“洹”字在甲骨文中作[illegible]（《合集》7854正）、[illegible]（《合集》8315）、[illegible]（《合集》28183）、[illegible]（《合集》7934）、[illegible]（《合集》7853）等形，为一从水亘声的形声字，也有学者认为它是一个会意兼形声字。“洹”字不像“河”字那样歧义纠结，争论纷纭，而是很早就被早期甲骨学家考释出来，而且得到了学术界的普遍公认，并无歧异。这大概是因为《说文》中“洹”字作[illegible]形，与甲骨文字形颇为近似，再加上《水经注》云：“洹水出山，东径殷墟北。《竹书纪年》曰：‘盘庚即位，自奄迁于北蒙曰殷。’昔者项羽与章邯盟于此地矣……洹水……东径安阳县故城北。”明言洹水与殷墟的关系，所以学者们容易考释出甲骨文“[illegible]”字即“洹”字，也就是指今天在殷墟所在地的河南省安阳市仍然存在的“洹水”，俗称“安阳河”。

---

① 姚孝遂、肖丁：《小屯南地甲骨考释》，中华书局，1985，第18页。

② 朱彦民：《殷卜辞所见先公配偶考》，《历史研究》2003年第6期；《商族的起源、迁徙与发展》一书第三章“商族的发展”，商务印书馆，2007。

罗振玉先生最早考释出此字："《齐侯壶》洹字作[illegible]，此从[illegible]，与许书同，但省下一耳。殷代水名存于卜辞中，今可确知其地者，仅此而已。"[①] 王襄先生也较早地考释了此字为"古洹字"，并详细地考证了此字与洹水的关系："《春秋》成十七年《左氏传》：'声伯梦涉洹。'杜注：'洹水出汲郡林虑县。'《史记·项羽本纪》：'项羽乃与期于洹水南。'《集解》：'应劭曰：洹水在汤阴界。瓒曰：洹水在今安阳县北，去朝歌殷都一百五十里。'此殷契出土在安阳县城西小屯村，为洹水之南，卜辞之洹，当即指此洹水言之。"[②]

陈梦家先生称："洹泉与洹即洹水，又名安阳河。《太平御览》卷83引《竹书纪年》文丁'三年洹水一日三绝'。洹水在殷都之旁，对于农业收成有极大的关系，所以卜问其祸否并致祭之。……洹水浸岸，故为祸兹邑，兹邑指安阳之殷都。"[③] 屈万里先生云："洹泉即洹水临于殷都之河流也。"[④] 饶宗颐先生则指出："按洹或指洹水之神，作邑时，有祷于洹以求佑助也。"[⑤] 李孝定先生在比较诸家之说后，认为："洹近殷都，与殷人生活有密切关系，故卜辞于洹之记载独详。……兹邑即殷都言洹或为患也……卜辞除祭河之辞屡见外，祭他水者就记忆所及似只此一辞，可见洹水在殷人心目中之地位。"[⑥] 赵诚认为"[illegible]字甲骨文一般用作洹水之名，有时也作为祭祀对象，如'尞于洹泉'……则洹为水神之一。也有人认为'尞于洹泉'是在洹水旁边向河神（水神）进行尞祭，洹仍然是水名"[⑦]。

有关洹水古河道的历史，已有考古资料作为研究的证据。我们有理由相信，甲骨文中的"洹水"就是现在依然流经殷墟所在地安阳的这条洹河。中

---

① 罗振玉：《殷虚书契考释》，永慕园石印本，1915，第22页上；《增订殷虚书契考释》卷中，东方学会，1927，第11页上。

② 王襄：《簠室殷契类纂》"正编"第11卷，天津博物院石印本，1920，第49页上；《簠室殷契征文考释》"地望"，天津博物院石印本，1925，第7页下。

③ 陈梦家：《殷虚卜辞综述》，中华书局，1988，第265页。

④ 屈万里：《殷虚文字甲编考释》，"中央研究院"历史语言研究所，1959，第140页。

⑤ 饶宗颐：《殷代贞卜人物通考》，香港大学出版社，1959，第373页。

⑥ 李孝定编述《甲骨文字集释》，"中央研究院"历史语言研究所，1965，第3296页。

⑦ 赵诚编著《甲骨文简明词典——卜辞分类读本》，中华书局，1988，第2页。

美洹河流域考古队曾调查洹河流域周围的遗址，从遗址分布发现目前所知的洹水河道是东周时形成的。在西周以前，洹水经过殷墟后，是向东南流，而非现在往东的流向。而西周时期一直上溯到仰韶文化时期，洹水流经殷墟附近的这段河道，基本上与现今所知的路线没有太大的差异：

> 西周及其以前，洹河系由西北而东南流淌，无论上游还是下游，都未曾有过大的改道。包括商代后期在内，人类一直生活在一个比较稳定的地貌环境中。因此自仰韶时期至西周时期各阶段的聚落，除数量与规模随着时间推移发生变化外，地理上的选择趋向是一致的。①

2.“洹水”源流辨误

虽然学术界对“洹”字的考释并没有像“河”字那样费力，但是真正阅读一下关于洹水的古代文献，会发现其有许多令人迷惑之处需要辨别和考证。比如《说文解字·水部》:“洹，水在齐鲁间，从水亘声。”《说文》对“洹水”所在的位置记为“齐鲁间”，以此洹水应该就在今天的山东省境内，那么这还是如今安阳殷墟都城旁边的洹水吗？两者相距也太远了。清代段玉裁《说文解字注》曰:“‘齐’当依《水经注》所引《说文字林》作‘晋’。”严可均、姚文田《说文枝议》曰:“《水经注》引《说文》作晋是也。鲁字当误。”原来，东汉的许慎出现了笔误，把“晋”字误作“齐”或“鲁”了。不过，段玉裁认为是“晋”误作“齐”了，应为“晋鲁”；而严可均、姚文田则认为“晋”误作“鲁”了，应为“齐晋”。看来理解也是不一样的。不过，不管哪个字写错了，洹水都与“晋”即山西有关，即洹水是流经山西和山东的一条河流。这样，古代的洹水与今日的洹水可以对得上了。今日的洹水在河南省安阳境内，正好也在山西和山东之间。

如此理解，解决了洹水地理流经地望的问题，也与郦道元《水经注》所

① 中美洹河流域考古队（中国社会科学院考古研究所、美国明尼苏达大学科技考古实验室）:《洹河流域区域考古研究初步报告》,《考古》1998年第10期。

记的洹水发源所在和流经地域大致相符。但是，《水经注》所记的洹水源流信息就一定正确吗？这是文献记载中的洹水又一令人迷惑之处。

洹水究竟发源于何处？自古以来众说纷纭。不过归纳起来主要说法有三。（1）源于山西省泫氏县（今高平市）、长子县说。这就是郦道元《水经注》所持的观点："洹水出上党泫氏县。水出洹山，山在长子县也。"明朝学者安阳籍人崔铣遵从郦道元的观点，认为山西长子县和河南林县（今林州市）虽有太行山相隔阻，但洹水是潜流出山西入河南的，洹河的源头仍在山西，而不在河南。（2）源于林州市说。在《后汉书·郡国志》"林虑"（今林州市）条下晋徐广作注说："洹水所出，苏秦会诸侯盟处。"杜预也说"（洹）水出汲郡林虑县"。《魏书·地形志》："林虑，有陵阳河，东流为洹。"隋朝《图经》也说："洹水出林虑西北，平地涌出。"《长子县志》《林县志》等也作如是观。第七版《辞海》亦云："洹水，源出林州市隆虑山（即林虑山）。"（3）源于山西省黎城县说。1982 年 11 月重印版《中国古今地名大辞典》、1986 年 3 月版《辞源》均讲："洹水，源出山西省黎城县。"

上述三种说法，以北魏郦道元《水经注》的说法影响最大，安阳（旧称彰德府）的旧府、县志，多沿用此说。然而，对郦道元的说法，很早就有人提出了疑问，或作了否定。比如清光绪八年（1882）山西《长子县志》："案洹水出林虑山（在今河南林州市），东流入淇，去长子甚远，郦注未核。"《重修林县志》载："在县北者有洹水，出县北隆虑山下（《旧志》引《水经》谓源出上党泫氏县，伏流至隆虑复出者误）。"新编《林县志》也说："洹水发源于林县县北林虑山下。"①

洹水的源头究竟在哪儿？这个问题早已引起了相关学者的极大关注。为了弄清洹水源头所在，1986 年 10 月 21 日和 11 月 5 日，安阳市地名办公室组织安阳县、林县、安阳市郊区地名办公室的同志，在安阳市水利局的配合下，两次赴山西、林县进行了实地考察。之后，又于同年 12 月 9 日，邀请河南省地质一队工程师、安阳市水利局总工程师、万金渠管理处工程师、林县水利

① 林县志编纂委员会编《林县志》，河南人民出版社，1989，第 35 页。

局工程师等人，就洹水发源地问题专门进行了学术讨论。

经过充分论证，得出结论：洹河，发源于林县林虑山;《水经注》所记洹水发源于山西境内是错误的。原因如下。（1）从地表上看，在山西省高平县（古称泫氏县）、长子县，未发现类似走向的古河床痕迹；河南省林县与山西省交界处，有南北走向的太行山阻隔，洹水不可能由西向东穿山而过；且高平县地势北高南低，该县境内河流——丹河与沁河均由北向南流注入黄河。长子县、黎城县境内诸河流，则属浊漳河水系，均注入漳河。从地表情况分析，山西境内的高平县、长子县和黎城县不可能是洹水的发源地。（2）从地质构造上看，林县境内的地质构造形态，以断裂为主，褶皱次之。太行山本身就是一个南北走向的大背斜。林县恰在该背斜东翼，而山西省高平县、长子县、黎城县，均在该背斜西翼。此背斜轴部岩性，均为古老的变质岩系，隔水性能良好，在林县和长子诸县之间形成了一道天然挡水墙，山西高平、长子等县的地表水翻越太行山而进入林县，是根本不可能的。（3）从实地考察和卫星照片上看，均未发现太行山上有东西走向的古河床沉积物。这说明第四纪以后，太行山以西的地表水没有进入过林县盆地。（4）据在考察中访问的长子县地名办公室李裕民讲:“在长子县境内进行地名普查时，没发现有洹山，亦无带洹字的地名。”另据高平县地名办公室魏清河说，高平县亦无洹字的地名存在。上述两县地名办公室在编写本县地名词条时，均未记载“洹山”“洹水”词条。

实地考察发现，洹河有黄华河、陵阳河、桃源河三条主要支流。三条支流的源头，均在林虑山中山崖断层的破碎带上，沿山流下来后，黄华河、陵阳河两条支流在林县县城北陵阳村汇合。向东流至林县横水乡横水村，又有桃源河汇注。然后，继续东流，至横水乡郭家窑村，潜流地下，至安阳县善应山再露出地面。历史上因此有洹河“逢横而入，逢善而出”之说。自善应山至彰武村段，河道处山丘地区，自然落差大，水流湍急。自彰武村下，河道处平原地区，流势渐趋平稳。至安阳县蒋村乡东部，有珠泉河注入。至麻水村东，又有汾洪河汇入。然后，蜿蜒东去，至内黄范阳口，注入卫河。

洹河全长 160 公里，流经林州市、安阳市区、安阳县、内黄县，其中在安阳市境内，长约 110 公里。流域面积 1953 平方公里，年均径流量 2.65 亿立方米，河床最大流量每秒1100立方米，为常年河。

综上所述，洹水确实发源于林州市林虑山。郦道元在《水经注》中讲"洹水出上党泫氏县。水出洹山，山在长子县"，与事实不符，是错误的。那么，郦道元在记载洹水源头时，何以会有如此之失误呢？洹水源头调查队在山西省高平县调查时，当地群众介绍说，该县有一条河流，今称"丹河"，古时称"泫水"。"泫"与"洹"语音相近，郦道元可能把"泫水"误认为"洹水"，故谓"洹水出上党泫氏县"。之后，代代相因，遂贻误至今。[①]

3. 甲骨文"洹"水得名的由来

如果说，南北朝时的《水经注》是把"泫水"误作"洹水"了，那么这只是后世将其源流弄错了，但这并不能影响洹水在先秦时代就已经存在的历史事实。

洹水最早见于史籍，则在春秋战国时期。如《左传·成公十七年》："初，声伯梦涉洹，或与己琼瑰食之，泣而为琼瑰盈其怀，从而歌之曰：'济洹之水，赠我以琼瑰。归乎归乎，琼瑰盈吾怀乎！'惧不敢占也。"《战国策·赵策》："苏秦说赵肃侯，令天下之将相盟于洹水之上。"《战国策·秦策》："昔者纣为天子，帅天下将甲百万，左饮于淇谷，右饮于洹水，淇水竭而洹水不流，以与周武为难。"《战国策·魏策》："且夫诸侯之为从者，以安社稷，尊主、强兵、显名也。合从者，一天下，约为兄弟，刑白马以盟于洹水之上，以相坚也。"古本《竹书纪年》：太丁"三年，洹水一日三绝"（《太平御览》卷83引）。这些是先秦文献中所见不多的洹水的名迹。再往前追溯，两周金文中也有"洹"字，如《伯喜父簋》《洹秦簋》《洹子孟姜壶》等。同样也是数量很少，这很可能与此时政治文化中心已经远离了洹水所在地有关，所以洹水就没有多少机会出现在重要文字记载中了。再向上追溯，就是见于甲骨文中的大量"洹"水的记录了。

那么早在殷商时代就已经存在的"洹水"，究竟又是如何得名的呢？

---

① 孙晓奎：《洹水考述》，《安阳古都研究》，河南人民出版社，1988，第79~87页；陈凯东：《洹水名源考辨》，《殷都学刊》2000年第1期。

明代安阳籍学者崔铣所编《彰德府志》提到了洹水所流经的晋代所设“洹水县”，治所在永和。永和“在县（安阳县）东四十里，汉内黄地也。晋置长乐、洹水二县”。又说洹水“又曲屈东北流六十里高齐省入临漳。隋开皇八年（588）分临漳至州北入洹水县界”“洹水环其（洹水县）西南”。是言洹水在流经洹水县时，“环其西南”。这是非常具有启发意义的一段记载。因为现在洹水流经殷墟宫殿区遗址所在的小屯村时，也是“环其东北”的流向。那么洹水是否会因为环绕都城之形而得名呢？这是非常值得深究的事情。

甲骨文“洹”字从水从亘。甲骨文中有地名人名“亘”字，其写法有（《合集》94）、（《合集》18447）、（《合集》224）、（《合集》19043）等23种，同“洹”字所从之“亘”基本一致。“亘”字在《说文解字·二部》中篆体写成，后来演变成“亘”，读桓音。《说文解字》中对“亘”的解释：“，求回也，从二从回。回，古文回，象回形。上下，所求物也。”徐锴注曰：“回，风回转，所以宣阴阳也。”段玉裁注曰：“求回也。回各本作亘。今正。以回释亘。以双声为训也。回者，转也。亘字经典不见。《易·屯卦》磐桓。磐亦作盘。亦作槃。义当作般。桓义当作亘。般者，辟也。亘者，回也。马融云：槃桓，旋也。是二字皆假借也。凡舟之旋曰般。旌旗之指麾曰旋。车之运曰转。瓠柄曰斡。皆其意也。从二。从回。会意。须缘切。按古音读如桓。十四部。回，古文回。见口部。象亘回之形。亘回双声，犹回转也。上下所求物也。上下谓二。所求在上，则转而上。所求在下，则转而下。此说从回、从二之意。”依照段注，“亘”字就是回环旋转之意。

“亘”字与其他偏旁组合形成的字，可以是指风转、旗盘或是车桓、舟旋，那么与水字旁组合而成“洹”字，表示一种水势之盘桓回转，又是什么旋转呢？可以肯定地说，“洹”字是指洹河之水的流转。

《甲骨文编》所收“洹”字，字形竟然有15个之多（上面所举的几个字形，也仅是其中的一部分）。但是其造字结构不外从“水”从“亘”，学术界基本上是将其看作形声字。但也有一些古文字学者认为“洹”字是会意兼形声字。“水”偏旁表示该字的属性是指水名的字体，“亘”偏旁除了作声符外也同时兼有表意功能。

比如赵诚先生就是从这个角度分析“洹”字字形与殷都之关系的，曰：“□，洹。从水亘声。或作□、□，偶尔也简写作□，象水流回环围绕之形。洹水即今安阳河，从西往东流，经过殷墟的北面折向南流，又经过殷墟的南面再折向东流。水流回环曲折，与□字构形近似，当为会意字。”[①] 姚孝遂先生也认为：“今洹水自西而东，流经殷虚之北境，复折而南，流经殷虚之东境，再折而向东流。契文洹字即象其回环之形。”[②]

这种说法与《说文》、段注有一定继承性，也颇有道理。不过仔细观察洹水流经殷墟的河道路线，可知洹水虽有“曲折”之形，即从殷墟宗庙宫殿区北面流经东面呈┐└形，却实无“回环”之状。洹水的流向大致是由西向东，而并无往回流的路线，自然就没有甲骨文中“□”字的“回环”之象。

在此之后，有细心的学者注意到了这一点，试图提出更加完善的解释。比如安阳学者陈凯东先生结合殷墟考古发现，将洹水河道和位于殷墟宗庙宫殿区西面与南面发掘到的大灰沟结合起来，认为这才是“洹”字所象之形，“洹”字“很像洹水和壕沟水把宫殿区包围的样子”[③]。所谓“大灰沟”，是在殷墟都城遗址宫殿区西部和南部发现的一条具备防御和排水功用的壕沟。其发掘资料详细如下：

> 大沟壕（即大灰沟）位于小屯村西约 200 余米，东距上述的甲组基址（即宗庙宫殿区的一部分）西南边缘约 400 余米，……大沟由西南伸向东北，蜿蜒曲折，最窄处约 7 米，最宽处达 21 米，……其北端直达洹河南岸，南端延伸到花园庄村稍北处，……大沟的南端由花园庄村西通向村南，折转向东，东端与洹河的西岸相接。[④]

大灰沟与洹水相通，陈凯东先生将两者结合，较为合理地解释了“洹”

① 赵诚编著《甲骨文简明词典——卜辞分类读本》，中华书局，1988，第 2 页。

② 于省吾主编《甲骨文字诂林》第 2 册编号 1320“洹”字按语，中华书局，1996，第 1278 页。

③ 陈凯东：《洹水名源考辨》，《殷都学刊》2000 年第 1 期。

④ 中国社会科学院考古研究所编著《殷墟的发现与研究》，科学出版社，1994，第 77~78 页。

字的“回环”形状，可谓精彩。

然而仍有细心的学者对此观点不尽满意，认为有更合理的解读。台湾年轻学者江俊伟先生认为，“洹”字的偏旁“亘”字作“ㄹ”形，除了有围绕之形，还有向内延伸的部分。结合洹水与大灰沟，只能得到“Ⅱ”或“□”的字形，尚不能完整解释“洹”字所从的“ㄹ”形体之由来。他从殷墟考古后来发现的宫殿区内池苑遗址得到启发，结合洹水河道和大灰沟，就可以形成“ㄹ”既有环绕之形，也有向内延伸的字形组合形状。

2004 年中国社会科学院考古研究所安阳工作站在殷墟宗庙宫殿区西面与大灰沟东面之间，发现池苑遗址。发掘报告的内容为：

在甲组和乙组基址的西侧、丙组基址的西北侧发现一处大黄土坑（即池苑遗址）。据钻探，坑壁斜陡，坑中部深超 12 米，坑内填土为黄沙土或淤土。黄土坑的平面形状似一倒靴形，向北与洹河相通，向南伸入宫殿区内，距丙组基址西北约 40 米向西延伸。①

江氏依据上述内容，将池苑遗址的位置标于图中，再作一番有意义的标注，如此，位于殷墟的洹水，与大灰沟、池苑遗址相通，就形成了甲骨文“洹”所从“亘”之字形图。② 如图三所示。

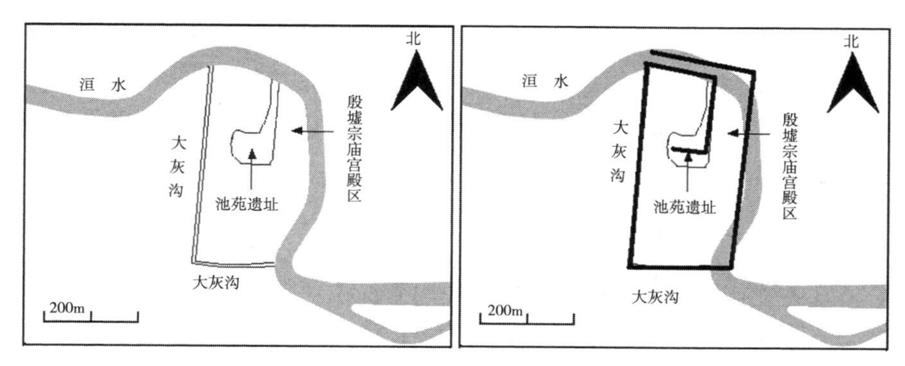

图三　殷墟洹水、大灰沟与“池苑遗址”位置

（摘自江俊伟《论甲骨文“洹”字与殷墟布局》一文）

① 岳洪彬、岳占伟、何毓灵：《2004~2005 年殷墟小屯宫殿宗庙区的勘探和发掘》，《考古学报》2009 年第 2 期。

② 江俊伟：《论甲骨文“洹”字与殷墟布局》，《殷都学刊》2011 年第 3 期。

这是一个构思巧妙的观点，或许这就是甲骨文“洹”字的造字本义和“洹水”的得名由来。当然，这一新颖的说解，还只是一种推测，究竟如何，有待更多的考古资料证实。

当然，洹水之存在，肯定要早于殷商时代。因为水是人类赖以生存的主要条件之一。古人择水而居，这是一条已经为人们所公认并被考古发掘所证明了的历史规律。在洹河两岸，分布着著名的小南海原始人洞穴及殷墟、后岗、大寒等众多古代文化遗址，据考古学家称，在洹河两岸分布有十几处仰韶、龙山、殷商文化三层文化遗址，这表明洹水是一条源自洪荒时代的古老河流。只是到了有文字记载事物的殷商时代，因为于殷都附近由河道、壕沟和苑池遗址形成了回环流势，它才可能有了“洹”水之名。

4. 甲骨文所见商代洹水信息

那么，洹水在殷商时代的状况如何呢？幸而甲骨文中记载了洹水的一些材料，可供我们对这条古老而神奇的河流发思古之幽情。相比于黄河，洹水距离殷都更近，若发大水，直接影响都城的安全，所以甲骨文中出现洹水，更多的是缘于其对于“兹邑”都城可能造成的水患影响，从中可以想见殷人对于绕城洹河水患引起的焦虑与关注。如卜辞云：

癸亥卜，争贞：洹弗［作］……？□□卜，争贞：洹其作兹邑［祸］？……［王占曰：其作］……（《合集》7853 正）

□□［卜，縠］贞：洹弗作兹邑［祸］？□□［卜］，縠贞：洹其作兹邑祸？（《合集》7854 正）

……作，洹隹有祇？勿隹？洹隹？有允灾。（《合集》7854 反）

其作兹邑祸？四月。洹弗作兹邑祸？（《合集》7859 正）

辛卯卜，大贞：洹弘弗敦邑？七月。（《合集》23717）

“兹邑”即此邑。《尔雅·释诂》：“兹、斯、咨、呰、已，此也。”邢疏云：“此者，对彼之称，言近在是也。”“弘”有广、大之义，《尔雅·释诂》：“弘，大也。”《诗经·大雅·劳民》“而式弘大”，笺云：“弘，犹广也。”“洹弘”即洹水涨，河面宽大。[①]“敦”有攻击、为害之义。上引几条卜辞是商王占卜洹水发大水时会不会对“兹邑”（单称“邑”为“兹邑”之省）——王所在占卜地的邑即殷墟都城——带来祸患的意思。

对这一历史事实，许多甲骨学家并不否认。比如陈梦家先生称：“洹水在殷都旁，对于农业收成有极大关系，所以卜问其祸否并致祭之……洹水漫岸，故为祸兹邑，兹邑指安阳之殷都。”[②]李孝定先生也认为：“洹近殷都，与殷人生活有密切关系……兹邑即殷都，言洹或为患也。……在此当有泛滥之义。”[③]

因此说，在殷商时期，商人除了仰赖洹水带来的排水、取水与防御等惠利，也必须时时提防洹水带来的洪灾危害。

甲骨文中就有直接卜问洹水会不会发大水的情况，比如：

> 丙寅卜，洹其盗？丙寅卜，洹勿［来水］不［盗］？（《合集》8315）
>
> ……洹不羡？二。三。（《合集》8317）
>
> 乙卯卜，贞：今者洹来水，羡？（《续存》154）
>
> □□［卜］，□贞：洹……翌辛未益……（《合集》10119）

“羡”字从张政烺先生释义，“就是溢，就是衍，就是汗漫无涯”[④]。而于省吾先生释盗，也说为洪水泛滥之意。[⑤]“洹勿［来水］不［盗］”，就是卜问洹河涨了水，是否会漫溢出来为患于邑。最末一辞“洹……益”，也是眼看着洹河有暴发洪涝的趋势，占问会不会在第二天的辛未日漫溢出来，形成水灾。可见当时的洹水流量较现在为大，所以才有祸患之虞。

---

① 杨升南：《殷墟与洹水》，《史学月刊》1985年第5期。

② 陈梦家：《殷虚卜辞综述》，中华书局，1988，第265页。

③ 李孝定编述《甲骨文字集释》，“中央研究院”历史语言研究所，1965，第3296页。

④ 张政烺：《殷虚甲骨文羡字说》，胡厚宣等：《甲骨探史录》，三联书店，1982。

⑤ 于省吾：《释次、盗》，《甲骨文字释林》，中华书局，1979。

与此可以相互发明的是，甲骨文中的“災”字从水不从火。水火无情，而火灾多是人为的，可以控制的；水灾则是自然发生的，在那个年代是不可控制的。所以这个时代的自然灾祸恐怕主要是由暴雨山洪造成的水灾了，故而甲骨文“災”字从水。

为了防止洹水对殷墟都城造成祸害，商人经常对洹水、洹泉进行祭祀，奉献牺牲，仪式隆重，以便祈求神灵的护佑和佐助。如：

……燎……洹……牛？（《合集》9648）

贞：呼网罘……光河以……𩁹洹？（《合集》14390）

□□卜，出贞：……侑于洹九犬九豕？（《合集》24413）

庚午卜，其侑于洹有雨？弜［侑于］洹？（《合集》28182）

戊子贞：其燎于洹泉大三牢宜牢？戊子贞：其燎于洹泉三小牢宜牢？（《合集》34165）

戊午卜，争［贞］：……［洹］水其驭兹邑？十月。……王为我家祖辛左王？贞：有家祖乙左王？（《合集》13584正乙）

在第一辞中，用牛作牺牲对洹水进行祭祀。在第二辞中，不仅将洹水与河神并列为自然神，而且与祖先神𩁹并祭。在第三辞中，商王用九只犬和九头猪去祭祀洹水，祈求它不要为患于商邑。在第四辞中，为了祈雨或者宁雨，向洹水进行侑祭。在第五辞中，祭祀洹水竟然用了祭礼规格最高的“大三牢”或“三小牢”。可见在这里，洹水作为被崇拜与祭祀的对象，已经是一种脱离河流本义的自然神了。就像“河”“岳”一样，是一种被神化了的自然支配力量。不过，从这些卜辞的内容来看，祭祀洹水神，可能是祈求不要发大水，也可能是祈雨之祭。

还有的对于洹水对兹邑造成的灾祸，怀疑是某位祖先神的降祸，所以要祭祀祖先神。如最后一辞，姚孝遂先生解释，以“驭”为“压”为“毁”，“卜辞中常见‘兹邑’，当均指殷墟而言。‘水’当即‘洹水’”，“这是由于洪水泛滥，将要危及商邑，商王祈求祖先佐佑的占卜”[1]。姚先生对于“[洹]水其驭兹邑”的解释是对的，但是对于后面的祖辛、祖乙“左王”的说法就有失确当了。我们认为，“左王”并非祖先“佐佑”、辅佐商王，而是一种祖先或神灵对时王降灾降祸的行为，是危害时王的意思。[2] 因此该辞是说，洹水洪灾对都城兹邑造成祸患，占问这是哪个先王对于时王的降祸（左），是祖辛还是祖乙。

究竟如何界定洹水的神职权能和神祇地位，情况并不简单，要看具体的卜辞语言环境而定。

据李民、张国硕研究，卜辞中已有殷人十分重视洹水为害的记录，他们除了对洹水进行燎祭，还采取了疏导的办法。考古发现，殷都宫殿区以西不远处，有一条大壕沟。“这条沟首尾衔接洹水，而且自西北向东南略呈倾斜，可见这条壕沟起着导引或分洪洹河的作用，是殷人治理洹水的重要遗迹。”[3] 这在甲骨文中也有线索可寻。比如对于上引卜辞“辛卯卜，大贞：洹弘弗敦邑？七月”（《合集》23717）就有学者释“弘”为“引”，“洹弘弗敦邑”就是引导洹水使其不能伤害兹邑都城。[4] 将“洹引”理解为引水防洪以避免水患，也可备一说。[5]

针对水患，殷商人也可能对洹水进行了整治的努力尝试，比如甲骨卜辞中有“方商”之词，有学者认为是“筑堤防水以卫商都”，“方商”或者就是对洹水的防治记录。[6]

在甲骨文中，还有一些带有“洹”字的辞例，因为残缺较甚，所以不明其义：

---

① 姚孝遂：《殷墟与河洹》，《史学月刊》1990 年第 4 期。

② 朱彦民：《说甲骨卜辞之“左王”》，《中国文字》新第 32 期，台北：艺文印书馆，2006。

③ 李民、张国硕：《夏商周三族源流探索》，河南人民出版社，1998，第 349 页。

④ 于豪亮：《说“引”字》，《考古》1977 年第 5 期。

⑤ 关于该字究竟为“弘”与“引”之争，参见赵诚《二十世纪甲骨文研究述要》，书海出版社，2006，第 908~910 页。

⑥ 温少峰、袁庭栋：《殷墟卜辞研究——科学技术篇》，四川省社会科学院出版社，1983，第 205~206 页。

乙丑〔卜〕，贞：洹□水弗□丁？（《合集 10158》）

丁亥贞：衣洹……（《合集》13014，另《合集》26048 也收此片，当为重号）

对于最后“衣洹”一词，王国维先生曾根据文献及《天亡簋》证明“衣”“殷”通用，认为是“殷祭”之“殷”。[①] 故有人把此辞“衣洹”理解为对洹水致以“殷祭”。笔者以为误矣。“衣”之作祭名时，多指对祖先的合祭，未尝见对自然神作“衣祭”者。所以，不能贸然把“衣洹”理解为衣祭洹水。这是一条残辞，“衣”“洹”二字相连，当是指两个地名，而且二者相近。此靠近洹水之“衣”正是“辛贞在衣”（1959 年大司空村出土卜骨之一刻辞，编号 SH314 ③： 3）[②]、“己丑贞：……王宿告土方于五示，在衣，十一月卜”（《屯南》254）之“衣”地。在下曾结合其他带“衣”卜辞对此进行解释，用来证明商代称“殷”是“殷”与“衣”古音相通的结果，“衣”“洹”皆是殷都附近的地名，[③] 兹不赘述。

水是人类赖以生存的主要条件之一。古人择水而居、而都，这是一条已经为人们所公认的规律。坐落在洹河南岸的殷墟，是商代晚期都城所在地，从盘庚至帝辛（纣），在此建都长达 273 年（依照古本《竹书纪年》说）。商王盘庚之所以迁都到殷，这条千古名水——洹河应该是他考虑迁都的重要地理因素之一。洹河对于殷都，至少有两个明显的作用。第一，形成广大的冲积平原，又提供了丰富的水资源，使殷地成为富庶之地。“从土壤分布来看，小屯附近属褐土，它是在暖温带的旱生森林、灌丛的作用下发育而成的，自然肥力较高。”“晚商安阳……腐植［殖］质丰富，水分充

① 王国维:《殷礼征文》,《海宁王静安先生遗书》第 8 册，台湾商务印书馆，1979，第 6 页。

② 中国社会科学院考古研究所编著《殷墟发掘报告（1958~1961）》，文物出版社，1987，第 200 页。

③ 朱彦民:《甲骨卜辞田猎地“衣”之地望考——兼论衣、殷、郼之地理纠葛》,《中国历史地理论丛》2010 年第 2 辑。

足，宜种农作物较多，复种指数也较大。”[①] 这就为殷都小屯及其附近农业经济的发展提供了坚实的物质基础，并为晚商手工业和商业经济的发展创造了条件。第二，防御作用。“一些都城的选择，也注意到河流在防御方面的作用。”[②]

总之，存在了亿万斯年的洹水，奔腾不息，流经商代后期都城附近，孕育了安阳古老而灿烂的文化，曾经滋润着殷商时代都城的繁华，浇灌着安阳境内大片丰腴富饶的土地，是一条与殷商文化密切相关的古老河流。

三　甲骨文中的“滴”——漳水

甲骨文中还有一条更为重要的河流，这就是与商族命运休戚相关的滴水。

1. 甲骨文“滴”考辨

“滴”字在甲骨文中作（《合集》8310）、（《屯南》374）、（《合集》1333）、、（《合集》8311）、（《合集》1082）、（《合集》28243）等形，为一从水商声的形声字。“滴”字为《说文》《广韵》《汉书・地理志》《水经注》等载籍所无，而《集韵》有之，系于“商”字之下：“音商，水名。”读音为尸羊切。但其地望何在，《集韵》并未言明。

甲骨文中的“滴”字，首先是由王襄先生关注并研究出来的。因为“滴”字为《说文》所无，故而在其《簠室殷契类纂》中，王氏推断：“，古滴字。”并列出了该字的其他异体：、、等。[③]

罗振玉在其《殷虚书契考释》中尚未考释出此字；但在《增订殷虚书契考释》中也列出此字，并说明是水名，显然是受到了王襄考释此字的影响。罗氏云：“许书无滴字，《集韵》有之，云音商，水名。此云：王其□舟于滴，则滴之为水名，信矣。但不知为今何水耳。《列子・力命》篇亦有滴字。今人

① 聂玉海：《试释“盘庚之政”》，《全国商史学术讨论会论文集》，《殷都学刊》增刊，殷都学刊编辑部，1985，第131、132页。

② 史念海：《我国古代都城建立的地理因素》，《中国古都研究》第2辑，浙江人民出版社，1986。

③ 王襄：《簠室殷契类纂》“存疑”第11卷，天津博物院石印本，1920，第53页。

于文字不见许书者，概斥为俗作，征之古文，岂其然乎？”[①]

接踵继武，孙海波《甲骨文编》亦说：“从水从商，《说文》所无。商都附近水名。”[②]

至于滴水究竟是后世哪条河流，在此之前的学者并没有具体指明。

2. 甲骨文“滴水”即后世之漳河

最早释此甲骨文“滴”字为漳水之“漳”字者，是葛毅卿先生。[③]葛先生所考，主要是依据音韵声训通假之术，云：

> 《说文》商从冋章省声，段氏注引《汉书·律历志》云：“商之为言章也，物成孰可章度也。”又引《白虎通·说商贾》云：“商之为言章也，章其远近，度其有无，通四方之物，故为之商也。”按今本《汉书·律历志》有是语，《尔雅·释乐》释文引刘歆语同，通行本《白虎通·说商贾》，商之为言，商其远近；《说礼乐》，商者张也，无商之言章语，段氏所言，未悉何本。
>
> 惟商章音同，犹有可寻，《尚书·费誓》释文，“我商赉女”，徐邈音章，《集韵》本之，于商字别出章读，徐氏所言，必有所授，又商陆或作蔏薩，或作章薩、蓳柳，语见王氏《广雅疏证》蔏薩条，《集韵》于商字下亦别出章读，然则甲文之滴，或即后日之漳乎？漳水发源于晋，横亘豫北冀南，其地为昔商民族徘徊之所，滴或因商而得名也。《水经注》引应劭《地理风俗记》云“河内殷国也”；《汉书·地理志》云“河内殷墟，更属于晋”，漳水所经，正系河内，丘曰商丘，故水曰滴水矣。

对于此考，陈梦家先生不以为然，云：“滴是商水，或以为是漳水（集刊7：2），仅仅从声类推求之，未必可信。”[④]杨树达先生则在葛氏基础上，于音

---

① 罗振玉：《增订殷虚书契考释》卷中，东方学会，1927，第11页上。

② 孙海波：《甲骨文编》，中华书局，1965，第441页。

③ 葛毅卿：《释滴》，《中央研究院历史语言研究所集刊》第7本第4分册，1939。

④ 陈梦家：《殷虚卜辞综述》，中华书局，1988，第597页。

韵训诂之外，更以古代地理知识对“滴水”就是漳河进行了考证：

> 考殷代屡易国都，大抵皆在大河南北，而甲文中所见水名，如淮水出自南阳，游水出自颍川，汝水出自卢氏，洹水出自林虑，皆在河南省境。以彼推此，滴水盖亦今河南省境之水，以字音求之，盖即今之漳水也。今字作漳，甲文从商作滴者，古商章音同。……《书·费誓》云：“我商赉女。”商徐仙民音章。《匡谬正俗》卷七云：“商字旧有章音。”《水经·河水篇》云：“又东北过杨虚县东，商河出焉。”郦注云：“亦曰小漳河。”此皆古章商通作之证也。①

于省吾先生也释“滴”为“漳”，如他对卜辞“丁亥卜，古贞：声叀于滴？声不叀于滴？”（《乙编》7336）的解释为：“甲骨文的‘声汩于漳’和‘声不汩于漳’，是贞问声地是否为漳水所陷没言之。”② 于老将“滴”字直接释为“漳”字。孙淼先生也对此多有研究，认定甲骨文“滴水”即今之漳水。③

漳水正是离殷都安阳不远的一条大河，我们认为释“滴”为漳是正确的。

查《水经注·河水》，漳水下游确有一条水名曰商河，俗称“小漳河”。郦道元《水经注》曾详道此“商河”的原委：“商河首受河水，亦漯水及泽水所潭也。渊而不流，世谓之清水……亦曰小漳河。商、漳声相近，故字与读移耳。商河又北径平原县东……又东北径富平县故城北……又分为二水，南水谓之长丛沟，东流倾注于海……北水，世又谓之百薄渎，东北流，注于海水矣。”对于漳河何以又称“商河”，清赵一清《水经注释》云：“按：《元和郡县志》云，汉鸿嘉四年，河水泛滥，河堤都尉许商凿此河，通海，故以商为名。”

对此，丁山先生表示了不同的意见，他说：“卜辞所见滴字，从水商声，正是商河的本名。商河改名漳水，也许是新莽改汉中为新成、曹魏改广汉为

---

① 杨树达：《说滴》，《积微居甲文说》卷下，《杨树达文集》之五，上海古籍出版社，1986，第70页。

② 于省吾：《释叀》，《甲骨文字释林》，中华书局，1979，第420~422页。

③ 孙淼：《夏商史稿》，文物出版社，1997，第259~264页。

广魏；或是周公德政吧！商之为商，得名于滴。由于周人改滴为漳，而漳水初由商河入海，后来改道滹沱，几乎淹没了殷商民族迁徙的痕迹……”[①] 他认为，清漳河下游一名商河，正与卜辞所见滴水名字相应，殷商时代漳河的干流，应该属此。

古文献中“商”“章”通假之例很多，除以上所举，再如《韩非子·外储说左下》：“夷吾不如弦商。”《吕氏春秋·勿躬》作“弦章”。《荀子·王制》：“审诗商，禁淫声。”《新书·辅佐》：“审诗商，命禁邪言，息淫声。”王念孙《读书杂志》即读“诗商”为“诗章”。《汉书·律历志》：“商之为言章也，物成熟，可章度也。”汉应劭《风俗通义·声音》，讲到五音之一的“商”，亦引云：“谨按刘歆《钟律书》：商者，章也。物成熟可章度也。”[②] 高亨先生注《易经》“坤”六三、“姤”九五的“含章”作“戕（戡）商”，即武王克商也；“丰”六五的“来章”即“来商”。[③] 如今保留了较多汉字古音的日语中“商”“章”二字同音“しょう”，也当是二者古音相通的明证。

我们再从商代地理水道来分析这一问题。商代后期，都城附近的水系应当有黄河、洹河、漳河三大河流。见之于甲骨文的有“河”“洹”。如上所述，“河”或指水名或指河伯神名，经常受到商王的祭祀，被学者们称为自然神。其所指水名应当就是后世所谓的“黄河”。而关于“洹”之卜辞中，有是否“作兹邑祸”或“敦邑”的卜问，意为发了洪水的洹河是否会给这个都邑带来灾患，那么，此“洹”应当就是如今仍盘绕在殷墟都城附近的流淌了三千多年的洹水。然而在甲骨文中并没有发现“漳水”。漳水在古代也是一条较大的河流，从先商文化主要分布于漳河流域而言，商人与漳河的关系极为密切，不亚于商代后期与洹水的关系。在甲骨文中有了一些名不见经传的小河水系之同时，不可能对此漳水没有任何记载。唯一可能的解释就是，此水名称上

---

① 丁山：《商周史料考证》，中华书局，1988，第14页。

② 《尔雅·释乐》释文也引刘歆此语：“商者，章也。物成熟可章度也。”另外，《玉海》《天中记》引徐景安《乐书》也引刘歆此语，作：“商者，章也，臣也，其声敏疾，如臣之节而为敏。”

③ 高亨：《周易古经今注》，开明书店，1947，第10、151、194页。

有所变化，也就是说在甲骨文中它不是以后世才有的“漳河”名字出现的，而是有另外一个名称在先。甲骨文中有“滴”而无“漳”，今之日有“漳”而无“滴”。则甲骨文中的“滴”水，与今日之漳水地理位置相近，指为同一条河流，不为无由。

对于滴水究为何水，也有学者提出了不同的看法。20 世纪 50 年代末李学勤先生根据卜辞所记的与滴水相系联的地名，认为滴水应当就是后世的沁水：“滴在商西盂东，是一条较大的河流，显然是沁水。”[①] 李先生之后，也有一些学者从信而持这样的观点。[②]90 年代初郑杰祥先生则认为古代漳水所流经的地域与卜辞所记的与滴水相系联的地名多不相符，因此认为滴水不大可能是漳水，而有可能是后世的清水。[③]

不过这些说法均难立说。如沁水说，虽然照顾了甲骨文中与滴水相系联的地名的考证，但这些考证未必就是正确的。尤其是对于那些商王在“滴”水逆羌、在商之“宗门”“南门”逆羌、由滴而入商等辞的解释，认为“商”不是商代后期都城的称谓，而是指商王朝的边界；“宗门”“南门”不在殷墟都城而在“商庙”，“商庙”也不在殷墟都城宗庙区而在汤阴。如此考证，则恐怕是执于“滴水”必在沁水、商王的田猎区必在沁阳的先入之见。我们退一步讲，即使“商”不是商都而是指商王朝的边界（这简直不可能），而商庙也不在商都殷墟而在汤阴（这同样也不可能），那么，与殷墟都城近在咫尺的汤阴不可能临近商王朝的边境线，汤阴距沁水也有数百里之遥，何以就能作相邻的两地并列？凡此，均可证明商代的滴水不是今日之沁水。更为重要的是，商代除有“滴水”外，自有“沁水”存焉。如“乙卯卜，丙豕出鱼，不沁？九月。”（《合集》20738）甲骨文“沁”字作（《合集》20738），或作（《合集》3407 正），前辈学者多释为沨，于省吾先生始释为“沁”字。[④]“未……

① 李学勤：《殷代地理简论》，科学出版社，1959，第 11~13 页。

② 李民、张国硕：《夏商周三族源流探索》，河南人民出版社，1998，第 98 页；崔恒昇：《简明甲骨文词典》，安徽教育出版社，2001，第 623 页。

③ 郑杰祥：《商代地理概论》，中州古籍出版社，1994，第 53~57 页。

④ 于省吾：《释心》，《甲骨文字释林》，中华书局，1979，第 366 页。

鱼……沁……”（《合集》22370）当系网鱼于沁水之贞；“贞：涉心狩？”（《合集》14022）则是涉渡沁水以从事狩猎之卜。甲骨文中的“沁”应当就是后世的沁水，沁水发源于山西省沁源县，向南穿过太行山，东南流经今河南济源、沁阳及武陟县南注入黄河。由此可知，滴水绝不可能为沁水。

至于郑氏的清水说，所举三个方面的原因都有待商榷。其一，古代清水并不是一条大水，更不是横贯商代后期王畿的大水，先商文化辉卫型遗存的发现，也并不能说明清水流域是商族活动的唯一地区。其二，商字古音在审纽阳部，清字古音在清纽耕部，阳、耕二部分属古音第十部和第十一部，二部划然有别，不可能通转。又《吕氏春秋·执一》：“耳不失其听，而闻清浊之声。”高诱注：“清商浊宫。”（郑氏误引作：“清，商也。”）此处是义释而非音训，是言清声为“宫商角徵羽”五声中的商声，并不是说二字音近通假。对于古代的“商声”，《礼记·乐记》云：“商者，五帝之遗声也。商人识之，故谓之商。”而郑氏注则谓：“商，宋诗也。”虽略有不同，但也都是义训，无由证明“清”“商”音近通假。而《水经注·河水》：“商河首受河水……世谓之清水。”也是言黄河的下游某一段，因为汇合了“商河”而“渊而不流”，河深水清，被称为“清水”，是那种“河水清、天下平”的意思，不是黄河在山西平阴境内从西北来注之的“清水”，也不是出自河内修武县北黑山的“清水”，更不是所谓“商、清二水混称”，所以郑先生“卜辞滴水后世可能已音转为清水”的推测，可能是错误的。至于他从卜辞所记与滴水相关联的地名考察滴水地望，也是见仁见智的孤意强证，并没有多少辅证的材料。

所以我们认为，甲骨文中的滴水即后世漳水，是与商民族息息相关的一条大河。

3.“滴水”得名于商族名号

前引丁山、孙淼先生均以滴为商河、漳水之本名，颇中鹄的；但以商人得名于滴者，则有些本末倒置。我们认为，商人以其族名命名其所居地名和所居水名。“商”字本义正像其图腾玄鸟（燕子）鸣叫的形象，故而“商”就成了商族人自鸣的名称。商族正是先以“商”为族名，而后有族居地名、国名、朝代名。[①]

上古时代一些部族图腾名称地域化的现象比较常见，例子不胜枚举，如以羊为图腾的民族其族名称“羌”，其长期居留之地称为“羌”，其姓氏称“姜”，而赖以生存的水称“姜水”；以莅为图腾的民族族姓称莅（后来演变为“姬”），周围流淌的河水称为“莅水”；以荠为图腾的民族其居留地称“齐”，其族仰之生存的那条河水称为“济水”。

商族的名称“商”之演化亦与之相类。商族人以“玄鸟”为图腾，于是有了代表燕子形象与声音的“商”字为族名，之后才有了商族居地的“商”名。同样，商族居地周围有一条与商族息息相关的河流，也称为“滴”，这就是甲骨文中的“滴水”。不仅如此，随着商族的往来迁徙，“商”地的名字与“亳”名一样，播迁到所居留的各地。这就是文献中众多“商”“商丘”等地名的由来。商族建国之后，更以国名称“商”，是为商王朝的名称由来。商王朝是城邦国家时代，国就是城，城即为国，因此统治者所居的都城也称为“商”，这就是甲骨文中何以又称殷墟都城为“商”“中商”“大邑商”“天邑商”的缘故。

既然“商”国名得于族名，而族名“商”来自商族图腾物崇拜，商人族居地名也得于族名，那么一条与商族人生存发展息息相关的河水，也当依地名而称“商水”。这就是见之于甲骨文中的“滴水”之名。

今以甲骨文中发现的“滴水”而言，则“商”之地望不辨而自在焉。“滴水”，亦省作“商水”（《合集》33350），益证“滴水”得名于地名和族名的“商”。漳水流域的“商”名是原始地名，是商族长期居留于此而得之地名。作为地名称“商”，作为水名而称“滴”。别处之“商”名，恐无如此之佳证。

由此我们可以推断，商族先祖相土（或昭明）曾率族到达漳水流域附近定居下来，因族名而得族居之地名商，由族居地名而得“商水”之名“滴”。自此之后，商族建立了国家，也以其族名名国。或者在此后的迁徙中，把

① 朱彦民:《商族的起源、迁徙与发展》，商务印书馆，2007，第263~274页。

“商”名带到了所经之地，如濮阳之商丘、陕西之商等。

这一结论，不仅符合古代文献记载，也符合古文字材料，而且有考古资料作证。考古工作者在漳河流域发现大量典型的先商文化遗存，因而有了漳河类型文化一称。

最早提出“先商文化”概念的著名考古学家邹衡先生云：“所谓封于商，无非是说，商人最早曾经在商地区活动过，而今在考古学上证明，这个名商的地区就是今漳河地区。”“成汤以前，商人活动的地区，最早大概不出先商文化漳河型的分布区，也就是在今天河北省西南部和河南省北部的一大片平原上，其中心地点应该就在滹沱河与漳河之间。”① 他还指出：“考古学证明，先商时代，商人远祖活动地区的中心地点即在滹沱河与漳河间。此即先商文化漳河型，随后，商人活动逐渐南移，便有辉卫型和郑州南关外型。”② 邹先生提出的这一观点经过 20 多年考古学材料的证实和学界的研究，现已被考古学界、历史学界广泛接受。

我们虽然不同意邹先生的“漳河地区是商人最早活动的地区”的说法，因为早于先商文化的商源文化，还应该在河北省北部地区寻找；③ 但他所揭示的先商文化漳河类型当是商族先人早期曾居住于此的文化遗存，这是没有问题的。而且从前后持续的时间来看，此地的先商文化也非一世两世先公所能完成的，而是商族先人长期居留于此的结果。正因如此，以至于今日有些学者把此地作为商族起源地来看待。

由先商文化漳河型遗存堆积深厚、内涵丰富这一点来看，商族先公率族居留于此经时历久，于此发展壮大，所以才以族名为此地地名，建国以后以此地名为国名，并且到后期商王盘庚又把国都迁于此地，盖不忘其根据地、大本营也。

4. 从甲骨文看商代“滴水”信息资料

甲骨卜辞中，涉及“滴水”的卜辞有：

① 邹衡：《夏商周考古学论文集》，文物出版社，1980，第 217、218 页。

② 邹衡：《夏商周考古学论文集》（续集），科学出版社，1998，第 18~19 页。

③ 朱彦民：《商族的起源、迁徙与发展》，商务印书馆，2007。

王涉滴，射又（有）鹿，擒？（《合集》28239）

……涉滴，至㮚，射左豕，擒？（《合集》28882）

王其田，涉滴，至于㝬，亡𢦏？（《合集》28883）

□丑卜，行贞：王其率舟于滴，亡𢦏？（《合集》24608）

王其省，涉滴，亡𢦏？不雨？（《合集》27783）

乙未卜，王涉滴？（《合集》27802）

叀滴网鮀，以……（《合集》28426）

𢦔叀今夕于滴？（《合集》28178）

王其又（侑）于滴，在右厂（岸）燎，有雨？既川燎，有雨？（《合集》28180）

……求年于滴？（《合集》140110）

……求年于滴？（《英藏》2287）

……求禾于滴，又（有）大雨？吉。（《合集》28243）

……商水大……（《合集》33350）

……入商？左卜占曰：弜入商。甲申𧊒夕至，宁，用三大牢？宁于滴？（《屯南》930）

于滴王逆以羌？王于宗门逆羌？（《合集》32035）

由上引卜辞来看，“滴”为一条商王经常“跋涉”的河流。“滴河”中可以荡舟垂钓或撒网捕鱼。过了“滴”水，就是商王经常围猎悠游的田猎地“㮚”“㝬”。此外，商王还曾经向“滴水”进行祭祀，以祈求降雨，以祈求农业年成的丰收。尤其是商王从外地归来要进入都城，即“入商”之前也须待次于“滴”；商王迎接讨伐羌方凯旋的将士并接受献俘仪式时，除在宫殿宗庙区的“宗门”和都城正门的“南门”外，还可以在“滴水”逆羌。可见，“滴水”是距离殷墟都城“商邑”较近的一条河流。另外，甲骨文中还有“滴南”（《合集》33178）、“滴北”（《合集》33177）的字眼出现，说明“滴水”是一条自西向东流淌的河流。所以孙淼先生指出：“滴水具备这样几个条件：

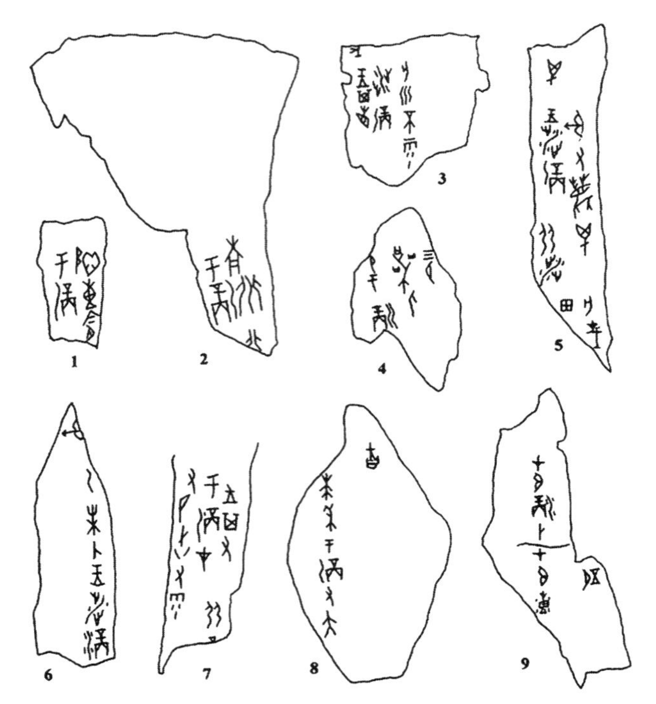

图四　见于甲骨文中的滴地材料

[1.《合集》28178；2.《合集》37178；3.《合集》27783；4.《合集》1082；5.《合集》28339；6.《合集》27802；7.《合集》28180（局部）；8.《合集》28243；9.《合集》24340]

甲、距商都不远；乙、是东西流向；丙、是一条比较大的河流。符合这几个条件的，只有两条水，一是洹水，另一个是漳水。甲骨文中有洹水，字形作'[illegible]'、'[illegible]'等，是水名，此即洹水。因而，滴水不可能是洹水，而只能是漳水了。"①

现在学术界一般承认，"滴水"即今之漳水，现在流经豫冀交界地带和河北省中南部地区距离安阳殷墟不远的漳河正符合这一地理条件。

"滴"水是一条与商族人生存发展息息相关的河水。"商"国名得于族名，与殷商族人相关的山川地名也得自族名，所以甲骨文中的"滴水"对于商人来说，应是其早期居住地附近的一条圣河。

① 孙淼：《夏商史稿》，文物出版社，1987，第262页。

由此可知，殷商时期殷墟都城周围地区河流密布，纵横交错。东部是古黄河，从安阳东南方而来，经安阳、内黄之间向东北缓缓流过。南边是淇水、汤水、羑水，北面有漳水、滏水，而紧靠殷墟都城，与其他几条古水一样源于太行山区向东奔流的是洹水。从甲骨卜辞中关于河、洹等大水的记载，尤其是泛洪的洹水对殷墟都城是否会有祸患的贞问来看，当时的这些河流水流量均较今日为大。水系众多，水流湍急，水文条件良好。

第三节 甲骨文淇水探踪

淇水发源于山西省陵川县棋子山，流经河南省林州市临淇镇，东流至今河南省鹤壁市浚县大赉店，又南折流向淇县（古朝歌），再东流至浚县新镇镇淇门注入卫河。沿着淇河流域，有临淇、淇县、淇门等地名，这些地名都是因为依傍着这条河而起的。

一 淇水是一条古老的河流

淇水也是一条古老的河流。在我国最早的诗歌总集《诗经》中，近40次提到了淇水或直接写到淇水。比如《卫风·氓》："送子涉淇，至于顿丘。""淇水汤汤，渐车帷裳。""淇则有岸，隰则有泮。"《淇奥》："瞻波淇奥，绿竹猗猗。""瞻波淇奥，绿竹青青。""瞻波淇奥，绿竹如箦。"《竹竿》："籊籊竹竿，以钓于淇。""泉源在左，淇水在右。""淇水在右，泉源在左。""淇水滺滺，桧楫松舟。驾言出游，以写我忧。"《有狐》："有狐绥绥，在彼淇梁。""有狐绥绥，在彼淇厉。""有狐绥绥，在彼淇侧。"《邶风·泉水》："毖彼泉水，亦流于淇。"《鄘风·桑中》："期我乎桑中，要我乎上宫，送我乎淇之上矣。"

这些临近殷商故都的卫国的诗歌，其创作年代大约在西周和春秋早期。这是一个去殷商王朝不远的时代。此时诗歌中大量提及的淇水，必定在殷商时代就已经存在了。近世以来许多研究上古环境史的学者，大多引用"淇园绿竹"等材料来证明殷商王畿的自然植被和生态环境。这也从一个侧面证明，商代之时是有淇水流过其王畿之地的。

不仅如此，在淇水两岸发现了大量的殷商时代和殷商之前的古文化遗址和遗迹，比如著名的鹿楼刘庄仰韶文化遗址①、刘庄先商文化遗址②、淇县宋窑先商文化遗址③、大赉店龙山至商周文化三迭层遗址④、辛村周卫贵族墓地⑤等，这些非常密集的偎傍淇水而居的古代聚落遗址和遗迹，都为淇水是商代境内的重要水系提供了可信的实物材料。

二　甲骨文中“淇水”踪迹的探索

但是在甲骨文中并未见作从水从其的“淇”字。在殷商时代既已存在的淇水，何以不显于甲骨卜辞中呢？有些学者不甘心“淇”字不见于甲骨文，对其进行了多方求索，然而终是无果。

杨树达先生认为，甲骨文中的“溲”字作[氵甴]，“余谓其字从甴，甴即《说文》之畁字”。“寻甲文与篆文异者，篆文从収，甲文止从又，从又与从収一也。”从文献论证该字右边偏旁甴为“其”字讹变，所以认定甲骨文中的“溲殆即淇字也”。“甲文所见水名，大抵皆在今河南省境，淇水亦河南省境之水也。”⑥

对此说，李孝定先生颇以为是：“杨氏说字形字音较诸说为长。契文亦有从畁之一体，谓即淇之古文实大有可能。”⑦

罗琨认为，常见于甲骨文中的“滴水”地望在安阳之南，即今淇水：“滴水是殷墟卜辞中的一条重要河流，其地望却长期未能确定，因为从文献考察它显然是殷墟之北的漳水，即是商人先祖在传说时代的活动地域，此外，还

---

① 唐云明：《试谈豫北、冀南仰韶文化的类型与分期》，《考古》1977年第4期。

② 河南省文物局编著《鹤壁刘庄——下七垣文化墓地发掘报告》，科学出版社，2012。

③ 北京大学考古系商周考古组：《河南淇县宋窑遗址发掘报告》，《考古学集刊》第10辑，地质出版社，1996。

④ 刘燿（尹达）：《河南浚县大赉店史前遗址》，《田野考古报告》第1册，商务印书馆，1936。

⑤ 郭宝钧：《浚县辛村》，科学出版社，1964。

⑥ 杨树达：《卜辞求义》，《杨树达文集之五》，上海古籍出版社，1986，第56~57页。

⑦ 李孝定编述《甲骨文字集释》，“中央研究院”历史语言研究所，1965，第3379~3380页。

有不少古商、章通作之例，可为佐证。但是从卜辞考察，滴水却应在殷都之南，它是从安阳小屯前往沁阳田猎区必经的一条河。……前人利用文献考订滴水是漳水之说是有道理的，但冀南的滴（漳）水不一定就是卜辞中的滴水，先民们在迁徙、发展过程中，带走祖居之地的山名、水名是常见的一种古俗。卜辞中的滴水应是另一条同名的河，从卜辞指示的地望看，当为商都与沁阳田猎区之间的淇水。”[1]

不过，甲骨文中的“滴水”，自从葛毅卿考证为漳河[2]以来，很多学者又作了补充论证，[3]验之于甲骨文材料和豫北冀南历史地理位置关系，此说可以成为定论。故“滴水”不当为淇水，甲骨文中的“淇水”自当另寻别求。

三 甲骨文田猎地“㚔”之地望考索

甲骨文中有“㚔”字，作（《合集》33374 正）、（《合集》35237）、（《英藏》361 正）等形，地名，是商代晚期的田猎地之一。如：

贞：狩勿至于㚔？九月。(《合集》10956)

……擒……百又六，在㚔……（《合集》33374 正）

戊寅卜，王陷，旸日？允。辛巳卜，在㚔，今日王逐兕擒？允擒七兕。(《合集》33374 反)

乙酉卜，在㚔，丙戌王𠂤，弗正？乙酉卜，在㚔，丁亥王𠂤，允擒三百又四十八。丙戌卜，在㚔，丁亥王𠂤，允擒三百又四十八。(《屯南》663)

在㚔壬午。癸未王陷，擒不擒？弗擒。甲申卜，在㚔。丁亥王陷，

① 罗琨:《卜辞滴水探研》,《考古学研究（五）：庆祝邹衡先生七十五寿辰暨从事考古研究五十年论文集》，科学出版社，2003，第 371~380 页。

② 葛毅卿:《释滴》,《中央研究院历史语言研究所集刊》第 7 本第 4 分册，1939。

③ 杨树达:《说滴》,《积微居甲文说》卷下，《杨树达文集》之五，上海古籍出版社，1986，第 70 页；孙淼:《夏商史稿》，文物出版社，1987，第 262 页。

擒？弗……乙酉卜，在……丙戌卜，在萁，今日王令逐兕，擒？允擒。（《屯南》664）

这些辞例中的“陷”字均作□（《天理》206正），即井坎中有麋鹿之形，可知是以陷阱猎取麋鹿的专字。所以这些卜辞辞例，都表明了“萁”地是个著名的田猎地，在此可以狩猎到“兕”（即野牛）及麋鹿等野生动物，而且所获较多，可见此地是个水草丰茂、适宜野生动物生长的地方。

对于萁字，因较为少见，学者们考论者并不太多，且多以“箕”字当之。如徐协贞认为该字即古文“箕”字。[①] 孙海波也认为此字与《说文》“箕”古文相同。[②] 单周尧也认为是“箕”字，与古文□相近。[③]《甲骨文字诂林》编者按认为，此字从“其”从“収”，与“其”字不同，隶定作“箕”，或加三点，姑以为“小箕”合文。[④] 但也有将此字释为“粪”者，[⑤] 不一而足。

对于“萁”的地望何在，面对孤立地名，学者们多无从考论，付之阙如。至1991年发现花园庄东地甲骨“子”卜辞，“子”卜辞里也有此田猎地“萁”字，分别见于《殷墟花园庄东地甲骨卜辞》第36片和第498片（见图五、图六）。

① 徐协贞：《殷契通释》第1卷，中国书店，1982，第21页。

② 孙海波：《甲骨文编》，中华书局，1965。

③ 单周尧：《读王筠〈说文释例〉同部重文篇札记》，《古文字研究》第17辑，中华书局，1989。

④ 于省吾主编《甲骨文字诂林》，中华书局，1996，第2812页。然姚孝遂、肖丁《小屯南地甲骨考释》（中华书局，1985）第152页以原形示之，而姚孝遂、肖丁主编的《殷墟甲骨刻辞摹释总集》（中华书局，1988）第975页将此字隶定为“其”或作合文“小其”处理。

⑤ 刘钊等编纂《新甲骨文编》，福建人民出版社，2009，第246页；李宗焜编著《甲骨文字编》下册，中华书局，2012，第1114页。

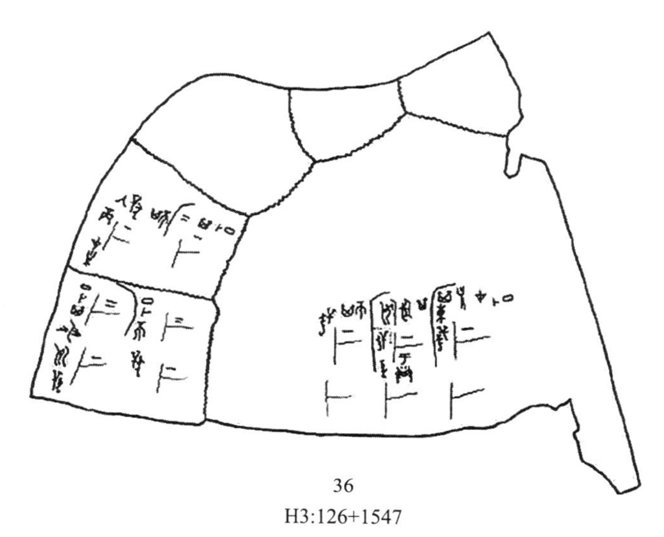

图五　甲骨卜辞中𦳊地材料之一
（《花东》36摹本）

丁卜，在㞢，其东狩？其涿河狩至于𦳊？不其狩？丁卜，其［狩］？不其狩？入商在𦳊。丁卜，不狩？丁卜，其涉河狩？（《花东》36，原出土片号为H3:126+1547）

癸卯卜，在𦳊。弹致马？子占曰：其致。用。（《花东》498）

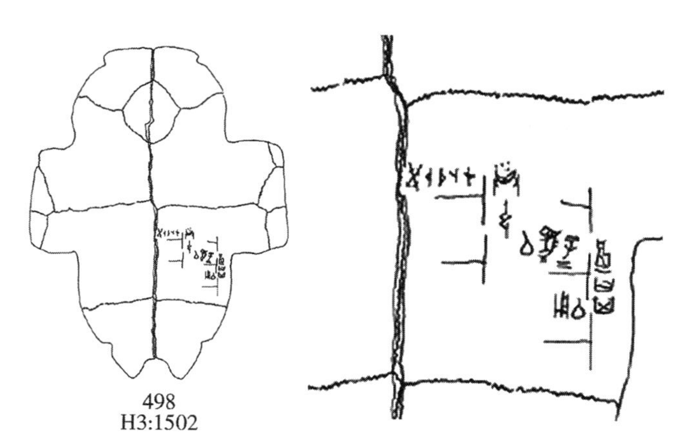

图六　甲骨卜辞中𦳊地材料之二
（《花东》498摹本及摹本局部放大）

两辞中皆有“綦”字，其前有“至于”和“在”字，为甲骨文地名无疑，为“子”卜辞中的田猎地。与前引《合集》和《屯南》中作为“王族卜辞”田猎地的“綦”为同一地，为商代晚期商王及贵族们的共同狩猎地。而且在第36片中，有了该地名与其他地名的系联关系，这对考定其地望所在非常有利。

花园庄东地甲骨的发掘整理者刘一曼、曹定云继续将此字释作“箕”字。[①] 常耀华和林欢[②]、韩江苏[③]、魏慈德[④] 等人继而从之。其实此字从“其”从两手而不从竹字，不应释作“箕”字。朱凤瀚先生始将此字隶定作“綦”，[⑤] 我们赞同这一隶定法。

诸家将“綦”视作田猎地名，无疑是根据甲骨卜辞内容作出了正确判断。但是“綦”的确切地望何在，以往的研究都没能详细指明，缺乏必要的论证。

朱凤瀚先生在说明花东非王卜辞中的田猎地点时，引用了《花东》36片，释该辞为:“丁卜，才（在）□其东獸。其涿河獸至于綦。不其獸。丁卜，其。不其獸，入商才（在）□。丁卜不獸。丁卜，其涉河獸。”对该辞也进行了详尽的解释，“□与□当是一字之异体，应即是王卜辞中的田猎地□。言‘入商才（在）□’，可见□地在商中。商是商王国中心区域，相当于王畿，即今安阳及附近地区。巡猎既言‘入商’，则H3卜辞占卜主体之贵族居地应在商外邻近地。丁日卜是否要在□地以东狩猎，还是不在此狩猎而是入商在□地狩猎，又卜要否涉河水狩猎。当时的河水是从今安阳、内黄、浚县以东流向东北，故卜辞是卜在商王畿以东、黄河两岸狩猎”。并且，朱先生对H3卜辞所属贵族家族居地作了如下推测，认为“应在此附近，约位于今郑州以北、淇县西一带，故其田猎时北上不远即可‘入商’”。

---

① 刘一曼、曹定云:《殷墟花园庄东地甲骨卜辞选释与初步研究》,《考古学报》1999年第3期。

② 常耀华、林欢:《试论花园庄东地甲骨所见地名》,《2004年安阳殷商文明国际学术研讨会论文集》，社会科学文献出版社，2004。

③ 韩江苏:《殷墟花东H3卜辞主人“子”研究》，线装书局，2007，第465、466页。

④ 魏慈德:《殷墟花园庄东地甲骨卜辞的地名及词语研究》,《中国历史文物》2007年第4期。

⑤ 朱凤瀚:《读安阳殷墟花园庄东出土的非王卜辞》,《2004年安阳殷商文明国际学术研讨会论文集》，社会科学文献出版社，2004，第216页。

应该说，这一研究虽然没有涉及“萁”地地望，但相关考论对我们考证该辞中“萁”之地望所在，还是非常有启发意义的。

四　“萁”字应为“淇”字考

我们认为，从该辞中与“萁”关联的地名“商”“河”“[甲骨字A]”“[甲骨字B]”等来看，“萁”字所指及其大致地望还是可以考论的。

甲骨文中的“商”字有多种义项，既可指商王朝国度，又可指商都城，还可指商王畿。在此辞中，“入商”之“商”字，当指商王朝的王畿，是指商王朝都城附近的一个大范围概念。这样就可以确定“萁”字所在应该在商王朝统治的中心区域之内。甲骨文中的“河”，恒指“黄河”，为黄河的专称。“其涿河狩至于萁”，可知处在商王畿之内的“萁”地离古黄河河道不远。但黄河流域较广，仅在商王朝王畿之内的黄河流经之地也有几百里之遥，所以仅靠“商”“河”的地名系联，仍不能确定“萁”地的具体位置。

所幸该辞中与“萁”字系联的地名，还有“[甲骨字A]”“[甲骨字B]”等地待考。刘一曼、曹定云、朱凤瀚等学者都认为，“[甲骨字A]”与“[甲骨字B]”为一字异体，为同一地。这无疑是正确的判断。如果我们弄明白了“[甲骨字A]”“[甲骨字B]”等地的地理所指，那么“萁”字地望所在就可以大致划定。

其实，“[甲骨字B]”也是晚商时期一个重要的田猎区，商王经常田猎于此，如：

> 贞：叀今日往于[甲骨字B]？（《合集》8063）
>
> □申卜，□贞：王往于[甲骨字B]……（《合集》8064）
>
> 乙卯贞：乎田于[甲骨字B]，受年？一月。（《合集》9556）
>
> 乙巳卜，王获在[甲骨字B]兕？允获？（《合集》10950）
>
> 庚寅卜，尹贞：□其田于[甲骨字B]，无灾？（《合集》24458）

等等。

而“[甲骨字B]”之地望所在，李学勤先生将[甲骨字B]置于商代田猎区的“敦区”之中。“在早期卜辞中，此地写作[illegible]。武丁早期即在[illegible]狩猎（合 116）。”[①] 花东甲骨发现之后，根据新的材料，常耀华、林欢认为其地可能在商都与古黄河之间。魏慈德、韩江苏也认为当在黄河两岸。诸说可信，然均未能确指。

相比而言，郑杰祥先生的相关考证具体而确实。他认为，[illegible]从〇从未，即“昧”字。古昧地即后世的沬邦和妹地，在今河南省淇县古城村一带。而南距朝歌（今淇县县城）10 公里的古城东、西两个龙山时代和商周遗址，可能就是甲骨卜辞[illegible]地及昧邑或妹邑的遗迹所在。[②] 我们非常信服郑氏的这一考证。

《尚书·酒诰》：“明大命于妹邦。”孔传：“妹，地名，纣都朝歌以北是也。”《诗经·鄘风·桑中》：“爰采唐矣，沬之乡矣。”《毛传》：“沬，卫邑。”《经典释文》：“沬，音妹，卫邑也。”《水经注·淇水》：“（淇水）东南经朝歌县北……《晋书·地道记》曰：‘本沬邑也。’”昧、沬和妹古音通假，例证如《易经·丰卦》云：“日中见沬。”《经典释文》：沬“《字林》作昧……王肃云：音妹。郑（玄）作‘昧’”。不仅古代文献如此，西周铜器金文也有佐证。《盂鼎》铭文“女妹辰有大服”，吴大澂《说文古籀补》释云：“妹，古文以为昧字，《释名》：‘妹，昧也，犹日始出历时少，尚昧也。’《盂鼎》‘妹辰’即‘昧辰’假借字。”郭沫若《两周金文辞大系》《盂鼎》释文云：“‘妹辰’二字旧未得其解，今按昧与妹通，‘昧辰’谓童蒙知识未开之时也。”所以说“昧”与“沬”和“妹”，同音通假。甲骨文“[illegible]”作为地名，当指古朝歌以北的“妹邦”和“沬之乡”。

淇县古城村遗址的地理位置紧邻淇河，在淇水西岸。那么与位于古城村的“[illegible]”（昧邑）相关的“萁”是否与淇水有关呢？或者是否就是“淇”字呢？很有这种可能。

我们认为，如果甲骨文中的“萁”是“淇”字，它是作为田猎地名出现的，只能说是“淇”地。甲骨文中还没有出现“涉于淇”或“鱼于淇”这样的

① 李学勤：《殷代地理简论》，科学出版社，1959，第 17 页。

② 郑杰祥：《商代地理概论》，中州古籍出版社，1994，第 31~33 页。

辞例。所以“萁”是一个具体的地点，而不是指淇河或淇水流域的所有地方。

那么，这个水草丰茂、可以猎获到野牛和麋鹿的田猎地“萁”（淇）地，可能就是淇水汇入黄河的入河口。经研究，商代黄河下游故道当从今郑州折而东北流经今浚县大伾山东、濮阳西向渤海方向流去。古黄河位于古朝歌城及沬地以东10余公里。淇水汇入黄河的入河口即淇水口，后世又称作坊头城和淇门镇，在今河南省浚县新镇镇南部。

对于淇水入河口，古代文献多有记载。《说文·水部》：“淇，水出河内共山北，东入河。”《水经注·河水》：“河水又东，淇水入焉。……《汉书·沟洫志》曰：‘在淇水口东十八里，有金堤，堤高一丈。自淇口东，地稍下，堤稍高，至遮害亭，高四五丈。又有宿胥口，旧河水北入处也。’”《水经注·淇水》：“淇水出河内隆虑县西大号山，《山海经》曰：淇水出沮洳山。……淇水又东出山，分为二水，水会立石堰，遏水以沃白沟。左为菀水，右则淇水，自元甫城东南径朝歌县北。《竹书纪年》：晋定公十八年，淇绝于旧卫，即此也。淇水又东，右合泉源水，水有二源，一水出朝歌城西北，东南流。老人晨将渡水而沉吟难济，纣问其故，左右曰：老者髓不实，故晨寒也。纣乃于此斫胫而视髓也。其水南流东屈，径朝歌城南。……淇水又南历枋堰，旧淇水口，东流径黎阳县界，南入河。《地理志》曰：淇水出共，东至黎阳入河。”杨守敬疏：“《地形志》：汲郡治枋头，即枋头城。”《大清一统志》河南卫辉府“古迹”条下云：“枋头城在浚县西南八十里，即今之淇门渡，古淇水口也。”

今河南浚县新镇镇前枋城村发现一处商周时期文化遗址，东北距浚县县城30公里，西北距淇县县城及沬地10余公里。遗址长180米，宽120米，总面积为21600平方米。采集到的遗物有商代的陶鼎、陶盆、陶鬲、石斧、石镰、贝壳等，西周的陶豆、陶鼎、陶鬲等。[①] 这里就是商周时期的淇水入河处遗迹。

准此，则“商”“河”“萁”“[illegible]”等地名的地理位置关系，可以大致明

① 浚县地方志编纂委员会编著《浚县志》，中州古籍出版社，1990，第878页。

白。如此，则上举《花东》36片甲骨田猎卜辞就可以通读了。

> 丁卜，在沬，其东狩？其涿河狩至于𦬧？不其狩？丁卜，其［狩］？不其狩？入商在[illegible]。丁卜，不狩？丁卜，其涉河狩？（《花东》36，原出土片号为H3：126+1547）

丁日，在商王朝王畿内的沬邑占卜，占问：是由沬地向东涉过黄河在河东地区狩猎呢？还是顺着黄河南行到达淇地（淇水口）狩猎呢？是狩猎呢？还是不狩猎呢？

对于该卜辞辞意的理解，学者有不同的看法。常耀华、林欢称，“东狩”当与“涉河狩”同意。我们赞同这一说法。而刘一曼、曹定云认为在“其涿河狩至于箕”句中，“涿”意“与涉相近”，辞意为商王渡河狩猎至于“箕”地。我们认为，辞中的“涿”字作“⌈豕⌉”之形，像一豕形动物漂在水中，与“涉”字像两脚跨河而行的形象完全不同，这是“涿”不“与涉相近”的原因之一。其二，在同版卜辞中，还有“丁卜，其涉河狩”的辞例。可见，“涿”和“涉”是有区别的，不然同样是与水有关的动作，不当使用两个不同的字。“涿”字像一豕在水中，当是顺水漂流或顺河而走，不当为涉水渡河之意。其三，既然商代黄河在淇县东侧，沬地以东，淇地为淇水入河口，在河西侧顺河而走即可到达淇地，那么“涿河狩至于淇”，何以要渡河呢？可见将“涿”等同“涉”视为渡河是不正确的。

在此需要说明的是，淇水作为一条古老的河流，在甲骨文时代是确实存在的。甲骨文“𦬧”字是指淇地，即淇水口一带。但淇水本身并没有出现在甲骨文材料中，这可能是由多种因素造成的。其一，或者限于现有材料的缺漏，尚未发现，有待于甲骨文材料的深入分析和再发现；其二，或者淇水在当时没有“河”“洹”“滴”等大水系那样重要，所以未出现在甲骨文中；其三，或者因为甲骨文本身是仅仅作为王室贵族占卜材料这种性质的局限性，并不能反映社会的方方面面；其四，或者是因为古今名物指称的变化，如今之漳河，在甲骨文中称“滴水”，淇水的情况是否也是如此，有待进一步考察。

第四节　先秦中原地区的湖泊泽薮

一　文献记载中的先秦湖泊泽薮

上古时期中原地区潮湿温润，除众多水系之外，还有许多的湖泊、沼泽、湿地等。《孟子·滕文公下》所谓："园囿污地沛泽多，而禽兽至。"《墨子·辞过》："下润湿伤民，故圣王作为宫室。"可谓古代卑湿地理之写照。如《商君书·徕民》篇所言："地方百里者，山陵处什一，薮泽处什一，溪谷流水处什一，都邑蹊道处什一，恶田处什二，良田处什四。以此食作夫五万，其山陵、薮泽、溪谷可以给其材，都邑、蹊道足以处其民，先王制土分民之律也。"薮泽、溪谷流水占整个国土面积的五分之一，则水文不可谓不丰沛也。

《国语·周语下》记大禹治水，"高高下下，疏川导滞，钟水丰物，封崇九山，决汩九川，彼障九泽，丰殖九薮，汩越九原，宅居九隩，合通四海。"九川、九泽、九薮，极言其多而已，并非只有九数，实际上当时的川（河流）、泽（湖泊）、薮（湿地）是非常之多的。据时代为西周时期的《尚书·禹贡》记载，当时的湖泊有：大陆、雷夏、大野、彭蠡、震泽、云梦、荥波、菏泽、孟潴、猪野、流沙等11个大型的湖泊。至战国时代的《周礼·职方》，也记载了11个湖泊，但与《禹贡》所记不同，其中扬州之五湖、豫州之圃田、雍州之弦蒲、幽州之豯养、冀州之杨纡和并州之昭余祁等6个湖泊，是不见于《禹贡》记载的。至汉代《尔雅》则记载有十薮，其中的齐地之海隅、周地之焦护，为《禹贡》和《职方》均无。至《淮南子·地形训》则有九薮之数：越之具区、楚之云梦、秦之阳纡、晋之大陆、郑之圃田、宋之孟诸、齐之海隅、赵之巨鹿、燕之昭余等。《吕氏春秋·有始》也记载了九薮，其中一些泽薮名字与《淮南子》所记略有不同，如吴之具区、燕之大昭等。可见从西周《禹贡》到战国《职方》，从战国再到汉代，湖泊也是有所变化的，有的湖泊干涸消失了，或者两个或多个湖泊合并了，于是就有新的湖泊出现了。

至汉代《汉书·地理志》记载湖泊就有30余处。而至南北朝《水经注》

记载的湖泊数量多达559处。其名称多样，名目不一，比如有海、泽、薮、湖、淀、陂、池、坑等，这可能表明了不同性质和不同大小的水泽湖泊。另外也有一些称为蒲、渊、潭的，也是湖泊之属，并未统计进去。因此，《水经注》所载湖泊数量，应在500处以上。[①] 这是不是说，汉代的湖泊就比先秦时期的多，数量增加了呢？我们认为，不能这么看。这是因为越是早期，人们对自然的开发利用较少，因此对地理形势的记载也越少；另外，古代文献的散佚缺失，也是不能全面反映先秦时期地理地貌的一个原因。情况可能恰恰相反，先秦时期的湖泊较多，随着气候的变化和环境的变迁，后世湖泊干涸、合并，数量越来越少了。

以上所举古文献记载的上古泽薮湖泊，除了彭蠡、震泽、云梦、五湖、具区，其他的均在北方地区，如今日之河南省、山东省、河北省等地。这与后世南方多湖泊而北方少见水泽的局面迥然不同。所以史念海先生指出，这些广有泽薮湖泊的北方地区，和"现在的江淮之间相较，或不至于过分逊色也"[②]。

对于上古时代中原地区的泽薮湖沼，有学者做过详细的统计。如邹逸麟先生根据《左传》《山海经》《禹贡》《尔雅》《周礼·职方》《史记》《汉书》等文献记载，统计了先秦时期华北平原的湖沼达40多个，在今河北省境内有8个，在今河南境内有4个，在今山东境内有9个，在今安徽境内有1个，在今江苏省内有3个。[③] 著名的有大陆泽、鸡泽、泜泽、皋泽、海泽、鸣泽、大泽、荧泽、澶泽、黄泽、修泽、黄池、冯泽、荥泽、圃田泽、沛泽、丰西泽、湖泽、沙泽、余泽、浊泽、狼渊、棘泽、鸿隙陂、洧渊、柯泽、菏泽、锁泽等。由此可知，先秦至秦汉时代，华北大平原的湖沼众多，分布很广，正如邹先生所说，"以上仅限于文献所载，事实上古代黄淮海平原上的湖沼，远不止此"（见表一）。

---

① 陈桥驿：《我国古代湖泊的湮废及其经验教训》，《历史地理》第2辑，上海人民出版社，1982。

② 史念海：《由地理的因素试探远古时期黄河流域文化最为发达的原因》，《历史地理》第3辑，上海人民出版社，1983。

③ 邹逸麟：《历史时期华北大平原湖沼变迁述略》，《历史地理》第5辑，上海人民出版社，1987。

表一 文献所载先秦时期华北平原湖沼泽数

地区	名称	方位	资料出处
河北平原	大陆泽	今河南修武、获嘉间	《左传・定公元年》
	荧泽	今河南浚县西	《左传・闵公二年》
	澶渊	今河南濮阳西	《左传・襄公二十年》
	黄泽	今河南内黄西（西汉时方数十里）	《汉书・地理志》《汉书・沟洫志》
	鸡泽	今河北永年东	《左传・襄公三年》
	大陆泽	今河北任县迤东一带	《左传・定公元年》《禹贡》《尔雅・释地》《汉书・地理志》
	泜泽	今河北宁晋东南（相当明清时宁晋泊西南部）	《山海经・北山经・北次三经》
	皋泽	今河北宁晋东南（相当明清时宁晋泊西北部）	《山海经・北山经・北次三经》
	海泽	今河北曲周北境	《山海经・北山经・北次三经》
	鸣泽	今河北徐水北	《汉书・武帝纪》
	大泽	今河北正定附近滹沱河南岸	《山海经・北山经・北次三经》
黄淮平原	修泽	今河南原阳西	《左传・成公十年》
	黄池	今河南封丘南	《左传・哀公十三年》
	冯池	今河南荥阳西南	《汉书・地理志》
	荥泽	今河南荥阳北	《左传・宣公十二年》《禹贡》
	圃田泽（原圃）	今河南郑州、中牟间	《左传・僖公三十三年》、《水经・渠水注》引《竹书纪年》、《尔雅・释地》、《周礼・职方》
	萑苻泽	今河南中牟东	《左传・昭公二十年》
	逢泽（池）	今河南开封市东南	《汉书・地理志》
	孟诸泽	今河南商丘市东北	《左传・僖公二十八年》《禹贡》《尔雅・释地》《周礼・职方》
	逢泽	今河南商丘市南	《左传・哀公十四年》
	蒙泽	今河南商丘市东北	《左传・庄公十二年》
	空泽	今河南虞城县东北	《左传・哀公二十六年》
	菏泽	今山东定陶东北	《禹贡》《汉书・地理志》
	雷夏泽	今山东甄城南	《禹贡》《汉书・地理志》
	泽	今山东甄城西南	《左传・僖公二十八年》
	阿泽	今山东阳谷东	《左传・襄公十四年》

续表

地区	名称	方位	资料出处
黄淮平原	大野泽	今山东巨野北	《左传·哀公十四年》《禹贡》《汉书·地理志》
	沛泽	今江苏沛县境	《左传·昭公二十年》
	丰西泽	今江苏丰县西	《汉书·高帝纪》
	湖泽	今安徽宿州东北	《山海经·东山经·东次二经》
	沙泽	约在今鲁南、苏北一带	《山海经·东山经·东次二经》
	余泽	约在今鲁南、苏北一带	《山海经·东山经·东次二经》
	浊泽	今河南长葛境	《史记·魏世家》
	狼渊	今河南许昌市西	《左传·文公九年》
	棘泽	今河南新郑附近	《左传·襄公二十四年》
	鸿隙陂	今河南南汝河南、息县北	《汉书·翟方进传》
	洧渊	今河南新郑附近	《左传·昭公十九年》
	柯泽	杜注：郑地	《左传·僖公二十二年》
	汋陂	杜注：宋地	《左传·成公十六年》
	圉泽	杜注：周地	《左传·昭公二十六年》
	鄟泽	杜注：卫地	《左传·定公八年》
	琐泽	杜注：地阙	《左传·成公十二年》
	泽	约在今山东历城东或章丘北	《山海经·东山首经》
	泽	约今山东淄博市迤北一带	《山海经·东山首经》
滨海地区	钜定（泽）	今山东广饶东清水泊前身	《汉书·地理志》
	海隅	莱州湾滨海沼泽	《尔雅·释地》

（依据邹逸麟《历史时期华北大平原湖沼变迁述略》一文修订）

近年来，张兴照博士研究商代水利，在邹逸麟研究成果基础上，对先秦时期北方地区（不仅仅限于黄淮海平原地区，亦包括陕西、山西等地）的湖泊沼泽做了如下的补充：

《左传》僖公十三年：汜泽（中牟县南）、成公四年：展陂（许地）、宣公十二年：董泽（河东闻喜县东北）、制泽（荥阳宛陵县东）、襄公十四年：河泽（济北东阿县西南）、昭公十九年：洧渊（郑国城门外）、二十三年：狄泉（今洛阳城内大仓西南池水）、定公六年：吴泽（汲郡，今修武县）、定公六年：豚泽（卫国东门外，今濮阳）、哀公十七年：笠泽。其他诸如申池、黄池、盐池等地名亦与其地有湖泽的存在有关。《竹书纪年》：洞泽、龙泽（《水经·鄃子水注》引）、濩泽（《水经·沁水注》引，亦见于《穆天子传》、《墨子·尚贤》，原作雷泽）。《山海经·北山经》：泑泽、栎泽、瀤泽、泰泽、邛泽、长泽、盐贩之泽、少泽。《山海经·东山经》：诸绳之水所注之泽、泺水所注之泽、湣泽、深泽、余如泽、皋泽。《穆天子传》：漆泽、渗泽、珠泽、舂山之泽、黐子之泽、滐泽、渐泽、苹泽、寒氏泽。《淮南子·本经训》：青丘之泽、虞渊。《诗·周颂·振鹭》：西雍之泽。《史记·五帝本纪》：雷泽（舜"渔雷泽"；又《列子》有"舜耕于河阳，陶于雷泽"）。《吕氏春秋》：甘泽（《季春》）、长泽（《孝行》）。[①]

总之，先秦时期中原地区星罗棋布的湖沼，形成大片的湿地，这对生态环境来说是十分有利的。

二 商代中原地区的湖泊泽薮

至于具体到殷商时期，从甲骨文中众多的水系信息来看，河流之外，其中必有一些是湖泊，而且其时湖泊的数量只能比春秋战国时期为多，因为"从近5000年来中国主要江河水文变迁的总趋势来看，主要表现为江河的径流量普遍减小，水位变幅增大"[②]。文献中也有这方面的记载。《尚书·盘庚》："今我民用荡析离居，罔有定极。"孔安国传云："水泉沉溺，故荡析离居，无安全之极，徙以为之极。"虽非商代的原始文本记载，但它道出了商代都城屡次迁徙的原因，大多是"水泉沉溺"的水患所致。不过我们不大同意商人迁徙都是缘于水

① 张兴照：《商代水利研究》，中国社会科学出版社，2015，第24、25页。

② 蓝勇：《中国历史地理学》，高等教育出版社，2002，第117页。

患这一说法，但它指出了当时的水资源较多，则是实情。

以上所举先秦时期的泽薮湖泊，肯定在商代之时已然存在了，而且其数量远比后世为多。因为古代中原地区湖泊的形成，除了降雨，更受到黄河下游河道流向与变迁的影响。而且越是远古时期，黄河的支流越是众多和复杂。由于上古时期没有大规模地建筑河堤，黄河泛滥水量较大时，横溢的河水必然散布到各处地势较低之处。当黄河洪水退去，河道变窄，河水安流，那些散在平原各处的水面自然就形成了众多大大小小的湖泊和沼泽。黄河中上游主要穿行于丘陵和峡谷之中，地势所限，不至于有大的决口和改道，所以古今河道变化不大。而下游情况则完全不同，由于流经地域的平原土质不同了，河水对河床和河道的冲刷，再加上植被破坏，水土流失，河中含沙量增加，黄河在下游很容易泛滥、决堤乃至改道。[①] 据不完全统计，历史上黄河大的改道有 26 次，决口 1500 多次。殷商时期黄河有无改道和泛滥，文献记载不甚了了。但我们从夏代初年的大禹治水可以推测，黄河在上古时期确实有个大规模的泛滥和洪水暴发的过程。每次的洪水暴发都是造成河流漫溢，形成新的湖泊沼泽的绝好机会。这些都是殷商时期平原地区存有众多湖泊的主要原因。

我们上举的那些许多从水旁的甲骨文字，有些应该就是当时存在的湖泊名称。只是我们现在无由去分辨它们，不宜于将后世这些泽薮的名字与之一一对应了。

另外，甲骨文中所见的经常捕鱼、网鱼、钓龟以及捕获其他水产品的资料，也可以佐证在商代中原地区有许多湖泊泽薮。比如：

> 戊寅，王狩膏鱼，擒？（《合集》10918）
> 甲申卜，不其网鱼？（《合集》16203）
> 丁卯卜，王大获鱼？（《通纂》749）

① 谭其骧:《何以黄河在东汉以后会出现一个长期安流的局面——从历史上论证黄河中游的土地合理利用是消弭下游水害的决定性因素》,《学术月刊》1962 年第 2 期。

癸卯卜，豙获鱼其三万，不□？（《合集》10471）

乙未卜，贞：豙获黨？十二月。允获十六。（《合集》258）

□未卜，王贞三卜：豙幸黨？（《合集》5330）

第一条卜辞的意思是，商王在膏地狩猎钓鱼，占问是否可以有所擒获。可见，殷墟都城附近的膏地是广有湖泊水域的。第二辞是占问是否可以用网捕鱼，可见以网捕鱼是当时捕鱼的主要手段。第三条卜辞则讲“王大获鱼”，即商王渔猎活动，将会获得大量的鱼类。第四条辞例，则是占问豙这个人捕获三万条鱼，可见鱼虾产量之多，也可证当时湖面水域之大。第五、六条辞例，还是讲豙这个人去捕鱼了，王占问他会不会获得大鱼黨。杨升南先生认为，黨或指鲔，即鲟鱼，乃是大型鱼类，重可达千斤，绝非小河与池水所能容纳。[①]1987 年在殷墟小屯东北一个灰坑（87AXTIH1）里，集中发现了一批鸟类骨骼，这堆鸟类骨骼中也混入了一块鲟鱼侧线骨板，鉴定者认为，这当属于今产于长江流域的中华鲟或达氏鲟两种之一。[②]卜辞与考古发现契合，愈加证明殷墟都城周围有大面积的湖泊水域。

此外，能够证明商代中原地区水域湿地情况的，还有喜水的一些野生动物的生存状况。比如大型的野生动物麋鹿。在甲骨文中经常见到捕获数量众多的麋鹿的记载，比如：

允擒，获兕十一，鹿……（麋）七十又四，豕四，兔七十又四。（胡厚宣《苏德美日所见甲骨集》附录一）

允获麋四百五十一。（《合集》10344 反）

□□贞：乙亥陷，擒七百麋，用皂……（《屯南》2626）

壬申卜，殻贞：甫擒麋？丙子陷。允擒二百又九。（《合集》10349）

丙戌卜，丁亥王陷，擒？允擒三百又四十八。（《合集》33371）

---

① 杨升南：《商代经济史》，贵州人民出版社，1992，第 326 页。

② 侯连海：《记安阳殷墟早期的鸟类》，《考古》1989 年第 10 期。

甲子卜……日王逐？乙酉卜，在㭒，丙戌王𩰫，弗正？乙酉卜，在㭒，丁亥王𩰫，允擒三百又四十八。丙戌卜，在㭒，丁亥王𩰫，允擒三百又四十八。(《屯南》663）

麋鹿（四不像）也是一种适宜生存于湿地或湖泊旁边的大型野生动物。卜辞中多见捕获麋鹿的记载，如上述所列，451、700、209、348头等，动辄几百头麋鹿被擒获，可见这是一种常见的猎物，数量之多，生存量之大，都说明了适宜其生存的水域湿地之广。

其他的喜水野生动物比如圣水牛、龟类等，在殷墟及中原地区其他商代考古遗址发掘中也多有发现。详见后文。

这些甲骨卜辞材料，都为商代中原地区的湖泊、湿地、泽薮的大量存在，提供了间接的证据。

第五节　甲骨卜辞所见降雨与禳灾活动

一　甲骨卜辞所见降雨情况

在甲骨文中有关气象诸字词中，“雨”字最为常见，作□、□、□、□、□、□等形，一望而知，就像天空落雨之形。《说文解字·雨部》：“雨，水从云下也。一象天，冂象云，水霝其间也。凡雨之属皆从雨。王矩切。□，古文。”是以知，小篆“雨”字与甲骨文“雨”字无大别，故早期甲骨学家如孙诒让[1]、王襄[2]、罗振玉[3]、于省吾[4]等，很容易就将甲骨文“雨”字考释出来了。

其中，叶玉森先生的考释，最为详尽而精到。兹援引如下：“森按：契文雨字，别构孔繁。疑□为初文，象雨霝形。□□为准初文，增从一，象天；

① 孙诒让：《契文举例》卷上，楼学礼校点，齐鲁书社，1993，第16页上。

② 王襄：《簠室殷契类纂》“正编”第11卷，天津博物院石印本，1920，第51页上。

③ 罗振玉：《增订殷虚书契考释》卷中，东方学会，1927，第5页上。

④ 于省吾：《释雨》，《甲骨文字释林》，中华书局，1979，第118~119页。

丨状之小直线，或平列，或参差，上下两层或三层，当同状一物。厥后上半渐变为，又变为，复讹变为，与篆文近。许君乃认上一画为天，而以为云。孙籀庼则谓‘象穹窿下覆，天象已晐于其中，不必更从一’。仍误会。”①

一般说来，甲骨文“雨”字，早期多作形；晚期多作、形；商代金文“雨”字，多作形。

从甲骨卜辞记载的资料来看，卜雨卜辞非常之多。当时人们每月皆有举行卜雨的占卜，可知当时中原地区是经年多雨的。这一点类似于现在的日本。卜雨卜辞中有许多关于占雨的习语，如“今夕其雨”“大雨”“多雨”“小雨”“延雨”“足雨”等：

乙丑卜，大贞：及兹二月有大雨？（《合集》24868）

戊辰卜，在敦贞：王田率，不遘大雨？兹御。在九月。(《合集》37646）

癸亥卜，㱿贞：翌日甲子不雨？甲子雨小？（《合集》12973）

丁至庚其遘小雨？吉。兹用。小雨。(《合集》28546）

□未卜，贞：今夕雨多？（《合集》12701）

己卯卜，贞：今日多雨？（《英藏》2588）

庚辰卜，大贞：雨不足，辰不隹年？（《合集》24933）

……卜稷年，有足雨？（《英藏》818）

壬寅卜，□贞：今夕延雨？（《合集》12777）

乙丑延雨至于丙寅雨䨻？（《合集》24333）

辛酉卜，㱿贞：自今至于乙丑其雨？壬戌雨。乙丑不雺不雨。二告。(《合集》6943）

① 叶玉森：《说契》卷1，1924年石印本，第1页上。引自叶正渤《叶玉森甲骨学论著整理与研究》，线装书局，2008，第70~71页。

24868

图七 甲骨卜辞卜雨材料之一
（《合集》24868）

卜雨之辞，从正月到十三月都有，但大多是只言片语，记月份的占小部分。胡厚宣先生根据他选出的151条记有月份的卜雨降雨辞例，按月份排列分析，认为一月至十三月都有降雨的可能。[①] 胡氏云："殷代之一、二、三月必常降雨，卜辞所记，决非偶然。殷代一、二、三月者，如'殷建丑'之说为可信，则约相当于今所行夏历之十二月、一月、二月，阳历之一、二、三月。然在今之安阳一带，此三月者，恒降大雪，绝不能降雨，与卜辞所记多雨者不同。"他还注意到殷代较常出现的"延雨"刻辞，指出："在殷代，九月份一次连雨，常至十八日之久，且'延雨'之记载，又颇多为见，则殷代安阳一带之雨量，必远较今日为丰。"这说明殷商时期的安阳及其周围地区的雨水是相当充沛的。

美国学者周鸿翔教授的统计结果表明：从十一月至正月求雨次数极少，二月至五月增长，六月开始减少，到九月达到最低数。十月增加，十一月又下降。一年之中有几次起伏。[②] 日本学者末次信行先生的统计与此大致相似而

① 胡厚宣：《气候变迁与殷代气候之检讨》《卜辞中所见之殷代农业》，《甲骨学商史论丛》第2集，成都齐鲁大学国学研究所，1944。

② Hung-hsiang Chou, Jian-hua Shen, I. Lisa，" Heyes: Statisical Analysis of Shang Divinations Regarding Rain"，International Conference on Shang Civilization，1982。

略有出入：九月份降水量开始增多，从十一月份开始到次年二、三月份为止，降水量最多，而到四、五月份降水量则急速下降。[①]虽然各家结论不一，但都表明了商代经年多雨这一现象。

当然，单纯依据甲骨卜辞推断商代的降水量和气候状况，是比较危险的。因为卜辞中关于求雨的记载大多是问辞，即表达了问卜者的希望，希望下雨或不下雨；或只反映了一种可能。有些占卜是希望下雨的，当然是出于农作物生长或别的需要有雨的情况的考虑；而有些占卜是不希望下雨的，可能是为了某种露天的活动或在雨水已很充足的情况下而占卜。希望下雨与希望不下雨，它并不表示实际的降雨情况。这恐怕是董作宾先生当年反对魏、胡之说的一个原因。再者，甲骨卜辞有一个特点，即一事多卜的文例，张秉权先生通过研究甲骨缀合，发现因为一件事的占卜，甲骨碎片化后有时能变成十次之多。[②]因此他指出，利用断片记述来研究气候变化的人，可能会推断这是殷商时期某月降十次雨的证据。另外，商代岁首之月的问题还不确定，目前至少有"殷正建丑"、"殷正建辰"、"殷正建巳"、"殷正建未"、"殷正建午"和"殷正建申""建酉""建戌"并行等六种观点，[③]也就是说，殷历的一月份究竟是后世夏历的几月份，现在还不明确。单纯依据卜辞中附有

① 〔日〕末次信行：《殷代气象卜辞之研究》（附：《殷代的气候》），京都：玄文社，1991。

② 张秉权：《卜龟腹甲的序数》，《"中央研究院"历史语言研究所集刊》第28本上册，1956。

③ 董作宾肯定了传统"殷正建丑"（即夏历十二月为殷历一月）的历法观点（董作宾：《殷历谱》，中央研究院历史语言研究所专刊，1945）；陈梦家主张夏历二三月为殷历一月（陈梦家：《殷虚卜辞综述》，中华书局，1988，第541页）；温少峰、袁庭栋提出"殷正建辰"，也即夏历三月为殷历一月（温少峰、袁庭栋：《殷墟卜辞研究——科学技术篇》，四川省社会科学院出版社，1983）；常正光主张夏历四月为殷历一月（常正光：《殷历考辨》，《古文字研究》第6辑，中华书局，1981）；刘桓也主张"殷正建巳"，即夏历四月相当于殷历一月（刘桓：《关于殷历岁首之月的考证》，《甲骨征史》，黑龙江教育出版社，2002，第87~114页）；郑慧生提出"殷正建未"，也即夏历六月为殷历一月（郑慧生：《"殷正建未"说》，《史学月刊》1984年第1期）；王晖、常玉芝提出"殷正建午"，也即夏历五月是殷历的一月［王晖：《殷历岁首新论》，《陕西师大学报》（哲学社会科学版）1994年第2期；常玉芝：《殷商历法研究》，吉林文史出版社，1998］；张培瑜、孟世凯提出殷历岁首没有严格的固定，是建申、建酉、建戌并行，也即在夏历七月、八月、九月的几个月内（张培瑜、孟世凯：《商代历法的月名、季节和岁首》，唐嘉弘主编《先秦史研究》，云南民族出版社，1987）。

月份的卜雨卜辞来判断商代一年之中的月份降水量，并由此推论商代气候，是不一定准确的。所以，在利用甲骨卜辞复原研究商代历史时，还需要其他材料予以辅助，才有可能得出较为真实的结论。所幸，我们现在所知道的殷商时代中原地区的气候状况，是从不同角度和途径研究得出的结果，因此还是可信的。

我们认为，卜雨的次数与实际降水量还是有关系的。一年之中各段雨量不一，有所起伏是可以肯定的。虽然甲骨卜辞所反映的只是卜问的内容而非实际情况，但关于实际降雨的推测有两种可能：希望下雨的就有可能下雨，因为占卜者知道什么月份、什么天气会有雨，或者是看到了下雨的征兆而占卜；不希望下雨的更说明占卜者知道某时可能会下雨而担心。因此，不管哪种情况，记载月份的卜雨之辞，都有可能下雨。从一些卜雨卜辞的验辞看，卜雨很可能是已经有了下雨的征兆，所以才卜问下雨与否，如：

贞：今夕雨？之夕允雨。（《合集》12944）

图八　甲骨卜辞卜雨材料之二
（《合集》12944）

所以，卜雨也可能是有雨或将要下雨的占卜。也就是说，卜雨还是与实际降雨情况相关联的，并非毫无根据凭空而卜。

近年杨升南先生将记月份的300多条卜雨之辞反映的情况统计列成一表

（见表二），分“已雨”“不雨”“不明”三种情况，表中显示：一月至五月卜雨次数多（34~48 次），其中已雨次数也较高（17~26 次）；六月至十月卜雨次数降低（10~25 次），已雨次数也比一月至五月份为低（6~15 次）；而十一月至十三月，卜雨数量最低（10~15 次），已雨次数达到最低（6~7 次）。[①]

我们认为，这当是一个较为接近事实的统计，因为它不再单纯依据卜雨材料而注意到了卜辞中的验辞。它表明，一年之中卜雨次数不等，降水量也各季节不一，上半年降雨多，下半年降雨少，但每月份都有降雨。

表二 甲骨卜辞中所载月份卜雨卜辞统计

单位：次

情况	一月	二月	三月	四月	五月	六月	七月	八月	九月	十月	十一月	十二月	十三月	总计
已雨	23	22	26	17	23	15	11	6	9	10	7	6	6	181
不雨	6	12	18	12	14	3	7	1	2	5	4	2	6	92
不明	5	7	4	12	5	1	7	3	3	1	4	2	3	57
小计	34	41	48	41	42	19	25	10	14	16	15	10	15	330

在今天包括安阳在内的华北地区，一般雨季集中在夏季的 6、7、8 三个月份，冬季是下雪的季节，绝少下雨。春秋两季常常是缺水的旱季，故当地有“春雨贵如油”之说。但甲骨卜辞表明，殷代安阳一带春季不但有雨，而且是降水量最多的季节。这和今天的农业气候形成了鲜明的对比。

至于董作宾先生提出的占雨卜辞有“卜月雨”“卜遘雨”之分的观点，是值得商榷的。董先生认为“卜月雨”是指卜问某月是否有雨，是此月本无雨或少雨而希望下雨；“卜遘雨”是指卜问是否会遇到雨，是实际上会遇到下雨天。这两种卜辞在月份上，“卜月雨”只见于十月至次年三月，“卜遘雨”则只见于四月至九月。所以他得出了商代十月至次年三月无雨或少雨，四月至九月多雨的结论，故而认为这与今日安阳地区的雨季分配相同，古今气候无大变化。

① 杨升南：《商代经济史》第一章“绪论”，贵州人民出版社，1992，第 29 页。

但据杨升南先生所引据的卜辞分析，董先生这种划分本身是不存在的。如卜辞：

乙亥［卜］，□贞：其□□酉衣于亘，［不］遘雨？十一月在圃鱼。（《合集》7897）

其遘雨，七月。（《合集》24882）

甲子卜，何贞：王遘雨。一月。（《合集》30078）

贞其雨，在三月。不遘雨，在三月。（《合集》40939）

贞其雨，在三月。翌日雨，大丁不遘雨。在三月。（《英藏》1933）

图九　甲骨卜辞卜雨材料之三
（《合集》7897）

由上引卜辞，十月以后到次年三月同样有“卜遘雨”的卜辞。可见董先生对“卜月雨”与“卜遘雨”的解说并不严密。实际上，卜辞中的“遘雨”与否，可能是要举行某种活动而担心会遇到雨的占卜。而卜某月雨否，是对一个相对较长的时间的气象占卜，可能是长时间不雨而盼雨的一种期待。并不存在几月份“卜遘雨”而几月份“卜月雨”的截然划分。因此其结论自然难以成立，而董据此一点，对魏、胡等人研究商代气候的指责也是不当的。

总之，甲骨文所反映的商代降水量，一年之中每月都有卜雨的记录，这就是说，全年都有降雨的可能。当时雨量丰沛，降雨频繁，水资源充足，这也是与殷墟考古所反映的野生动植物生存状况相符合的。

正因为商代一年之中大部分时间雨量充足，甚至降水量过多，有所谓“大雨”“足雨”“延雨”“多雨”等情况，所以彼时经常有洪涝灾害之虞，于是乎就有了对“兹雨隹祸”“兹雨隹若”等焦心的占卜。

> 甲申卜，争贞：兹雨隹祸？（《合集》12883）
>
> 戊申卜，古贞：兹雨隹若？（《合集》12899 正）
>
> 辛酉卜，㱿贞：乙丑其雨，不隹我祸？（《合集》6943）

“大雨”、“延雨”（长时间连阴雨）、“多雨”等情况，都会造成雨灾，形成环境灾害，影响人们的日常生活和生产。

一时间降雨多了，自然会引起山洪暴发，河流水量增大，河水决堤，横流四溢，继而引起水灾水患。在甲骨文中，也颇多反映这方面的占卜记载。比如：

> 辛酉卜，贞：今夕今水雨？（《合集》12709）
>
> 贞：今夕水其雨？（《合集》12711）
>
> 贞：今夕不其水雨？（《合集》12712）
>
> □戌卜，不雨。……［不］水。（《合集》29974）
>
> 丙申卜，其雨？丁未卜，亡水？有水？（《合集》33357）
>
> □亥卜，宜……水风……夕雨？（《合集》39588）
>
> 其雨水？……（《屯南》2935）
>
> 壬寅卜，㱿贞：不雨，隹兹商有乍祸？贞：不雨，不隹兹商有乍祸？（《合集》776 正）
>
> 庚申卜，永贞：河［壱雨］。贞：河弗壱雨？（《合集》14620）

过多的降雨足以形成降雨区域的涝灾，以上这些卜辞都是对由降雨而导致河流（包括黄河）水位上涨形成洪灾的问卜。

二 甲骨文所见的水灾状况

甲骨文中表示水灾的字，颇有几个，如“巛”“昔”“益”“次（羡）”“盗”“衍”等，只不过其用法各不相同。

（1）巛

甲骨文“巛”字，作（《合集》49）、（《合集》19268）、（《合集》17200）形，上引《合集》7854反中的表示洹水之灾的“巛”字，也是这样一个造型（），像是大水横流、漫漶成灾之情形。与昔日之“昔”（）（《合集》137）字（表示往昔那些大水洪灾的日子），所从水形相同。“水”字在甲骨文中作（《合集》33347）、（《合集》10153）之形，水流作纵势，象水在河道中蜿蜒流过之形。而甲骨文“巛”字，则是洪水横流、泛滥成灾的象形字，盖水灾之本字，然而其用法也作泛指之灾害。至晚期变作（《合集》29104）、（《合集》35969）、（《合集》23801），为从水才（在）声的形声字。罗振玉先生以为巛“象水壅之形，川壅则为巛也。其作、等状者，象横流泛滥也”。王襄先生考证：“，古巛字，《说文解字》‘巛，害也，从一雍川。’殷契多作，此象川横流之形，为巛之异文。”叶玉森：“古代洪水为巛，故契文巛象洪水。、、三形尤显浩浩滔天之势。变作、。”早期学者如罗振玉、王襄等都将其释为会意字，即象河流堵塞造成洪水泛滥的灾祸之形。其实罗、王的造字结构分析是错误的。先有象形字，再有会意字和形声字，比较符合文字初期发展的规律。故李孝定云：“契文此字异体颇多，作、、者，象洪水横流之形，当是初文。继虑其与水无别，乃作巛从一雍川为会意，许君说不误。继复衍变为，从‖乃巜之变。从水才声为形声当属晚出。契文作者多属第一期卜辞，而五期多作，可证也。”①至于甲骨文另有“灾”字作（《合集》18741）、（《补编》6735）等形，从宀从火，象房子着火之形，表示火灾；而“𢦏”字作（《合集》17230）、（《合集》880反）等形，从戈才（在）声，则是表示战争灾

① 罗振玉、王襄等人之释，见于省吾主编《甲骨文字诂林》，中华书局，1996，第1292~1293页。

祸的兵灾专字。两者均与属于自然灾祸的水灾无涉。

虽然“災”的甲骨文本义是指水灾，但此字在甲骨文中作为表示灾祸的使用非常广泛，已不局限于表示水灾的本义了。比如：

> 丙子卜，何贞：王其田亡災（）？（《合集》28434）
>
> 贞：叀向田省亡災（）？（《合集》28948）
>
> 乙巳卜，贞：王其田亡災（）？（《合集》33518）
>
> 戊申卜，贞：王其田亡災（）？（《屯南》2489）

（2）昔

甲骨文“昔”字作（《合集》36317）、（《合集》3524），从日从災，会意当年洪水泛滥、水灾盛行的日子。《说文》“昔，干肉也”的解读，为晚出义，不可信据。叶玉森先生根据甲骨文字形分析认为：“契文昔作、，从、，乃象洪水，即古字，从日。古人殆不忘洪水之，故制昔字取谊于洪水之日。”[①]“昔，本作，即指昨日以往。但有时又释为災（水災），说明‘昔’‘災’同源。以后‘昔’作或；而则为‘災’之专用字。但早期并非如此。”[②]

甲骨文中的“昔”字表示过去的日子。比如：

> 丁亥卜，□贞：昔乙酉服施（旋）御……大丁、大甲、祖乙百鬯、百羌、卯三百（牛）？（《后编》上28·3）
>
> 癸未卜，贞：昔丁丑文武帝……（《前编》4·27·3）
>
> 四日庚申，亦有来艰自北。子告曰：昔甲辰方征于……（《合集》137）

---

① 于省吾主编《甲骨文字诂林》，中华书局，1996，第1104页。

② 中国社会科学院考古研究所编著《殷墟花园庄东地甲骨》，云南人民出版社，2003，第1684页。

台湾甲骨学家张秉权先生曾揭示如下两条对贞的卜辞：

庚申卜，殻贞：昔祖丁不黍隹南庚壱？庚申卜，殻贞：災祖丁不黍不隹南庚壱？（《合集》1772 正）

图十 甲骨卜辞“昔”“災”同版辞例
（《合集》1772 正）

这是一版龟甲正面的对贞卜辞，左右对称，词性相同，词义相反，右边肯定，左边否定。这里颇为奇特的是在相同的位置上，右辞用“昔”而左辞用“災”。可见“昔”“災”通用，两字为同源字。张先生指出：“究竟是第一辞的‘昔’应作‘災’，或者第二辞的‘災’字系‘昔’字的笔误，而少刻了一个日旁，那就很难断定了，因为昔与災的意义原可相通。所以无法断定其谁是谁非了，好在无论作昔或作災讲，都可以把这二条卜辞解说得通。”① 我们认为，作“災”字讲没有意义，因此还应该是第二个字“災”漏刻了一个“日”字偏旁。

（3）益

甲骨文“益”字作（《合集》18541）、（《合集》24413）等形，象水从皿中溢出，为“溢”之本字。张秉权先生有云：“象皿中水溢之状，是益

① 张秉权：《殷虚文字丙编·考释》，第 458~459 页，于省吾主编《甲骨文字诂林》，中华书局，1996，第 1105 页。

字。"[1] 金文作䀋，写法与甲骨文基本相同。小篆作䀋，皿上之"水"横写，从皿中溢出，引申为"加"和"多"的意思，本义反倒湮没，于是就另造一形声字"溢"来表示其本义。[2]

在甲骨文中，"益"字很可能就是表示其本义的用法。如：

> □□［卜］，□贞：洹……翌辛未益？（《合集》10119）

（4）次（羡）

次字甲骨文作㳄（《合集》10156）、㳄（《合集》21181）、㳄（《合集》21327）等形，会意一人口中喷水，本义为涎，但用作动词可指江河之水外溢泛滥，则隶定为次，实为后世文献中之"羡"字。如卜辞云：

> 乙卯卜，贞：今者泉来水，羡？（《合集》10156）
> ……洹不羡？（《合集》8317）

张政烺先生考证："卜辞'泉来水次'，次本来是出口水，引申为水多出来。这在古书上专用羡字，如《诗·大雅·板》'及尔游羡'，《毛诗传》：'羡，溢也。'（据段玉裁校定本）陆德明《音义》：'羡，溢也。本或作衍。'又班固《汉书·沟洫志》：'然河灾之羡溢，害中国也尤甚。'师古曰：'羡，读与衍同。音弋战反。'据此可知，羡就是溢，就是衍，就是汗漫无涯涘。卜辞'泉来水次'就是问上游水到了，水是否要满出来。"[3]"洹不羡"是占问洹河发来大水了，是否会漫上堤岸形成水灾。张先生指出卜辞中有"洹不羡"和"洹其盗"的记载，也是讲洹水漫衍的，可与上释"洹引弗（敦）邑"中的"洹引"比照参看。

---

① 张秉权：《殷虚文字丙编·考释》，第458~459页，于省吾主编《甲骨文字诂林》，中华书局，1996，第2639页。

② 倪海曙：《关于水的字》（下），《语文建设》1964年第5期。

③ 张政烺：《殷虚甲骨文羡字说》，胡厚宣等：《甲骨探史录》，三联书店，1982；又收入《张政烺文史论集》，中华书局，2004，第444~446页。

（5）湓

甲骨文“湓”由次发展而来，作（《合集》8315）形，为一形声字，从舟次声，可以隶定为舩。赵诚先生认为，“从古文字发展的规律看，应是先用次的引申义来表示河水泛滥，久而久之，由于表义的特点不太明显，于是加了一个舟用作形旁以突出河水泛滥之意，同时仍用次作为声符”[①]。将此字隶定为“湓”，是于省吾先生早已指出的，“早期古文字从舟从凡从皿常每无别”，“甲骨文湓字只一字，与次同用”[②]。

于先生所说“湓”字，一见于如下卜辞：

丙寅卜，洹其湓？丙寅卜，洹勿［来水］不［湓］？（《合集》8315）

不过，此字张政烺先生也释为“羡”字，[③]已见前文。陈梦家先生认为“湓”字“释滔更为直截，《广雅·释言》‘滔，漫也’”[④]。他释此辞是贞问洹水漫岸。也不无道理。

（6）衍

甲骨文历组卜辞中有一字作（《合集》17440）、（《合集》32925）、（《德西》343）、（《合集》34711）等形，旧释为永。近年孙亚冰女士将这部分字形分离出来，释为衍，认为其本义为漫溢，可表水灾。[⑤]如卜辞云：

衍入王家？（《屯南》332）

丙辰贞：其……商衍？（《合集》32925）

甲子贞：大邑受禾？不受禾？甲子卜，不联雨？其联雨？甲子贞：大邑有入才衍？（《合集》32176）

---

① 赵诚编著《甲骨文简明词典——卜辞分类读本》，中华书局，1988，第372页。

② 于省吾：《释次、湓》，《甲骨文字释林》，中华书局，1979，第382~387页。

③ 张政烺：《殷虚甲骨文羡字说》，胡厚宣等：《甲骨探史录》，三联书店，1982。

④ 陈梦家：《殷虚卜辞综述》，中华书局，1988，第265页。

⑤ 孙亚冰：《衍字补释》，《古文字研究》第28辑，中华书局，2010。

第一辞是占问，漫溢的河水（洹河）是否会进入商王的都城庭院，从而对王都造成危害。第二辞可能因为下雨较多，占问商水（滳河，也就是漳河）是否会发生漫溢的洪灾。末一辞占问是否有连绵阴雨，大邑（都城）庄稼能否有好收成，河水（洹河）涨水是否会进入都城，从而造成水灾。

由这几个表示河水漫溢或洪水泛滥的甲骨文字，我们可以看出，殷商时代人们对因水成灾有很深的记忆和丰富的经验，正是在这样的基础上，才根据象形的特点创造了这些水灾文字。虽然我们尚无法从这些字判断商代水灾的具体情况，但从这些水灾字的产生与演变可以推测商人对水的熟悉程度和与水灾斗争的经验。

三　甲骨卜辞中的水灾占卜

由于商代雨水充足，降水量大，所以洪灾自然也就比较频繁。这种情况在甲骨文中也有所反映，虽然数量不多，但也一叶惊秋，窥见一斑。

贞：河水？（《合集》22290）

商水大……（《合集》33350）

□□［卜］，［大］，贞：洹水……（《合补》7021 甲）

丙寅卜，洹勿［来水］不［盗］？（《合集》8315）

乙卯卜，贞：今者泉来水，羡？（《合集》10156）

淄其来水？（《合集》10163）

这是关于河（黄河）、商（滳水）、洹（洹河）、泉、淄水是否发大水的占问。尤其是洹河、黄河、滳水等几条大河，距离殷墟都城较近，所以商王朝占卜机构对其是否发洪灾极为关切，所以能够出现在甲骨卜辞中。

贞：水？（《合集》22288）

丙戌卜，贞：弜自在先不水？（《合集》5810）

戊申卜，不水？（《合集》20661）

……兹不水？（《屯南》3212）

丙子，贞：不川？（《合集》33352反）

其［水］？不水？（《合集》33354）

丙申卜，其雨？丁未卜，亡水？有水？（《合集》33357）

壬申卜，目丧火言曰：其水？允其水。壬申卜，不允水？子占曰：不其水。（《花东》59）

这是关于发大水还是不发大水的对贞卜辞，从正反两个方面的占卜来看，殷商时代人们对于洪水的敏感程度还是相当高的。其中《合集》33352反中的“丙子，贞：不川？”“川”字当是“水”字的异体字。赵诚先生认为，“从卜辞来看，川的某些用法和水相同，如……（丙子贞，不川）、……（丙戌卜，贞，……不水），都指涨水。可见川、水义近”[①]。其实“水”“川”为一字之异写而已，不必分作两字。

贞：□有大水？（《合集》24439）

大水不各？（《合集》33348）

……戌，亡大水？（《合集》33349）

贞：今秋禾不冓大水？（《合集》33351）

癸丑卜，贞：今岁亡大水？其有大水？（《合集》41867）

“大水”应是相对于“水”而言程度较为严重的水灾了。大水灾不仅对庄稼收成造成毁灭影响，乃至颗粒无收，形成饥馑荒年，而且直接影响人们的生命安全和国家政治的稳定。面对大水灾，人们自然会极度忧虑和关注，所以在甲骨卜辞中才会有对秋天庄稼是否会遭受水灾的问卜，才会有对这一年是否会发生水灾的问卜。

---

① 赵诚编著《甲骨文简明词典——卜辞分类读本》，中华书局，1988，第194页。

戊午卜，争［贞］：……［洹］水其驭兹邑？十月。(《合集》13584 正乙)

壬申卜，水敦邑？壬申卜，水弗敦邑？（《屯南》2161）

□戌卜，［贞］：水弗巷禾？（《英藏》2430）

一般来讲，水灾对人类的危害表现在两方面，一是对城邑人居的影响，二是对农作物的影响。第一辞、第二辞占问的都是大水灾会不会对“兹邑”（这个城市，指都城所在）造成危害，第三辞则是占问洪水会不会对正在生长的庄稼造成破坏。民以食为天，民以住为安，水灾能威胁到人类的这两种基本生活层面，所以这也是人类面对水灾的焦虑所在，故而反复占卜，对水灾极为关切。在没有更多的应对措施和避祸方法的当时，人们首先想到的是对水神进行祭祀，通过供献美味的牺牲，希望得到神灵的保佑：

辛酉［卜］，水于土宰……（《合集》14407）

辛巳卜，其告水入于上甲兄大乙一牛，王受又。(《合集》33347)

于滴宁水。(《屯南》930)

甲骨文中有所谓“宁风”“宁雨”，“宁”都是平定止息的意思。这里的“宁水”，自然就是止定水灾之意。

四　甲骨文所见的大风与风灾情况

甲骨文中的风字作（《合集》367 正）、（《合集》34033）、（《合集》34034）、（《合集》30253）等形，象传说中的凤鸟之形。《说文·鸟部》：“凤，神鸟也。天老曰：‘凤之象也，鸿前麟后，蛇颈鱼尾，鹳颡鸳思，龙文虎背，燕颔鸡喙，五色备举。出于东方君子之国，翱翔四海之外，过昆仑，饮砥柱，濯羽弱水，莫宿风穴。见则天下大安宁。’从鸟，凡声。”而《说文·风部》：“风，八风也。东方曰明庶风，东南曰清明风，南方曰景风，西南曰凉风，西方曰阊阖风，西北曰不周风，北方曰广莫风，东北曰融风。风动虫生。故虫八日而化。从虫，凡声。凡风之属皆从风。古文风。”

小篆“风”“风”二字已经犁然二分，不再混淆：“风”字已经是一个从鸟凡声的形声字，而“风”字也已是一个从虫凡声的形声字了。然而在甲骨文中“风”“风”同字，是个象形字。

在古文字中，“风”假借为“风”，“风”“风”通用。诸家考释，并无异议，故不一一。

甲骨文中多有“帝其令风”“帝史风”“帝风”的记载：

> 贞：翌癸卯帝其令风？（《合集》672 正）
>
> ……于帝史风（风）二犬……（《合集》14225）
>
> 帝风（风）九犬？（《合集》21080）
>
> 辛未卜，帝风不用雨？（《合集》34150、《屯南》2161）

图十一　甲骨卜辞“帝史风”辞例

（《合集 14225》）

见之于甲骨文的风有多种，比如有“若风”“小风”“大风”“延风”“延大风”“骤风”“大骤风”等名目，如：

贞：今夕雨？之夕不启，风。（《合集》13351）

……未卜，若风……（《合集》34034）

不遘小风？……遘小风？（《合集》28972）

甲辰卜，乙其焚脩羌在风抑？小风延阴。（《合集》20769）

乙卯卜，翌丁巳其大风？（《合集》21012）

癸亥卜，狄贞：今日无大风？癸亥卜，狄贞：有大风？（《合集》27495）

王其田，不遘大风？大吉。其遘大风？吉。（《合集》28554）

今日辛，王其田，不遘大风？（《合集》28556）

……田，不遘大风？雨。（《合集》28557）

王往田，湄日，不遘大风？大吉。（《合集》29234）

其有大风？（《合集》30225）

壬不大风？（《屯南》4459）

贞：今日其延风？（《合集》13337）

……戌……雨……延风？（《英藏》1099）

癸亥卜，贞：旬一月昃，雨自东？九日辛未大采，各云自北，雷延大风自西……（《合集》21021）

……旬己亥骤风？（《合集》13365）

……易日……夕骤风。（《英藏》1096）

癸卯卜，争贞：旬亡祸？甲辰…大骤风？之夕……（《合集》137 正）

癸卯卜，𣪊贞：……王占曰：有祟。……［大］骤风？之夕……（《合集》367 正）

壬寅卜，癸雨，大骤风？（《合集》13359）

……丁酉大骤风？十月。（《合集》13360）

其中，“若风”当是和“小风”一样，是指柔顺的和风，当然不会造成什么灾害。可是，和“延雨”一样的“延风”当指连天不断的风，和“大风”、“骤风”及“大骤风”等，都会形成令人厌恶的风灾。而在甲骨文中，“大风”“大骤风”的出现次数非常之多，可见当时风灾之盛。尤其是在商王田猎的时候，是最不希望碰到大风大雨的。

所以在甲骨文中，又多有问及大风、骤风是否造成灾患的占卜记录。如：

> 贞：兹风不隹孽？（《合集》10131）
> 丙午卜，亘贞：今日风祸？（《合集》13369）
> ……风不隹祸？（《合集》13370）
> ……争贞：兹风［隹祸］？（《合集》13371）

正因为风能造成灾害，所以人们更多的时候是希望“亡风”（无风）、“不风”。如：

> ……亡风易日？（《合集》7369）
> ……酉卜，宾贞：翌丙子其……立中允亡风？（《合集》7370）
> ……日亡风？之日宜，雨。（《合集》13358）
> 贞：亡来风？（《合集》775正）
> 癸酉卜，乙亥不风？（《合集》10020）
> 辛未卜，今日王洀，不风？（《合集》20273）
> 翌日壬王其田，不风？（《合集》28553）
> 己亥卜，庚子有大延，不风？（《屯南》4349）

五　甲骨文中所见宁风止雨的祭祀活动

面对风雨灾祸，古人所能作出的应对策略也只能是以祭祀的方式取悦神灵，祈求攘除灾难，并祈求降福赐佑。这正如《春秋左传·昭公元年》所记载的那样：

山川之神，则水旱疠疫之灾，于是乎禜之。日月星辰之神，则雪霜风雨之不时，于是乎禜之。

在《周礼·大宗伯》的记载中，将风师、雨神纳入国家级的祀典：

大宗伯之职：掌建邦之天神、人鬼、地示之礼，以佐王建保邦国。以吉礼事邦国之鬼神示，以禋祀祀昊天上帝，以实柴祀日、月、星、辰，以槱燎祀司中、司命、风师、雨师，以血祭祭社稷、五祀、五岳，以狸沈祭山、林、川、泽，以副辜祭四方百物，以肆献祼享先王，以馈食享先王，以祠春享先王，以禴夏享先王，以尝秋享先王，以烝冬享先王。

在这些祭祀中，主导祭祀仪程的主角巫师，被古人普遍认为具有调节风雨的神奇魔力，正如《周礼·司巫》所记载的：

司巫：……若国大旱，则帅巫而舞雩。国有大灾，则帅巫而造巫恒。

由此可知，巫者所常从事的职事，则为救旱灾、洪水、台风、蝗灾、地震、瘟疫、山崩及战祸等大灾难。

这是后世的巫者从事祈雨的活动，料想商代亦当如是。

在甲骨文中，用巫术和祭祀以禳除自然祸患的救灾活动，主要表现为宁风止雨的巫术活动。这里，将宁风、止雨分类叙述于下。

1. 商代的宁风祭祀活动

在商代的自然灾患中，风是和雨连在一起的。雨因风势，风雨交加，才能造成祸患灾难。所以在对风神的祭祀活动中，往往有宁风的祈求愿望在其中。

风神崇拜在上古时代明显带有方位特征及地域性因素，后随着民族的交流融合，神域领域的规范，乃产生比较一致的四方风神的信仰。[①] 也就是说，以中原为中心视点的四方观念，与风的自然特性巧妙结合于一体，渐变为宗教信仰上的升华。

在先秦典籍中，关于四方风及其名称，《尔雅·释天》有简略的记载，云：

> 南风，谓之凯风。东风，谓之谷风。北风，谓之凉风。西风，谓之泰风。

《山海经》各经中，对四方风神的记载，就更加详尽了：

> 东方曰折，来风曰俊，处东极，以出入风。(《大荒东经》)
>
> 南方曰因乎，夸风曰乎民，处南极，以出入风。(《大荒南经》)
>
> 有人名曰石夷，来风曰韦，处西北隅，以司日月长短。(《大荒西经》)
>
> 北方曰鵷，来之风曰狻。是处东极隅，以止日月，使无相间出没，司其短长。(《大荒东经》)
>
> 又东三百五十里，曰：凡山。其木多楢、檀、杻，其草多香。有兽焉，其状如彘，黄身、白头、白尾，名曰闻豨，见则天下大风。(《中山经·中次十一经》)

由此可知，东南西北的四个方位，各有其主司之风神，是为四方风名。

而这种四方风神名的观念来源甚早，至少在甲骨文时代就已经成形了。在甲骨文中，有将四方之名与四方风名同刻于一版以祭祀求福的辞例。如：

> 辛亥卜，内贞：帝于北方曰伏，风曰施，求□?

---

① 宋镇豪:《夏商社会生活史》(修订本)，中国社会科学出版社，2005，第796~808页。

辛亥卜，内贞：帝于南方曰[illegible]，风夷，求年？一月。

贞：帝于东方曰析，风曰协，求年？

贞：帝于西方曰彝，风曰[illegible]，求年？（以上皆见于《合集》14295）

图十二　甲骨文四方风辞例
（《合集》14294）

可知，商代有了相当完备的四方风神系统，并向四方风神致祭以求年岁之丰收。之所以如此，是因为古人认为测风伺候，与农作丰收紧密相关，故例行对四方风神的祭仪，以祈求风调雨顺与年岁丰收。

兼具善恶二种神性的四方风神，既可有益于生活生产，又可作祸为害于人类农耕。所以古人不唯留意风向，亦注意风力变化，并且演变成巫者向神灵祈求解除灾难与给予福佑，故施行宁风祭仪。

先秦古籍文献中，有关宁风的记载甚多。如《尔雅·释天》便有记载，云：“祭风曰：磔。”晋郭璞注云：“今俗，当大道中磔狗，云以止风。此其象。”

见于甲骨文中的“宁风”活动，学者认为就是古文献记载的所谓“止风”。[①] 甲骨文“不风”“宁风”辞例，如下所举：

> 贞：翌癸卯，帝其令风？翌癸卯，帝不令风？夕雾。（《合集》672）
>
> 癸卯卜，宾贞：宁风？（《合集》13372）
>
> 癸未卜，其宁风于方，有雨？（《合集》30260）
>
> 癸酉卜，巫宁风？（《合集》33077）
>
> 甲戌，贞：其宁风，三羊、三犬、三豕？（《合集》34137）
>
> 辛酉卜，宁风巫，九豕？（《合集》34138）
>
> 癸亥卜，于南宁风豕一。（《合集》34139）
>
> 戊子卜，宁风北巫，犬？（《合集》34140）
>
> 庚戌卜，宁于四方，其五犬？（《合集》34144）
>
> 乙丑，贞：宁风于伊奭？（《合集》34151）
>
> 叀豕用？其宁风雨？庚辰卜，辛至于壬雨？辛巳卜，今日宁风？生月雨？（《屯南》2772）
>
> ……辰……殻贞：我宁风？（《怀特》249）

“宁”字甲骨文作（《合集》1314）、（《合集》8274）、（《合集》32301）、（《合集》32028）等形，可以隶定为寍。《说文解字》：“甹，定息也。从血，甹省声。读若亭。”“宁”有止息安宁之意。对于以上辞例中的“宁”字，陈梦家先生认为“宁”是一种祓禳风雨的专祭。[②] 由上引辞例可知，殷商时期的宁风之祭多用犬为牺牲，而兼用羊、豕等牲。这种用犬祭祀以求宁风止雨的风俗，一直为后世所遵循沿袭。

对于商代的宁风仪式，香港学者饶宗颐曾云：

---

① 陈梦家：《商代的神话与巫术》，《燕京学报》第 20 期，1936 年，第 547 页。另见于宋镇豪《夏商社会生活史》（修订本），中国社会科学出版社，2005，第 806 页。

② 陈梦家：《商代的神话与巫术》，《燕京学报》第 20 期，1936 年，第 547 页。

华夏的四方风名在殷代有非常具体的记载，殷代文字借“凤”字为风，凤是一种神鸟，《说文》引黄帝臣的天老说：“凤出于东方，暮宿风穴，见则天下大安宁。”风所从出的北方称为风穴（《淮南子》注引许慎云）。殷人常年祈求“宁风”，希望风调雨顺，求宁风的占卜记录甚多。殷人对于四方之祭礼，有尞，有帝（禘），如云“尞于东”（《合集》14319 正），“尞于西”（《合集》14325~14330），“尞于北”……不一而足。[①]

不仅殷墟甲骨材料如此，在周公庙甲骨中也发现“宁风”卜甲辞例：

曰：唯宁风于四方三犬三彘。既吉。兹卜。用。（周公庙西周甲骨）[②]

其中“既吉”“兹卜。用”之类可能是兆辞，但已系于命辞之后。殷人经常举行宁风之祭，这是其鬼神崇拜的习俗之一，亦可称其为殷礼。周公庙“宁风”卜甲的发现，从这个角度可以看出周人很可能学习并接受了殷人文化中“宁风”的祭礼，当然这也可能与殷人巫史卜祝之官转而服务于西周王朝有关。

2. 商代的宁雨祭祀活动

甲骨文中有“宁风”，也有“宁雨”。与“宁风”就是以祭祀的方式祈求止风一样，“宁雨”就是祭祀神灵以祈求止雨的活动。当大雨来临时，在黄河下游冲积区的商人居住区，因为黄河的某些河段河道浅、泥沙多，密集的雨水常使河道宣泄不及，河水泛滥成灾。在商人的心目中，暴雨成灾，河流泛滥，也是涉及国计民生的大事。商人极其担忧久雨成灾，黄河泛滥，为政者

---

① 饶宗颐：《四方风新义》，《中山大学学报》（社会科学版）1988 年第 4 期。

② 周原考古队：《岐山周公庙遗址去年出土大量西周甲骨材料》，《中国文物报》2009 年 2 月 20 日，第 5 版。

尽心尽力解除其灾祸，于是就有经常性的“宁雨”止祸的祭祀活动。见于甲骨文的这类祭祀占卜辞例如下：

贞：翌乙巳，……有去雨？（《合集》12356）

王固曰：“今夕退雨。”（《合集》12997）

□申卜，其去雨，于才望，利？（《合集》30178）

乙亥卜，宁雨，若？（《合集》30187）

丁丑，贞：其宁雨，于方？（《合集》32992）

己未卜，宁雨，于土？（《合集》34088）

叀豕用？其宁风雨？庚辰卜，辛至于壬雨？辛巳卜，今日宁风？生月雨？（《屯南》2772）

由此可见，在雨水盛多、“兹雨隹祸”“兹雨隹若”之际，则需举行“去雨”“退雨”“宁雨”之祭，以求禳除由雨水带来的涝灾洪祸，祈求降雨减弱或停息，以期恢复平常的生活秩序。

由上引卜辞辞例可知，宁风止雨一般并非直接向风神或雨神祈求，反而向方神、土地山川动植物神或商族祖先神求之。其中宗教意义的背景，还有待进一步勘查深究。

至于宁风止雨的具体祭法，未能详知，但在诸多祭祀方法中，未见卜辞常见的燎祭之出现，则是一个非常明确的现象。对于这一现象，宋镇豪先生认为，可能是此时处于降雨之中，无法或不便烧薪燎祭之故。①

过量降雨而造成的河流泛滥成灾，亦当彼时颇受关切的重大事情。比如紧邻殷都的“洹水”，因为水泉沉溺而形成的水灾，甲骨文中就有针对洹水可能造成“兹邑”殷都祸患之占卜：

□□卜，争贞：洹其作兹邑［祸］？（《合集》7853 正）

① 宋镇豪：《夏商社会生活史》（修订本），中国社会科学出版社，2005，第650页。

□□［卜，殻］贞：洹弗作兹邑［祸］？（《合集》7854 正）
其作兹邑祸？四月。洹弗作兹邑祸？（《合集》7859 正）
辛卯卜，大贞：洹弘弗敦邑？七月。（《合集》23717）

这些辞例都是卜问洹河发大水会不会给兹邑（殷墟都城）带来祸患。另外还有："丙寅卜，洹其盗？丙寅卜，洹勿［来水］不［盗］？"（《合集》8315）"……洹不羨？"（《合集》8317）可见当时的洹水流量较现在为大，所以才有祸患之虞。为了防止洹水对殷墟都城造成祸害，商人经常对洹水、洹泉进行祭祀，乞求神灵的护佑和佐助。如：

□□卜，出贞：……侑于洹九犬九豕？（《合集》24413）
庚午卜，其侑于洹有雨？（《合集》28182）
戊子贞：其燎于洹泉大三牢宜牢？（《合集》34165）

除此之外，在商代专指黄河的"河"，因为与商人居住区域邻近，也常因暴雨而改道，造成莫大的灾害。

商人与自然之"河"的关系，不仅有"河竭而商亡"的连带效应，而且商人更是经常地忧虑其泛滥成灾，带来祸患。真可谓生死命脉，休戚相关。这在甲骨文中也颇有一些信息可以窥知其中的端倪。如：

甲子卜，宾贞：蓺祟雨，娥于河？（《合集》00557）
丁未卜，争贞：祟雨，丏于河？十三月。（《合集》12863）

对于河水洪灾，商代人没有多少大禹治水的本领，其对策也只能是祭祀神灵，奉献丰盛的牺牲，特意取悦于神灵，以防其发怒而造成河流泛滥成灾。甲骨文中的"娥"字，常为卜辞祭祀之对象。于省吾先生认为作为祭祀神灵的"娥"有控制雨水的神职权能，所以商人便向"娥"神祈求止雨以避免河流泛滥成灾。[①] 但在此处，裘锡圭先生从甲骨文中有“求雨娥（宜）于祊”“求年我于岳”，读如“求年宜”，释我、娥义同《周礼·春官·大祝》“宜于社，造于祖”的宜，认为是祈求雨水得宜及年成福宜之祭。[②]

第六节 商代旱灾与祈雨活动

尽管从总的来说，商代的自然气候条件良好，生态环境适宜人的居住，但天象无常，水旱无情。前举有所谓雨多成涝的洪水祸患，但同时也不保其没有久旱不雨的旱灾发生。

一 史载商代早期和晚期的两次大旱灾

据文献记载，殷商时期中原地区已经有非常严重的干旱灾情发生。目前文献中关于殷商时期旱灾的记载主要有以下几条，如《吕氏春秋·顺民》等记载汤时天下大旱：

> 昔者汤克夏而正天下，天大旱，五年不收，汤乃以身祷于桑林……于是剪其发，鄌（磨）其手，以身为牺牲，用祈福于上帝，民乃甚说，雨乃大至。

《说苑·君道》篇：

> 汤之时，大旱七年，雒坼川竭，煎沙烂石，于是使人持三足鼎祝山川……盖言未已而天大雨。

这是商代初年的一次大旱灾，对于这次旱灾，其他文献如《墨子·兼

---

① 于省吾主编《甲骨文字诂林》，中华书局，1996，第2434~2435页。

② 裘锡圭:《释“求”》,《古文字研究》第15辑，中华书局，1986。

爱》《尸子·君治》《淮南子·主术训》《淮南子·修务训》《尚书大传》《帝王世纪》等也有记载。又如《太平御览》卷83引《竹书纪年》记录，文丁“三年，洹水一日三绝”。丁山先生认为，这条记录反映了当时的黄河流域发生了严重旱灾。①如果是这样的话，那么这也应该是商代晚期一次较为严重的旱灾了。

再如《国语·周语上》：

昔伊洛竭而夏亡，河竭而商亡。

“河竭而商亡”揭示出商代末年又发生了大规模的干旱灾情。对于这次旱灾，《淮南子·俶真训》云：“逮至殷纣，峣山崩，三川涸。”《览冥训》也说殷周时“峣山崩，而薄落之水涸”。更可见这次旱灾灾情之重。

二　甲骨文中对旱灾现象的记录

甲骨文中有“熯”字，作（《合集》30716）、（《合集》9815）、（《合集》4879）、（《合集》10172）等形。唐兰先生考释为暵字，认为是干旱的意思。②当时华北平原虽然气候很湿润，但是降雨集中，缺水时日也很集中。所以对于旱灾人们也很关注。如：

……丑卜贞：不雨，帝隹暵我？（《合集》10164）

庚戌卜贞：帝其降暵？（《合集》10168）

戊申卜，争贞：帝其降我暵？一月，二告。戊申卜，争贞：帝不我降暵？（《合集》10171 正）

辛卯卜，㱿贞：帝其暵我？三月。（《合集》10172）

贞：帝不我暵？（《合集》10173 正）

① 丁山：《商周史料考证》，中华书局，1988，第158~159页。

② 唐兰：《殷虚文字记》，中华书局，1981，第63~64页。

己酉卜，亘贞：帝不我暵？贞：帝其暵我？小告，不玄冥。(《合集》10174 正）

贞：我不暵？一月，不玄冥。(《合集》10178）

辛卯卜：我不暵？（《合集》10179）

辛卯卜，㱿贞：其暵？三月。(《合集》10184）

不隹降暵？（《合集》10188）

贞：商暵？（《合集》249 正）

……西土亡暵？（《合集》10186）

前面的辞例均为卜问帝降旱或不降旱的。而最后两辞则是卜问商国王畿和西土的旱情记录。

三 甲骨卜辞中的祈雨祭祀占卜活动

对于旱灾的降临，殷商时人不是消极地等待和无所作为，而是积极地寻找抗旱、降雨的办法，而采取的方法较多的是对神灵进行祭祀，巫者作法求雨，焚巫尪、作土龙、饰龙身、奏乐舞蹈以求雨。商汤以自身为牺牲的祷雨，只是其中的一个典型而已。

雨水为灌溉水利未大兴前最重要的农业用水来源，因此降雨遂成为主政者最关心的事之一，所以甲骨卜辞所见之祈雨记载很多。如：

贞：翌辛卯𠦪求雨，夒畀雨？（《合集》00063）

求雨于上甲，宰？（《合集》00672）

丙辰卜，今日奏舞，有从雨？（《合集》12828）

壬午卜，于河求雨，燎？（《合集》12853）

……燎云，不雨？（《合集》21083）

其又燎亳土，有雨？（《合集》28108）

王有岁于帝五臣，正隹亡雨？

……求侑于帝五臣，有大雨？（以上皆见于《合集》30391）

癸巳贞：其燎十山，雨？（《合集》33233）

从以上所引辞例可知，商人因旱情而祈求降雨之占卜甚多，不胜枚举。所祈求的对象，除了先公夒、上甲等祖先神，还有河、土、山等自然神，以及位于天庭的“帝五臣”等神灵。其神格与方位地望所在有确指，显示泛神性与大范围社会性的一面。换言之，一则表明商代神统领域中存在错综复杂的领属关系，二则说明旱情波及面广，常引起社会总体的焦虑，求雨之祭每成为社会整体动作。[①]

而求雨之祭所使用的祭祀方法主要为“燎”祭。“燎”字作（《合集》1280）、（《合集》30434）、（《合集》34461）、（《合集》30411）、（《屯南》3012）等形。许进雄对其考释认为，燎祭为焚木之祭，本在郊野，后移至室内举行。[②]其祭仪主要为烧燎祭，盖取烟气升腾可贯于上，直达云空，可致云雨。

四　焚人求雨古俗在甲骨文中的反映

对于久旱不雨的旱灾之产生，上古时人认为是天帝降罚，所以有以天地为祭祀对象的焚人求雨古俗。在先秦的古籍文献中，有关焚人焚巫祈雨的记载偶有所见，如《礼记·檀弓下》：

岁旱，穆公召县子而问然，曰：“天久不雨，吾欲暴尪而奚若？”曰：“天久不雨，而暴人之疾子，虐。毋乃不可与？”“然则吾欲暴巫而奚若？”曰：“天则不雨，而望之愚妇人，于以求之，毋乃已疏乎？”

注疏云：

① 宋镇豪：《夏商社会生活史》（修订本），中国社会科学出版社，2005，第642~660页。

② 许进雄：《古文谐声字根》，台湾商务印书馆，1995，第380页。

县子云："天道远，人道近。天则不雨，而望于愚鄙之妇人，欲以暴之，以求其雨，已甚也。无乃甚疏远于求雨道理乎？"

引文中的"暴巫"乃为焚巫之义。此外，《左传·僖公二十一年》亦云：

夏，大旱。公欲焚巫、尪。臧文仲曰："非旱备也。修城郭，贬食、省用、务穑、劝分，此其务也。巫、尪何为？天欲杀之，则如勿生。若能为旱，焚之滋甚。"公从之。

杜预注曰：

或以为尪非巫也。瘠病之人，其面上向，俗谓天哀其病，恐雨入其鼻，故为之旱，是以公欲焚之。

由此可见，两周时期仍有焚巫祈雨的事实。据董仲舒《春秋繁露·求雨》篇记载，直到汉代还有焚巫祈雨之事，记载云：

春旱求雨，令县邑以水日祷社稷山川，家人祀户。……夏求雨，令县邑以水日，家人祀灶。……秋暴巫尪至九日，无举火事，无煎金器，家人祠门。……冬舞龙六日，祷于名山以助之，家人祠井。

不过此时已经将"焚巫尪"改为"暴巫尪"了，即将巫尪在太阳下暴晒。春旱求雨，暴巫尪八日；秋旱求雨，暴巫尪九日。

那么，古人为何于遭遇干旱之际，以焚巫暴巫的方式达成求雨之目的？对此，许进雄先生有所推测，云：

焚巫以求雨的方式，可能是基于希望上帝不忍心让其代理人的巫受火焚的苦楚，从而降雨以解除巫的困厄的天真想法。……焚烧巫师是种不文明的残酷行为，商代已少用焚人而多用乐舞的方式求雨了。但是此习到东汉还残留着。《后汉书·独行》记述戴封当西华令时，积薪坐其上以自焚，火起而大雨，后乃被升迁为中山相。[1]

正如许先生所云，其实这种焚人求雨的古俗，早在商代就存在，这于殷墟甲骨文中也有充分的反映。[2] 如：

乙卯卜，今日烄，从雨？于己未雨？（《合集》34485）

贞：烄，有雨？勿烄，亡其雨？（《合集》12842正）

叀庚烄，有[雨]？其作龙于凡田，有雨？吉。（《合集》29990）

其烄，此有雨？（《合集》32300）

癸卯卜，其烄……于舟烄，雨？于滳烄，雨？于夫烄，雨？于□烄，雨？（《合集》30790+30167）

于癸烄，凡？于甲烄，凡？（《合集》32296）

在上引甲骨卜辞中，“烄”字作（《合集》1121正）、（《合集》1136）等形。罗振玉先生在其《殷虚书契考释》中首先将此字隶释作“烄”，引《说文》中“烄，交木然也”、《玉编》“交木然之，尞祡天也”以说之。[3] 王襄、郭沫若、饶宗颐等人皆从之，[4] 认为是祭天的燎祭或郊祭。叶玉森先生则首先指出，字象投交胫人于火，祭是用人牺求雨之祭。[5]

---

① 许进雄：《中国古代社会——文字与人类学的透视》，中国人民大学出版社，2008，第610页。

② 裘锡圭：《说卜辞的焚巫尪与作土龙》，胡厚宣主编《甲骨文与殷商史》，上海古籍出版社，1983，第31页。

③ 罗振玉：《殷虚书契考释》，永慕园石印本，1915，第50页下。

④ 王襄：《簠室殷契类纂》“存疑”第10卷，天津博物院石印本，1920，第49页下；《簠室殷契征文考释》“天象”，天津博物院石印本，1925，第6页下；郭沫若：《殷契粹编》，第653~658片考释，科学出版社，1965；饶宗颐：《殷代贞卜人物通考》，香港大学出版社，1959，第80页。

⑤ 叶玉森：《殷虚书契前编集释》，艺文印书馆，1966，卷5，第35~36页；卷6，第24页。

图十三　甲骨卜辞焚人求雨辞例
（《合集》34485）

此后学术界对于此字的考释，虽然异见甚多，但所指为焚巫以祭则颇为一致。许进雄先生认为，该字作一双脚交叉之人接受火烧烤之痛苦状，为巫者在火上或光天化日之下求雨的形状。[①] 对于“烄”字，陈梦家先生曾有详尽考释：

> 以上之烄作㚖或炇，象人立于火上之形，《说文》：“烄，交木然也。”《玉篇》：“烄，交木然之以尞柴天。”与此是否一字，尚不可必。烄与雨显然有直接的关系，所以卜辞之烄所以求雨，是没有问题的。由于它是以人立于火上以求雨，与文献所记“暴巫”“焚巫”之事相同。[②]

此后，李孝定、张秉权、王辉对此字续有分说，多承焚巫祈雨之意。[③] 裘锡圭先生则认为此字为从黄从火的会意字，并且此黄字当为“尪”。云：

---

① 许进雄：《中国古代社会——文字与人类学的透视》，中国人民大学出版社，2008，第609页。

② 陈梦家：《殷虚卜辞综述》，中华书局，1988，第602页。

③ 李孝定编述《甲骨文字集释》，“中央研究院”历史语言研究所，1965，第3158页；张秉权：《殷代的农业与气象》，《“中央研究院”历史语言研究所集刊》第42本第3分册，1970，第317页；王辉：《殷人火祭说》，《四川大学学报》丛刊第10辑《古文字研究论文集》，四川人民出版社，1982，第267页。

> “黄”“尪”音近……（黄）当是“尪”的象形字的另一种写法，特别强调尪者“突胸”的特征。胸前的“8”象捆缚他的绳索。跟甲骨文里有些“羌”字上所加的绳索形同意。“蒷”或作，是由简化而成的。
>
> “蒷”字象“尪”在“火”上，应该是专用于“焚巫尪”的“焚”字异体……[①]

但单周尧先生则从字形分析角度，认为“烄”字上面所从并非“黄”字之变体，该字所反映的求雨焚人者未必“尪”。[②]

我们从上引诸卜辞辞例与祈雨内容，认为“烄”（）字就是用以焚人或焚巫以求雨的专字。这就是反映在甲骨文中的商代“焚巫”的形式，即焚人求雨的现象。

除上述的“烄”字外，甲骨文也常见从堇从火的“熯”字，作（《合集》30716）、（《合集》9815）、（《合集》4879）、（《合集》10172）等形者。许进雄先生认为，此字大致表示干旱无雨则无收获，荒年肚饿，用手压挤肚子向上天叫嚷，要求赐下食物的意思，则此字有饥馑及干旱两义。[③]

如果仔细考察这些被焚人的身份，就会发现，其中以女性为多。而这些被焚以祭的女性，其身份多是女巫。

于旱灾时用女巫主持祭祀向上帝求雨，于先秦的古籍文献中，即可见之，如《周礼·女巫》便有记载，其云：“女巫：掌岁时祓除、衅浴。旱暵，则舞雩。”《左传·僖公十一年》杜注：“巫尪，女巫也，主祈祷请雨者。”

这是两周时期求雨时以女巫舞雩的证据，其实女巫祈雨可能是上古时期（包括商代）较长时间习俗的一种延续而已。

---

① 裘锡圭：《说卜辞的焚巫尪与作土龙》，胡厚宣主编《甲骨文与殷商史》，上海古籍出版社，1983，第21~35页。

② 单周尧：《说》，《殷墟博物苑苑刊》创刊号，中国社会科学出版社，1989，第165~168页。

③ 许进雄：《中国古代社会——文字与人类学的透视》，中国人民大学出版社，2008，第610页。

商代女巫也多参与祈雨仪式，不过不见女巫主持祈雨祭祀活动，在甲骨卜辞中，这种焚烧女巫以祭祀求雨的情况则比较多见。如：

贞：烄𡛥，有雨？勿烄姣，亡其雨？（《合集》1121 正）

甲申卜，宾贞：烄𡛥，有［从雨］？（《合集》1123 正）

□□卜，争贞：烄姣？叀𡛥烄？（《合集》1125）

叀姣烄，有雨？勿烄姣，亡其雨？（《合集》1130 甲、乙）

贞：今丙戌烄姣，有从雨？（《合集》9177）

□□卜，其烄永女，有大雨？大吉。（《合集》30172）

戊辰卜，烄𡠗于尊，雨？戊辰卜：烄曼于东，雨？弜烄？辛未卜，烄矢于凡享？弜烄，雨？癸酉卜，烄𡠗于……（《合集》32289）

壬辰卜，烄[illegible]，雨？壬辰卜，烄长，雨？（《合集》32290）

戊申卜，其烄永女，雨？戊申……叀雨……求于……？（《合集》32297）

甲申贞：烄𡢃，雨？在主京烄𡢃。（《合集》32299）

丙戌卜，烄每？丙戌卜，烄䜌？（《合集》32301）

丁未卜，烄庚女，有从雨？三月。（《屯南》3586）

上引卜辞辞例中，动词“烄”之后的宾语，大概多数为被焚以求雨的人名。其中有姣、𡛥、䜌、𡠗、[illegible]、永女、曼、𡢃、每、庚女等，无疑皆为女子之名。

关于这些被焚以求雨的女子的身份和地位，学术界也有不同的说法。于省吾先生认为这些女子是女奴；[1] 姚孝遂先生认为是女俘；[2] 陈梦家先生认为是女巫；[3] 而胡厚宣先生认为可能是女巫，也可能是女俘，其中当以女巫为

---

① 于省吾：《甲骨文字释林》，中华书局，1979，序言第 7~8 页。

② 姚孝遂：《商代的俘虏》，《古文字研究》第 1 辑，中华书局，1979，第 373 页。

③ 陈梦家：《殷虚卜辞综述》，中华书局，1988，第 603 页。

多。[①] 裘锡圭先生同意胡说，认为其中一部分是女巫，另一些是女奴。[②]

何以在求雨祭祀的仪式中，会有焚烧女巫的现象存在呢？史前考古学的研究表明，自旧石器时代形成的母系社会，至商代，王者地位既已极其巩固，不唯政治武力操之于男性，宗教巫术亦为男性所占有。换言之，商代男巫掌握宗教巫术的大权，与此相反，当时的女巫，已仅为求雨舞雩的技艺人才，不复掌握宗教巫术的大权，故其权威便没落已极。[③] 也就是说，女巫的地位之不堪，已经不是祭祀的主持者了，而是求雨祭祀中被杀伐以祭的牺牲。

殷墟晚期的甲骨卜辞中大量出现的焚人以祭以求雨的占卜记录，说明了这时的旱情已不是偶尔一两次出现的现象了，而是一段时期之中频繁发生的事情。

五　雩舞求雨古俗在甲骨文中的反映

上古时代的祈雨活动，除了占卜、祭祀等巫术手段外，还常常带有舞蹈活动。彼时的舞蹈活动，并不是娱乐的手段，而是具有浓厚的宗教意义和现实目的。

对于舞雩之祭祀的活动，于先秦古籍文献中屡见不鲜。《周礼·司巫》云："司巫：掌群巫之政令。若国大旱，则帅巫而舞雩。"天若大旱，就由巫师帅而舞雩。《周礼·舞师》也有记载：

> 舞师：掌教兵舞，帅而舞山川之祭祀。教帗舞，帅而舞社稷之祭祀。教羽舞，帅而舞四方之祭祀。教皇舞，帅而舞旱暵之事。

在周朝祭祀时的多种多样之舞中，"舞旱暵之事"就是周人祈雨时的"舞雩"。

因为作为祈雨活动的主持者，巫者本身就是能歌善舞之人。《墨子·非乐

---

① 胡厚宣:《中国奴隶社会的人殉和人祭》,《文物》1974 年第 8 期。

② 裘锡圭:《说卜辞的焚巫尪与作土龙》，胡厚宣主编《甲骨文与殷商史》，上海古籍出版社，1983，第 31 页。另见于胡厚宣《中国奴隶社会的人殉和人祭》,《文物》1974 年第 8 期。

③ 陈梦家:《商代的神话与巫术》,《燕京学报》第 20 期，1936 年，第 533 页。

上》引汤之官刑曰："其恒舞于宫，是谓：巫风。"郑玄《诗谱》："古代之巫，实以歌舞为职。"许慎《说文》："巫，巫祝也，女能事无形，以舞降神者也。象人两褎舞形。与工同意。"可见巫者能歌善舞，以歌舞事神为职业。那么，在由巫者主持的祈雨活动中，必然要伴之以舞蹈，以达到娱神媚鬼、祈求降雨的目的。

《尔雅·释训》记载："舞号，雩也。"郭注云："雩之祭，舞者吁嗟而请雨。"由此可知，于祈雨活动时，常以乐舞祈祭。又《春秋公羊传·桓公五年》云："大雩。大雩者何？旱祭也。"何休注云："使童男女各八人，舞而呼雩，故谓之雩。"举行奏乐或舞蹈的"舞雩"求雨祭礼，在古代诗歌里也有表现，如《诗经·小雅》云："琴瑟击鼓，以御田祖，以祈甘雨，以介我稷黍，以谷我士女。"

甚至日本著名学者白川静直接认为，舞蹈就是因为求雨而举行的活动："舞，是为请雨而举行的舞蹈，故谓之'舞雩'，因此，又有于'雨'下书以'舞'之字。雩，祭灵星以请雨之礼仪也。……在古代的巫术中，防旱乞雨亦关系着农作物的丰凶、村落的生活、人命等重大事情，被弑杀之王的故事及焚巫之俗等，也都留传着乞雨之事。请雨之法，先跳舞，即舞雩也。"①

可能古代举行"舞雩"之祭有固定的地方，所以在《论语·先进》中称："莫春者，春服既成，冠者五六人，童子六七人，浴乎沂，风乎舞雩，咏而归。"所以后世举行"舞雩"的地方为"舞雩"，此地当是举行祈雨舞雩之圣地。

此种先秦时期的舞蹈祈雨活动，至少可以追溯至殷商时期。据统计，甲骨卜辞言及"舞"时，十有九次是与"雨"字并列而卜的。② 可见当时以舞蹈求雨风俗之盛。如：

---

① 〔日〕白川静：《中国古代文化》，加地伸行、范月娇合译，台北：文津出版社，1983，第156页。

② 许进雄：《中国古代社会——文字与人类学的透视》，中国人民大学出版社，2008，第443页。

贞：舞，有雨？（《合集》5455）

丙辰卜，贞：今日奏舞，有从雨？（《合集》12818）

庚寅卜，辛卯奏舞，雨？庚寅卜，癸巳奏舞，雨？庚寅卜，甲午奏舞，雨？▨辰奏□，雨？（《合集》12819）

戊辰卜，今日奏舞，有从雨？（《合集》12828）

辛巳卜，宾贞：乎舞，有从雨？（《合集》12831 正）

贞：勿舞河，亡其雨？（《合集》14197）

贞：舞岳，有雨？（《合集》14207）

戊寅卜，于癸舞，雨不？三月。辛巳卜，取岳比雨，不比？乙酉卜，于丙奏岳比用，不雨？乙未卜，其雨丁不？四月。乙未卜，翌丁，不其雨？允不。乙未卜，丙申舞？乙未卜，于丁舞？丙申卜，入岳？辛丑卜，奏𫳅比，甲辰卩，雨少？四月。（《合集》20398 和《屯南》4513+4518）

己丑卜：舞羊，今夕从雨？于庚雨？己丑卜：舞（羊），庚从雨？允雨。（《合集》20975）

今日乙舞，亡雨？其舞□，有大雨？于寻，有大雨？（《合集》30031）

□□卜，今日……舞河眔岳……从雨？（《合集》34295）

呼舞，亡雨？呼舞，有雨？（《英藏》996）

丙寅卜，其呼雨？丁卯卜，叀今日方有雨？弗有雨？其方有雨？其舞于兮旬，有雨？其舞于茧京，有雨？（《屯南》108）

叀万呼舞，有雨？叀戍呼舞，有大雨？（《安明》1821）

甲骨文中的“舞”字，作（《合集》795 反）、（《合集》1140 正）、（《合集》35277）、（《合集》21473）、（《合集》32986）、（《英藏》996）等形，象一人拿着牛尾一类下垂的舞具正在跳舞之状。虽然对于该字中人手所执之物为何认识有所歧别，甲骨学家对此考释为“舞”则向无疑义。后来该字被借用为“有无（無）”之“无（無）”，便在表示舞蹈意义的本字上加了一对脚以显明跳舞的动作。如金文中的“舞”字作、、、、、、、等形，晚期的金文“舞”字中就有了加“止（趾）”的字形。小篆“舞”作之形，加两“止（趾）”的字形于是固定下来了。不过这是后来的事。在甲骨文中，“舞”字只是其本意的用法，表达有无之“无”意义的字用“亡”字，而不用“无（無）”。正如《说文》解释“舞”之古文体“翌”时所云：“以亡为无也古矣。”

从上引辞例中不难发现，舞蹈祈雨仪式多为向河及岳之众神乞雨。盖降雨是自然现象，故于河、岳等山川自然神祇舞蹈以祈求云雨至降。

尤其值得注意的是，在此引卜辞中的两例，即：

> 庚寅卜，辛卯奏舞，雨？庚寅卜，癸巳奏舞，雨？庚寅卜，甲午奏舞，雨？□辰奏□，雨？（《合集》12819）
>
> 戊寅卜，于癸舞，雨不？三月。辛巳卜，取岳比雨，不比？乙酉卜，于丙奏岳比用，不雨？乙未卜，其雨丁不？四月。乙未卜，翌丁，不其雨？允不。乙未卜，丙申舞？乙未卜，于丁舞？丙申卜，入岳？辛丑卜，奏𠕋比，甲辰卩，雨少？四月。（《合集》20398和《屯南》4513+4518）

前者自辛卯至甲午，前后达四天，或连续更多天，举行奏乐舞蹈的求雨祭礼；后者于三月戊寅卜五日后癸未舞雨，又三日后丙戌奏岳求雨，又十日后的四月丙申纳岳主而出舞求雨，至次日丁酉又出舞，又四日后辛丑奏𠕋祀雨，又三日后卜甲辰卩时降小雨，前后行事可达27天。[①] 这些辞例都记录了连续多天举行奏乐舞蹈的求雨祭礼活动，栩栩如生描述殷人希冀快速降雨的迫切的心情。

而且在这两例之中，“奏”字亦经常与“舞”字伴同出现。甲骨文“奏”作（《合集》973正）、（《合集》1600）、（《合集》8196）、（《合集》9004）、（《合集》21252）等形，象双手捧物或乐器以进献供奉之状，有进

① 宋镇豪：《夏商社会生活史》（修订本），中国社会科学出版社，2005，第657页。

献之义。有学者认为，“奏”所象有所表演进献之状。[①] 而这种“奏舞”也正是商代奏乐以舞来求雨的一种仪式，是一种祈雨之舞。[②]

“奏”字在甲骨文中，也有一些是不与“舞”字同见伴出的辞例。如：

> 丁弜奏戌，其雨？（《合集》31036）
>
> 叀各奏有正，有大雨？叀奏嘉，有大雨？叀商奏有正，有大雨？（《合集》30032）
>
> 辛丑卜，奏䂞比，甲辰卩，雨少？四月。（《合集》20398和《屯南》4613+4518）

不过这些辞例，较少涉及求雨之事。这样，就有可能做这样一个分别：“舞”指祈雨舞蹈的专名，“奏”则为娱乐神灵的他种舞蹈或音乐。甲骨文中的“奏”字前往往加有形容词，如“盘奏”“美奏”“商奏”“新奏”“嘉奏”“各奏”等繁多的名目，可能是表明演奏不同类型的音乐。宋镇豪先生认为：“各、嘉、商，或为商代歌乐之曲名。前引《合集》20398一辞云：‘奏䂞比，甲辰卩，雨少？’似商代奏乐伴舞求雨时，不仅有歌声吁嗟以辞祷告，又有‘奏䂞’，属文于册，焚以上达。”[③] 可知“奏”与“舞”伴出同见，是借助于音乐演奏的祈雨舞蹈形式。

当出现严重的旱灾时，常年不雨可能导致颗粒无收，直接影响国家的统治和国计民生，这就会引起王朝统治者的高度重视。这个时候，就不仅仅是日常负责占卜的巫师求雨了，商王自己也会出马上阵，亲自主持求雨的祭祀活动。《吕氏春秋·季秋纪》篇中，就记载了商代初年大旱不雨，商汤亲自祷雨于桑林的史实。

在甲骨卜辞中，时王亲自参与求雨的辞例也屡见不鲜，如：

> ……王舞……？允雨。（《合集》20979）

---

① 许进雄：《古文谐声字根》，台湾商务印书馆，1995，第420页。

② 许进雄：《中国古代社会——文字与人类学的透视》，中国人民大学出版社，2008，第443~444页。

③ 宋镇豪：《夏商社会生活史》（修订本），中国社会科学出版社，2005，第659页。

……王其乎〓……？大吉。（《合集》31031）

王其乎丂〓于……？吉。（《合集》31032）

这些由商王亲自参加或指令臣下参与的雩舞祈雨活动，应该是比较隆重的场合，也说明当时的旱灾到了非常严重的地步。

六　甲骨文所见的土龙祈雨活动

除了焚巫祈雨与舞蹈祈雨两种方法外，古人在遭遇旱灾时，也往往作土龙以求雨。这与古代人的龙图腾崇拜以及神龙能兴云致雨的观念有直接关系。对此，许进雄有这样的一番解释：

至于认为龙能飞翔和致雨，可能和栖息于长江两岸的扬子鳄鱼的生活习性有关。龙的特征，脸部粗糙不平，嘴窄扁而长，且有利齿。在中国地区，除鳄鱼以外，是他种动物所无的异征。扬子鳄除了没有角外，身躯、面容都酷似龙，可能就是龙形象取材的根源。何况远古的龙是无角的。扬子鳄鱼在雷雨之前出现，有秋天隐匿、春天复醒的冬眠习惯。古人每见扬子鳄与雷雨同时出现，雨下自空中，因此想象它能飞翔。但龙致雨的能力也可能来自龙卷风。龙卷风的威力奇大，且经常带雨。卷曲风的形状好像细长的龙身，故容易让人以之与爬虫的化石起联想，误认龙能大能小，能飞翔、致雨，是威力无边的神物。①

正因为古人想象龙具有致雨的神秘能力，所以就产生龙神的信仰。于是每当干旱不雨的时候，也都想到了拜祭龙王爷以祈求降雨的必要。神灵都需要有一个偶像，人们见不到真龙的样子，于是就人工制作一个“土龙”以替代真龙，向它祭拜从而达到求雨的目的。

在先秦古典文献中，就有古人向“土龙”祈雨的一些记载。如《山海

① 许进雄:《中国古代社会——文字与人类学的透视》，中国人民大学出版社，2008，第609页。

经·大荒东经》:

> 大荒东北隅中，有山名曰凶犁土丘。应龙处南极，杀蚩尤与夸父，不得复上，故下数旱。旱而为应龙之状，乃得大雨。

晋郭璞注于其下，云:“今之土龙，本此气，应自然宜感，非人所能为也。”由此可见，作土龙祈雨的习俗在蚩尤和夸父的上古时代就已经现其端倪。此俗由来已久，并且流传至后世。董仲舒《春秋繁露·求雨》篇中记载:

> 春旱求雨。……以甲乙日为大苍龙一，长八丈，居中央。为小龙七，各长四丈，于东方。皆东乡，其间相去八尺。小童八人，皆斋三日，服青衣而舞之。……夏求雨。……以丙丁日为大赤龙一，长七丈，居中央。又为小龙六，各长三丈五尺，于南方。皆南乡，其间相去七尺。壮者七人，皆斋三日，服赤衣而舞之。……秋暴巫尪至九日，……以庚辛日为大白龙一，长九丈，居中央。为小龙八，各长四丈五尺，于西方。皆西乡，其间相去九尺。鳏者九人，皆斋三日，服白衣而舞之。……冬舞龙六日，……以壬癸日为大黑龙一，长六丈，居中央。又为小龙五，各长三丈，于北方。皆北乡，其间相去六尺。老者六人，皆斋三日，衣黑衣而舞之。

由此详述可知，汉代建造土龙以祈雨时，应依五行学说的原则，在不同的季节，建造不同数量、不同大小的土龙，面对不同的方向，涂以不同的颜色，并以不同的人数去舞蹈。每季节均有较烦琐的作土龙的方法，反映作土龙求雨在汉代颇为盛行。

在商代初年，已经可见这种作土龙求雨的行为了。《淮南子·地形训》:“土龙致雨，燕雁代飞。”高诱注云:“汤遭旱，作土龙以象龙。云从龙，故致雨也。”说明早在商代初年商汤之时，就曾因为天旱不雨而作土龙求雨。

这在商代晚期的殷墟甲骨文中，颇有些卜辞辞例记载这方面的一些活动。如：

> 贞：呼取龙？贞：其亦烈雨？贞：不亦烈雨？（《合集》6589）
> 乙未卜，龙，亡其雨？（《合集》13002）
> 十人又五……龙……田，有雨？（《合集》27021）
> 叀鹰龙，亡有其雨？（《合集》28422）
> 叀庚烄，有［雨］？其作龙于凡田，有雨？上吉。（《合集》29990）

尤其后引一辞“叀庚烄，有［雨］？其作龙于凡田，有雨？上吉”（《合集》29990）。“作龙”与焚人求雨卜辞同见于一版，卜辞中并明言作龙在凡田的目的为求雨，其意思非常明显。许进雄认为，“作龙”可能化装舞蹈，即装扮龙神以祈雨。[①] 但裘锡圭先生认为，此处的“作龙”就是文献中的“作土龙”，这些卜辞都是饰龙神祈雨之辞例。[②] 我们认为裘先生的观点无疑是正确的。

但是在甲骨文中向龙祈雨较为少见，远远少于雩舞求雨的情况。这说明商代龙始神化，故当时常见的祈雨方式，仍然为向神供奉乐舞及焚烧巫者或人牲。后来随着中国农业社会的深入发展，龙的降雨神力才逐渐受到人们的重视，于是历来受到世人特别的尊敬，遇旱之时向龙王求雨的风俗，才日盛一日。[③]

七　甲骨文中所见蝗灾及其驱逐仪式

旱灾之后多有蝗灾，其后果较水灾旱灾尤为严重。所以蝗灾历来都是令人触目惊心的自然灾害。蝗，又称虫蝗、蝗虫、横虫，种类繁多，口器阔大，后足强壮，栖于草丛中，为农林害虫。[④]

---

① 许进雄：《明义士收藏甲骨释文篇》，加拿大多伦多皇家安大略博物馆，1977，第137页。

② 裘锡圭：《说卜辞的焚巫尪与作土龙》，胡厚宣主编《甲骨文与殷商史》，上海古籍出版社，1983，第32~33页。

③ 许进雄：《中国古代社会——文字与人类学的透视》，中国人民大学出版社，2008，第609页。

④ 华夫主编《中国古代名物大典·虫豸类》，济南出版社，1993，第1628页。

在先秦典籍文献中，有关于伤害谷类的害虫的例子，如《左传·庄公十八年》："秋，有蜮为灾也。"又《穀梁传·宣公十五年》云："冬，蝝生。蝝非灾也。其曰：'蝝，非税亩之灾也。'"引文的蜮即蝗之别称，蝝乃为蝗之幼虫，均描述有关蝗虫之灾殃。

面临蝗灾泛滥的紧急时刻，古人并不是束手无策，而是积极采取了措施——驱逐蝗虫的巫术仪式。如《礼记·月令》云："孟夏之月，……行春令，则蝗虫为灾，暴风来格，秀草不实。"又《诗经·大田》记载："既方既皂，既坚既好，不稂不莠。去其螟螣，及其蟊贼，无害我田稚。田祖有神，秉畀炎火。"孔颖达疏：

> 《月令·仲夏》行春令，百螣时起。是阳行而生，阳盛则虫起，消之则付于所生之本。今明君为政，田祖之神，不受此害，故持之付于炎火，使自消亡也。……田祖不受者，以田祖主田之神，托而言耳。

据此可知，两周时期人们对于蝗、螟、螣、蟊、贼等害虫所造成的灾殃已有很系统的认识了。故古人运用阴阳五行的原理，以求去除其灾祸。

商代已经进入非常成熟的农业社会，所以也当有对蝗灾的记载和一定的救治方法。

甲骨文中有一字，作（《合集》138）、（《合集》11537）、（《合集》11846）等形。过去一些学者认为象蝉形，如叶玉森先生认为："状緌首翼足，与蝉毕肖。疑卜辞似蝉为夏，蝉乃最著名之夏虫，闻其声而知为夏也。"[①] 叶氏不仅释出了夏字，还释出了春秋冬三字。董作宾先生从之，并以殷墟出土白陶片上之蝉纹为证，也认为此字为"甲骨文中夏之形，像蝉之侧面"；董氏即据此认定殷商已有春夏秋冬四时。[②]

唐兰先生首先释此字为"秋"字，谓"此字者本象龟形而具两角"，并以

---

① 叶玉森：《殷契钩沉》，北平富晋书社影印本，1929，第2页。

② 董作宾：《卜辞中所见之殷历》，《安阳发掘报告》第3期，1931年。

之与卜辞之龟形加以比较，指出“自颈以下，背腹足尾，纤悉毕同”；又以之与殷墟白陶片上的蝉纹加以比较，指出“与此龜字头戴二角者判然有别”，认为此字乃“龟属而具两角者，释为龜，读为𧑓，假为秋”。唐氏还举出另外一个证据，即秋字，汉《杨箸碑》、《隶韵》引《燕然铭》、《万象名义》均作龝，并从龜，而今《说文》秋字之籀文则误作⿰禾⿱龜火，从⿱龜火。由此唐氏断定，卜辞的龜或⿱龜火并当读为秋，所谓“今龜”“今⿱龜火”“来龜”，即“今秋”“来秋”也。唐氏又进一步指出：（1）“盖龜声本有聚敛之义，故假以为收敛五谷之称。《盘庚》言‘若农服田力穑，乃亦有秋’，是秋本收获之义，引申之乃为收获之时矣”；（2）“因有收敛五谷之义，故后世注以禾旁，而为形声字之‘龝’，其后又省龜，遂为‘秋’字矣。”《说文·禾部》：“秋，禾谷熟也。从禾，⿱龜火省声。龝，籀文不省。”“虽误龜为龟，其说固独有本也。”唐氏释前所列二字为秋，确实可信，也是一重大突破，董氏以为殷商已有四时，由唐氏之释秋而开始动摇。[①]

陈梦家先生曾以为该字象虾蟆。[②] 唐氏则反驳道：“象虾蟆者自有黽（黾）字，书法迥异，不得以《广雅》龜误为鼀，而谓龜真象黽形也。”又指出：“蟋蟀于古无象形之字，其虫有足三对，后足特长，尾有二毛，与龜字之形亦不类。”最后又特加说明，“本（20）片龜作[illegible]”，“其端有歧出者，象其喙，盖龟属之形与鱼同”，当是例外之变异写法，“至卜辞习见之书法”，“则全类角形矣”；而《粹编》1151片之字，“其尾旁之揭起者，实是甲（龟甲）形”，“仍是寻常之龟属耳，非异物也”。唐氏又根据此字形体变异及传世文献记载，以为“龜当为觜之象形”。《尔雅·释鱼》：“二曰灵龟。”郭注：“涪陵郡出大龟，甲可以卜，缘中文似玳瑁，俗呼为灵龟，即今觜蠵龟，一名灵蠵，能鸣。”唐氏因而指出：“龜可以卜，故⿱龜火字从火从龜。《说文》引《左传》：‘龟⿱龜火不兆。’⿱龜火为⿱龜火之误，亦龜即觜蠵之一证也。”[③]

于省吾先生也支持唐说，曾从两个方面对唐文加以补充。（1）传世文献

① 唐兰：《殷虚文字记》，中华书局，1981，第7、8、9页。

② 陈梦家：《商代神话巫术》，《燕京学报》第20期，1936年。

③ 唐兰：《天壤阁甲骨文存考释》，辅仁大学，1939，第25~26页。

的记载。《周书·王会》谓“龙角神龟”，《广雅·释鱼》谓“有角曰龝（应作龝）”，《抱朴子·对俗》谓“千岁之龟，五色具焉，其头上双骨起，似角”。（2）考古新发现。《化石》1981年第3期刊有《长犄角的乌龟》一文，介绍在澳大利亚发现了一种“形状古怪的龟”化石，“它的头上长着两个向后弯的尖犄角”，“还长着一个带有脊的尾巴”。于氏由此指出，这种双角龟，“虽然以为生存在两千两百万年之前，但不能说在我国三千多年前的商代就没有这类动物”。不然，传世文献何以会记载有角之龟？于氏还指出：“甲骨文的双角龝属于象形字，当时必然实有其物，然后才能摹仿其形，这是可以理解的。”①

唐氏释蘁为秋，其说甚详，学者多有从之；但以为其字形“本象龟形而具两角”，却有不同意见。

郭沫若则认为：“龟属绝无有角者，且字之原形亦不象龟。其象龟甚至误为龟字者，乃隶变耳。今按字形实象昆虫之有触角者，即蟋蟀之类。以秋季鸣，其声啾啾然。”“借以名其所鸣之节季曰秋。”并指出其虫鸣秋，其鸣以翼，故契文此字突出其翼，而借为春秋之秋，籀文从龟乃形体之伪变。②

郭若愚先生也释为蘁，但他认为该字“象一只蝗虫，有触角，有翼、肢足，一个蝗虫的各部分都具备了”，因而释此字为“螽”，即蝗虫。③郭氏之说出，多有学者从之。对于其中的一个字形（[illegible]），范毓周先生径释为“蝗”。④而彭邦炯先生也释此字为“螽”，也即蝗虫之一种。⑤在此，我们赞同郭若愚和彭邦炯两位先生的释法，称此字作为虫灾讲时应释为螽斯之“螽”字。

螽斯是古代文献中就已记载的古老昆虫之一。螽斯，又名蜇螽，又名斯螽，又名蜙蝑（音松胥，《尔雅·释虫》作蜙蝑）。《诗经·豳风·七月》：“斯

① 于省吾：《释龝》，《史学集刊》1982年第4期。

② 郭沫若：《殷契粹编》，第4片考释，科学出版社，1965。

③ 郭若愚：《释蘁》，《上海师范学院学报》（哲学社会科学版）1979年第2期。袁庭栋、温少峰《殷墟卜辞研究——科技篇》也持此观点（四川省社会科学院出版社，1983，第218页）。

④ 范毓周：《殷代的蝗灾》，《农业考古》1983年第2期。

⑤ 彭邦炯：《商人卜螽说》，《农业考古》1983年第2期。

螽动股。”（豳，今陕西省彬州市）《周南·螽斯》：“螽斯羽，诜诜兮。”《毛亨传》云：“螽斯，蚣蝑也。诜诜（音伸），众多也。”扬雄、许慎皆云：“斯螽，舂黍也。”《郑玄笺》云：“凡物有阴阳情欲者，无不妒忌，维蚣蝑不耳，各得受气而生子，故能诜诜然众多。后妃之德能如是，则宜然。”《草木疏》云：“斯螽，幽州谓之舂箕，蝗类也，长而青，长股，股鸣者也。”

螽斯的外表粗看很像蝗虫，稍仔细看便可以发觉，它们的身甲远不比蝗虫那样坚硬，更重要的是，它们有着细如丝、长过其自身的触角。而蝗虫类的触角又粗又短，螽斯的叫声具有金属的音质，比蟋蟀的更响亮、尖锐而更加刺耳，有的可以传一两百米远，螽斯的个头与鸣声也不尽相同，体型亦有差异，有瘦长的纺织娘，也有短胖的蝈蝈。栖息于树上的种类常为绿色，无翅的地栖种类通常色暗。

此字在甲骨文中为多用字，或用作时间名词，如“今秋”“来秋”，表示季节的秋季；或用作地名人名，如“雍蒴于秋”“于秋令”等；但在甲骨文中，此字更多的是用来表示虫灾的。可能古人认为蝗虫之灾，经常发生在夏季及秋季，故取其形状以示秋意。商代的秋季既然以蝗虫为代表，以此类推，应以夏季合于秋季较为合理。① 同时我们认为，郭沫若以秋虫啾啾然鸣叫声，说明作为蟋蟀形象的“螽”字何以会读为秋音，是非常具有启发意义的。

甲骨卜辞中多有对“螽”的占卜，这些就是对当时蝗灾情况的反映。如：

庚申卜，出贞：今岁，螽不至兹商？二月。贞：螽其至？（《合集》24225）

癸酉卜，其……弜亡雨？螽其出于田？弜？（《合集》28425）

癸酉卜，于……告螽冉？三三。（《合集》33232）

辛卯贞：于夕令方商？丁酉贞：螽不冉？其冉螽？甲辰卜，其求禾于河？甲辰卜，于岳求禾？（《合集》33281）

---

① 许进雄：《中国古代社会——文字与人类学的透视》，中国人民大学出版社，2008，第584页。

甲申螽夕至，宁，用三大牢？（《屯南》930）

癸酉贞：螽不至？一。（《怀特》1600）

这些辞例都表现了“螽斯”这种蝗虫灾害出现的状况。“螽其至”“螽其出于田”等都容易理解，意思是蝗虫的到来和在田间出现并危害庄稼。需要解释的是“爯”字。爯字也作偁，两者是繁简字的关系。《说文解字》：“爯，并举也。”卜辞中的“螽爯”“爯螽”有大量、大批蝗虫集结的意思；卜辞中的“罕螽”即“宁螽”，乃是祈求祖先神灵宁止螽（即蝗虫）的灾害；卜辞中的“告螽”即将蝗虫之灾告于先公先王，祈求降佑，除此蝗害。甲骨文中此字或作蘡，是希望借助火苗烧灭蝗虫之义，两者意思相关。

出现了蝗虫的灾害，古人是知道其危害程度的。它们对正在成熟的庄稼来说，无疑就是巨大的灾难。所以《合集》33281片占卜：“辛卯贞：于夕令方商？丁酉贞：螽不爯？其爯螽？甲辰卜，其求禾于河？甲辰卜，于岳求禾？”意思是说：螽斯会不会集结得很多？为了保住庄稼的收获，是向“河”神祈求丰收呢，还是向“岳”神祈求丰收呢？蝗虫泛滥是自然灾害，所以商人要向“河”“岳”等自然神告祭，祈求这些神祇保佑庄稼不要受到太大的损坏。再如：

甲辰卜，宾贞：告螽于河？二。（《合集》9627）

庚□，告螽于河？□午，于岳告螽？（《合集》33229）

但并非仅仅如此，在甲骨文中出现更多的是向祖先神尤其是高祖先公告祭，祈求他们阻止蝗虫灾难，保护庄稼以确保丰收。这里涉及的祖先神包括上甲、高祖夒等，如：

甲辰卜，宾贞：其告螽于上甲，不［隹］……爯？（《合集》9628）

其告螽上甲，二牛？二,二，大吉。（《合集》28206）

戊申……其告螽上甲？弜？夒即宗？河［即］宗？（《合集》28207）

□□贞：……告螽，其用自上甲？（《合集》32033）

□戌贞：其告螽于高祖夒？（《合集》33227）

壬子贞：其寻告螽于上甲？弜告螽于上甲？壬子贞：𢍏米帝螽？𢍏米帝螽？（《合集》33230）

其告螽于上甲一牛？壬戌卜，其□螽于上甲，卯牛？（《屯南》867）

乙亥贞：取岳舞，有雨？贞：其告螽于上甲，不［雨］？（《屯南》2906+3080）

丙辰卜，贞：告螽于祊？四月。（《怀特》22）

图十四　甲骨卜辞“告螽”辞例
（《合集》33230）

对于这一部分卜辞辞例，郭沫若先生认为是古代的所谓“告秋”之礼，即“尝新之礼”或“告一岁之收获于祖也”[①]。我们认为单从这些向祖先告祭的辞例来看，这样的说法是可以说得通的。但是从其他辞例来看，比如前引之《合集》33232“癸酉卜，于……告𧌒爯？”如果是“告秋”，那么“告秋爯”又作何解释？显然这一说法就说不通了。再如前引之《屯南》930“甲申𧌒夕至，宁，用三大牢？”如果“𧌒”为“秋”，指秋季收获讲，那么何以秋收会“夕至”？秋收是好的事情，何以会“宁”（阻止）其到来呢？可见，这里的辞例不是指“告秋”，而是像“告土方于上甲”“告𢀛方于上甲”之类的辞例一样，有了祸患、灾害等大事了，至于这些辞例，是因为出现了蝗灾，故而向祖先告祭以求其保佑禳灾。

在对蝗灾进行禳除的对策中，商人似乎有一种专门之祭。这就是“宁𧌒”。甲骨文“宁”字有止息安宁之意，已见前述。所以“宁𧌒”与“宁风”“宁雨”“宁水”“宁疾”一样，是对蝗虫进行禳除的巫术仪式。

乙亥卜，其宁𧌒于䀻？（《合集》32028）

贞：其宁𧌒，来辛卯酌？（《合集》33233）

庚辰贞：其宁𧌒？二。（《合集》33234）

庚午贞：𧌒大爯，于帝五玉臣宁？……在祖乙宗卜。（《合集》34148）

贞：其宁𧌒于帝，五工臣玉日告？甲申𧌒夕至，宁，用三大牢？（《屯南》930）

由此可知，商代之时由蝗虫所造成的灾祸，已经非常严重。商人不得不举行隆重的“宁𧌒”仪式，对祖先神灵进行祭祀，以祈求驱逐蝗虫，保佑庄稼的丰收。

除了“𧌒”字外，甲骨文中另有𧑒字，作[illegible]（《合集》22196）、[illegible]（《合集》

① 郭沫若：《殷契粹编》，第2片考释，科学出版社，1965。

32968）、（《屯南》4330）等形。该字与“螽斯”应是同源字，皆作蝗虫或火烤蝗虫之状。[①] 杨升南先生云：“甲骨文‘䵷’从火，正是商人灭蝗的方法之一。”[②] 笔者尚记幼时在家乡，多见蝗虫（俗称蚂蚱）为祸。村里人多于夜晚在田间地头和芦苇荡中点燃很多火堆，蝗虫有向光性，见火光即向其飞去。如此许多蝗虫就会自投火堆，葬身火海。以火堆灭蝗，正是民间多年积累的有效办法。盖这种办法，其来尚矣，由此字形可知，似乎可以追溯到甲骨文时代。

与蝗虫为灾相类相关的，是鸟虫为灾。甲骨文中有一字作（《合集》809 反）、（《合集》2340）、（《合集》9097）、（《英藏》1165）等形，象持棍以驱赶鸟形，可以隶定为“敫”，也有隶定为“摧”字者。陈邦怀先生释为“鼓”字，认为即《说文》之“鼓，鸟也”，在卜辞中借为“魃”，旱鬼也，“卜问其有降旱魃之事”[③]。朱培仁先生认为：“敫字的字形，有手执长杆驱鸟的象征。《广韵》：‘士咸切，音馋，鸟敫物也。’”所谓“鸟敫物”，就是鸟类为害的意思，也有鸟啄食作物的意思。[④] 既有鸟害，当然就有驱赶害鸟保护农作的意思。温少峰、袁庭栋先生亦持此说。[⑤] 彭邦炯先生认为：“此字当为《说文》敫字之本字，隹、鸟古文同形。说右边从攴乃文之讹变。初义当为驱赶鸟，后成为某鸟之专称，大概此鸟对人类危害大，故从手持棍驱赶或鞭打之形。卜辞言‘降敫’即指鸟害。”[⑥] 我们同意彭氏意见，但为了行文方便起见，将此字直接隶释为“摧”字。

甲骨文中有“有摧”“降摧”“降大摧”“来摧”，可见当时的鸟害对于农业生产来说是一种可怕的自然灾祸。如：

---

① 许进雄：《古文谐声字根》，台湾商务印书馆，1995，第 348~349 页。

② 杨升南：《商代经济史》，贵州人民出版社，1992，第 180~181 页。

③ 陈邦怀：《降鼓》，《殷代社会史料征存》，天津人民出版社，1959。

④ 朱培仁：《甲骨文所反映的上古植物水分生理学知识》，《南京农学院学报》1957 年第 2 期。

⑤ 温少峰、袁庭栋：《殷墟卜辞研究——科技篇》，四川省社会科学院出版社，1983，第 220 页。

⑥ 彭邦炯：《甲骨文农业资料考辨与研究》，吉林文史出版社，1997，第 429 页。

贞：亡来摧？（《合集》809反）

王占曰：其有摧？（《合集》6655反）

今秋其有降摧？（《合集》13737）

贞：帝不隹降摧？贞：帝隹降摧？（《合集》14171）

贞：其有降摧？（《合集》17336）

［王］占曰：其有降大摧？（《合集》17337反）

丙戌卜，亡摧？（《合集》32699）

同样，作为一种商人不愿意见到的农业灾害，像“宁风”“宁雨”“宁水”“宁螽”一样，甲骨文又有“宁摧”“告摧”的占卜辞例，即通过祭祀等巫术仪式，对付鸟类灾害。如：

贞：于吉宁摧？（《合集》1314）

申卜，贞：方禘宁摧？九月。（《合集》14370丙）

……于咒宁摧？（《合集》14675）

丙辰卜，宾贞：寻告摧于……一月。（《合集》16073）

总之，对待自然灾害，商代时人更多是通过祭祀等巫术，向祖先神或自然神进行祭拜，来达到其禳除灾害的目的。因为在他们的心目中，这些灾害正是这些天神地祇降祸于人类的，所以只有通过奉献丰盛的祭牲，通过隆重的仪式，才能从源头上解决问题。在这一点上，我们不能超越历史指责古人的迷信和愚昧。后世直到明清时期，当人们遇到灾祸时，不往往还是向龙王爷求雨水，向老天爷求保佑吗？甚至直到现在，当自然灾害来临之时，我们不往往还是束手无策，只有通过敬畏大自然，顺从大自然来祈祷世界和平吗？这些，应该都是我们从甲骨文中所获得的一些启示。

第三章

商代中原地区的土壤土质

土壤是人类生存的第一要件，尤其是对以农业经济为主的商代来说，当时的土质土壤是非常重要的环境资源条件，是从事农业生产的根本要素。《管子·水地》篇："地者，万物之本原，诸生之根菀也。"又《管子·禁藏》篇："夫民之所生，衣与食也；食之所生，水与土也。"又可见，我们的上古先民早已非常清楚地意识到，土地土壤是农业的基础，而水利则是农业的命脉。

商代的中原地区，也即商朝疆域中的"王畿"，是以商代晚期的都城安阳殷墟遗址为中心，包括今河北省南部、河南全省、山东省西部和陕西省东部及山西省南部等的华北地区。在这一范围内，不仅气候温暖，植被繁茂，动物资源丰富，而且从其地理地貌、土壤土质来看，那个时代也有非常适合人类居住的良好环境。

从现今考古发掘材料看，商代遗址分布范围较广。南到湖北省甚至湖南省石门县皂市，江西省樟树市吴城、新干县大洋洲等地都有商代二里冈时期即商代前期的遗址。东越泰山，北达燕山南北，西到陇东。但其中心地域在华北平原，这里仅有少数的山地。河济之间的鲁西豫东地区，多丘陵。山前地、平原、丘陵皆宜于农牧，所以，商人虽然屡迁其政治中心，却从不离开这一范围。如汤都景亳在豫东北河南浚县境，后迁北亳、南亳、西亳分别在鲁西南的菏泽、豫东的商丘和豫西的偃师，建国后都城郑亳在郑州，仲丁迁隞在今郑州小双桥，河亶甲迁相在今河南内黄，祖乙迁邢在今河北邢台，南庚迁奄在山东曲阜，盘庚迁殷在豫北安阳。商人迁徙皆在华北平原河水与济水流域，这是因为这一地区有优越的地形土质条件，便于农牧业和手工业生产活动。

殷商所在的中心区域——黄河中下游地区是黄土高原和黄河冲积而成的华北平原之所在，丰厚的黄土构成了黄河中下游地区的基本景观。华北平原广袤平坦，易于平整土地和浇灌。黄土是非常适宜农作物栽培的土壤。

第一节 甲骨文中“土”字的义项

在古人朴素的五行（木火土金水）要素中，因为农业生产和饮食所赖，“土”占据了重要的地位。这在古人对“土”字的释义中就可以看得出来。

一 “土”字的文字学说解

《说文解字·土部》:“土，地之吐生物者也。二，象地之下、地之中；丨，物出形也。”马融亦曰:“土犹吐也。”这是古人对“土”字的解释。“二，象地之下、地之中”，是说土壤具有层次性，上一横代表表土，下一横代表底土，两横中间代表土壤中部;“丨，物出形也”，这一竖表示植物从土中生长出来，直立向上的形态。以一直、二横创立出“土”字，形象地说明了“土”的逻辑:“土”能生长植物，有“土”的地方就有植物生长，有植物生长的地方就有“土”的形成。这表明了“土”与植物的自然存在，是“土”与植物相互关系的自然规律。

虽然许慎在这里利用文字形象解析，揭示了古人朴素的土地土壤与植物生长的密切关联，但是这种解读在古文字学上未必就是确释。这只是许慎依照小篆字形对“土”字的解释，在某种意义上属于一种误读。而秦汉小篆字形与殷商甲骨文字形相距甚远，所以还是依照甲骨文字形进行造字本义的考证为是。

二 甲骨文“土”字的造字本义

在殷墟甲骨文中，有“土”字而无“壤”字。“土”字作（《合集》6059）、（《合集》1996）、（《合集》19618）、（《合集》36975）、（《合集》3298）等形。

孙诒让先生最早考证此字时释为“且”。[①] 甲骨四堂之首罗振玉先生首先将其释为“土”字：“古金文土⊥作，此作◯者，契刻不能作粗笔，故为匡廓也。”[②] 王国维先生从其说，先释“土”为“邦社”，后又释“土”为相土：“土字作◯者，下一象地，上◯象土壤也。”“◯即土字……卜辞用刀契，不能作肥笔，故空其中作◯，犹𠙵之作[illegible]，■之作□矣。”[③] 王襄先生的考释，也是这样一个思路，说得更详细一些：“土……契文作◯，◯即之✝匡廓，许说‘物出形也’（依段氏本），疑象土块形，—为地，加∵∴∷诸形，象尘土之飞扬，土之后起繁文，小篆之二，许说象地之上，地之中，意土之上加横画乃由之中点所衍成。许氏地之上之说，未合于土◯诸字形。”[④] 孙海波先生也认为：“◯又作[illegible]，其加点者，象扬尘之形。”[⑤]

虽然也有一些学者认为，甲骨文“土”字所象，可能是别的什么，如郭沫若认为象牡器（男根）之形，[⑥] 彭裕商认为象以血衅社之形，[⑦] 王树明认为象矗立于地面的石柱之形，[⑧] 等等；但是均不能得其要领，还是二王所考之象土壤、土块之形为宜。

三 “土”字在甲骨卜辞中的用法

在甲骨卜辞中，“土”字的用法已非其本义。或用为方国名称，如“土方”之土；或用作四方邦土名称，如“北土”“南土”之土；或用作亳社名

① 孙诒让：《契文举例》卷上，楼学礼校点，齐鲁书社，1993，第71页。

② 罗振玉：《增订殷虚书契考释》卷中，东方学会，1927，第8页下。

③ 王国维：《殷卜辞所见先公先王考》，《观堂集林》卷9，中华书局，1991，第3页。

④ 王襄：《古文流变臆说》，龙门联合书局，1961，第26页。

⑤ 孙海波：《甲骨文编》第13卷，哈佛燕京学社，1934，第5页上；但在修订版《甲骨文编》（中华书局，1965）第518~519页，又称“土”字“象筑土成阜，社之初文”，不知何所确指。

⑥ 郭沫若：《释且妣》，《甲骨文字研究》，科学出版社，1983，第11页。

⑦ 彭裕商：《卜辞中的土河岳》，《四川大学学报》丛刊第10辑《古文字研究论文集》，四川人民出版社，1982，第195~196页。

⑧ 王树明：《谈凌阳河与大朱村出土的陶尊文字》，山东省《齐鲁考古丛刊》编辑部编《山东史前文化论文集》，齐鲁书社，1986，第268页。

称，如“亳土”“唐土”之土；或用为祭祀对象，与“河”“岳”一起接受隆重祀礼。这些用法，应该都是由“土”字之本义土壤、土块引申而来。如下面的一些辞例。

其中还有商王祭祀的对象“土”，常与商族先公并列而受到相同的祀礼，并向“土”求雨、宁风、告秋等，如：

贞：燎于土三小宰，卯二牛，沉十牛？（《合集》780）

甲寅卜，㱿贞：燎于有土？（《合集》10344正）

癸未卜，贞：燎于土，求于岳？（《合集》14399正）

癸卯卜，贞：酒求，乙巳自上甲二十示一牛，二示羊，土燎，四戈彘牢，四戈豕？（《合集》34120）

己亥卜，田率燎土豕，卩豕，河豕，岳豕？（《合集》34185）

癸巳……巫宁……土河岳？（《合集》21115）

□午卜，方帝三豕，又犬卯于土牢，求雨？（《合集》12855）

辛未卜，求于土，雨？（《合集》33959）

乙卯卜，王祟雨于土？（《合集》34493）

己未卜，宁雨，于土？（《合集》34088）

丙辰卜，于土宁风？（《合集》32301）

贞：帝秋于□于土？（《合集》14773）

壬寅贞：月又戠，其又土，燎大牢？兹用。癸卯贞：甲辰燎于土大牢？（《屯南》726）

除此之外的甲骨文中“亳土”“邦土”“唐土”“膏土”“四土”“土方”等的卜辞，与单称“土”的卜辞相杂，也极易混淆世人的视听。如：

贞：勿求年于邦土？（《合集》846）

其又燎亳土，有雨？（《合集》28108）

贞：勿燎于土？（《合集》14401）

戊子卜，其又岁于亳土三小宰?（《合集》28109）

癸丑卜，其又亳土，叀宰?（《合集》28106）

于亳土御?（《合集》32675）

亳土叀小宰?（《合集》28113）

辛巳贞：雨不既，其燎于亳土?（《屯南》665、1105）

作大邑于唐土?（《英藏》1105 正）

其燎于膏土?（《屯南》59）

壬申卜，奏四土于羌……?（《合集》21091）

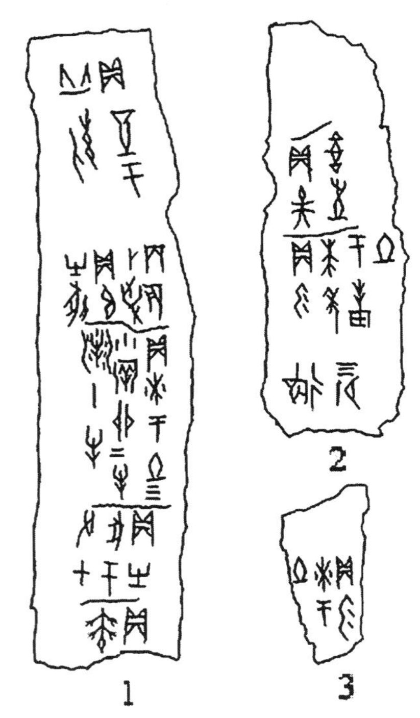

图十五　甲骨卜辞祭祀“土”辞例

（1.《合集》780 摹本　2.《合集》846 摹本　3.《合集》14401 摹本）

第二节　古代土壤概念与植被关系

在中国历史的早期阶段，生产技术还不甚发达，农业生产主要是利用土壤的自然肥力，因此土壤的优劣是农业高产与否的重要因素，甚至可以说是关键的因素。所以先民很早就注意分辨土壤的种类及其所适宜出产的物产，以指导农业生产。

一 古人土壤的概念

从甲骨文中我们知道，商代时人们已经知道了“土”的观念。随着人们对“土”认识的深入，又逐渐萌发了“壤”的概念。“土”和“壤”是有区别的，“厥土惟白壤”“厥土惟壤”（《尚书・禹贡》），就表示土的范围较大，壤的范围较小，显然壤是土的一种。西汉经学家孔安国云“无块曰壤”，表明“壤”是比较疏松的，没有固结的土块。《禹贡》马融注曰：“壤，天性和美也。”许慎《说文解字・土部》：“壤，柔土也。”说明“壤”是由“土”熟化变来的，是“土”的质变，柔软而不板结，故“壤”的肥力比“土”好。又“壤”是在“土”右旁加一“襄”字，“襄”是助意（人工培育意），意为“土”变成“壤”，是由外力协助，与人为条件有关。这是古人寓意于“壤”字，由“土”变“壤”的经验逻辑。《周礼》郑玄注则更加精确一些：“万物自生焉则言土，……以人所耕而树艺焉则言壤。”所谓“树艺”就是栽培植物，通过耕作栽培植物，使“土”的物理、化学和生物等性质发生质变，肥力得到了提高。由此可见，“壤”与植物种植、庄稼耕作更加密切相关，提供更丰富的营养元素，植物直接参与了“壤”的形成过程，二者相互依存，构成农业生产的统一系统。

二 土壤等级与植被关系

上面“土”“壤”的含义说明，它的科学概念，蕴蓄着朴素的辩证唯物主义观点。也引出了认识“土壤”的规律：“万物自生焉则言土……以人所耕而树艺焉则言壤。”“土壤”合“土”和“壤”二者之成而命名，与利用土壤、种植植物关系密不可分。“凡草土之道，各有谷造。或高或下，各有草土。……凡彼草物，有十二衰，各有所归。”（《管子・地员》）道出了“草”与“土”之间的规律性，土壤所处的地理位置不同，土壤性质也不同，其所生长的植物也有差异。有什么土，就有什么草；有什么草，就有什么土，各有它自己所在的位置。

相传周族先祖弃就曾“相地之宜，宜谷者稼穑焉”(《史记·周本纪》)。《诗经》中也有“地宜”的记述，比如《郑风·山有扶苏》:“山有扶苏，隰有荷华。……山有乔松，隰有游龙。”《秦风·晨风》:“山有苞栎，隰有六驳。……山有包棣，隰有树檖。”《唐风·山有枢》:“山有枢，隰有榆。……山有栲，隰有杻。……山有漆，隰有栗。”《秦风·东邻》:“阪有漆，隰有六驳。……阪有桑，隰有杨。”这些诗句表明，在《诗经》时代人们已经明确地认识到，有些植物，如松树、郁李、漆树、枢树、栲树等，适宜生长于较干的山上或坂地。而另一些植物，如六驳（梓榆）、柏树、栗树、杨树等，则适宜生长于低湿的地方。

由于土壤在物理结构和生化性能上存在特殊性，由此形成了不同类型和不同等级的土壤，它们在生产力上存在高低之别，这就要求在调查掌握各类土地资源及土壤特性的基础上，因地制宜，选种植物。《周礼·地官》:“以土宜之法，辨十有二土之名物，……以毓草木，以任土事。辨十有二壤之物，而知其种，以教稼穑树艺。”《周礼》依其自然条件和土壤特点，对各州的作物栽培作出了具体安排：冀州，其谷宜黍、稷；兖州，其谷宜稻、麦、黍、稷；青州，其谷宜黍、稷、菽、麦、稻；梁州，其谷宜黍、稷、菽、麦、稻；雍州，其谷宜黍、稷。《吕氏春秋》也总结了“土宜”的经验，如《适威》篇云“若五种之于地也，必应其类，而藩息于百倍”，作物必须依据各种土壤条件进行栽培，才能高产，获得百倍于用种量的产量。《管子·地员》则要求根据地势的高下、土壤的肥瘠来安排农作物种植。“山之上，命之曰县泉，其地不干，其草如茅与走，其木乃樠，凿之二尺，乃至于泉。山之上，命曰复吕，其草鱼肠与莸，其木乃柳，凿之三尺而至于泉。山之上，命之曰泉英，其草蕲、白昌，其木乃杨，凿之五尺而至于泉。山之材，其草兢与蔷，其木乃格，凿之二七十四尺而至于泉。山之侧，其草葍与蒌，其木乃区榆，凿之三七二十一尺而至于泉。”这种划分方法揭示了植物按地势高低垂直分布的特点，《地员》将土壤的这一生态结构概述为“每土有常，而物有次”，这本质上是一种土壤与植物生态学。《管子·地员》还把全国的土壤划分为三等十八类九十种，记述了土壤肥瘠与植物生长的内在关系。“群土之长，是唯五粟（息）”，“粟土之次，曰五沃”，“沃土之次，曰五位”。即在上等一类土壤中，五粟为天下第一的土壤，五沃次之，五位第三。下文又说，其他土壤只是这三种土壤肥力的十分之几。各种土壤又有各自所宜的植物种类，而且长势和产品质量、产量也都有明显的差异。

因地制宜选种植物，还被作为国家制度固定下来。《周礼·草人》载：“草人，掌土化之法，以物地，相其宜而为之种。”“草人”是职官的名称，职责是掌握土壤的改良方法，鉴别土壤的类型并选择所适宜栽种的农作物。《周礼·司稼》又载：“司稼，掌巡邦野之稼，而辨穜稑之种，周知其名，与其所宜地，以为法，而县于邑闾。”司稼是考察农业的职官，职责是巡视近郊和远野的庄稼，弄清品种的特性、名称和所宜的土地，然后发布告示，悬挂于城乡，令农人仿效。这说明早在两三千年以前，不仅专门设有相地之宜、改良土壤、辨别农作物相宜栽培品种的官员，而且有向农人宣传、推广的制度。

三 《管子·地员》篇对古土壤学的总结

我们再从先秦时代的文献著作中，看看这方面的一些辅助性记载。在先秦时代诸子著作中，有许多地方反映传统农业生态思想，内容较丰富。其中，《管子·地员》篇就是我国最早的一部有关土地植物学方面的农业生态思想著作，它主要论述了各种土地与其上所生植物以及早期农业文化的关系，包括了土地与植物的关系、土地与水资源的关系、土地与农牧渔业的关系，以及自然界与人的关系等。虽然《地员》篇出自战国时代（当然对于《管子》的成书时代有不同的说法，在此我们只是取其一种说法而已），但考虑到商周之间时代较近，而且在地理地貌上没有太大的变化，所以《地员》篇所反映的两周时期的土壤与农业植被之间的关系，完全可以作为商代中原地区土质土壤状况的一种有效参考。

《管子·地员》篇前一部分着重阐述土地与植物的关系。首先论述了“渎田”（应指大平原中的土地）中的五种土壤——息土（青黑土）、赤垆（黑硬土）、黄唐（黄湿土）、斥埴（盐碱土）、黑埴（黑黏土）的基本情况。在这些不同的土壤区中，“地势高下，水泉深浅，各有其位”，因而它们所宜生的谷物和草木就有差别。以息土区、斥埴区和黄唐区为例，“渎田悉徙，五种无不宜。其立后（粒厚）而手实，其木宜蚖蕍与杜松，其草宜楚棘”；“斥埴，宜大菽与麦，其草宜萯、雚，其木宜杞”；“黄唐，无宜也，唯宜黍秫也。宜县泽。行廧落，地润数毁，难以立邑置廧。其草宜黍秫与茅，其木宜櫄、櫌、桑”。

紧接着，《地员》篇又依次论述自高而下的五种山地及其上宜生的不同植物，反映了我国早期关于植物的垂直分布（或称立体分布）：“山之上，命之曰县泉（高山顶），其地不干，其草如茅与走，其木乃樠”；“山之上，命曰复吕（山顶），其草鱼肠与莸，其木乃柳”；“山之上，命之曰泉英（山坡上部），其草蕲、白昌，其木乃杨”；“山之材（山之中腹部），其草兢与蔷，其木乃格”；“山之侧（山之下部），其草葍与蒌，其木乃区榆”。

其后《地员》篇做出“草土之道”的概括：“凡草土之道，各有谷造。或高或下，各有草土。”这里有两层含义：一是植物的生长同土壤的性质有关，不同质地的土壤，其所宜生长的植物各不相同；二是植物的分布与地势的高下有关，当时已经注意到了植物垂直分布的现象。而且，此篇还通过对不同土壤区的植物（含农作物）和不同海拔山地上植物的细致描述，从横向和纵向两个层面对不同土壤、水分和地势对植物的影响做了分析并进行了理论上的概括，已清楚地认识到土壤、水分和地势对植物生长发育和分布的影响，形成了我国古代初步的植物生态观。

《地员》篇在介绍土地与植物生态关系的理论中，已蕴含一定的地宜观。此外，它还对“九州之土”作了分类介绍。一共涉及十八种土壤，又分上土、中土、下土三等，各统六种土壤，每种土壤都有它所适宜的两个谷类品种，总共为三十六个。对每种土壤，不仅说明其性状，所宜谷类品种，更述及它们在丘陵山地上可以生产的各种有用树木、果品、纤维、药物、香料等，并及于畜牧、渔业以及其他动物之类。尤以上土之中的粟（息）土、沃土、位土为详，而把其他各种土壤与这三种土壤相比较，然后确定各种土壤的生产力的差别。以叙述最为详尽的上土之中的粟土、沃土和位土为例："五粟之土，若在陵在山，在隫在衍，其阴其阳，尽宜桐柞，莫不秀长。其榆其柳，其檿其桑，其柘其栎，其槐其杨，群木蕃滋，数大条直以长"；"其泽则多鱼，牧则宜牛羊"；"其地其樊，俱宜竹、箭、藻、龟、楢、檀"。"五沃之土，若在丘在山，在陵在冈，若在陬陵之阳，其左其右，宜彼群木，桐、柞、扶、櫄，及彼白梓。其梅其杏，其桃其李，其秀生茎起。其棘其棠，其槐其杨"；"其麻大者，如箭如苇，……揣而藏之，若众练丝。五臭畴生"；"其泽则多鱼，牧则宜牛羊"。"五位之土，若在冈在陵，在隫在衍，在丘在山，皆宜竹、箭、求、黾、楢、檀。……其桑其松，其杞其茸"；"群药安生，姜与桔梗，小辛大蒙"；"群木安逐，鸟兽安施。既有麋麃，又且多鹿"。从这些详尽的描述中，我们可以明显地看到，土壤性质和地势、方位的不同，会影响到各地的农业经营方式和种植作物品类。这正如《淮南子·齐俗训》中所云："水处者渔，山处者采，谷处者牧，陆处者农，地宜其事，事宜其械，械宜其用，用宜其人。"

另外，《地员》篇在介绍每种土壤时，往往提到该土壤区山泉的深浅、颜色和味道，并指出该地区水土的流失情况，这说明当时人们已经注意到水土保持的重要性。比如黄唐之地"三七二十一尺而至于泉"，"其泉黄而糗，流徙"；斥埴之地"二七一十四尺而至于泉"，"其泉咸，水流徙"；五粟之土"其泉黄白"；五沃之土"其泉白青"；五位之土"其泉青黑"。并且专列一段叙述了十五种水泉深浅各不相同的丘陵地。这些水文情况的记载，暗含着当时人们已有的最初的经验性的水土资源保持的生态观念，以及利用水利改良土壤条件的能力。"相土地之宜，……水泉之甘苦，令民知所避就。"

土壤提供了植物生长所需的营养元素和环境条件，而植物本身也参与土壤的生物循环。对于土壤与植物，先民已经懂得运用系统的生态观去看待二者之间的关系，正如英国著名学者李约瑟在评价中国古代土壤学时所说，"土壤学连同生态学和植物地理学，确实都好象发源在中国”[①]。先秦时代先民对土壤与植物关系的认识，实质上就是一种完整的生态系统观。

第三节　文献所载商代中原地区的土壤类别

成书于先秦时期的《尚书·禹贡》《周礼》《管子》《吕氏春秋》等，都有关于土壤分类的记载。像《尚书·禹贡》对九州的土地进行分类，区分为壤、坟、垆、涂泥、黎、斥等。《周礼·大司徒》称“辨十有二壤之物”，是将土壤分为十二类。而《管子·地员》篇更将九州之土划分为三大等级十八类，每类又分五种，共计九十种，比《尚书·禹贡》《周礼·大司徒》划分更细密。《尚书·禹贡》虽然成书较晚（战国时代），[②]但由于先秦时期自然地理地貌变化不大，《禹贡》所记大体上是夏商时期的自然地理和人文地理结构，对于我们认识殷商时期的地理土壤是有所助益的。

一　商代中原地区土壤类别与特征

在《尚书·禹贡》划分的九州中，商代疆域版图跨有冀、豫、兖、青四州及雍州东部地区。[③]这也基本上就是现在的中原地区的范围。《禹贡》将九州的土地和赋税各分为九个等级，如冀州的土地等级为“中中”，即中等中的中等，实为第五等，而赋税（向国家缴纳的谷类等农产品和车、马、兵械等军赋）为“上上错”（错，杂也），即以上等为主，间出二等赋税。田地等级是针对土地的肥力而言的。[④]现将《尚书·禹贡》中对这五州的土质等级、土壤类别、赋税差别等情况，对照近现代地质土壤学的研究成果，列表如下：

---

① 〔英〕李约瑟、鲁桂珍：《中国古代的地植物学》，董恺忱、郑瑞戈译，《农业考古》1984年第1期。

② 顾颉刚：《禹贡（全文注释）》，侯仁之主编《中国古代地理名著选读》第1辑，科学出版社，1959。

③ 杨升南：《商代经济史》，第一章第三节“商时期的自然环境”，“四、商王朝境内的土壤条件”，贵州人民出版社，1992。

④ 辛树帜：《禹贡新解》，农业出版社，1964，第127页。

表三　商代中原地区土壤类别及其性质特征一览

州名	《尚书·禹贡》			近现代土壤学研究成果		
	土地等级	纳赋等级	土壤名称	土壤学名称	特征	万国鼎等人对土壤的考证
冀州	中中（第五）	上上错（第一）	白壤	盐渍土	柔和	黄土（母质）上的碳酸盐褐土，有些为碳酸盐浅色草甸土，部分盐渍土
豫州	中上（第四）	错上中（第二）	壤，下土坟垆	石灰性冲积土	黏疏适中	壤为碳酸盐和淋溶褐土，坟垆为浅冲甸土及砂姜土
兖州	中下（第六）	赋贞作（第九）	黑坟	灰棕土	坟起	碳酸盐浅色草甸土，部分为盐渍土
雍州	上上（第一）	中下（第六）	黄壤	淡栗钙土	柔和	黄土上形成的灰色碳酸盐和山地褐土，碳酸盐浅色草甸土，实为盐渍土
青州	上下（第三）	中上（第四）	白坟	灰壤	坟起	褐色、棕色森林土
			海滨广斥	盐渍土		盐土

表三所列与殷商中原地区有关的五州之地土质，有壤、坟、垆、斥四大类。其中壤，《说文》："壤，柔土也。"颜师古注《汉书·地理志》谓"柔土曰壤"。马融云"壤，天性和美也"。刘熙《释名》"壤，瀼也，肥濡意也"。可知壤土是一种柔软而无块的肥美土壤，团粒结构适中，土质疏松，没有过黏过燥的现象，能保水、保肥，适宜各种植物生长。坟，意为土脉坟起。孔传引马融云"坟有膏肥"。土肥则疏松，疏松即易坟起。疏松之土含有大量的动植物腐殖质或人畜粪便，故坟土则为肥美的膏沃土壤。垆，《说文》谓"垆，刚土也"。《释名》云"土黑曰卢，卢然解散也"。应是一种黑而硬的土质，此种土"或指分布于河南低地石灰性冲积土底层之深灰黏土与石灰结核；结核多者连成层，为丘陵土与次生黄土所掩盖。今河南、山西、山东人尚有称之为垆者，亦称砂姜。遇冬成团即所谓'结核'者，亦即所谓'卢然解散也'，初视其色黑以为肥沃，实则贫瘠"[①]。斥，《史记》《汉书》作泻。《说文》

① 李长傅：《禹贡释地》，中州书画社，1983，第128页；杨升南：《商代经济史》，第一章第三节"商时期的自然环境"，"四、商王朝境内的土壤条件"，贵州人民出版社，1992。

“卤，碱地也。东方谓之斥，西方谓之卤”。斥卤之地五谷不生。若于海滨，则为盐场，亦是有利之地，只是不宜于农作。

二 古代冀、豫、雍、兖、青五州土壤等级

据《尚书·禹贡》，冀州、豫州、雍州土质都是“壤”土。冀州曰“白壤”，是一种含盐的土壤，盐分因水蒸发而重新显露，故呈白色。因土中有盐碱，故划为“中中”（第五等）。

冀州位于今山西全省、河北西部和北部、河南北部、辽宁西部：“既载壶口，治梁及岐。既修太原，至于岳阳。覃怀厎绩，至于衡漳。厥土惟白壤，厥赋惟上上错，厥田惟中中。恒卫既从，大陆既作。”对于壤，《周礼》郑玄注：“万物自生焉则言土，……以人所耕而树艺焉则言壤。”可见“壤”是适宜农作的土壤。“白壤”即白色的柔土。蔡沈《四书集传》：“颜氏曰：柔土曰壤。”《晋书·文苑传·成公绥》：“青冀白壤，荆衡涂泥，海岱赤埴，华梁青黎。”由此可见，《禹贡》认为冀州的土壤属中等。

豫州位于今河南南部、湖北北部、山东西南、安徽西北：“伊、洛、瀍、涧既入于河，荥波既猪，导菏泽，被孟猪。厥土惟壤，下土坟垆。厥田惟中上，厥赋错上中。”因为这里有黄河、伊河、洛水、瀍水、涧水等纵横交错，大的湖泊有荥泽、菏泽和孟潴横亘，所以说豫州的土壤要好于冀州。豫州的土质复杂，有肥美的壤土，这里的壤为黄河冲积形成的次生黄土；亦有“下土坟垆”，所以“下土”应即指地势低下之地的土质，而“坟垆”为黄土下的底层土，低地石灰性冲积底层的深灰黏土与石灰结核，亦称砂姜，宜于农耕。可见豫州的水利条件和土壤条件均较为优越，加之如上所述气候较今温暖适宜，不仅适合粟的种植，也适宜水稻的栽培。也就是说，豫州之土壤，既有肥沃的土壤，也有地势低下的坟垆之土，故其土壤等级为“中上”，居第四等。

兖州位于山东西部、河北东南部、河南东北部：“厥土黑坟”，“厥田惟中下”。马融释道：“坟，有膏肥也。”兖州土质为“黑坟”，是黑色的膏沃土壤。黑坟或于古代为灰棕壤，近人称为砂姜黑土，也是一种肥沃的土壤。实际上，这一地区的森林草木很多，常年的落叶或焚烧的草木灰使土壤颜色呈黑色，其中黑

色腐殖质必多，故称黑坟，是肥力较厚的一种土壤。但兖州在上古时代，一直处于黄泛区之中，农业开发时间较晚，再加上黄灾泛滥时，水土流失较重，故土地被定为“中下”，居第六等，是几个州中最不适合农业种植的土壤。

青州位于山东中部及辽宁西部等地：“厥土白坟，海滨广斥，厥田惟上下。”“斥”为盐卤之地，不宜农作。“白坟”为灰壤，又称棕壤，也是适宜农作的。棕壤，于古代亦多森林，所积腐殖质因沿海湿润而较丰，但为酸性，成为灰壤，或即所称白壤。但也有人认为青州土壤之所以被称为“白坟”，“白”显然是带有盐碱成分，如有“海滨广斥”的泻卤之地。此种土质虽不生五谷，但有丰富的水产和食盐，这也是人们生活中不可缺少的物产资源，所以青州之土质被列为“上下”，居第三等。

雍州位于今陕西中部和北部，也包括今山西、甘肃南部等地区：“弱水既西，泾属渭汭。漆、沮既从，沣水攸同。”“原隰底绩，至于猪野……厥土惟黄壤。厥田惟上上，厥赋中下。”位于黑水和黄河之间，北部有弱水、沮水、沣水贯穿渭水南北。这里不但有宽广的平原，也有大片湿地，并且大小湖泊星罗棋布，土壤属上佳的原生黄土，和豫州的情形大致一样。雍州土质是黄壤，系发育于原生黄土，其形成或是自蒙古沙漠吹来的黄沙降落堆积，或是由河流沉淀而成。黄土之土质疏松，作黄褐色，有劈立性，具有垂直的纹理，有利于毛细现象的形成，可以把下层的肥力和水分带到地表，形成土壤特有的“土壤自肥”现象。而土质疏松也便于用原始的方式开垦及作物的浅种植播。这是说雍州之黄色的土壤，是上好的沃壤。[①] 这种土壤，如经灌溉即成沃壤，所以土质肥力被列为“上上”第一等。人们尽可因地制宜栽培粟稻作物。

三 宜于农耕的中原地区土壤

《周礼·职方氏》所载与商王朝地域有关的各州物产，大多是黍、稷、稻、麦、菽等谷物，这与这里土壤类别是相关的。由此可见，商王室的中心地区很宜于开展农牧业，而对农业特别具有有利条件。《管子·地员》篇云：“渎田悉

① 李民、王健：《尚书译注》，上海人民出版社，2000。

徙，五种无不宜。”“渎田”即靠近河川的土地。《尔雅·释水》称江、淮、河、济为四渎。所谓“渎”即直接流入海的河，“四渎”即四条流入海的河流。商人所在的华北大平原，皆是“渎田”之地。而“悉徙”即“息土”。《大戴礼记·易本命》“息土之人美”。卢辩注谓：“息徒，谓衍沃之田。”“息土”应是古书中所说的“息壤”[①]，是一种自动生长增高的土壤，由于这种土壤中含有大量动物遗体的腐殖质，动植物遗体杂于土中，经微生物作用腐烂膨胀，因而土壤疏松而隆起，故“息土”得为“衍沃之田”。实际上，能够自动生长增高的“息土”“息壤”正是《尚书·禹贡》之“坟”。因渎田息土有如此的肥力，故“五种无不宜”。殷商时期中原地区正处在这渎田息土的地域，宜耕宜居，这为当时的农业经济发展提供了天然的良好条件。

第四节　中原地区风成土质土壤的耕作特征

殷商所在的中心区域——黄河中下游地区是黄河冲积而成的华北平原之所在，丰厚的黄土构成了黄河中下游地区地质地理的基本景观。华北平原广袤平坦，易于平整土地和浇灌。黄土是非常适宜农作物栽培的风成型土壤。黄土呈粉尘颗粒状，是被西北气流从亚洲内陆裹挟而来，逐渐飘落沉积而成的，其成岩作用不强，这些风成的黄土在结构上呈现出均匀、细小、松散、易碎的特点，这就使粗笨的木耒、石铲等原始工具容易入土和耕作。[②]黄土的有机质含量高，是较为肥沃的土壤，并有良好的保水性能。

一　黄土土壤的自然肥力

美国学者庞波里（Raphael Pumpelly）曾对我国的黄土评价道：“它（黄

---

① 顾颉刚：《息壤考》，《文史哲》1957年第10期，又《顾颉刚古史论文集》，中华书局，1988。顾先生以为“息是长大的意思”，因土壤会自己高涨起来，故称为“息壤”。对于土壤自己增高，顾先生解释说是“地下水位增高和水流增大的现象”所致。“土向上隆起的原因，尚有黏土的湿胀和土壤生物作用，尤其是微生物作用。”

② 王星光、张新斌：《黄河与科技文明》，黄河水利出版社，2000，第22~25页。

土）的肥力似乎是无穷无竭。这种性能，正如［著名德国地质学家］李希特浩芬（Ferdinand Richthofen）所指明，一是由于它的深度和土质的均匀；一是由于土层中累年堆积、业已腐烂了的植物残体，而后通过毛细管作用，把土壤中多种矿质吸到地面；一是由于从［亚欧大陆］内地风沙不时仍在形成新的堆积。它‘自我加肥’（self-fertilizing）的性能可从这一事实得到证明：在中国辽阔的黄土地带，几千年来农作物几乎不靠人工施肥都可以年复一年地种植。正是在这类土壤之上，稠密的人口往往继续不断地生长到它强大支持生命能力的极限。”[①] 黄土一般呈碱性，黄土中的矿物质大体经久都不流失，因此基本肥力也长期不丧失。并且，如上所述，黄土还具有“自我加肥”的能力。这不但使其最适合于原始农业的早期耕作，而且使黄土地区的人类一开始就采用了与定居生活相适应的较为稳定的耕作制度。对此，何炳棣先生指出：“原始华北农业最初不应该采取游耕式的耕种法。”

二　黄土土壤的保墒能力

以研究中东原始农业而著名的美国学者杰克·哈兰（Jack R. Harlan）根据他对华北黄土区古代自然环境、土壤状况等的了解，对华北最早的耕作方式推测道：华北黄土区最早的耕作方式绝不是一般所谓的“砍烧制”，因为经典的砍烧制或游耕制一般需要每年实耕八倍的土地；换言之，土地耕作一年以后，要休耕七年之久，肥力才能恢复。华北远古农夫大概最多只需每年实耕三倍的土地；内中有些土地可以一年耕作，二年休耕；有些土地可以连续两年耕作，一年休耕；有些保持水分性能较好的黄土，可以连年耕作，基本上不需要休耕。他还认为，砍烧和游耕方式一般限于热带及多雨地带，这类地区农业上的枢纽问题是肥力递减。而华北黄土地区基本上的枢纽问题不是肥力递减，而是如何保持土壤中的水分。刀耕火种制的关键问题是土壤的肥力，而仰韶时期农业的关键问题不是土地的肥力而是湿度。这是迄今专门研究中国的考古学家很少能了解的。

---

① 何炳棣：《华北原始土地耕作方式：科学、训诂互证示例》，《农业考古》1991年第1期。

何炳棣先生在另一篇文章中谈及：热带地区刀耕火种的制度主要取决于土地情况，例如如果没有长期休耕期就不能恢复土壤的肥力，中国的黄土土壤肥沃，所以从农艺学的观点看，仰韶时期的农业制度很显然不是通常意义上的刀耕火种，可以认为它从一开始就是自给的农业。黄土优越的保墒能力能够毫不困难地保障连续耕种小米，就可以保证先民的长久生存。这里面第一个关键因素就是黄土。①

更新世气候的总趋势是渐趋干燥，黄土高原的黄土是在十分干燥的气候环境下形成的。这种风成黄土的矿物成分复杂，但成分及颗粒十分均匀，在形成过程中曾经得到高度混合，被称为“经典型”黄土。华北平原的土壤也称为黄土，它主要是由黄河冲积而成的，该地气候环境也较为湿润，所以被称为次生黄土或黄土状岩石，与“经典型”黄土不同。

前面说到，原始农业往往需要休耕以恢复地力。黄土高原上的黄土一般呈浅黄色或浅灰黄色，有时也微带粉红色。黄土的特征之一是具有垂直的柱形纹理，特征之二是未经风化。一般土壤都由地表岩石经长期风化，再加上岩石内的矿物质与水及动植物、微生物的长期化学作用而形成。但黄土的颗粒一般风化程度微弱，所以颗粒中的大量矿物质，包括比较容易溶解流失的碳酸盐，大都未溶解流失。最为重要的是，黄土在与一定量的水分结合之后，会呈现出一种极为特殊的性质。19 世纪后半期德国地质学家李希霍芬曾在中国西北各省考察，首先揭示了这一问题。他观察到，黄土吸水犹如海绵，黄土的柱形纹理和高孔隙性有很强的毛细管吸收力，能使蕴藏在深层土壤中的无机质上升到顶层，为农作物的根部所吸收，黄土因此具有了“自行肥效”的特殊能力。由于黄土中含有丰富的苛性钾、磷和石灰，一旦加入适当的水分，它就成了极其肥沃的土壤，这一点已为后来的许多地质学家一再证实。

三 商代中原地区黄土土壤特征

《尚书·禹贡》将天下划为九州，并对九州的土壤进行了鉴定。其中的冀

---

① 何炳棣：《华北古环境述评》，游修龄译，《农业考古》1991 年第 3 期。

州、豫州、兖州、青州、雍州都位于商王朝活动频繁的黄河中下游地区。

实际上，《禹贡》时代是华北平原农业土壤大规模形成期，华北地区以“白壤”“黑坟”为多，这两种土肥力中等，赋税却是最高的。《禹贡》对于土壤，不讲土体构造，只讲土壤颜色和肥力，这种观察和命名特点一直影响后世。《禹贡》中提到的“壤”“坟”等土壤，均应为黄河中下游地区常见的黄土。西方学者对黄土的认识与我国古代先哲的见解是相吻合的。当时黄淮地区土壤状况虽然各异，但土质优良，因此具备了“地生五谷”的土壤条件。覆盖黄淮地区的土壤，大部分可以归为一种沉积土壤，即常说的黄土。黄土层内有毛细管状组织，渗水性强，不易蒸发、风化，并含多量的氮、磷、钾、铁等元素，土壤剖面深厚，疏松易耕而富含肥力，因此黄土是多种农作物生长的温床，对农业的发展是十分有利的。

第五节 殷墟都城周围的土壤土质条件

商代后期都城殷墟所在地，处于北纬 36°7′，东经 114°18′，平均海拔 78 米，在豫北洹水之滨，是晋、冀、鲁、豫四省交会的要冲，“左孟门而右漳滏，前带河，后被山”（《战国策・魏策》）。据卫星遥感摄影，殷墟位于太行山东侧华北平原南部一冲积扇平原上，卫、漳、洹、滏四水穿流而过，土壤湿润，富含腐殖质，土地肥沃，冲积扇西侧有丰富的煤炭、铜矿资源和良好的森林植被，地理环境得天独厚。[①] 显然，盘庚迁殷是经过充分的地理地貌和生态环境的权衡考虑后决定的。

一 殷墟都城的地质地貌

让我们首先来看看殷墟附近的地貌环境。殷墟所在的安阳盆地，东西长约 20 公里，南北宽约 10 公里，面积约 200 平方公里。盆地西接太行山山区，南北两侧是海拔 200 米左右的低丘，东部与华北平原相接。今天的洹河河谷，

① 申斌:《宏观物理测量技术在殷商考古工作中应用初探》,《殷都学刊》1985 年第 2 期。

呈现出西北高东南低的地势。海拔由西部的 130 米逐渐降至殷墟附近的 80 米左右。3000 年前的商代，这种西北高东南低的地貌特征更为显著。

发源于太行山区的洹河（又名安阳河）自盆地西南流入，先北行，再折而东行，最终注入卫水。当时除洹河外，黄河在安阳东部自南向北流经，漳河在殷墟以北约 20 公里处自西向东流经。殷墟遗址南部还有淇水。这三条河流再加上洹河，构成安阳地区的主要水系。据甲骨卜辞资料，这些河流均与殷墟地区的商人活动有关。其中洹河与殷墟关系最为密切。

今京广铁路以西洹河段，史前时期以来并无剧烈地貌变化，地面堆积有较厚的早期全新世黄土。但京广铁路以东洹河段，约在东周时期发生过大幅度的河道变迁。有迹象表明，东周以前，包括商代及史前时期在内，洹河出安阳盆地东缘（今京广铁路一线）后，是流向东南的。除河道南北两侧堆积有东西延伸的条带状早期全新世黄土外，其余地段，包括现今洹河所经地区，当时地势较低，地面堆积主要是一种黑色土壤。

二　殷墟属于《禹贡》冀州

我们再从文献记载来看这个商代晚期都城所在地域的中心地区，即殷墟都城周围地区的土质地貌状况。殷墟地区的土壤质地条件也是相当好的。《尚书·禹贡》记载殷墟都城所属之冀州："厥土惟白壤，厥赋惟上上错，厥田惟中中。"定冀州土质为"白壤"，即略含盐碱的土壤。不算太理想，故定为第五等"中中"一级。但这种土壤有"水去而复其性"的特点，如果用水一冲，则土质仍不失为肥沃之"壤土"，故将此地赋贡定为第一等"上上错"。我们从《汉书·沟洫志》记载的战国初年魏文侯以史起为邺令，引漳水溉邺，"终古舄卤兮生稻粱"的故事中，即可看出《禹贡》对冀州这一田、赋等级不相配的划分并非完全不合理。

我们认为，冀州土壤条件看似不佳，但恐怕是包括了不少山地、水边贫瘠之田的总体平均情况。具体到殷墟都城所在的安阳地区，情况更不一样。从卫星遥感红外照片的色调来看，安阳一带位于华北平原南部辽阔的冲积扇平原上，土壤为黄褐色冲积土，土层较厚。结合测量出的该地土壤物理、化学物质来说，土壤内含较多的腐殖质，地力十分肥沃。该地土壤中腐殖质的生成，很可能与这里古代有较多的森林有关。它是在气候温湿条件下由森林灌木的枯枝、落叶与土壤结合发育而成的，自然肥力很高，复种指数也很大。从卫星照片观察，这一带腐殖质土壤的密集范围，西起太行山，东至古黄河（今卫河一带），南至淇河沿线，北达邯郸地区。[①] 这一区域正与《竹书纪年》所载商纣时“稍大其邑，南距朝歌，北据邯郸及沙丘”的殷墟都城国野范围基本相当。而在这个范围内，安阳附近的土壤尤其肥沃，腐殖质含量更丰富。这为安阳殷都发展农业提供了极好的天然条件。所以有学者认为，当年商王盘庚之所以将都城迁至此地，就是因为这里有非常良好的土质土壤资源，有宜人的自然生态环境。

三　殷墟考古所见土壤条件

这些年来的殷墟考古发现也证明了这一点。如今考古工作非常注意将遗址调查与古地貌研究结合起来，这有助于理解遗址形成过程，合理解释聚落的空间分布，同时了解古代人类社会发展与自然环境的关系，例如人类社会的发展与土地利用的关系。在殷墟所处的洹河流域古代地貌调查中发现，殷墟以西洹河段，尤其是在洹河上游地区今水冶一带，早于西周时期的古文化遗址大都位于高于现代沉积面的河旁台地上，这些遗址所依据的古地面为一种深黄色的沉积层，其上往往为 50~100 厘米厚的全新世黄土状沉积物所覆盖。殷墟附近的商代遗址主要分布在二层台地上，其所依据的古地面是中全新世的红褐色古土壤，这些遗址后被晚全新世的黄土状沉积物覆盖。[②] 这里没有说洹河下游的情况，这表明就是同一个地区，由于所处河流的上下游之不同，地质土壤情况也并不相同。

在殷墟以西 10 公里的水冶镇姬家屯所采全新世古土壤柱状样的中部，地

① 聂玉海:《试释“盘庚之政”》,《全国商史学术讨论会论文集》,《殷都学刊》增刊，殷都学刊编辑部，1985。

② 中美洹河流域考古队（中国社会科学院考古研究所、美国明尼苏达大学科技考古实验室）:《洹河流域区域考古研究初步报告》,《考古》1998 年第 10 期。

质学者采集了一块标本并将其磨成薄片进行古土壤微结构分析。结果如下：压实的海绵微结构，生物孔隙达12%左右，基质被土壤生物强烈扰动，含3%~4%的铁锰质，有极少量褐红色黏土胶膜，基质全部脱钙，是淋溶褐土向普通棕壤的一种过渡类型（见图十六）。[①]

考古工作者在发掘洹北商城时，“在古地貌调查中发现，商以前的地面古土壤，在董王度村至阳郡一线发生了由棕红色风成土壤向水成黑壤过渡的显著变化”[②]。这表明该地区的土壤在殷商时代还在发生变化，而发生变化的趋势是由风成土壤向水成土壤过渡，这也反映了该地区在殷商时代地表水较多，从而使土壤质地发生了变化。洹河下游黑土沉积可能是商代地面。

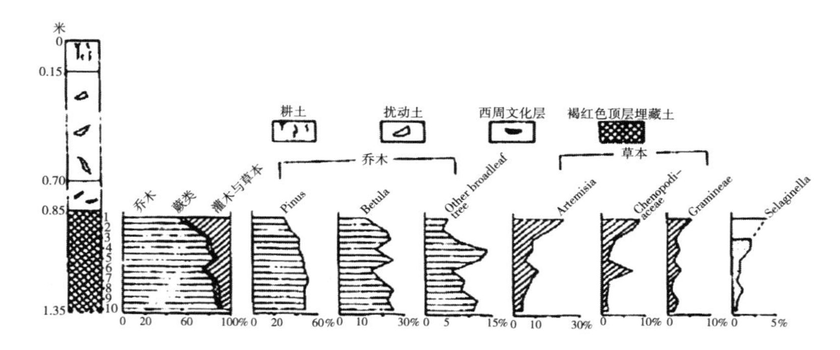

图十六　河南省安阳市水冶镇姬家屯全新世古土壤剖面孢粉式数据

（摘自唐际根、周昆叔《姬家屯遗址西周文化层下伏生土与商代安阳地区的气候变化》一文）

近年来，为更好地认识殷商时期的环境背景，地质学家和考古学家展开联合调查，在殷墟遗址附近选取了三个不含文化遗存的自然堆积剖面进行磁化率和孢粉分析，以揭示殷墟文化发生、发展和衰亡的环境因素，进而探讨当时的人地关系。对三个土壤剖面的岩性分析和测年数据表明，安阳地区约7700cal.aB.P.以来沉积地层可粗略划分为上中下三层：上层为现代农业耕作层；中层为河流相沉积物形成的黄色或灰褐色亚黏土层；下层为灰黑

① 唐际根、周昆叔：《姬家屯遗址西周文化层下伏生土与商代安阳地区的气候变化》，《殷都学刊》2005年第3期。

② 唐际根等：《河南安阳市洹北商城的勘察与试掘》，《考古》2003年第5期。

色古土壤层。三个剖面的磁化率变化表现出较好的一致性。上层农业耕作层受人类活动扰动影响，磁化率变化复杂。中层磁化率相对较高，且变化剧烈。这一方面可能是受河流沉积动力变化的影响而磁性矿物含量及排列方式发生变化所致；另一方面，该地层恰处于殷商文化的繁荣发展时期，此种磁化率变化现象也说明殷商先民为了满足生产和生活需要大量砍伐周边尤其西部山区森林，引起水土流失，大量磁性矿物被搬运、沉积到殷墟地区，导致磁化率升高。下层灰黑色古土壤层磁化率明显低于其他层位，且波动较小，有别于目前黄土－古土壤序列研究中古土壤磁化率增强的古土壤成因模式，其原因有待进一步研究考证。三个剖面的磁化率从底部向上呈逐渐升高的趋势，这可能与人类活动对安阳市及周边森林植被不断加剧的破坏过程而导致沉积物中磁性矿物增多有关，也可能存在沉积物磁化率的埋藏效应。①

四　殷墟周围中原地区考古所见古土壤

中外考古工作者在商丘地区发掘所得地质地貌资料，② 也可以作为反映商代中原地区地质土壤状况的较好参考。对商丘老南关遗址的地层剖面发掘，得到了最下层的是 U-1（PS-1），即从晚更新世至汉代前后该地远离黄河时代的土壤层，新石器时代的遗址均坐落在该土壤层之上，故称为新石器时代古土壤的结论。殷商时代，裸露在地表的正是这层古土壤。该古土壤层顶部的腐殖质层一般较薄，并时常缺失，其下的碳酸钙盐聚集层通常比较厚，可达 1 米。碳酸钙盐聚集层由黄白色、浅黄色粉砂壤土、砂质壤土和黏质壤土组成，它富含典型土壤成因的碳酸钙结核的薄膜。这是一种发育比较成熟的古土壤，为人类聚落生活和各种活动提供了一个长时间稳定的地面。商丘地区在中原

① 张振卿、许清海、贾红娟:《殷墟地区土壤剖面磁化率变化特征》,《地理与地理信息科学》2006 年第 6 期；张振卿:《殷墟地区土壤剖面磁化率、孢粉分析及其环境意义》，硕士学位论文，河北师范大学，2007。

② 荆志淳、George（Rip）Rapp, Jr、高天麟:《河南商丘全新世地貌演变及其对史前和早期历史考古遗址的影响》,《考古》1997 年第 5 期。

地区的东部接近边缘地带，由此可以知道，该地区在商代也正是这样一种土质土壤。

第六节　商代晚期中原地区土壤的沙化

研究表明，商代晚期中原地区的生态环境因为气候条件的变化而有所改变。在众多的生态环境因素中，土壤的变化是缓慢的，但也是最直接的，对附着于其上的其他环境因素来讲，这种变化更是彻底的和革命性的。

一　气候变化引起的土壤沙化

在殷商时期气候研究中，有些学者吸收了古代土壤学的研究成果，认为随着全新世大暖期（距今8500~3100年）的结束，气候出现干旱化，对当时的社会生活环境产生了极大的影响。按照这一理论，全球性的全新世大暖期与我国新石器时代到商代相对应，气候温润，生物成壤作用旺盛，形成了黑垆土或褐土，即所谓的古土壤。从距今3100年开始，黄河中下游地区转变为一个相对的干旱低温期，这时以西北季风气候为主，沙尘暴频繁，厚40~80厘米的现代黄土层覆盖了古土壤，这在黄土高原尤其是陕西地区的地质剖面上得到了充分反映：土壤由黑垆土向黄土转变。[①] 虽然引据的地质剖面主要是陕西等黄土高原地区的资料，作为殷商时期典型文化的外围地区，这种变化也必然对中原地区的生态环境产生不可估量的影响。

也有学者在对先秦历史文献可信度高的记录进行考辨的基础上，提取出包含多层面气候变化信息的四个具有典型意义的气候事件，即（A）“十日并出·洪水泛滥”事件（距今4300~4000年）；（B）“伊洛竭·成汤大旱”事件（距今3620~3590年）；（C）“雨土于亳·河竭”干旱事件（距今3150~3106年）；（D）“厉王大旱·三川竭”事件（距今2857~2780年），参证于甲骨文等考古学资料，并与竺可桢曲线、敦德冰芯 δ180记录进行对比，确认了所

---

① 黄春长:《渭水流域3100多年前的资源退化与人地关系演变》,《地理科学》2000年第1期。

提取气候事件的客观存在。结论是：5000~2700aB.P.（相当于中国古史传说时代和夏商西周时期）黄河中下游平原气候环境变化呈现多样性，间有高温强降雨、海侵、降尘等现象发生，干旱作为头等灾害一直存在，提取的历史气候事件概括性、真实性强，在过去全球变化研究中可能具有大范围的对比性。[①] 这一研究值得注意的是，它强调了干旱在这一时段的经常性和持续性。这与从其他角度研究得出的结果是比较一致的，因而是可信的。

二　地下水位对土壤的影响

地下水位的变化，也是影响土壤土质的重要原因，是衡量气候环境发生变化的重要指标。中国社会科学院考古研究所安阳工作队在安阳殷墟白家坟黑水河西岸黑河路一带发现了商代的三眼水井，“其中一口水井年代属殷墟文化第一期。该井壁上发现有使用期间明显的水位线痕。距该水井约 4 米处，发现一处殷墟文化第二期的窖穴，经测量知，二期窖穴底部低于一期水位线痕 2.5 米”。也就是说，“殷墟文化第一期某个时候，黑水河一带的地下水位曾大大高于殷墟二期。这一发现，将有助于了解当时殷墟地区的环境变化”[②]。周伟先生受此启发，根据殷墟及其附近地区考古发掘的古代水井、窖穴和墓葬材料，绘制了一张殷墟地下水位变化图（见图十七）。该图显示，“殷墟时代地下水位总趋势是下降的。殷墟一期到三期末水位大约下降 3 米。一期到二期下降了 2.5 米，三期早段到末段则下降了约 5 米”。[③] 虽然第三期有一个剧烈的反复，但总的趋势还是表现出水位在逐渐下降。地下水位是与地表水相关联的，降水量大，地表水多，可以下渗补给地下水，地下水位就会增高；反之就会下降。由地下水位的逐渐下降可知，殷商晚期的降水量在逐渐减少。随着气候出现干旱化，土质就会变得比以前更为干燥，腐殖质减

① 侯甬坚、祝一志：《历史记录提取的近 5~2.7ka 黄河中下游平原重要气候事件及其环境意义》，《海洋地质与第四纪地质》2000 年第 4 期。

② 中国社会科学院考古研究所安阳工作队：《殷墟白家坟遗址发现商代水井》，《中国文物报》1997 年 8 月 31 日。

③ 周伟：《商代后期殷墟气候探索》，《中国历史地理论丛》1999 年第 1 辑。

少，肥力减弱。王晖、黄春长先生则依据古代土壤学的研究新成果，以距今3100年为界，认为此前的新石器时代到商代（距今8500~3100年）黄河流域的气候为温暖湿润期。到距今3100年，从地质上看，古代土壤（即黑垆土或褐土）被现代黄土层所覆盖。从碳-14数据及考古学证据看，到商代后期气候出现了干旱化趋势，并导致了商周之际的政权更迭。这也肯定了自然环境资源与古代社会变迁的密切关联。[①]

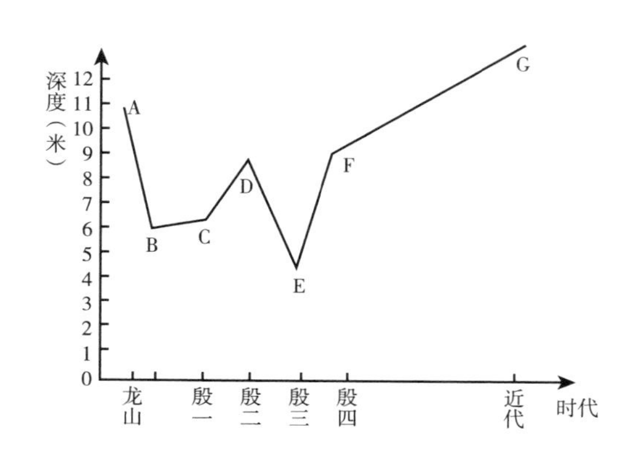

图十七　殷墟地下水位变化

（摘自周伟《商代后期殷墟气候探索》一文）

三　土壤引起农作物种植的改变

从商代农作物种植的结构也可以看出当时中原地区的土质土壤变化情况。从文献记载来看，反映商周时期中原地区粮食作物的品种一直是以“小米群”粟、黍、稷为主。如《诗经》中，黍在众多作物中出现频率最高，达28例之多；稷次之，有16例；黍稷连称也有16例；粟有10例；菽有9例；麦有11例；稻仅有6例。这与于省吾先生对甲骨文中农作物的统计是相符合的，黍字在卜辞中有106例，稷有33例，麦有6例，禾有21例。[②] 所以何炳棣先生曾据此认为，中原地区和黄土高原一样，种植旱作农业作物，这里的土壤为

① 王晖、黄春长：《商末黄河中游气候环境的变化与社会变迁》，《史学月刊》2002年第1期。

② 于省吾：《商代的谷类作物》，《东北人民大学人文科学学报》1957年第1期。

风成黄土质地。[①] 从商代考古发现看，除大量的粟、黍、稷外，还有大麦、小麦、高粱，个别地区也种植水稻。如河北邢台曹演庄、藁城台西等商代遗址都曾出土过炭化黍粒。[②] 河南安阳殷墟后冈圆形祭祀坑，在人骨架上曾发现一堆谷物，另外在所出陶罐内部的腹底和铜鼎、戈上也有谷物的残迹，有些谷物保存较好，能看出其籽粒形态，据观察似为粟类。[③] 而水稻的种植，在中原地区发现的实证较少。据说 20 世纪 30 年代的殷墟发掘中曾有过稻谷遗存的发现，[④] 郑州商城白家庄遗址中也曾发现稻壳遗存。[⑤] 这种情况比之史前时期中原地区较多的水稻种植而言，有了很大的不同。《尚书·盘庚上》："惰农自安，不昏作劳，不服田亩，越其罔有黍稷。"其中黍为大黄米，稷为小黄米。这也说明商人以黍、稷为主食。究其原因，不外是随着气候环境的变化，干旱化倾向加剧，降水量减少，土壤变得干燥，只适合旱作农业的生产了。

第七节 商代晚期的沙尘暴与"霾"

土壤沙化的最主要标志，就是沙尘暴的出现。沙尘暴，指大量沙土沙粒被强劲阵风或大风吹起，飞扬于空中而使空气混浊，水平能见度小于 1 公里的现象，又称沙暴、尘暴。沙尘暴一般发生在土地干燥、土质松软而无植被覆盖的地区，沙尘暴天气的出现，是气候干旱化和生态环境恶化的一个重要证据。

一 商代晚期的沙尘暴

据研究，商代晚期因为生态恶化，土地干旱，河流干涸，已经开始出现

---

① 何炳棣:《中国农业的本土起源》，马中译，《农业考古》1984 年第 2 期，1985 年第 1、2 期。

② 唐云明:《河北商代农业考古概述》,《农业考古》1982 年第 1 期。

③ 中国社会科学院考古研究所编著《殷墟发掘报告（1958~1961）》，文物出版社，1987，第 278 页。

④ 李济:《李济考古学论文选集》，文物出版社，1990，第 283 页。

⑤ 许顺湛:《灿烂的郑州商代文化》，河南人民出版社，1957，第 7 页。

沙尘暴天气。《墨子·非攻下》称帝辛时，“还至乎商王纣……雨土于薄”。《竹书纪年》也载，帝辛“五年，雨土于亳”。“雨土”就是天上降下来尘土，这种现象正是古代发生的沙尘暴天气。

而这种天上“雨土”，在古代就称为“霾”。如《晋书·天文志中》：“凡天地四方昏蒙若下尘，十日五日已上，或一月，或一时，雨不沾衣而有土，名曰霾。故曰，天地霾，君臣乖。”《新唐书·五行志·黄眚黄祥》：“天复三年（903）二月，雨土，天地昏霾。”《元史·五行志》：“天历二年（1329）三月丁亥，雨土霾。”

二　古代“雾霾”的演变

古代将沙尘暴称为“霾”，先秦文献中最早的相关记载见于《诗经·邶风·终风》：“终风且霾，惠然肯来。”《说文》：“霾，风雨土也。从雨狸声。”《尔雅·释天》：“日出而风为暴，风而雨土为霾，阴而风为曀。天气下，地不应曰雺。地气发，天不应曰雾。雾谓之晦。”传曰：“霾，雨土也。”注意，这里的“雨”都不是名词而是动词，即从天而降的意思。所以郝懿行《尔雅义疏》释“霾”：“孙炎曰，大风扬尘，土从上下也。”也就是说，刮大风（尤其是风力较大的龙卷风）时，将土卷入空中，风力停止后，这些浮土会从空中降落下来，就像是从天降雨一样，不过不是降水，而是降土——“雨土”，这就是古代所谓的“霾”。这当是“霾”字的原始意义。陆德明《音义》：“风而雨土为霾。”

值得注意的是，“霾”在后世字义有所变化，义项有所增加。比如东汉王逸在为《楚辞·远游》“氛埃辟而清凉”一句作注时，提出了“霾非沙尘”的观点。在东汉刘熙《释名》中，释霾作“晦”：“霾，晦也，言如物尘晦之色也。”或当作雾解，指阴沉欲雨的灰暗天气。在这个意义上的“霾”，往往不是单用，而是组成词组，比如雾霾、霾雾、阴霾、霾曀、霾晦、霾暗、霾雺、幽霾、旱霾等。如《后汉书·郎颉传》引了东汉郎颉奏疏中的“太阳不光，天地混沌，时气错逆，霾雾蔽日”。

我国古人的诗文传记等中经常出现“霾”字。如郦道元《水经注·溱水》:“交柯云蔚，霾天晦景。”唐玄宗诗云:“白露霾阴壑，丹霞助晓光。涧泉含宿冻，山草带余霜。”李白《上安州李长史书》:“属早日初眩，晨霾未收。”杜甫《晓望》诗:“白帝更声尽，阳台曙色分。高峰寒上日，叠岭宿霾云。地坼江帆隐，天清木叶闻。荆扉对麋鹿，应共尔为群。”柳宗元《与杨京兆凭书》:“眊眊然骚扰内生，霾雾填拥惨沮。”王安石有诗《霾风》:“霾风摧万物，暴雨膏九州。卉花何其多，天阙亦已稠。白日不照见，乾坤莽悲愁。时也独奈何，我歌无有求。”苏轼诗云“云霾浪打人迹绝”；曾巩诗曰“今晨霾曀一扫荡，羲和徐行驱六龙”。刘韫有诗云:“晓起阴霾喜绝收，急忙扶酒为春留。落花千点野亭寂，啼鸟一声春事幽。”南宋吴潜词云“尽敛却、雨霾风障，雾沉云暝”。元末明初散曲家汤式有曲云“十年踪迹走尘霾，踏破几青鞋”。明刘基:“挥禺强出玄渚，荡涤歊熇清霾。”顾炎武“尘霾蔽昏旦”；王世贞“青霾吹荡翳”。这些“霾”皆指阴云雾气而言。《太平御览》卷645《刑法部十一》引崔鸿《前凉录》:“是月沉阴昏，雾霾四塞。”《魏书·崔光传》记载，北魏神龟二年（519）八月某日，就曾出现“风霾暴兴，红尘四塞，白日昼昏，特可惊畏”的景象。这已经与先秦秦汉时期的“霾”即沙尘暴是两个不同的概念。

可知先秦秦汉时期的“霾”，并非后世气象学中如同雾气的阴霾，更不是当下含有有害颗粒物质PM2.5的空气污染之“霾”①，而是沙尘暴天气。

综上所述“霾”字的古今义项演变，结合商代末期曾经天空“雨土”的天气，我们认为，甲骨文中的“霾”，应该就是有沙尘暴发生的天象，而不仅仅是所谓的“昏暗的空气混浊状态”②。

三　甲骨文“霾”字考义

甲骨文中的（《合集》13465）、（《合集》13468）字，从雨从某种动

① 据中国气象局出台的《霾的观测和预报等级》，霾是“大量极细微的干尘粒等（PM2.5）均匀地浮游在空中，使水平能见度小于10.0km的空气普遍混浊现象”。

② 夏炎:《“霾”考：古代天气现象认知体系建构中的矛盾与曲折》,《学术研究》2014年第3期。

物形。最早被叶玉森先生考释："疑从雨从狸象形，或古文字霾字。"[①] 孙海波先生也指出："《说文》：'霾，风雨土也，从雨狸声。'此即古文霾字，从，即霾之省。"[②] 郭沫若先生从此说解释此字，"字，于雨下从一兽形如猫，决为霾字无疑"[③]。陈梦家先生隶定甲骨文此字为"雺"，但以郭沫若释霾为是，指出"卜霾与风雨联及"，更证明《说文》《尔雅》解释霾义正确。[④] 李孝定指出："契文此字从雨，下象兽形，或当即狸之象形。字在卜辞为天象字，辞云……可证，诸家释霾可从。余（永梁）氏释霓误，下非从兒也。"[⑤]

此后，学术界欣从此说，鲜有异议。

四 甲骨卜辞中"霾"的占卜记录

甲骨卜辞中关于沙尘暴"霾"的记录以下列几条为代表：

甲申卜，争贞：貍（霾）其有祸？贞：貍（霾）亡祸？（《合集》4618）

己酉卜，争贞：风隹有霾？（《合集》13465）

癸卯卜，……王占曰：其……霾？甲辰……（《合集》13466）

贞：兹雨隹霾？贞：兹雨不隹霾？（《合集》13467）

贞：翌丁卯酚，丁霾？（《合集》13468）

……隹霾，有作［祸］？（《合集》13469）

第一辞是占问天空中的"霾"是否会带来灾祸，可见"霾"这种天象或者天气，属于不正常情况，因此被视作灾祸的征兆。第二辞是占问要刮风了，

---

① 叶玉森：《殷虚书契前编集释》，大东书局，1934，第45页上。

② 孙海波：《甲骨文编》第11卷，哈佛燕京学社，1934，第13页。修订版《甲骨文编》（中华书局，1965）第454页也指出："，《前》六·四九，从狸省声，隹霾。"

③ 郭沫若：《卜辞通纂》，科学出版社，1983，第384页。

④ 陈梦家：《殷虚卜辞综述》，中华书局，1988，第241页。

⑤ 李孝定编述《甲骨文字集释》，"中央研究院"历史语言研究所，1965，第3449页。

是否会带来尘霾。第三辞为一残辞，也是占问尘霾天气的。第五辞是占问第二天丁卯日要进行酒祭，是否会碰上尘霾天气。第一辞中，“霾”字无雨字头而径作一兽形，对此郭沫若先生云：“此片之兽形文，以前二片霾字例之，知即狸字。狸者野猫也，字在此盖假为霾。”[1]今从郭说为是。

而对于第四辞，论者较多，歧异见焉。一般也都认为这是尘霾，即沙尘暴。至1990年前后，姚孝遂先生在为《甲骨文字诂林》做按语时质疑：“姑隶作霾，然不能无疑。《尔雅·释天》‘风而雨土为霾’，孙炎《注》：‘大风扬尘土从上下也。’‘雨土为霾’，雨为动词。霾由风起，既已有雨则不得复有霾。《甲》二八四〇‘贞兹雨隹霾；贞兹雨不隹霾’。明言有雨，何得有霾？”[2]其实，姚先生的质疑不能成立，这里的“雨”固然是动词，但不能理解为下雨，而是像下雨一样下土。另外，近年单育辰先生考证此字，也不同意释为“霾”字，认为从雨从狐，此字应该隶定为“𩃬”，则占问：“兹雨隹𩃬？兹雨不隹𩃬？”似乎有“雨下得过多”的意思。不过，他也承认只是根据残辞推测，“当然，它具体的意义还需以后发现更多更完整的辞例来推究”[3]。其实，单氏此说也不能成立。该字下部所从为狐，在文字学上并没有坚实证据。再说，对于此辞“贞：兹雨隹霾？贞：兹雨不隹霾？”用“𩃬”字“雨下得过多”似乎可以解释得通，但对于上面的一辞“风隹有霾”，又作何解释呢？风能够说“雨下得过多”吗？显然不通。所以，此字还是解读为“霾”比较合适。准此，则对于这条卜辞的正确解读应该是，眼看天气阴沉，像要下雨了，于是贞人占问，这场雨会不会下来“霾”呢？

由以上所引诸辞可知，有“霾”的沙尘天气从武丁时代就已经开始出现了，结合文献记载的帝辛五年的“雨土”来判断，沙尘天气横行了商代晚期的二百多年时间。而且这种“风霾雨土”的现象，曾给人们带来巨大的祸患，所以一有风天雨天就使人心有余悸，占问风雨会不会带来尘霾，尘霾会

---

① 郭沫若：《卜辞通纂》，科学出版社，1983，第385页。

② 于省吾主编《甲骨文字诂林》，“霾”字条姚孝遂注，中华书局，1996，第1164~1165页。

③ 单育辰：《甲骨文所见动物研究》，上海古籍出版社，2020，第30页；《甲骨文所见的动物之“狐”》，《古文字研究》第29辑，中华书局，2012。

不会带来灾祸等。为了防止尘霾天气的发生，殷人同样采取了对神灵进行祭祀的方式，以祈尘霾灾害不会造成太大的祸患。如："贞：翌丁卯酌，丁霾？"（《合集》13468）

图十八　甲骨卜辞"霾"辞例
（《合集》13465）

第四章
商代中原地区的草木植被

据著名的古生物学和历史地理学家文焕然和何业恒先生研究，“从裴李岗、磁山、仰韶、大汶口、龙山等新石器时代文化遗址中出土的木炭或木结构房屋等，以及作为当时主要狩猎对象的鹿的存在，反映新石器时代早、中、晚期，华北东部特别是华北平原不少地方有森林、有草原分布。又从安阳殷墟古生物发掘大量的四不像、野生水牛，不少的竹鼠，数量不等的狸、熊、獾、虎、豹、黑鼠、兔、獐以及象、犀、貘等动物遗骨以及殷墟出土的甲骨文，说明三四千年前，殷墟一带：有森林、有草原、有沼泽存在；竹鼠是喜暖动物，专以食竹根和竹笋为生，反映这里有相当面积的竹林存在；有热带的象、貘等存在，说明当时气候较今为暖；这里动物的成分，较之寒温带和暖湿带林区，都要复杂得多”[①]。

由此推测，华北平原在商时森林、草原、湖泊面积大，是与当时气候温润、雨量充沛和人烟稀少相关的。这样的地貌对农业、畜牧业都是有利的。河、湖多，有利于灌溉；森林覆盖面积大，使土地肥力增强。特别是平原地区，极利于农业发展，也为渔猎业提供了良好的自然条件。正是因为有了比现在较为良好的温暖湿润的气候条件，所以殷商时代中原地区草木葱郁，森林、树木、灌丛等植被丰富。在极其有利的土壤、地力、水分

① 文焕然、何业恒:《中国森林资源分布的历史概况》,《自然资源》1979 年第 2 期。

等条件下，商代人们也进行了相应的农业作物种植和栽培，形成了当地典型的农业植被。

第一节　甲骨文字形所见草木植被

从甲骨文字形反映的情况来看，商代或商代以前中原地区的植被种类非常丰富。

一　甲骨文中从屮、艸、木、林等字

在甲骨文中，有大量的从中、从艹（艸）、从茻、从茻、从木、从林、从森、从棼的字形。据沈建华、曹锦炎著《新编甲骨文字形总表》[①]一书，从中的字有（限于可隶定者）中、封、孛、寿、夆、槖、萅、蒿、艿、郁、莫、暮、朝、薳、芑、葬、萆、蔌等；从木的字有（也限于可隶定者）木、林、森、棼、叔、者、采、权、枚、析、枂、困、杞、杏、柳、梌（榆？）、杏、梏、散、椒、麋、敊、楚、楚、麓、楙、枎、櫴、晳、焚、焚、埜、藿、蓌、蘽、蘁、楚、椿、楙、蘖、麤、杲、果、畧、稟、圑、㸃、杙、桑、㭰、喬、丧、腂、相、朱、亲、李、杋、杉、杜、柏、椎、校、槁、楚、楚、鬱、焚、棼等。

在这些丛林树木中，有些是现在人们依然熟悉并在中原地区继续生长的林木种类，如杞、柳、杏、椿、桑、李、柏、杉等，但其中的大多数树种我们都已经不熟悉了，也没有后世文字可以与之对应。这就是说，这些众多的曾经枝繁叶茂的林木在中原地区已经遗憾地绝迹了，从而渐渐淡出了人类历史的文化视野。

---

① 沈建华、曹锦炎:《新编甲骨文字形总表》，香港中文大学出版社，2001。按：沈、曹此书所收字形不全，此处的从中、从艹、从茻、从茻、从木、从林、从森、从棼的字形，另作了一些补充。

二　甲骨文中反映林木环境的诸字

商代中原地区森林众多的情况，在一些特殊的甲骨文字形中也有所反映。例如上举甲骨文“朝”“暮”两字：“朝”字作（《合集》29092）、（《合集》18718）、（《合集》32727）、（《合集》18717）等形，从日从月从草或从木，表示日从草木中出而月降入草木下；“暮”字作（《屯南》2196）、（《合集》33743）、（《补编》9643）、（《补编》13371）等形，也是从日从草或林木，像落日隐于林中。“东”字作（《合集》643 正）、（《合集》6906）、（《合集》6906）、（《合集》18503）等形，为日出林中之形，表示日出东方之意（也有学者称“东”字象束扎口袋之形，本人不能赞同，此不从之）；“西”（栖）字作（《合集》4092）、（《合集》975）、（《英藏》1781）、（《合集》26850）等形，为树上鸟巢之形，表示日暮鸟栖之意。朝和暮即日出日落，是人们常看到的自然现象。中原地区山少，故不从山，不说日落西山或日出东山，林木众多故从木从草。由此两字（此二字或应比商王国的历史还早）的造字方法可知，人们形成了以“日”从林中出为朝、“日”落西而鸟归林为暮的共识，由此可知当时造字之处，人们生活在四周布满森林的环境里，故能取象目之所及。又如“埜”（野）字作（《合集》13587）、（《合集》18418）等形，从林从土，表示林中之野莽之地；“楚”字作（《合集》32986）、（《合集》34220）等形，为足行林间之象，表示开垦林野之地；等等。“在甲骨文字的创造者眼中，周围是茫茫的林海，不仅日出其间、日落其间，并且要伐木，要采集桑叶和果实，要在林间经营农业，都离不开林。”[①]

除此之外，还有一些从禾和从来的字，如禾、利、刹、和、秝、季、年、秊、黍、穆、秂、𥝩、稤、秜等，如来、𠩺、𡋭、敇、麥（麦）、𩐁、𠬸、𣐈等，虽然其中一些属于人为种植的农作物，但也不乏野生草本植物。不管是人工栽种的农作物，还是野生的草本植物，这些都应当属于当时的生态植被范畴。

---

① 张钧成：《殷商林考》，《农业考古》1985 年第 1 期。

第二节　甲骨卜辞中的林地与麓地

一　甲骨文中的“林”字及林地

甲骨文“林”字，作（《合集》9741 正）、（《合集》19423）等形，从二木，在甲骨卜辞中常用作地名和方国之名。如：

庚寅卜，在溢次贞：王亩林方亡灾？（《合集》36968、36969，《英藏》2563）

呼取女于林？二告。（《合集》9741 正）

己丑贞，于林夕酒？（《合集》34544）

……甲寅林次……商公宫衣……（《合集》36547）

既讨伐林方，又从林方娶女为妻妾，可见商王朝与林方关系时好时坏，并不稳定。这是“林”字的一种用法。但是也有一些“林”字是其本意的用法，即树林之林。如：

……卜，扶令菶……擒敹白林……（《合集》20017）

叀林舞有正？吉。（《合集》31033）

……寅贞：有林……用。（《合集》33756）

等等。而且，“林方”之得名是否与该地有大片林地有关，或有可能。

二　甲骨文中的“麓”字及麓地

与林地相关，甲骨文中有大量的“麓”地。《说文》麓：“林属于山为麓。”故《周礼·地官》及《礼记·王制》等古文献，皆以“林麓”并称。甲骨文中的“麓”字作“录”“菉”“禁”“纛”等，也作“麓”“蔍”等，或以“鹿”代之等。《易经·屯卦》虞翻注曰：“鹿，林也。”《汉书·地理志》注引应劭语曰:“鹿,林之大者也。”所以胡厚宣先生认为,“麓”字为其初文,意为有鹿之林,乃会意兼形声字,则卜辞以麓为名之地,必皆森林之区。[①]

甲骨文中有“丁麓”“于麓”“瑙麓”“唐麓”“敝麓”“中麓”“臣麓”“麓觑”“余麓”“东麓”“乃麓”“椃麓”“櫄麓”“北麓”“斿麓”“九麓”“辛麓”“白麓”“姬麓”“目麓”“王麓”“泆麓”“敹麓”“麓觑”“妞麓”“大麓”“雍麓”“鸡麓”“成麓”“画麓”“澅麓”“三麓”“徭麓”“倞麓”等。如:

戊辰……贞:翌辛……亚乞以众人舌丁麓呼保我?(《合集》43)

癸丑卜,争贞:旬亡祸?三日丁卯……有艰单丁人丰屎于麓……鬼亦得疾?(《合集》137 正)

……卜,古贞:莽在唐麓?二告。(《合集》8015)

乙丑……贞:翌日丁卯其狩敝麓,弗擒?(《合集》10970 正)

叀中麓先猷?叀东麓先猷?(《合集》28124)

□寅卜,王叀辛艺椃麓,咏王?(《合集》28800)

叀櫄麓先擒?(《合集》29408)

……北麓擒?(《合集》29409)

翌日戊王其田斿麓,亡戋?(《合集》29412)

……滴北……九麓(《合集》33177)

王曰则利大乙叡于白麓厝宰丰?(《合集》35501)

甲申卜,贞:王田在泆麓,往来无灾?兹御,获狐……麑三(《合集》37452)

……王田于敹麓,往[来亡灾]?兹御,获麋六、鹿……(《合集》37461)

丁丑卜贞:牢逐辟祝侯麓觑?翌日戊寅王其求……召王弗每擒?(《合集》37468)

① 胡厚宣:《气候变迁与殷代气候之检讨》,《甲骨学商史论丛》第2集,成都齐鲁大学国学研究所,1945,第43页。

……卜贞：王田于妞麓……灾？兹御，获狐五。（《合集》37485）

……申卜贞：……大麓……来亡灾？（《合集》37582）

……其田雍麓……王来亡灾？（《合集》37656）

辛酉，王田于鸡麓，获大霥虎，在十月，隹王三祀劦日。（《合集》37848、《怀特》1915）

王隹成麓艺亡哉？弜艺成麓？弜艺濇麓？（《屯南》762）

王其田敝濇麓，擒亡戋？（《屯南》1441）

王其涉东北田三麓灉？（《屯南》2116）

叀㣿麓艺擒有小狩？（《屯南》2326）

不管是“林麓”还是林之大者抑或是有鹿之林地，甲骨文中这些众多的“麓”应该是有草有木的适宜鹿类动物生长的大片林地、草地，可无疑议。

第三节　商代中原地区的森林分布情况

著名历史地理学家史念海与朱士光先生对历史时期植被变迁史作了颇具贡献的研究。他们认为黄河下游及其附近地区在远古之时森林相当茂密；即便是黄河中上游，可以称道的森林亦不少；而长江流域及珠江流域森林相当普遍；东北地区直到清代森林尚极繁多。[①]

一　商代中原地区森林分布植物孢粉信息

近年来，在人类活动对环境和气候的影响成为世界关注的学术热点的情况下，孢粉学研究也已从主要关注自然植被开始更多地关注人类活动影响下的植被变化。如今，在商代植被研究中有许多这样的材料可以利用。

---

① 史念海：《论历史时期我国植被的分布及其变迁》，《中国历史地理论丛》1991年第3辑；《历史时期森林变迁的研究》，《中国历史地理论丛》1998年第1辑；朱士光：《历史时期我国东北地区的植被变迁》，《中国历史地理论丛》1992年第4辑；《全新世中期中国天然植被分布概况》，《中国历史地理论丛》1998年第1辑。

从黄土剖面不同层面花粉属种的植物生物生态学特点看，陕西洛川、武功和岐山的古土壤层位常有栎、榆、槭、椴、胡桃、臭椿等花粉，并有漆、栗、化香、枫杨、枫香、山胡桃等花粉，这是温带和亚热带的常见植物花粉。但在黄土层位，上述乔木已很少见，而菊、蒿、藜的花粉异常突出，表明气候有所干凉。当然，当时的气温并未明显降低，仍是温暖型。学者对北京市附近的两个泥炭沼的花粉组成进行分析，证明在全新世时期，北京地区乔木和灌木树种分布广泛，种类多，其中以松、栎最多，并有椴、桦、槭、鹅耳枥、朴、椿、核桃、柳、柿等混生林，是森林密布之区。①

植物研究工作者对甘肃民乐县东灰山马家窑遗址中植物样品土进行孢子粉分析，认为该地区有三个大类植物：松、冷杉、桦、铁杉、水青冈等乔木植物，兵豆、柽柳、麻黄、蒿、川续断、蓼、忍冬等灌木及草本植物以及水龙骨、海金沙等蕨类植物。由此断定 5000 年前的张掖地区气候温暖。②

这些都是远在中原地区之外的西北地区的古气候、古植物状况。那么，这也为推断中原地区殷商时期的植被生长情况提供了一种可参考的线索。

一项针对中国北方 68 个不同森林群落表土花粉的研究表明，东部森林区森林群落中乔木花粉百分比多数大于 30%，草本花粉百分比小于 50%；草原区河谷林和低山林带乔木花粉百分比低于 30%，草本植物花粉高于 50%。松、云冷杉林和桦木林花粉组合中的优势成分也是群落中的优势植物；落叶松林中蒿花粉含量最高，其次为松、落叶松；山杨林中松、桦是最主要的花粉类型；栎、胡桃、鹅耳枥及青檀林中，除建群种外，松是最主要的乔木花粉类型，中华卷柏也较多；阔叶杂木林与油松阔叶混交林花粉组成相似，松、桦、中华卷柏是最主要的花粉类型。降趋对应分析、主坐标分析和聚类分析研究表明，云冷杉、落叶松和桦林花粉组合及所代表的生境具有一定的相似性，为最耐寒喜湿类型；沙枣、榆树疏林和草原区人工杨树林花粉组合及所代表的生境为最喜干旱类型；山杨林较桦木林略喜暖干，栎林、鹅耳枥

① 周昆叔：《对北京市附近两个埋藏泥炭沼的调查及其孢粉分析》，《中国第四纪研究》1965 年第 1 期。

② 李璠等：《甘肃省民乐县东灰山新石器遗址古农业遗存新发现》，《农业考古》1989 年第 1 期。

林和青檀林较山杨林更喜暖干，胡桃楸林为所有森林类型中最喜暖类型，但喜湿性低于桦木林高于栎林。森林区松蒿比（P/A）大于 0.1，草原区松蒿比小于 0.1。松林、油松阔叶混交林和阔叶杂木林以高松蒿比、高蕨类与草本比值（F/H）和低蒿藜比（A/C）为特征；云冷杉、落叶松和桦林以低松蒿比、低蕨类与草本比值和高蒿藜比为特征；栎、胡桃、鹅耳枥、杨、青檀等阔叶林以高松蒿比、高蒿藜比和低蕨类与草本比值为特征，可与落叶阔叶杂木林、油松阔叶混交林、松林、桦林和针叶林区分开。① 但这些比值的可操作性，有待进一步研究。

具体到商代的华北平原上，一定有很多的森林草原，其信息数据可以与此相匹配。

据文焕然和何业恒先生的研究，“太行山及其以东一些山地丘陵，古代也为森林所覆盖。《诗经·商颂·殷武》:‘陟彼景山，松柏丸丸。’所指就是今安阳西部山区一带。……这些都说明古代太行山一带森林植被的丰富。以林县为例，据古籍记载，树种有槲、栗、楸、榆、椴、桐、杨、槐、银杏、漆、松、柏、桧等以及一些竹林。太行山中南段山麓，有华北历史上较大的竹林，如淇水流域的淇奥，丹河、沁河下游的博爱、沁阳都是”②。

关于商代森林植被的种类，张光直先生也认为:“在商时期，假定年均气温较现在高出 2℃ ~4℃，安阳地区很可能进入长江流域的混合平生植物林带，值得注意的是，商代被鉴别的两种树木是 rehderodendron sp.，mellio dendron sp.，这两种树皆为现在仍生长在长江上游地区的混合平生植物林的成员。”③

考古工作者曾对郑州商代遗址标本的孢粉和硅酸体进行了测试分析。在属于商代早期的二里冈文化层中，发现的孢粉数量很少，且以草本类型为主，

---

① 许清海等:《中国北方几种主要森林群落表土花粉组合特征研究》,《第四纪研究》2005 年第 5 期。

② 文焕然、何业恒:《中国森林资源分布的历史概况》,《自然资源》1979 年第 2 期。

③ 〔美〕张光直:《商代文明》，毛小雨译，北京工艺美术出版社，1999，第 121~122 页。

包括藜科、禾本科、菊科和葫芦科。[①] 这正和在河南偃师二里头遗址四期（距今约 3650 年）所发现并测试的孢粉是吻合的。[②] 本期孢粉含量也较前期低。木本植物仅有松属、桦属、栎属、桑属，占孢粉总数的 8.9%。水生草本植物中的香蒲属标本仅发现 1 粒，蕨类植物孢子也仅发现 1 粒，其他草本植物还有眼子菜科、禾本科、藜科、茄科、菊科、蒿属。

在商代中期的小双桥遗址的白家庄期，孢粉数量和种类增多，乔木类花粉有松、桦、枫香、栎、柳和胡桃，而枫香是亚热带生长的植物。草本植物有蒿、藜、禾本科、菊科、瑞香科、十字花科、旋花科、豆科等，说明此时气候要比二里冈期更温暖湿润。[③]

二 孢粉分析所见殷都周围森林分布种类

近年来，地质学家与考古学家联合，在殷墟遗址考古发掘中，注意提取遗址土壤中的孢粉数据，通过对这些古代孢粉材料的实验室分析，来推断这一地区在殷商时代曾经生长的植物种类及其所受人类活动影响的相关信息。

相关专家学者在安阳市附近采集表土样品 122 个，古土壤样品 30 个，自然剖面 2 个（分析孢粉样品 199 个），开展孢粉学研究。表土样品是现代植被和土地利用状态下的花粉组合特征，是解释古土壤和地层花粉组合的依据；古土壤样品和自然剖面样品是从时间和空间上揭示和探讨安阳地区殷商文化发生的环境背景和先民对环境的影响。

安阳地区表土样品花粉分析表明，花粉组合可反映不同植被类型的基本特征，一些花粉类型可以较好地指示人类活动情况。农田以草本花粉为主，与森林植被明显不同，但禾本科花粉含量为所有植被单元最高；菜地内十字

① 宋国定、姜钦华：《郑州商代遗址孢粉与硅酸体分析报告》，《环境考古研究》第 2 辑，科学出版社，2000。

② 中国社会科学院考古研究所编著《偃师二里头——1959 年 ~1978 年考古发掘报告》，中国大百科全书出版社，1999。

③ 宋国定、姜钦华：《郑州商代遗址孢粉与硅酸体分析报告》，《环境考古研究》第 2 辑，科学出版社，2000。

花科花粉含量最高；荒地蒿属和藜科花粉含量较高；河滩地松属和莎草科花粉含量最高。对安阳地区不同农业单元122个表土样品的花粉分析表明，表土花粉组合中草本植物花粉含量最高，以禾本科、蒿属、藜科和十字花科为主，乔木植物花粉百分含量较低，以松属、桦属、胡桃属、黄栌属、栎属为主，应为西部太行山区传播而来。

两个全新世地层剖面孢粉分析表明，11500~10000cal.yrB.P. 为“新仙女木”时期，安阳地区分布着以松属、栎属、桦属等为主的落叶阔叶林；10000~8200cal.yrB.P.，气候变暖，降水量增加，森林植被中夹杂着常绿栎等亚热带树种；8200~3400cal.yrB.P.，安阳地区进入全新世大暖期，森林植被演变为亚热带落叶阔叶林和常绿阔叶混交林；商王朝在安阳地区建都后（3400cal.yr-B.P. 后），乔木植物花粉百分含量急剧减少，草本植物花粉和中华卷柏百分含量升高，表明森林被大量砍伐，砍伐后的林地开垦为农田，主要种植禾本科等农作物；两条剖面上部的冲积层中出现大量中华卷柏孢子，表明森林植被破坏后水土流失加剧。古地貌面孢粉分析也证明殷商时期安阳地区生长有亚热带落叶阔叶林和常绿阔叶混交林，气候和植被条件适于野象生存；殷墟附近为农作物禾本科花粉高含值区，表明殷商建都前安阳地区农业已具一定规模。①

其中，取自安阳市区的茶店陂剖面灰黑色古土壤层（3400cal. aB. P. 之前）孢粉组合是以乔木植物花粉为主，推测当时茶店陂剖面所在的安阳市附近是含常绿树的落叶阔叶林植被区；取自安阳市东南20余公里广润陂的“广1”和“广2”两剖面孢粉组合特征相近，都以中湿生草本植物花粉为主，表明广润陂地区是以中湿生草本植物为主的草地和湿地景观，显示了与安阳市区不同的植被特征。

古土壤层上部出现较高含量的禾本科花粉和中华卷柏孢子，反映当时安阳市附近已有人类定居并从事农业生产活动，森林植被已遭人类砍伐破坏。黑色古土壤面以上地层（3400cal. aB. P. 以后）是殷墟建都、殷商文化空前发

① 许清海等:《殷墟文化发生的环境背景及人类活动的影响》,《中国古生物学会孢粉学分会八届一次学术年会论文摘要集》，中国古生物学会孢粉学分会、南京地质古生物研究所编印，2009。

展时期的沉积，孢粉组合中乔木花粉显著减少，表明殷商先人为了满足都城建设和生活需要，对安阳市周边的森林进行了大规模的砍伐和破坏。此后，乔木植物花粉含量进一步减少，中华卷柏孢子含量不断增加，这反映了人类活动对安阳市及其周边森林植被不断加剧的破坏过程。①

另外一项研究，则是在人类扰乱活动较少的殷墟以西 10 公里的水冶镇姬家屯选取全新世土壤孢粉标本，通过对这些孢粉标本进行实验室化验，复原当时此地森林植被情况。

此次分析共获得 31 个类型的孢粉，包括乔木、灌木及草本植物、蕨类植物三种。其中乔木植物 12 个属，包括冷杉属（*Abies*）、云杉属（*Picea*）、油松属（*Keteleeria*）、松属（*Pinus*）、桦属（*Betula*）、桤木属（*Alnus*）、栎属（*Quercus*）、胡桃属（*Juglans*）、枫杨属（*Pterocarya*）、山核桃属（*Carya*）、椴属（*Tilia*）、榆属（*Ulmus*）；灌木及草本植物 14 个科、属，包括麻黄属（*Ephedra*）、榛属（*Corylus*）、蒿属（*Artemisia*）、菊科（Compositae）、紫菀属（*Aster*）、藜科（Chenopodiaceae）、伞形科（Umbelliferae）、毛茛科（Ranunculaceae）、蓼属（*Polygonum*）、葎草属（*Humulus*）、杜鹃科（Erieaceae）、地榆属（*Sanguisorba*）、禾本科（Gramineae）、莎草科（Cyperaceae）；蕨类植物 5 个科、属或纲，包括石松属（*Lycopodium*）、卷柏属（*Selaginella*）、水龙骨科（Polypodiaceae）、水龙骨属（*Polypodium*）、真

① 张振卿等:《殷墟地区土壤剖面孢粉组合特征及环境意义》,《第四纪研究》2007 年第 3 期，第 461~468 页。但是，同是这一课题研究的另外一个文本，则在数据表述上有一些出入，比如在 2008 年安阳召开的“纪念世界文化遗产殷墟科学发掘 80 周年——考古与文化遗产论坛会议”上，许清海等人提交的《安阳洹河流域全新世以来环境变化与人类活动的沉积记录》论文提要称:“根据表土花粉研究，安阳茶陵陂、汪家店和古土壤孢粉分析表明，约 12000~11400aB.P. 期间，安阳市附近生长着茂密的落叶阔叶林。11400~10000aB.P. 期间，森林植被经历了收缩—扩张—收缩的急剧变化，反映了新仙女木（the Younger Dryas）气候变化对森林植被的影响，这一结果与周卫健等人研究一致（Zhou etal.，1999；Li eta1.）。新仙女木（the Younger Dryas）事件后，森林植被迅速扩张，并逐渐演变为落叶阔叶林和常绿阔叶混交林。此时，安阳市附近已有人类定居。约 5000aB.P. 后，安阳市附近的人类活动已具相当规模，人类的毁林开荒和生活用材，使安阳市附近的森林面积迅速减少。3300aB.P. 后，殷商在安阳建都，殷商先人为了满足城市建设和生活需要，很快将安阳市周边的森林砍伐殆尽。森林资源的枯竭是否是商王朝灭亡的原因之一有待研究。”虽然差距不大，但不知究竟以何者为准。

蕨纲（Filicales）。这一孢粉谱总的特点是木本花粉居多，草本其次，蕨类孢子最少。木本中又以松属（*Pinus*）最多，达 31.1%~51.7%；桦属（*Betula*）其次，达 12.6%~25.2%。其他的阔叶树花粉含量不多，但在栎属（*Quercus*）花粉中偶见常绿类型，且在剖面底部样品中发现一粒山核桃属（*Carya*）花粉。灌木及草本粉中，以蒿属（*Artemisia*）居多，占 3.9%~23.3%，其次是禾本科（Gramineae），占 1.1%~5.8%，再次是藜科（Chenopodiaceae），为 1.0%~8.7%。还有灌木榛属（*Corylus*），为 1.0%~3.5%。其他草本花粉零星出现。蕨类孢子也很少。其中只有卷柏属（*Selaginella*）可达 0.5%~3.9%。①

根据孢粉数据资料将主要孢粉类型做成附图，这样我们可以直观地看到孢粉随地层和时间的变化在发生类型和数量上的变化。其中最为明显的变化是到古土壤末期木本花粉减少，而喜凉的蒿属、藜科、禾本科花粉与卷柏孢子的数量增加。

上述花粉组合中，松与桦的花粉占了绝对多数。松、桦的花粉产量在乔木中名列前茅，且它们是春季开花，尤其桦是先叶开花，受早春西北风尚强劲的影响，加上安阳盆地地形特征对西北风的拉动效应，这就有可能导致太行山中易于远距离飞翔的松、桦花粉被带到安阳盆地中降落。因而姬家屯盆地中全新世古土壤孢粉组中松、桦占优的乔木花粉组合只是一种假象，并不说明盆地中全新世古土壤沉积期间系属森林环境，而传播距离通常只有几公里的栎、榆、椴、胡桃、枫杨等阔叶树花粉，则反映了盆地周围低山丘陵上分布有偶含常绿栎的落叶阔叶林植被。蒿、藜、禾草的花粉属原地播撒花粉，显示的是盆地草原植被的面貌。

前述姬家屯遗址中红褐色顶层埋藏土反映的安阳盆地周边丘陵地带的植被为偶含常绿栎的落叶阔叶林的这种含亚热带常绿栎孢粉组合，在安阳以南辉县境内的韩村中全新世古沼泽沉积物中也曾发现。因此，姬家屯红褐色顶层埋藏土中偶见常绿栎花粉，正反映了太行山南段现今孑遗的常绿栎树，曾

① 唐际根、周昆叔：《姬家屯遗址西周文化层下伏生土与商代安阳地区的气候变化》，《殷都学刊》2005 年第 3 期。

在全新世气候适宜期扩展。姬家屯红褐色土中偶含现今主要分布在中亚热带的山核桃和可分布至北亚热带的常绿栎花粉。这一现象再次证明可以将该地划入中全新世亚热带北缘古气候区。

这里要进一步说明的是，太行山在海拔 1200~2050 米分布有中山落叶林。主要是含白桦（*Betula Platyphylla*）的辽东栎（*Qurcus Liaotungensis*）林。海拔 1300 米为桦的分布下限。看来属全新世气候适宜期末期的殷商时代，桦树在太行山的分布应比现今的海拔还高，其下限有可能不低于 1600 米。①

中国社会科学院考古研究所曾从殷墟遗址的晚商地层中收集到一批植物种子，足以证实和补充孢粉数据复原的商代植被种类。经中国科学院植物研究所鉴定，除粟、小麦、黍等农作物种子外，其他有蓼属、莎草属、菟丝子属、藜属等植物种子。此外还发现狗尾草、马齿苋、李属种仁（杏仁或山桃仁）以及禾本科植物等。其中莎草属、蓼属等均属产于温带或热带，生长在潮湿的沼泽地、水沟或田间路边的草本植物。②

三 殷墟考古发现的商代木材实物标本

能够直接证明商代中原地区植被景观种类的，无疑是那些在商代考古中被发现的木材和木炭实物了。在以往的殷墟考古中，类似的木材、木炭、木屑等痕迹、遗物肯定不少，只是学术界当时无暇从植物学角度进行研究，更遑论以之为据进行环境史的考论。

1973 年、1974 年，河北省藁城县台西村发现了商代中期村落遗址，其中出土了数据完整时代明晰的植物种子实物。这才引起了考古和历史学者的重视。台西村商代遗址中，发现有植物种子 30 余枚。经过鉴定分别是：蔷薇科的李（*Prunus Salicina Lind L.*）、鼠李科的枣（*Ziziphus jujuba Mill*）、豆科的草木樨（*Melilotus suaveolens Ledeb.*）、桑科大麻属的大麻（*Cannabis sativa L.*）、

① 唐际根、周昆叔：《姬家屯遗址西周文化层下伏生土与商代安阳地区的气候变化》，《殷都学刊》2005 年第 3 期。

② 唐际根、周昆叔：《姬家屯遗址西周文化层下伏生土与商代安阳地区的气候变化》，《殷都学刊》2005 年第 3 期。

蔷薇科桃属的桃（*Amygdalus persica L.*）、蔷薇科的毛樱桃［*Cerasus tomentosa*（*Thunb.*）*Wall.*］、蔷薇科樱属的郁李［*Cerasus japenicn*（*Thunb.*）*Lois.*］和欧李［*Cerasus humilis*（*Bunge.*）*Sok.*］等几种果树的种子仁。其中以桃仁为主，较为完整，皆剥壳后储存至今。郁李仁，为蔷薇科灌木植物郁李、欧李的成熟种子。①

从这些植物种子果仁的保留形态来看，它们都是人工种植的果树种子。其主要可能是为了酿酒和药用，因此它们不会像野生植物和木材那样能够直接反映当时生态环境和植被景况，但作为刻意种植的果树，也颇能带出一些与之生存环境相关的信息来。

新时期以来，考古工作者陆续在安阳殷墟的洹北商城宫殿区和同乐花园刘家庄北地出土了一些木炭和井架木材标本。这些材料作为生态环境的物证得到了学术界充分的重视。根据鉴定结果，遗址中存在松属、栎属、侧柏、圆柏和苦木，说明遗址周围存在针叶林和针阔叶混交林。其中松属植物尤其是油松，是喜光树种，耐干旱和适应土壤蔽薄的土地条件。油松的天然分布与气候条件有密切关系。湿度可能比温度对油松的分布范围起着更大的影响作用。这一方面表现了殷墟一带植被种类及其习性特征，另一方面也说明了当时生态环境允许多种不同习性植被并存而生的复杂性。②

后来，考古学家和相关专家联合对这些商代中晚期洹北商域、殷墟孝民屯遗址、刘家庄北地出土的大量木炭、木材，对大司空遗址 303 号墓出土的枝叶进行研究，得出了如下几项结论。

（1）无论是植物种属的出土概率还是百分比，栎属都是最高的，无论是普通村邑的房址还是窑址，栎属的出土概率和百分比也都是最高的，表明人类对这种木材的喜好。栎树是商代晚期人类主要的薪柴材料，也是刘家庄北地和孝民屯遗址普通村邑的建筑材料。栎属与人类的关系非常密切，在当时的人类日常生活中扮演了重要角色。（2）建筑材料的选择不仅受到聚落周边

---

① 耿鉴庭、刘亮：《藁城商代遗址中出土的桃仁和郁李仁》，《文物》1974 年第 8 期。

② 王树芝等：《洹北商城和同乐花园出土木材初步研究》，纪念世界文化遗产殷墟科学发掘 80 周年考古与文化遗产论坛会议论文，2008。

植被状况的影响，还与木材性质和建筑性质有关。洹北商城的一号、二号建筑基址选用了松木，而刘家庄北地的一处木炭遗迹主要选用了柏木。（3）刘家庄北地出土了栎属、李亚属和枣属的木炭，孝民屯遗址出土了栎属和枣属的木炭，这从一个侧面说明，古代人类有可能食用这些树木的果实。（4）树木受到由自然因素或人为因素造成的伤及形成层的伤害时会产生锯齿状生长轮。刘家庄北地灰沟 HG3I 中出土的大量带有锯齿状生长轮的木炭，锯齿宽度 1 毫米，间距1毫米，较规则，有可能是人为因素导致。但究竟何种因素导致锯齿形成，有待今后进一步研究。（5）商代晚期刘家庄北地古代先民选用侧柏做井架。（6）同时采用传统的形态学方法与分子遗传学方法对出土枝叶进行研究，能极大地提高鉴定的准确率。通过研究，大司空遗址 303 号墓随葬品敞口折肩尊的口部数层叠压在一起的植物枝叶是具有药用作用的短梗南蛇藤（Celastrus rosthornianus Loes）（见图十九）。①

图十九　殷墟大司空 M303 尊口覆盖的植物叶子：短梗南蛇藤
（引自《南方文物》2014 年第 3 期王树芝等文）

总之，这些木材实物的发现与研究，不仅使我们获得了商代中晚期中原地区植物生长与栽培的生物多样性信息，对先民因材施用的木材利用特点有所了解，也为现今木材的合理开发和利用提供了史料，而且其中的短梗南蛇藤的发现，对研究我国医疗卫生史、民俗和礼仪以及现代医药的开发具有重

① 王树芝等：《商代中晚期的树木利用——洹北商城和殷墟出土树木遗存分析》，《南方文物》2014 年第 3 期。

要意义。

不过，一些考古学者只是对刘家庄北地遗址中出土的大于4毫米的12979块木炭样品进行鉴定，得出这些木炭分别属于18种木本植物，其中落叶的栎属出土概率最高，就指出这表明落叶的栎属是当地的优势种，对群落环境起主要作用。这与以上研究结论相比还是比较温和的。但是该研究通过对鉴定出的该遗址木炭树种进行共存因子法分析，通过对遗址出土的大块木炭进行树轮年代学研究，说明商代晚期气候与现今并没有明显的不同，商代晚期气候是波动的，既有干旱时期，又有湿润时期，商代晚期后段气候不是干旱，反而降水量更大，并指出水患有可能是商都毁弃的一个重要原因，等等。[①] 这样的观点就与以上综合性的研究结论有所出入了。

笔者认为，这只是利用一个遗址中发现的木材遗存标本来重新考察气候环境的尝试，未免以偏概全，结论自然不能令人信服。要知道，一个遗址一个墓葬中出现一些木材遗存，很可能有其特殊的保存意图，某种人为因素的可能性极大，并不能代表该地区植物自然生长的状态，更不能代表该地区生态环境的全部信息，只有利用更为广泛而众多的遗址遗存进行综合研究，才能得出令人信服的结论。

四 文献记载的“柏社”与“桑林”

与之可以相互发明的是，在古代文献记载中，也有涉及商代的大量树木（乔木）的内容，不过都不是从专门记载森林植被的角度而论的，多少都赋予了树木一些宗教含义。《论语・八佾》云：“夏后氏以松，殷人以柏，周人以栗。”商代是以柏树为社树的。又《墨子・明鬼》云：“昔者虞夏商周，三代之圣王，其始建国营都……必择木之修茂者，立以为丛社。”说明祭社之处必植树，不独商代如此，夏商周三代莫不如此。如殷人以“柏”树作社，是说商代人建立宗庙社屋，习惯于使用高大坚固的柏木。

先秦时期的社往往是一个民族一个王朝的象征物，因此社树也就具有了

① 王树芝、岳洪彬、岳占伟：《殷商时期高分辨率的生态环境重建》，《南方文物》2016年第2期。

一种寄托家国情怀的神圣性质。《尚书·汤誓》云:“汤即胜夏，欲迁其社，不可，作夏社。”《淮南子·说林训》云:“侮人之鬼者，过社而摇其枝。”《孟子·梁惠王下》云:“所谓有故国者，非谓有乔木之谓也，有世臣之谓也。”《楚辞·哀郢》:“发郢都而去闾兮……望长楸而太息兮。”（蒋骥《山带阁注楚辞》卷4云:“长楸，所谓故国之乔木，令人顾望而不忍去者。”）社树被赋予社神的功能，成了社的象征。

正因如此，柏树是殷社之树，所以不仅宗庙建筑用柏木木料，而且宗庙周围的绿化映衬也应是遍栽松柏的。这种习尚在《诗经》中有所反映，如《诗经·商颂·殷武》记载了商王武丁时期南伐荆楚、得胜还朝之际，经过圣都景亳，登临景山（大伾山）凭吊告慰祖灵的场景。[①]“陟彼景山，松柏丸丸。”这些千古流传的诗句，描写了今河南浚县境的大伾山松柏茂盛的情景，这正是商代中原地区山林茂盛植被良好的写照。我们认为，大伾山上的这些松柏并非自然长成的，而是人工栽培的结果，因为殷人作社以柏，而大伾山景亳是纪念成汤发迹的圣都宗庙，自然要除去其他杂树，栽上他们认为神圣的松柏。

不仅如此，在商代的考古遗址中，也发现了当时人们重视使用柏木的习尚。比如在殷墟刘家庄北地曾发现一口商代水井，井底就有用柏木交叉搭成的边长1米的“井”字形框架，发掘时井架尚留有约1.1米的高度，周围则填满鹅卵石。[②]河南省信阳市固始县葛藤山发现的六号商代墓葬，也是选用了柏木作为墓主棺椁葬具材料。[③]如果说前者很可能是因为当时人们看中了柏木“耐腐蚀性强”的特点，那么后者或许可以解释为殷商人们下意识地尊崇贵重木材。

甲骨文中有“柏”字，作（《合集》33380）、（《合集》27781）、（《合集》29246）、（《合集》29255）等形，可分别隶定作“臬”“晳”“栿”等，可知当时“柏”字有多种异体写法。但残辞断简，已经无法得知这些

① 朱彦民:《商汤“景亳”地望及其他》,《中国历史地理论丛》2002年第2辑。

② 岳洪彬、岳占伟:《河南安阳市殷墟刘家庄北地2008年发掘简报》,《考古》2009年第7期。

③ 刘开国、丁永祥、詹汉青:《固始县葛藤山六号商代墓发掘简报》,《中原文物》1991年第1期。

“柏”字在甲骨卜辞中是否有作为“柏树”的本义用法了，可以确定的是，后两种字形用为地名。至于这些地名是否跟种植柏树有关，限于材料，不得而知。从《周礼·职方氏》中该地（属冀州）所贡纳的特产就是松柏可知，这里的土壤条件非常适合松柏生长，这就可以明白为什么“殷人作社以柏”了，虽然是神圣的宗教用场，但习性尚质的殷人还是因地制宜，顺其自然。

图二十　号称“天下第一柏”的商代古柏

2010年8月17日拍摄于河南省三门峡市渑池县南村乡西山底村旁柏地（帝）庙

（该柏树树高29.8米，树冠9.85米，树龄3600年）

柏树之外，桑树也是商人钟情的树木种类。《帝王世纪》云：“汤祷于桑林之社。”《吕氏春秋·顺民》也详细记载了商汤于桑林祷雨之事。商人似乎作“柏林之社”以外，另有“桑林之社”。《尚书·咸乂》有：“伊陟相大戊，亳有祥，桑谷共生于朝。”《史记·殷本纪》也引此说。可见，桑树在商代是一种极为独特颇受重视的神圣树木。不仅如此，《吕氏春秋·本味》中记载了“伊尹生于空桑”的故事，伊尹生于桑中，而伊尹是商代初年辅佐商汤建国的功臣，似乎在商代二元政治体系（张光直先生的理论之一）中，显然桑在这里扮演着某一政治支派的母族角色，因而桑树也成了商人的社树。其中的宗教与政治之关系，似乎大有文章可究。然而限于材料，不得已于此缺略焉。

何以桑树也能被商人放置到如此重要的地位？何以桑林也成为商人祈祷下雨的祭祀场所？颇耐思量。《吕氏春秋》高诱注："桑林，桑山之林，能兴云作雨也。"《淮南子》高诱注也说："桑山之林，能兴云作雨，故祷之。"《左传·昭公十六年》："有事于桑山，斩其木，不雨。"近人学者斯维至先生云："看来桑林和雨确有密切的关系。这固然有科学的道理，但是古人所以把桑林和雨联系起来，是社本是祭祀先妣神、上帝和图腾的地方。"[1]

从另外一个角度来说，桑树又是华北地区的重要植被作物，这种植物的果实可能很早就被人采食，传说黄帝的妃子嫘祖就发明了养蚕技术，《诗经》中不但有20余处提到桑，而且有大规模种桑的记述。人们对它的重视和熟悉程度都非同寻常，可能有很久远的栽培历史，估计在5000年前已栽培。因为种桑是为了养蚕，是为了纺织丝绸，所以这是一种非常具有中华文明特色的栽培植物，对后世的影响极为深远。据有关学者研究，商代时期已经有了较为发达的桑蚕纺织丝绸业。[2] 这恐怕是桑树在商代有重要地位的一个原因吧。

甲骨文中有"桑"字，作（《补编》12686）、（《合集》10058）、（《合集》35435）、（《合集》18978正）、（《合集》28250）等形，象桑树枝杈多歧、根深叶茂之形。但"桑"字在甲骨卜辞中并非其本义用法，而是用为地名和丧失的"丧"等义项。

---

① 斯维至：《汤祈祷雨桑林之社和桑林之舞》，《全国商史学术讨论会论文集》，《殷都学刊》增刊，殷都学刊编辑部，1985，第22页。

② 夏鼐：《中国古代蚕桑丝绸的历史》，《考古》1972年第2期；胡厚宣：《殷代的蚕桑和丝织》，《文物》1972年第11期；陈娟娟：《两件有丝织品花纹印痕的商代文物》，《文物》1978年第12期；高汉玉等：《台西村商代遗址出土的纺织品》，《文物》1979年第6期。

五　野生动物反映的森林植被情况

殷商时代中原地区野生动物之多，也从一个侧面反映了当时的森林草原状况。在狩猎中，所获哺乳动物有虎、象、兕、野猪、鹿、麋、狐、兔等。虎最多一次擒获 3 只（《合集》37366）；象最多一次擒获 10 只（《合集》37364）；兕牛最多一次猎获 40 只（《合集》37375）；野猪最多一次猎获 41 头（《合集》20723）；狐狸最多一次猎获 86 只（《合集》37471）；鹿一次猎获 160 余只（《合集》10344 反），而另一次猎获 700 只之多（《屯南》2626）。根据大量的田猎卜辞来看，商王的一次出猎，经常同时猎获多种野兽，满载而归。如：

> 壬申卜，殻贞：甫擒麋？丙子陷。允擒二百又九。（《合集》10349）
>
> ……擒麑？允擒。获麋八十八、兕一、豕三十又二。（《合集》10350）
>
> 丁卯……狩正……擒？获鹿百六十二……百十四，豕……十，旨一。（《合集》10307）
>
> ……其……擒？壬申允狩擒，获兕六，豕十又六，兔百又九十又九。（《合集》10407 正）
>
> 丙戌卜，丁亥王陷，擒？允擒三百又四十八。（《合集》33371，《屯南》663、《怀特》1626 与此同文而卜，辞例大同小异）
>
> 擒兹获兕四十、鹿二、狐一。（《合集》37375）
>
> 允擒，获兕十一，鹿……（麋）七十又四，豕四，兔七十又四。（胡厚宣《苏德美日所见甲骨集》附录一）

在这些猎获物中，既有森林动物兕、鹿、豕，又有草原动物兔，还有沼泽动物麋。可见当时森林茂盛、草地广阔，森林、草地之间分布着大大小小的沼泽地带，这些湿漉的地带，既是野生动物的乐园，也是野生植被的天堂，更是万物之灵的人类赖以采集、猎获动植物食品的最佳场所。

第四节　商代中原地区的竹林分布

最能反映气候变化和环境变迁的植被种类是竹子。竹子主要是热带和亚热带地区的植物。今天在中国的黄河流域成片的竹林早已绝迹。而在先秦时期黄河流域则盛产竹子。这说明这里的气候环境已经发生了很大的变化。

一　先秦时期竹林分布的区域

《尚书·禹贡》是一部古老的地理图书，虽然它的成书年代不一定能够远到夏代（现在学术界一般公认其成书年代在战国时期），但要用它来说明先秦时期的地利物产则完全是可以信据的。《禹贡》记载了我国古代竹林资源的分布情况。相传大禹划分中国为九州，设九牧。九州之中，豫州、兖州、青州、徐州、扬州、荆州等六个州都有竹子及其产品向中央政府进贡，说明这六个州都是当时的竹子产区。文焕然先生指出，历史时期华北地区栽培竹林的分布呈面积大小不一、不连续的斑点状，汉代以前最北分布似在40°N，现今似在36°N。[①] 何业恒先生通过排比历史文献资料，也做出了这样的判断："古代黄河流域竹林分布的北界线，大致西起甘肃祁连山东段，经兰州东南、泾河上源，入陕西北部、山西南部，沿太行山历沁、丹、淇、漳、滹沱河至北京市，向东经河北省的沧州地区，入山东省。约相当于东经100~120°，北纬39~40°之间。在东部，由于受东南季风的影响较强，气候较温暖湿润，竹林的分布偏北；而西部受东南季风的影响较弱，气候比较干旱寒冷，故竹林的分布偏南。"[②] 这些研究结论，与古代文献记载非常契合，足以说明古代黄河流域是适于竹林生长的地区。

考古资料表明，殷商时代殷墟都城附近地区有大片的沼泽和竹林。这种情况一直延续到几百年后的春秋时期，那时这一地区及其附近仍有大面积

① 文焕然:《二千多年来华北西部经济栽培竹林之北界》,《历史地理》第11辑，上海人民出版社，1993。

② 何业恒:《古代黄河流域的竹林》,《中南林学院学报》1981年第2期。

竹子生长。有诗为证："瞻彼淇奥，绿竹猗猗……绿竹青青……绿竹如箦。"（《诗经·卫风·淇奥》）"如竹苞矣，如松茂矣。"（《诗经·小雅·斯干》）"籊籊竹竿，以钓于淇。"（《诗经·卫风·竹竿》）"淇奥"是指淇水转弯之处，淇水就在安阳南边不远的淇县、浚县境内，是今天仍在流淌不绝的一条古河。"猗猗""青青""如箦""竹苞""籊籊"，都是指"绿竹"茂密旺盛之意。可见这里在春秋时代气候就很适合竹子生长。

据《尚书·禹贡》记载，属于黄河流域的豫州、兖州等地虽不像扬州、荆州那样直接进贡竹子和竹制品，但贡品是用竹器来盛装的，说明这些地区还是有竹子的。根据前述的古代气候波动规律，殷商时代竹子也一定更加茂盛多见。

二 商代中原地区竹林存在的考古证据

殷墟出土动物群中有一些野生动物与竹子有关，它们的存在说明当时中原地区确实有竹子生长的环境条件。

在20世纪头30年的殷墟15次大规模发掘中，曾经收集到大量动物骨骼。至40年代，这批材料由古生物学家德日进、杨钟健、刘东生等鉴定整理，认为多数属于哺乳类动物，达29种之多。数量在"一千以上者仅肿面猪、四不像鹿及圣水牛三种……其在一百以上者，为家犬、猪、獐、鹿、殷羊及牛等六种……在一百以下者，为数甚多，计有狸、熊、獾、虎、黑鼠、竹鼠、兔及马等八种。至在十以下者，为狐、乌苏里熊、豹、猫、鲸、田鼠、貘、犀牛、山羊、扭角羚、象及猴等十二种"[①]。其中与竹子相关的野生动物是獐与竹鼠。

獐又称土麝、香獐等，是小型鹿科动物之一种，被认为是最原始的鹿科动物，比麝略大，原产地在中国东部和朝鲜半岛。獐栖息于河岸、湖边、湖中心草滩、海滩芦苇、茅草丛生和竹林密布的环境，也生活在低丘和海岛林

---

① 〔法〕德日进、杨钟健：《安阳殷墟之哺乳动物群》，实业部地质调查所、国立北平研究院地质学研究所印行，1936；杨钟健、刘东生：《安阳殷墟之哺乳动物群补遗》，《中国考古学报》第4册，商务印书馆，1949，第147页。

缘草灌丛处。竹鼠，又称竹熘、芒狸、竹狸、竹根鼠、冬毛老鼠等，属哺乳纲啮齿目竹鼠科竹鼠属。竹鼠是啮齿目竹鼠科的通称。竹鼠是一种专门栖息在热带、亚热带竹林中的穴居性小型啮齿动物，因主要吃竹而得名。喜食竹类的地下茎、竹笋，也吃竹林下的其他草本植物。因此凡有竹鼠之地，必有成片竹林。

獐和竹鼠都是以竹子为食物的野生动物，现在它们主要分布在长江流域和长江以南地区，最北的部分线也在陕甘南部、汉江上游和白龙江区域。这两种动物曾在西安半坡仰韶文化遗址中被发现，说明在仰韶文化时期，黄河中上游有竹子生长的气候条件。而这两种嗜竹野生动物骨骼在殷墟被大量发现，同样也可视为商代殷墟附近的中原地区产竹的最佳佐证。何业恒先生指出："竹鼠分布的变迁，反映竹林和小环境的变化，说明西安半坡和安阳殷墟时期附近的气候，较今温暖湿润得多。那时两地的附近，有森林和竹林，也有湖泊沼泽，有竹鼠和獐等亚热带动物，在安阳附近还有象、犀、貘等热带动物，浐河常年有水，水中有鱼，情况较今大不一样。"[①]

尽管竹子属于碳水化合物，长期埋葬在土壤中极其容易炭化，但是考古发掘中依然有竹子的蛛丝马迹呈现出来。比如20世纪50年代发掘的郑州铭功路商代制陶遗址中，出土的窑箅上的箅孔，推测即系木棍或中空的竹管钻出。[②]后来又在商代宫殿区遗址发掘中出土了当时的板瓦，其在入窑烧制之前，也需用竹或木制的刀具将陶圈切割成瓦坯，此前还要在欲实施切割的部位刻画出标记，而这一过程，据发掘者推测，也要仰赖于竹签或竹刀来完成。[③]

幸运的是，在殷墟考古发掘中，也有了珍贵的竹子实物出土。1990年，安阳郭家庄一座殷墓（M160）中，发现一件以细竹篾编织的小竹篓（M160:249），[④]这是目前已知的中国最早的竹器实物（见图二十一）。

---

① 何业恒：《中国竹鼠分布的变迁》，《湘潭大学学报》（哲学社会科学版）1980年第3期。

② 裴明相：《郑州市商代制陶遗址发掘简报》，《华夏考古》1991年第4期。

③ 曾晓敏等：《郑州商城宫殿区商代板瓦发掘简报》，《华夏考古》2007年第3期。

④ 中国社会科学院考古研究所编著《安阳殷墟郭家庄商代墓葬——1982年~1992年考古发掘报告》，中国大百科全书出版社，1998，第123页。

图二十一　殷墟郭家庄墓葬发现的竹篓（M160:249）
（摘自《安阳殷墟郭家庄商代墓葬——1982 年 ~1992 年考古发掘报告》）

该竹篓出土时放置在一个圆尊（M160: 118）内，器表呈黑褐色，由竹篾编制而成。残存口径 10~10.4 厘米，残高 7.5~9.8 厘米。估计原来的竹篓口径与高度应该比铜尊尺寸小，即口径不超过 23 厘米，通高不超过 25 厘米。竹篓最下部竖排的经篾条为 8 根，即 4 条长竹篾呈米字形交叉后向上延伸，随着圆周的不断增大，竖篾条逐渐增加，至篓高近 10 厘米时，竖篾条达 34 根。每根宽 0.3~0.35 厘米，彼此之间距离为 0.9~1 厘米。横排的纬篾条较细，与经篾条交互叠压，每根篾条宽仅 0.13~0.14 厘米。

由于小竹篓出于铜尊腹内，而铜尊是盛酒的器具，因此考古发掘者推测，这件竹篓也许是用来过滤酒糟的。众所周知，竹器埋于地下极易腐朽，在以往的殷墟考古发掘中，从未见过此类物品。所以说这件竹篓的发现，对于推测商代的生态环境而言，价值极为珍贵。

三　甲骨文所见商代竹子及从竹之字

甲骨文“竹”字作（《合集》15411）、（《合集》31884）、（《合集》22067）等形，为象形字，正象竹子的竹叶连缀或枝叶下垂之形。在甲骨卜辞中，有多处取竹、用竹之记载，如：

……取竹刍于丘。（《合集》108）

贞其用竹□羌叀彫用？（《合集》451）

之日用戊寅竹侑？（《合集》6647 正）

王用竹若？（《合集》15411）

庚寅竹亡灾？（《合集》31884）

叀竹先用？（《合集》32933）

癸卯卜，甲启不启竹，夕雨？（《屯南》744）

以上各辞所取用之竹，皆是其本义，即用竹或竹制品作祭祀牺牲的盛器。其中“戊寅竹”“庚寅竹”可能是戊寅、庚寅这些日子所采的竹子，在殷商祭祀之风大盛的背景下，祭祀所用祭物是非常讲究的。

竹之为用，除竹木器具制作之外，当时记载文告和政令的文书简策，也应该是由竹子做成的。“惟殷先人，有册有典”（《尚书·周书·多士》），甲骨文中不仅有“册”字，作（《合集》438 正）、（《合集》6160）、（《合集》6160）、（《合集》7387）等形，也有“典”字，作（《合集》22669）、（《补编》11235）、（《合集》30660）、（《补编》6955）等形。卜辞中常见“爯册”“册用”的辞例。

而且当时的书写工具毛笔，也应是由竹子做成的。甲骨文中与笔字相关的有“聿”字，作（《合集》22088）、（《合集》10084）等形；有“書”字，作（《合集》3272）形；有“畫”字，作（《合集》3036）、（《合集》3969 反）等形；有“灎”字，作（《合集》27901）、（《合集》29290）等形。

除此之外，甲骨文中还有一些与竹子有关的字，皆从竹字头。比如“妴”（，《合集》1824）、“笁”（《合集》34689、《合集》34687）、“㞕”（，《合集》14250）、箕（，《英藏》2527）、箘（，《合集》29693）、箠（，《合集》6046）等。其中的“妴”，表示竹地或竹国的女子；“笁”“㞕”，表示用手以竹子铺顶建造的房子等；“箘”“箠”，则是利用竹材做成的生活用具。这些竹部偏旁文字的出现，反映了竹子在当时日常生活中的使用情况，表明河南尤其是安阳地区的黄河流域当时有竹林资源的分布。

四 商代孤竹国与竹林分布区域

商代晚期有孤竹国，是与殷商王室同姓的子姓侯国之一。关于“孤竹”一名，亦作“觚竹”。孤竹国的历史记载散见于《国语》《管子》《庄子》《韩非子》《史记》等古籍。

例如,《国语·齐语》:“(齐桓公)遂北伐山戎，刜令支，斩孤竹而南归。海滨诸侯莫不来服。”韦昭注:“二国，山戎之与也。……令支，今为县，属辽西。孤竹之城存焉。”《管子·小匡》:“(齐桓公)北举事于孤竹、离支(令支)。”《庄子·让王》:“昔周之兴，有士二人，处于孤竹，曰伯夷、叔齐。”《韩非子·说林上》:“管仲、隰朋从于桓公而伐孤竹，春往冬反，迷惑失道。”《史书·殷本纪》:“契为子姓，其后分封，有殷氏、来氏、宋氏、空桐氏、稚氏、北殷氏、目夷氏(即墨夷氏、墨台氏、墨胎氏)。”《史记·伯夷列传》:“伯夷、叔齐，孤竹君之二子也。”《史记·伯夷列传》注引《索隐》所记:“孤竹君是殷汤三月丙寅日所封。”“汤正月丙寅，封支庶墨台氏于孤竹，台一作胎。”《史记·周本纪》引《括地志》:“孤竹……殷时诸侯国也，姓墨胎氏。”《竹书纪年》:“纣王二十一年春正月，诸侯朝周。伯夷、叔齐自孤竹归于周。”《尔雅·释地》:“觚竹、北户、西王母、日下，谓之四荒。”注曰:“觚竹在北，北户在南，西王母在西，日下在东，皆四方昏荒之国次四极者。”

综合这些文献记载可知，孤竹国是商代一个与王室同姓的子姓诸侯国，在春秋时依然存在，位于环渤海地区、长城两侧的河北东北部至辽西一带;孤竹城在今河北省卢龙县境内，但很可能曾经迁徙到今辽宁喀左地区。[①] 古人曾把“孤竹”视为北荒之地，即华夏文化区域的北方边界。

甲骨文中也有“竹侯”，与此相关的人名还有“妇竹女”“妇竹”“妊竹”“竹妾”“妻笶”等。如:

① 李学勤:《试论孤竹》,《社会科学战线》1983年第2期;苗威:《关于孤竹的探讨》,《中央民族大学学报》(哲学社会科学版)2008年第3期。

贞：其升竹侯氏雩……卯三牛？（《合集》3324）

妇竹女（《历拓》07457）

妇竹（《后编》下 27 · 18）

妊竹（《殷虚妇好墓》）

贞：唐弗爵竹妾？（《合集》2863）

王占曰：有祟，其有来艰。乞至九日辛卯，允有来艰自北，蚁妻妄告曰：土方侵我田十人。（《合集》6057 反）

另外，甲骨卜辞中还有“呼竹”“令竹”“竹入”“竹劦告”“竹劦”“竹有册”等，都说明“竹”作为一个人名或者族名的身份地位，如：

竹入十。（《合集》902 反）

辛卯卜，殻贞：隹冕呼竹敀鬼？（《合集》1108 正、1109 正）

辛……争贞：……竹归？（《合集》4747）

壬申卜，扶令竹……官？十月。（《合集》20230）

丁丑卜，王贞：令竹祟兀于□由朕事？（《合集》20333）

贞：竹劦告不？（《合集》22067）

丙寅卜疑贞卜，竹曰：其侑于丁宰（小宰）？王曰：弜寿，翌日丁卯率若？八月。（《合集》23805）

己亥卜，贞：竹来以召方于大乙束？（《屯南》1116）

己酉卜，竹有册？允。（《英藏》1822）

彭邦炯先生认为，甲骨文中的“竹侯”即文献中的孤竹国君，封地在今河北卢龙县一带，“妇竹”等即嫁与商王为妻的竹国之女。[①]

那么，孤竹国之得名是否与该地大量产竹有关？文献记载也似乎透露

① 彭邦炯：《从商的竹国论及商代北疆诸氏》，《甲骨文与殷商史》第 3 辑，上海古籍出版社，1991。

了两者之间的关系。《周礼·春官·宗伯下》记载有“孤竹之管”“孙竹之管”“阴竹之管”，是分别在不同的场合（圜丘、方丘、宗庙）祭祀使用的吹奏竹管乐器。郑玄注：“孤竹，竹特生者；孙竹，竹枝根之末生者；阴竹，生于山北者。”则孤竹本来是指独杆孤生的竹子，不是成片生长的竹林。这很可能与竹子生长于北方，土壤气候决定其不能丛生有关。故张衡《东京赋》薛综注：“孤竹，国名，出竹。”(《文选》卷3《京都中》)《太平御览》引任昉《述异记》也称：“东海畔，孤竹生焉，斩而复生，中为管。周武王时，孤竹人献笋一株。”直接说明了孤竹国是因为特产“孤竹”而闻名被命名的。

如果这一说法不误的话，那么商代竹子的分布就不仅仅限于中原地区了，商代北疆之域也可能有竹子生长。那么，中原地区的竹林分布更是在情理之中，无可置疑了。

五 商代中原地区的芦苇及其利用

与竹子相似，容易让人产生类比联想的植物是芦苇。芦苇是我国分布最为广泛并被普遍而充分利用的一种草本资源。早在先秦时期，人们对芦苇已经相当熟悉，并能充分将其运用于日常生活中。或用于建筑，或用于工程，或用于室内生活用品。同时，人们联想类比，也将芦苇寓以一定的人格化因素，表达某种特定的理想和情怀。

考古资料显示，我国古代人民利用芦苇编席绞绳、将其用作建筑材料的历史最久，至少有7000年的历史，在新石器时代遗址即发现芦席、芦泥土块。新石器时代南方的干栏建筑中，有使用芦苇的痕迹。如河姆渡遗址距今大约6500年的第三文化层中，出土有苇席残片，据推测其建筑的屋顶是先用苇席铺盖，再于苇席上铺上苫草。[①] 河北武安磁山遗址距今大约7300年的文化层中“发现芦席痕迹，与现在的苇席纹样基本一样”；在该遗址发现了两座房基址，均为半地穴式房屋。在房基遗址器物中，有一烧土块，沾有

① 河姆渡遗址考古队：《浙江河姆渡遗址第二期发掘的主要收获》，《文物》1980年第5期。

清晰可辨的席纹。[①] 说明在 7000 年前这一带即编制苇席。同期稍后的西安半坡遗址出土的陶器底部多有席箔一类垫纹印痕，[②] 也应属于芦苇一类编织物。可见在史前时期，不管是长江流域还是黄河流域，我们的先民居处附近多有芦洲苇荡之类盛产芦苇之区，而且已经合理地将这些芦苇用于日常生活中了。

到了殷商时代，芦苇之为用，则更为广泛。尤其是在建筑房屋方面更为普遍，屋盖的构成是用梁、檩和苇草束，承托梁和檩的是墙或柱。房顶上的草束，多是芦苇秆。这在各地的商代诸遗址的房屋遗迹中，都有所发现。如在河南柘城孟庄的商代前期遗址发现的房屋基址 F1 内，堆积着许多红烧土块，有的土块表面有芦苇束印痕。芦苇南北向密置于檩木上，然后再在芦苇束上涂泥抹光。[③] 在河北省藁城台西村商代中期遗址中，14 号房子内的一块草泥土块上，发现有三束芦苇把痕迹，这是压扁了的芦苇捆扎，其上有厚 16.7 厘米的草泥土。[④] 安阳小屯北 10 号房子发掘现场，有不少草拌泥土块，不少芦苇秆铺在檩上，用来承托草泥土。[⑤] 草泥土上再涂细砂合成物，然后涂一层白灰面，既可防漏又可保暖。

不仅建筑住宅用芦苇，在一些大型工程中也有使用芦苇的迹象。如《淮南子》说女娲“积芦灰以止淫水”，为远古洪荒之事，那时芦苇铺天盖地，焚之即可堰塞洪流。《吕氏春秋·禁塞》:“积灰填沟洫险阻。”芦苇还用于大型建筑工程。《战国策》卷 6 记载春秋时董安于治晋阳城，“皆以荻、蒿、苫、楚墙之，其高至丈余”。这说明当时的北方确实有铺天盖地的芦苇，而且人们也发现了芦苇的实用价值。

在社会生活中，芦苇虽然不起眼，但是也有不少地方是芦苇的“用武之地”。比如用芦苇管做乐器、用作照明蜡烛的灯芯、用芦苇制成渡河工具、制

---

① 孙德海、刘勇、陈光唐:《河北武安磁山遗址》,《考古学报》1981 年第 3 期。

② 中国科学院考古研究所、陕西省西安半坡博物馆编《西安半坡》，文物出版社，1963，第 35 页。

③ 胡谦盈:《河南柘城孟庄商代遗址》,《考古学报》1982 年第 1 期。

④ 河北省文物研究所编《藁城台西商代遗址》，文物出版社，1985，第 30 页。

⑤ 中国科学院考古研究所安阳发掘队:《1975 年安阳殷墟的新发现》,《考古》1976 年第 4 期。

成帘子、用于战争、制成坐卧用品、用于驱邪或者占卜的特殊场合、用为燃料等。[①]

古代的诗歌中吟咏芦苇的篇章不少，都为我们描述了先秦时期芦苇遍地、芦花飞扬的浩瀚场景。比如《诗经·豳风·七月》“七月流火，八月萑苇”，《召南·驺虞》“彼茁者葭，壹发五豝”，《卫风·硕人》“鳣鲔发发，葭菼揭揭，庶姜孽孽”，《小雅·小弁》“有漼者渊，萑苇淠淠”，等等，都是以芦苇作为比兴的物象，引起诗人抒情的由头。不仅如此，《诗经》中还有专门以芦苇为歌颂对象的篇什，比如《大雅·行苇》“敦彼行苇，牛羊勿践履。方苞方体，维叶泥泥”。还有著名的《秦风·蒹葭》：“蒹葭苍苍，白露为霜。所谓伊人，在水一方。溯洄从之，道阻且长。溯游从之，宛在水中央。蒹葭萋萋，白露未晞。所谓伊人，在水之湄。溯洄从之，道阻且跻。溯游从之，宛在水中坻。蒹葭采采，白露未已。所谓伊人，在水之涘。溯洄从之，道阻且右。溯游从之，宛在水中沚。”这些诗篇，都描述了一种芦苇生长得浩渺万千、茂盛可人的景象，字里行间也都流露出十分欣赏的情感。

《诗经》表现的都是周代原野的芦苇植被景况，那么比周代早的商代，人工垦荒因素更少，草木植被更加原始，当有更多的芦苇在中原地区的原野上随风起伏、浩荡无垠地生长着。这从一个侧面可以说明商代中原地区芦苇生长的情况。

第五节　商代中原地区农业植被考察

商代之时，自然界的植被景观已经不仅仅是自然生成的了，还要包括人为的植被景观，也就是农作物的植被景观。农业植物种植是人们认识自然、适应自然并从自然中进行更加有效稳定的食物攫取手段，反过来说，到了一定程度而言，农业种植对自然环境也起到了一定的反作用。

---

① 陈智勇：《先秦时期的芦苇文化》，《寻根》2016 年第 2 期。

在中国全新世大暖期的环境背景下，商王朝的广袤疆域尤其是居于统治中心的中原地区为广泛种植各种农作物提供了优越的条件。商代是中国全新世大暖期的尾声，农业在这最为适宜的大暖期环境中已经走过了5000多年的历程。商代作为整个中国全新世大暖期的一个阶段，从整体上看其统治的中心区域，气候温暖湿润，雨水充沛，森林密布，湖泊星罗棋布，有着宜人的生态环境。这为农作物种类的多样化种植和生长创造了条件。当然，在近600年的商代历史中，包括气候在内的生态环境也是在不断波动变化的。这些都对商代的农业生产产生了重要影响。

商朝统治的广大地区尤其是黄河中下游地区温度比今天要高出2℃以上，雨水充足，灌溉条件便利，土壤疏松，易于用简单的木、石工具耕作，这就为许多农作物在这里种植生长提供了良好的环境。同时，更为重要的是，这种优良的农业生态环境曾持续了约5500年之久，到了商代，农业的垦耕整地、施肥播种、中耕锄草、灌溉排水、收获加工等生产技术都已经较为成熟。而其间气候等生态环境的波动也促使不同的农作物不断地适应剧烈变化的环境，顽强地生存和成长起来，也促使人们不断改进生产技术，积累栽培经验，形成了较为稳定成熟的农业技术。因此，可以认为商代作为中国全新世大暖期的“压轴期”，在古代农业发展的长河中有着重要的历史地位，它为中国古代农业的发展尤其是为农作物种植类型的确立，奠定了深厚的根基，确立了中国古代农业的发展方向。

不同地域的农业种植作物，反映了一个部族所处的自然环境和该民族在特定的自然环境下所做的人文选择，是人类文化和自然环境两种力量交叉点上的产物。地理位置、气候状况、土壤土质、水利条件等，都决定了某一地区农作物的种类和发展状况。黄河流域大部分地区的土壤状况、气候条件适合原始农业的发展，这一时期，经过长期的驯化、栽培实践，逐步形成了较为稳定的适宜在我国广大地区种植的农作物品种。这些农作物有稷（粟，小米）、黍（黄米）、麦、菽（大豆）、稻等，这就是传统文献中所说的“五谷”。

一　商代主要的农作物种类举例

先秦时代种植的谷类作物的情况显得比较复杂，文献有“百谷”之称，比如《尚书》和《诗经》中都称“百谷”。其实主要的只有几种，故又有“九谷”“八谷”“六谷”“五谷”之称，“五谷”一名更为常见。

但是对于“五谷”的具体所指，古人的意见又不一致。目前所知最早的解释出自汉代。其中一说是“黍、稷、麦、稻、菽”，一说是“黍、稷、麦、菽、麻”，二说稍有不同。郑玄在注释《孟子·滕文公上》“树艺五谷”时说“五谷”是稻、黍、稷、麦、菽。这里不包括麻，却有稻，菽指豆类的总称。《周礼·天官·膳夫》中又提到“六谷”。郑玄的注释是稌、黍、稷、粱、麦、苽（菰米）。《三字经》却说是稻、粱、菽、麦、黍、稷。《周礼·大宰》又有“以九职任万民，一曰三农，生九谷”的提法，郑众云“九谷”包括黍、稷、秫、稻、麻、大小豆、大小麦。上述这些学者的注释虽然不尽相同，但都没有超出先秦时期我国已有谷物的范围。

据考古发掘资料及甲骨文字材料，商代的种植农作物也可以归纳为“五谷”：稷粟、黍、麦、菽、麻。而其中最主要最常见的农作物是稷粟、黍两种。

1. 稷粟（谷子）

稷粟也即谷子，去皮后叫小米。尽管甲骨文中黍多见而稷少见，但稷粟可能是当时最主要、最多种的谷类。这是因为它与黄河流域的气候特点极为适应。黄河流域气候特点是冬春干旱，夏季多雨，谷子不仅是高粱、小麦、玉米、大豆诸耐旱作物中最耐旱的，而且尤其重要的是，在北方春雨贵如油的春季，正是谷子的幼苗期，而其特点正是这一阶段特别耐旱，当其后期生长阶段需要较多水分供应时，又正是黄河流域的多雨季节。按说黍与谷子生长习性大致相同，在中国北方的自然选择面前基本上是平衡的，但先秦古人仍作此倾斜性的选择，则是人文方面的原因。其一是谷子的产量高，北方诸谷中，谷子亩产量比麦、黍几多一倍；其二是五谷之中，唯独谷子耐存放，可历久年，考古发现不少谷子在几千年后依然籽粒完整。所以谷子即稷粟在我国北方栽培最早、分布最广、出土最多，被尊为五谷之长。“稷”与“社”一起组成“社稷”一词成为国家的象征，古农官也以“稷”命名。可见，作为主食之首的稷粟（谷子）对中国先秦人文的影响之深。研究者认为，“禾”本是谷子的专名，由于谷子地位首要，就用禾来概括其他作物，于是逐渐由专名演变为共名。

商代考古遗址也发现了稷粟的实物遗存，如安阳后岗圆形祭祀坑第一层人骨架的周围发现成堆的谷粒。有学者据考古发现研究指出，在早期中国很长一段时间内，粟是最重要的一种作物。在二里冈时期（早商）有四个遗址浮选出大量的植物遗存，粟仍占多数。[①]《史记·殷本纪》言殷纣王“厚赋税以实鹿台之钱，而盈巨桥之粟”;《周书·克殷解》记载武王入商，“乃命南宫忽振鹿台之钱，散巨桥之粟”;《尚书·武成》也有类似关于巨桥之粟的内容。是文献中也有商代大量贮存粟谷的记载。

甲骨文“禾”字的写法为（《合集》4359）、（《合集》20575），极似穗聚而下垂的谷子，与散穗的黍字不同，可知谷子确是禾字的本义。但是卜辞中多用其作共名，泛指一切谷类作物。也有极少数辞例仍指谷子，如：

盂田禾释。(《摭续》137）

……用禾延释。(《存上》1767）

“释”指禾有病意。商代种稷谷多，所以谷物丰收之意的“年”从人从禾，作（《合集》2）。卜辞中大量“求年”“受年”的内容就是指稷粟（谷禾）的年成收获情况。甲骨卜辞中“受禾”辞例不下50条，“受年”辞例更是不计其数。比如：

癸卯卜，王其延二盂田旬兮受禾？（《合集》28230）

在下偁南田受禾？在酒盂田受禾？弜受禾？不受禾？（《合集》28231）

① 李炅娥等:《华北地区新石器时代早期至商代的植物和人类》，葛人译，《南方文物》2008年第1期。

癸卯卜，今岁受禾？（《合集》28232）

辛卯卜，何贞：不其受禾？（《合集》28238）

丁丑卜，叀矢往求禾于河受禾？（《合集》32001 正）

癸亥贞：王令多尹圣田于西受禾？癸亥贞：多尹弜作受禾？（《合集》33209）

戊寅贞：来岁大邑受禾？在六月。（《合集》33241）

西方受禾？北方受禾？癸卯贞：东方受禾？不受禾？（《合集》33244）

己亥贞：求禾于河受禾？（《合集》33271）

辛未卜，燎于河受禾？（《合集》33272）

癸丑卜贞：今岁受禾？弘吉。在八月，隹王八祀。（《合集》37849）

己亥贞：今来翌受禾？（《屯南》2106）

乙亥取岳受禾？兹用。（《屯南》2282）

……大令众人曰协田，其受年？十一月。（《合集》1）

戊午卜，我受年？（《合集》585 正）

丙寅卜，㱿贞：今来岁我不其受年？（《合集》641 正）

辛巳卜，亘贞：祀岳求来岁受年？二告。（《合集》9658 正）

癸卯卜，争贞：今岁商受年？（《合集》9661）

甲子卜，古贞：我受年？三月。（《合集》9679）

甲午卜，延贞：东土受年？二告。甲午卜，延贞：东土不其受年？二告。（《合集》9735）

甲午卜，亘贞：南土受年？（《合集》9738）

甲午卜，宾贞：西土受年？（《合集》9742 正）

甲午卜，宁贞：北土受年？（《合集》9745）

……我北田不其受年？（《合集》9750 甲）

贞：妇姘不其受年？（《合集》9757）

贞：我奠受年？（《合集》9767）

……卜，古贞：我在奠从龚受年？（《合集》9770）

乙卯卜，宾贞：敦受年？小告。（《合集》9783 正）

乙巳卜，亘贞：羽不其受年？（《合集》9790 正）

辛酉卜，犬受年？十一月。（《合集》9793、9794）

于祖乙求王受年？吉。于大甲求王受年？吉。（《合集》28274）

乙未卜贞：今岁受年？东土受年？南土受年？吉。西土受年？吉。北土受年？吉。（《合集》36975）

丁亥卜贞：今秋受年？吉。（《屯南》620）

此类农作物于古文献中名称众多，有稷、谷、粟、粱、禾等，尽管名称不一，但据古今学者考证，指为一物，即今天北方人所说的谷子。

甲骨文中粟谷称稷，作“[illegible]”“[illegible]”之形。粟稷即禾，由于甲骨文中禾作为谷类农作物的总称，所以专指稷粟（谷子）时在禾（[illegible]）上加点表示会意，指代禾穗之粒。卜辞中关于“受稷年”的内容有 36 条之多，甲骨卜辞中卜问商人是否受稷（粟）年和登稷的记载数量也就很可观了。可以想见，稷在商代也是一种重要农作物，而且是比较珍贵的产品。但也有学者认为稷非稷粟，而是黍的异体。

丙戌卜，宾贞：令众稷，其受有年？五。（《合集》14 正）

癸亥卜，争贞：我稷受有年？（《合集》787）

乙卯卜，㱿贞：王立稷？若。贞：王勿立稷？（《合集》9521）

……卜，王贞：受稷年？（《合集》10021）

庚申卜贞：我受稷年？三月。（《合集》10024 正）

甲辰卜：弗其受稷年？（《合集》10035）

庚辰卜，王叀往稷受年？一月。（《合集》20649）

辛丑卜，于一月辛酉酒稷登？十二月。（《合集》21221）

丙子卜，其登稷于宗？（《合集》30306）

叀白稷登？（《合集》32014）

癸未卜，其延登稷于羌甲？（《合集》32592）

叀登稷延于南庚？兹用。（《合集》32606）

丁卯［卜］：登□于□乙，叀白稷？（《合集》34601）

叀癸登稷，王受佑？（《屯南》618）

白稷就是白粟，这与文献所记相合。《诗经·生民》提到“秬秠穈芑”四种作物，注家以为前二种为黍类，后二种为稷，穈为赤粟，芑就是白粱粟。甲骨卜辞中“受稷年”“登稷”加上其他有关稷的占卜记录，共有60多件，而且“登稷”的记录还比“登黍”为多。这说明，古代“黍稷”连称，并非无意之说，而是由两种作物在当时不相上下的重要地位决定的。

2. 黍

黍在我国种植的历史很久，是一种原始农作物。有学者根据考古资料研究指出，在从新石器时代早期到东周的整个文化发展过程中，黍与粟一样，一直都是一种重要农作物，也许它还是重要的耐旱作物。①

黍在商代也是仅次于稷粟（谷子）的重要作物，比谷子更耐瘠耐寒，出土分布比谷子更偏北，“五谷不生，惟黍生之”。黍子性黏味甜，比谷子好吃，但产量低。直到今天，在北方农村，黍子仍被当作一种高级的谷物而稀见。《诗经·周颂·良耜》：“我来瞻女，载筐及筥，……其饷伊黍。”郑笺：“丰年之时，虽贱者犹食黍。”《正义》：“《少牢》《特牲》大夫、士之祭礼，食有黍。明黍是贵也。”可见在商周之际，黍主要是统治阶级享用，劳动人民平时是吃不到黍食的。所以，我们前云《孟子·滕文公下》中所言汤使人给助葛耕种的普通亳众的馈饷中有黍、稻、酒，是不可能的。

黍在甲骨文中作（《合集》9949）、（《合集》9957）、（《补编》6822）等形，出现的次数非常多。罗振玉最早释之，并指出“黍为散穗，与稻不同”。黍在商代是上层贵族的食粮。黍在商代地位高贵，不仅因为它是上层贵族的食粮，更为重要的是，它还是商代酿酒的优质原料。殷人嗜酒闻名，

① 李炅娥等：《华北地区新石器时代早期至商代的植物和人类》，葛人译，《南方文物》2008年第1期。

卜辞中众多祭祀都用到酒，文献中的“酒池肉林”，考古发掘中成套的青铜与陶质酒具，都是证据。所以，黍这种农作物比其他任何作物都特别受到统治者的青睐。商王曾亲自参加种黍收黍的劳作，并以所获之黍祭祀祖先。这就是为什么甲骨文中关于“受黍年”的占卜数量远远超过“受稷年”了。在甲骨卜辞中，农作物出现次数最多的是黍，则黍是最受重视的农作物当不容疑。

卜辞中多有“受黍年”、“登黍”及“立黍”等情况的占卜。仅在《甲骨文合集》第 4 册的农业生产类中，从 9472 号至 10196 号的 725 片甲骨中，与“受黍年”相关的辞例就出现了 171 次之多。如：

贞：我受黍年？不其受黍年？（《合集》376 正）

……争贞：乙亥登圀黍祖乙？（《合集》1599）

辛丑卜，㱿贞：妇妌呼黍［于］丘商受［年］？（《合集》9530）

贞：呼黍于北受年？（《合集》9535）

……宾贞：呼黍于敦宜受［年］？（《合集》9537）

乙未卜，贞：黍在龙囿来受有年？二月。（《合集》9552）

贞：王往立秝黍于……（《合集》9558）

丁未卜，贞：叀王立秝黍？（《合集》9559）

庚申卜，贞：我受黍年？（《合集》9949）

癸卯卜，亘贞：我受黍年？五月。（《合集》9951）

癸酉卜，㱿贞：妇妌不其受黍年？二月。（《合集》9976 正）

辛卯［卜］，宾贞：受黍年？（《合集》9984）

贞：受黍年？（《合集》9986）

庚申卜，我受黍年？庚申卜，黍受年？（《合集》10020）

乙丑卜，中贞：妇妌鲁于黍年？（《合集》10132）

贞：乙保黍年？乙弗保黍年？丁巳卜，㱿贞：黍田年鲁？（《合集》10133）

癸卯卜，大贞：今岁受黍年？十月。（《合集》24431）

壬午卜，争贞：令登取洛黍？（《怀特》448）

上列辞例中，有卜问黍有无收成的，也有关心黍田有没有足够的雨水的。特别是商王亲自“立黍”和派“众”种黍的辞例以及为贵妇王妃妇姘卜问黍的收成的记载，说明黍在商代是最受商王重视的农作物。“登黍”是黍熟之后祭祀先祖的一种尝新的典礼活动。《礼记·月令》:“仲夏之月，……农乃登黍。是月也，天子乃以雏尝黍，羞以含桃，先荐寝庙。”可知商代此礼已在施行。《合集》228是记在宗庙中进行“登黍”之礼的。《合集》1599是说“登黍”祭祀的先祖是“高祖乙”即开国之君成汤。

但是商代考古中尚未发现更多的黍子实物。在商代以前的陕西临潼姜寨、甘肃秦安大地湾文化遗存中发现了朽黍，且出土数量不及谷粟多。考古工作者在1931年于山西万泉县荆村遗址发现黍穗和黍壳，时代属新石器时代，距今已有六七千年。新中国成立后，考古工作者又多次在商代遗址中发现黍的痕迹和遗物，如在河北藁城台西遗址和曹演庄遗址中，发现有炭化的黍。商代考古中黍实物发现较少，这可能与黍种植不如谷粟广泛普遍，产量不如谷粟高，然而用途广泛，当时已经供不应求，以及不如谷粟耐时历远等因素有关。

关于稷粟与黍，后世人多不能辨，屡有言混者。但是早在商周之时，古人还是分得很清的。如《尚书·盘庚》:“惰农自安……不服田亩，越其罔有黍稷。”《尚书·酒诰》:“小子惟一妹土，嗣尔股肱，纯其艺黍稷，奔走事厥考厥长。”《诗经·鸨羽》:“王事靡盬，不能艺稷黍。”《诗经·黍离》:“彼黍离离，彼稷之苗。”稷、粟，今称谷子；黍，今俗称季黍和黏黍（分黏与不黏两种，商代用以酿酒的黍，当是黏黍）。黍穗散而稷粟（谷子）穗聚；黍米粒大而稷米（小黄米）粒小；黍熟早而稷熟晚。如此，其别可明。

3. 麦

麦类作物在时间上晚于其他两种农作物，而且从语源学上来看，“麦”与“来”同字同属同义，当属一种从域外传来的农作物。

黄河流域种植小麦量小，原因是小麦的生长习性与气候条件不大相宜：小麦生长期长，所需水分主要靠冬春雪水，黄河流域却冬春少雨，初夏小麦秀熟之时需要干燥天气，而此时为多雨季节，麦子易霉且不便收割。先秦文献中，麦类作物有麦、来、麰。麦、来指小麦，麰指大麦。①

麦子在商代虽不如黍、稷重要和常见，但可以肯定的是，商代已确有麦类作物的种植。《史记·宋微子世家》说殷末贵族箕子在亡国后路过殷都旧址时看到昔日繁荣的京都已成一派荒郊野外的凄凉景象，不由感慨而作《麦秀之诗》，其中有“麦秀渐渐兮，禾黍油油”，这是商代有小麦种植的文献依据。考古学上麦类作物实物并不多见。山东和其他地区龙山时代的遗址也零星发现小麦，因此推测龙山时代的伊洛河地区也已种植小麦。云南剑川县海门口遗址出土的麦穗，是出土最早的小麦，为殷商时期之物。小麦是伊洛河地区浮选样品中唯一非东亚起源的作物，最早出现在二里冈早商文化中，也许已是当时的重要作物之一。在二里冈时期（早商）的四个遗址浮选出大量的植物遗存，其中粟仍占多数，而小麦就是仅次于粟的作物。二里冈时期的小麦得到加速器质谱测年的肯定。②

“麦”字甲骨文中写作（《合集》9553 正）、（《合集》24404）、（《合集》28138）、（《补编》11299）等形，“来”字甲骨文作（《合集》12）、（《合集》19945 正）、（《合集》19942）、（《合集》20093）等形。于省吾先生认为麦、来指大麦，而非小麦。在甲骨文中“秾”字代表小麦，作（《合集》27189）、（《合集》27826）等形，于先生认为其与稷、来有别，应隶定作“來”，是“秾”的本字和初文。实际上，“来”即“秾”也，《说文》：“秾，齐谓麦，来也。”在甲骨卜辞里，“来”字多被用作表示来去意义的“来”了，用作麦子本义的“来”数量不多。如：

> 辛亥卜贞，或刈来？（《铁》177·3）
> 癸未卜，登来于二示？（《库》1061）

而“麦”字多见，大多用其本义，如：

---

① 齐思和：《毛诗谷名考》，《燕京学报》1949 年第 36 期。

② 李炅娥等：《华北地区新石器时代早期至商代的植物和人类》，葛人译，《南方文物》2008 年第 1 期。

庚子卜，宾贞：翌辛丑有告麦？（《前编》4·40·7）

翌乙未亡其告麦？（《明》2332）

月一正，曰食麦。甲子、乙丑、丙寅、丁卯……（《后编》下1·5）

甫弗其受来年？（《合集》10022）

见于一期的“告麦”卜辞，计有10余条。“告麦”之意，学者多解。其一，孟夏之月农乃登麦，天子乃以彘尝麦，先荐寝庙，此云告麦。按《礼记·月令》讲“孟夏之月，农乃登麦，天子乃以彘尝麦，先荐寝庙”，“告麦、食麦”是一种登尝祖先的祭祀活动。上辞“月一正，曰食麦”（《后编》下1·5），是商代已有《礼记·月令》“孟春之月，天子居青阳左个，……食麦与羊”的礼俗了。其二，告麦乃商代侯伯之国来告麦之丰收于殷王，麦子在当时为比较稀贵之品，故“有告”与否，乃特卜之。其三，告麦的意义，是商王在外边的臣吏，窥伺邻近部落所种或所获的麦子情况，向商王提供了一种情报，商王根据这种情报，决定是否武力掠夺。不管三说孰是孰非，都说明了“告麦”在商代是一件大事。

综上可知，商代种麦是毋庸置疑的。问题是资料少，难以深入研究，这大概与商代种麦数量远比黍、稷少有关。麦子对于商人来说是一种难得的食物，恐怕只有商王、贵族们才能享用。平民过节待客吃黍，天子、贵族待客过节才用麦、菰。

4. 菽

菽为豆类作物，为五谷之一，豆为古代主食之一，也是一种原产于我国的古老而重要的粮食。根据文献和考古资料，大豆在夏代即已出现，在周代得到广泛种植。[①] 因此商代有大豆种植是可以肯定的。

究之于甲骨文，于省吾先生认为甲骨文中的[illegible]（䊮）字应是“菽和豆的初

① 李炅娥等：《华北地区新石器时代早期至商代的植物和人类》，葛人译，《南方文物》2008年第1期。

文”，并从字形字义和声韵上对此字作了一番研究。[①] 对于此说，学界响应者不多，近年来专文研究商代农业经济的彭邦炯[②]、杨升南[③]、宋镇豪[④]等人则同意于说。正确与否，尚难确定。我们对于此字的考释，有别于于氏此论，详见下文。

在商代之后的西周、春秋战国时代，菽豆普遍为人们所知。《诗经·豳风·七月》:“七月烹葵及菽。”《小雅·小宛》:“中原有菽，庶民采之。”《大雅·生民》也有“艺之在菽”之句，朱熹注曰:“菽，豆也。”《战国策·韩策》张仪说韩王曰:“五谷所生，非麦而豆，民之所食，大抵豆饭藿羹。”汉代以前的典籍中，多称“菽”而鲜称“豆”，到了汉以后才普遍称“豆”。在金文中还有象豆类作物的“叔”字的存在。这些都是我们认识商代豆菽类作物的重要参考依据。

5. 麻

后世的所谓“九谷”中包括麻。麻在我国新石器时代已经被种植，浙江钱山漾遗址中发现过几块苎麻布。在甲骨卜辞中未发现麻字，但在殷墟发掘中，曾出土麻布织品残片和成束的麻绳。[⑤] 可见麻在商代主要是作为纤维植物加以种植的。

麻是我国古代最重要的衣服原料，麻子也可食用。《诗经·豳风·七月》中言“禾麻菽麦”，可见麻是同谷、麦、菽同等重要的作物。又《礼记·月令》“孟秋之月，食麻与犬”“仲秋之月，以犬尝麻，先荐寝庙”，都说明古代以麻子为食的历史。但是麻子油性重，不宜多食。《务本新书》谓麻可“收子打油，燃灯甚明，或熬油，以油诸物”[⑥]。麻子也可用作泻内火药，河北藁城

---

① 于省吾:《商代的谷类作物》,《东北人民大学人文科学学报》1957 年第 1 期。

② 彭邦炯:《甲骨文农业资料考辨与研究》，吉林文史出版社，1997。

③ 杨升南:《商代经济史》，贵州人民出版社，1992，第 111~131 页。

④ 宋镇豪:《五谷、六谷与九谷——谈谈甲骨文中的谷类作物》,《中国历史文物》2002 年第 4 期。

⑤ 中国社会科学院考古研究所编著《殷墟发掘报告（1958~1961）》，第 278 页；又图版八零之 3、6~8，文物出版社，1987。

⑥ 缪启愉校释本《元刻农桑辑要》卷 2“麻子”条引，农业出版社，1988。

台西商代遗址即发现用麻子入药的遗存。[①] 总之，麻在商代可能是着意种植的作物之一，但似不成为商人的主粮作物。

总之，甲骨文中所表现的商代农作物非常之多，大都可以找出与后世“五谷”作物对应者。[②] 在考古学上也几乎都发现了这些农作物的遗存。[③] 据宋镇豪的研究，甲骨文中商代主要粮食作物种类计有禾（粟）、黍（可能有黏与不黏的品种之分）、粱（秫，黏性粟。又有白粱，为黏性粟之上品）、麦（大麦）、来（秾，小麦）、秜（栽培稻）、稌（糯稻）、穓（大豆）、吉（高粱）等九大类。其中粟较为普遍，通常是贱者之食。黍、粱、白粱是当时的贵重粮食，常用于祭祀场合。麦为时令食粮。来有作贡品者。秜种植不太广泛，稌似为珍品。穓是重要的辅佐性“济世之谷”。高粱可能也属于贱食。宋镇豪云：古代文献中所谓“五谷”“六谷”“九谷”之说，其品物大体已备见于甲骨文，可以按五谷、六谷、九谷的成数，规范商代的谷类粮食作物。稷（粟、高粱之类米质较次的旱地谷类作物）、黍、麦、稻、穓（大豆），称得上是商代的“五谷”。略略别之，粟、黍、麦、稻、高粱、大豆，可称为商代的“六谷”。再细言之，则甲骨文中所见的禾（粟）、黍、粱（秫，指糯性粟）、麦（大麦）、来（小麦）、秜（稻）、稌（糯稻）、大豆、高粱，堪称商代的“九谷”，是商人社会生活中的九大“粒食”种类。[④] 虽然如此分门别类有些刻板矫情，也未必能够真的如此坐实，但所云大致可信。

二　关于商代种植稻子的争论

商代中原地区能够种植稻子应该是不成问题的。虽然在原始农业时期，我国境内就已形成了南稻北谷的农作物分布格局，并将这种格局一直保持到后世很远时候，但到了殷商时代中原地区也早已能够种植稻谷了。

---

① 河北省文物研究所编《藁城台西商代遗址》，文物出版社，1985，第 196 页。

② 裘锡圭:《甲骨文中所见的商代农业》,《全国商史学术讨论会论文集》,《殷都学刊》增刊，殷都学刊编辑部，1985；彭邦炯:《甲骨文农业资料考辨与研究》，吉林文史出版社，1997。

③ 陈文华:《中国农业考古图录》，江西科学技术出版社，1994。

④ 宋镇豪:《五谷、六谷与九谷——谈谈甲骨文中的谷类作物》,《中国历史文物》2002 年第 4 期。

1. 商代以前中原地区稻子种植的历史追溯

据研究，商代的稻米种植是从新石器时代的稻作延续下来的。大约从新石器时代中期的裴李岗文化时期即开始逐步形成粟稻混作区，在黄河和淮河之间，存在一个“粟稻混作区”，历经仰韶文化、龙山文化、夏代时期，并一直发展到了商王朝时期。这也恰好处在中国全新世大暖期的范围。[①]

考古工作中也发现了大量的商代种植稻子的遗迹遗物，就是明证。在20世纪30年代殷墟科学发掘中就发现有稻谷遗存，在郑州白家庄商代遗址中也发现了当时稻壳的痕迹。近年来，在偃师商城宫城内侧的祭祀坑内，考古工作者又浮选出大量的稻谷籽粒。[②]根据对郑州商城遗址标本的孢粉和硅酸体测试分析结果，特殊哑铃型（两端具有勺型凹口）植硅石组合及其排列方式（与叶脉长轴垂直）、典型的水稻扇形植硅石，表明了彼时水稻的存在。[③]也就是说，商代统治的中心地区是种植稻米的，甚至已有相当大的规模。

《诗经·豳风·七月》:“八月剥枣，十月获稻。”《诗经·小雅·白华》:“滮池北流，浸彼稻田。”《周礼·夏官·职方氏》:“其畜宜鸟兽，其谷宜稻。”《周礼·地官》有“稻人”，掌管种耕稻田。又《战国策》中的“东周欲为稻，西周不放水”故事皆可为证。这表明，水稻初由杭州湾和长江下游一带向长江中游、江淮平原、黄河中下游发展，到商周之时，中原地区在水稻生长的夏秋时节潮湿多雨，与今天南方无异，因此还是可以种植稻谷的。《左传·僖公三十年》:“王使周公阅来聘，飨有昌歜，白黑，形盐。辞曰:‘国君，文足昭也，武可畏也，则有备物之飨，以象其德。荐五味，羞嘉谷，盐虎形，以献其功。吾何以堪之？’”杜预注:“白，熬稻；黑，熬黍；嘉谷，熬稻黍也。”这是招待周天子使臣的宴席，其中两次提到稻，说明稻是当时中原最好的谷

---

① 王星光:《中国新石器时代的粟稻混作区简论》,《农业考古》1998年第1期；王星光、徐栩:《新石器时代粟稻混作区初探》,《中国农史》2003年第3期。

② 杜金鹏、王学荣主编《偃师商城遗址研究》，科学出版社，2004。

③ 宋国定、姜钦华:《郑州商代遗址孢粉与硅酸体分析报告》,《环境考古研究》第2辑，科学出版社，2000。

食（也提到了黍而不及稷，也可见黍贵稷贱）。孔子曾说：“食夫稻，衣夫锦。”食稻衣锦是当时较高生活水准的象征。春秋时代如此，在此之前的商代更应该如此，即稻当是贵重罕见的食物，麦次之，黍次之，而稷粟等而下之。

2. 卜辞“受□年”是否为稻子的争论

商代种植稻子应是可信的，但是对于甲骨文中究竟哪个字是表示农作物稻的，考古学家和古文字研究者有非常大的分歧。

古文字学家唐兰先生最早把甲骨文中的□（糧）释为“稻”字。唐先生认为此字上为米，下为覃字，覃是坛（壇）的初文，为《说文》中的“糧”字。而糧与禫都从覃得声，禫与導可通，導和藁又皆从道声，所以糧也就为導，朱骏声认为“導、稻一字”[①]。

唐兰的说法，一直以来受到学术界的重视，比如李济先生认为这是“首次给甲骨文的‘稻’字以一个合理的解释”[②]，所以被大多数学者所遵从。日本学者岛邦男先生即从此说，他统计甲骨文中有 111 条记载“黍年”，至少有 19 条记载“稻年”。[③] 如果说这是稻米的记录约占黍记录的 1/5，当然也是一个不小的比例。不过，唐兰之释是否正确，还有待考论。

甲骨文□（《合集》10042）字，也作□（《合集》303）、□（《英藏》2563）等形。甲骨卜辞中，有多处卜问所谓“受□年”的辞例，且多与“受黍年”（实际是“受漆年”，详下文）对贞：

> 贞：我受□年？贞：我不其受□年？贞：我受漆年？贞：我不其受漆［年］？（《合集》10043）
>
> 癸未卜，争贞：受□年？贞：弗其受□年？三月。癸未卜，争贞：受漆年？贞：弗其受漆年？二月。（《合集》10047）

---

① 唐兰：《殷虚文字小记》，《考古学社社刊》第 1 期，1934 年；唐兰：《殷虚文字记》，中华书局，1981，第 34 页。

② 李济：《安阳——殷商古都发现、发掘、复原记》，中国社会科学出版社，1990，第 143 页。

③ 〔日〕岛邦男编《殷墟卜辞综类》，东京：汲古书院，1971。

……其［受］溹［年］？……受溹年？贞：不其受□年？（《合集》10050）

甲子卜，𣪘贞：受溹年？贞：不其受□年？（《合集》10051）

甲子卜，𣪘贞：我受□年？甲子卜，𣪘贞：我受溹年？（《续》2·29·3）

贞：我受溹年？四。贞：我不其受□年？四。小告。贞：我受□年？四。（《英藏》821）

贞：今岁我受□年？三。四。（《合集》10040）

戊戌卜，𣪘贞：我受□年？三月。（《合集》10041）

甲子卜，宾贞：我受□年？三。（《合集》10042）

甲申卜，宾贞：其隹□年受？（《合集》10048）

以上所引“受□年”的辞例，正是诸多学者把“□”当作一种农作物的重要证据。

不过，唐先生从古音上推出□为稻，有些吃力和勉强，恐怕也不能视为定论。实际上对于此字的考释，学者们另有不同的说法。

钱穆先生也认为这是一种农作物，但不承认此字应释为“稻”字，他引《诗经·大雅·生民》“实覃实讦吁”，即《毛传》“覃，长；讦，大”，认为□字从覃从米，乃指米粒之长且大者，未必就是指稻。[①]

金祖同先生释此字为“粟”：“□或作□，鼎堂师释酉……予疑粟字。古文粟作㮚，从卣。《玉篇》：‘卣，中尊器也。’《正韵》：‘云九切，音酉。’是与酉同声同义。从米，应即㮚字。《广雅》：‘米翟㮚谷也。’《说文》：‘禾广芒㮚也。’又《周官》：‘仓人职掌㮚之出入。’注：‘九谷六米，别为书。’是㮚乃谷米之通称。卜辞屡见‘受㮚年’，卜诸谷也。‘受黍年’则只卜黍，与诸谷种类异时也。《说文》：‘黍，禾属而黏者也，以大暑而种，故谓之黍。’又非其地不生。《孟子》：‘夫貉五谷不生，惟黍生之。’故卜辞于黍于诸谷两

① 钱穆：《中国古代北方农作物考》，香港《新亚学报》第1卷第2期，1956年。

卜之。”①

陈梦家先生释为“秬”，指制造鬯酒之黑黍：“秬，卜辞作⿱米㫗，上部是米，下部象大口酉形酒器。……这个字的下半是厚字所从，我们暂定为秬字。其理由如下：1. 厚与秬古音相近；2. 秬和黍并卜于一辞，两者当属相近的谷物；3. 卜辞祭祀用鬯，而秬是制作鬯时不可缺少的主要原料，所以当时一定已经种秬了。殷代既有鬯，一定种植秬一类的作物，但这个字是否为秬字，是不能肯定的。”②

日本学者池田末利先生赞同陈梦家的说法，认为⿱米㫗与黍并卜，形制当为近似，释⿱米㫗为秬最为妥帖。③

于省吾先生考证此字是“菽和豆”的初文。（1）在声韵上，⿱米㫗从米㫗声，㫗之音同于厚（金文厚字作⿸厂㫗，从厂㫗声），厚、豆同属侯部，菽属幽部，侯幽通谐。就声纽言，古菽豆均读舌头音，而厚之读菽、豆为喉舌之转。（2）在形义上，⿱米㫗与半坡出土之敞口、细颈、大腹、尖底之陶罂极似。卜辞中谷物名称除⿱亼田外均从禾或来，唯独⿱米㫗不从禾。⿱米㫗从米。因为古代豆也可称米，《说文》：“糵，牙米也。”段玉裁注曰：“麦豆亦得云米。”而豆在古代又是当饭吃的，即所谓“啜菽饮水”（《礼记·檀弓下》）、“豆菽藿羹”（《战国策·韩策》），所以，“⿱米㫗是从米㫗声的形声字，也即菽与豆字的初文，借豆为菽，犹之乎借菽为⿱米㫗……商人称作⿱米㫗，周人称作菽，秦汉以来称作豆”④。

杨树达先生疑其为“糕”字：“《说文》七篇上米部云：‘糕，早取谷也，从米，焦声，⿱米㫗与酉音近，而酋与焦音近，故甲文作⿱米㫗，篆文作糕尔。经传以糕为谷名者罕见，然金文《弭中簠》云：‘用盛秫稻糕粱。’《楚辞·招魂》云：‘稻粢穱麦。’穱与糕同，《玉篇》谓糕穱同字，是也。《仲䱷父盘》：云‘黍粱遡麦。’遡字从禾逍省声，亦当读为糕。糕本谷名，故卜辞以之与黍为对文，

① 金祖同：《殷契遗珠》，上海中法文化出版委员会，1939。

② 陈梦家：《殷虚卜辞综述》，中华书局，1988，第527页。

③〔日〕池田末利《殷虚书契后编释文稿》，广岛：日本广岛大学文学部中国哲学研究室，1964，第143页。

④ 于省吾：《商代的谷类作物》，《东北人民大学人文科学学报》1957年第1期。

金文《弭仲簠》以之与秫稻粱为连文，《楚辞》以之与稻粱麦为连文，《仲叡父盘》以之与黍粱麦为连文，盖殷周时极常见之谷物也。”[①]

李平心先生综合唐、杨二氏之说，释此字为农作物中的小麦：“䆃从米从覃，当是一种谷类……由犹猼互作之例，我怀疑糟（粬）或𥻨即穛或糕，焦声与由声古音同在定母幽部，与覃声为对转。……糕、穛古与穱通。《楚辞·大招》与《七发》皆言穱麦，王逸云：‘择麦中先熟者也。’《广韵》云‘穱者稻处种麦。’《集韵》、《类编》均训稻下种麦。可知穱（穛）为麦类。穱当即蘥。《尔雅》：‘蘥、穱麦。’郭璞训为燕麦，但古代所谓燕麦是一种不可食的野草……穛、糕、穱三字《说文》、《玉篇》、《广雅》皆训小，而爵、雀亦训小鸟。则穱麦（雀麦、爵麦）分明就是小麦，与大麦为对名……”[②]

饶宗颐先生则释此字为“穫”：“唐兰释为稻。《说文》：‘糟，糜和也。’义无涉。惟从米与从禾同意（如粢又作秶），疑糟即穫。《集韵》穫穆，谷名。”[③]

谢元震先生著文专考此字，认为“㽕（朱按：谢氏摹此字形不确，下部应多为尖底形器，而并非作如此形状）的形象是指放在祭器内以供祭祀的谷类食物，相当于经典中的‘齐盛’或‘粢盛’”，“甲骨文㽕是‘稷’或‘稷’字的同义字”。他主要依据以下理由：（1）㽕下部所从与金文“厚”相同，因此㽕的读音与“厚”相同或接近，古音在侯部；（2）金文从“㫗”之歕是髹字，与厚同部；（3）歕为髹漆之义；（4）《仪礼》中“尸谡”今文作“尸休”，“谡”“休”音同字同，“稷”的古读不可排除在侯部以外，“稷”“谡”都有从畟的因素，故判断㽕为稷字。[④]

此外，李孝定、张秉权从唐兰先生考释，认为此字为“稻”。[⑤] 裘锡圭先

---

① 杨树达：《卜辞求义》，《杨树达文集》之五，上海古籍出版社，1986，第47页。

② 李平心：《甲骨金石文考释》（初稿），《李平心史论集》，人民出版社，1983，第146、150页。

③ 饶宗颐：《殷代占卜人物通考》，香港大学出版社，1959，第92页。

④ 谢元震：《释㽕》，《甲骨文与殷商史》第3辑，上海古籍出版社，1991。

⑤ 李孝定编述《甲骨文字集释》，“中央研究院”历史语言研究所，1965，第2357、2403页；张秉权：《殷虚文字丙编》上辑二“考释”，“中央研究院”历史语言研究所，1959，第149页。

生认为⿱覃米为一种粮食作物，但为何种作物，未能说明。[1]杨升南[2]、彭邦炯[3]等人皆从于省吾之说，谓字读如菽，指大豆，古代豆可称米，故此字从米，象米在罐形器中之形。宋镇豪也从于说，但认为“菽是后世称大豆的异名，但释□为菽于形未安，不如直接释⿱覃米是商人称豆的专字，盖未能被沿用下来而成为佚字”[4]。

3. 甲骨文“□”字并非农作物的分析

我们认为，以上诸说均不能苟同。试择要辨析如下。

首先唐说之不成立，有如下三点。（1）就字形来说，即使把□看作一个器物（其实不是一个容器，详见后文），□亦是一个巨口狭颈之容器，隶定作㫃，与覃字有别。覃字金文作□（《毛公厝鼎》《番生簋》），是在□上加一□、□形的封盖，这是酒器。正如上引谢文所论：“此字特征，上部从‘西方盐卤’的卤，《说文》所说‘覃味长’，取义于此。如撇开‘卤’而解‘覃’似乎欠妥。”[5]（2）就字音而论，于省吾先生指出：“㫃与覃，声、韵都不相近，因而⿱覃米字不可能是《说文》之糟，也就不可能读为䆃。”[6]（3）朱骏声曾疑为“䆃实与稻同字”，但这是不可能的。因为䆃字并无稻之义。早在朱骏声之前，方以智《通雅》就已指出：“汉少府有导官，主导择米谷，唐因之。《志》作䆃官，从禾。《说文》：‘䆃，瑞禾也。’引《封禅书》：‘䆃一茎六穗于庖，牺双觡共抵之兽。’牺犹言牺牲之也，与䆃皆虚字（朱按：此处‘虚字’意为动词，因别于有实义的名词，故称‘虚字’）。陈无功犹引瑞䆃为奇，赵凡夫谓《汉书》作䆃为误，岂不可笑也。”所以段玉裁注《说文》，就毅然从《史记》索隐引郑德之语，把通行本中的“䆃，禾也”校改为“䆃，择米也”，并在注文中说：“三字句，各本删‘䆃’字，改‘米’为‘禾’，自吕氏《字林》、《颜氏家训》

① 裘锡圭：《甲骨文中所见的商代农业》，《全国商史学术讨论会论文集》，《殷都学刊》增刊，殷都学刊编辑部，1985。

② 杨升南：《商代经济史》，贵州人民出版社，1992，第124、125页。

③ 彭邦炯：《甲骨文农业资料考辨与研究》，吉林文史出版社，1997，第548页。

④ 宋镇豪：《夏商社会生活史》（修订本），中国社会科学出版社，2005，第364页。

⑤ 谢元震：《释㠱》，《甲骨文与殷商史》第3辑，上海古籍出版社，1991。

⑥ 于省吾：《商代的谷类作物》，《东北人民大学人文科学学报》1957年第1期。

时已然，今正。䆃，择也，择米曰䆃米，汉人语如此，雅俗共知者……吕忱、徐广、颜之推、司马贞皆执误本《说文》，谓䆃是禾名，岂知䆃果禾名，则许书之例，当与穖、穋、私三篆为伍，而不厕于此。”段氏之语，不无道理。

金氏之说，仅以声韵为依据，证明粟与酉、酋同声同义，殊觉牵强。又认为粟乃谷米之通称总名，既然如此，那么“黍”应该就包含在“粟”之中，两者本不能并列而论，何以卜辞将两者并卜，岂不矛盾？金氏之说本是对郭沫若考释怀疑而生，如此则疑得无理。

陈氏一说也不可从。《尔雅·释艹》云：“秬，黑黍。”可知秬是黑黍，不是粮食作物种类名称，而只是黍的一个品种而已。秬既然包括在黍中，何以卜辞中“受黍年”“受秬年”并卜，岂不矛盾？所以陈氏自己也说：“这个字是否为秬字，是不能肯定的。”

于氏对此字之释，也似缺乏其考释古文字析形剖义而成信考的功夫。于说此字下部□与半坡出土的敞口细颈大腹尖底之陶罂极似，但这种器物到夏商之时已不多见，以远古时代器物解释反映夏商时代生活的文字造型，不亦殆乎？退一步讲，即使可以作敞口细颈大腹尖底之陶罂解释，也应为□而非此字下部□形。再者，若果如于说，□为陶罂之器，那么器与米的位置关系应是米在器中，如何能作□形即放米于器口之上？关于这一点，也是其他几说未能解决的问题、不能成立的障碍。另外，以古文献中豆、菽有时称米或可炊食，作为解释□作为作物不从禾、来而从米，因而应释为豆、菽的理由，也特嫌牵强。于氏晚年手定《甲骨文字释林》未收此字之释，殆亦未能自信。

至于杨说、谢说，也都是有了此字一定为农作物的先入之见，然后以音训的方法去联系一种古代文献中记载的谷物名字，强为解说，玄乎其玄，并未有多少证据可凭，因而其结论带有很大的偶然性。李平心释此字为麦，更不可取，甲骨文中自有“麦”（大麦）、“来”（小麦）二字，为典型的象形字（见后所引），卜辞中有“告麦”（《合集》9620~9626）、“食麦”（《合集》24440）、“受来禾”（《合集》33260）、“我田有来”（《合集》28241）等辞例，怎可另立他字为麦？

综观以上几种考释，尽管结论彼此不同，甚至相互驳斥，但他们考释此字为一种农作物的目标是一致的，方法也是颇为雷同的，即皆以音韵为凭，千方百计寻找通转之据。音韵训诂对于学术，固有其益处，但于考证某物之时，须现有其他确凿证据为大前提，然后以音韵、训诂之术辅证之可也。若无其他实证，仅以声韵通转于古文献中求之，则无所不可以转之，无所不可以通之，转山转水，都在通转范围之中，安能服人？唐、于两位先生本皆偏重字形而不仅仅依靠声韵通转的古文字学大家，但于此字之考释，字形分析或有误差，或不可凭信，仍主要依据通转之法。陈氏说解此字下部象大口酉形酒器是对的，但为了证实其为一种农作物，放弃了字形分析而沿唐说而下，仍以古音通转求之，前功尽弃，至为可惜，故不可取。杨、谢之考则完全依靠声韵通转之据，而未究及字形如何，因而其通转之考也多不坚实。

我们认为，将释为农作物是不妥的。除了以上针对几家说法的质疑，还有一些理由可以证明释此字为农作物之不可行。

其一，正如于氏已注意的那样，字所从的是米，而不是如其他农作物所从的禾或来（麦）。米是经过加工后的脱皮谷物，已脱离作物而成为直接供享的粮食，米已不是谷，谷也不是米，二者有区别。所以，农作物应从禾、从来（麦），而不应从米。而此字上部明显是米粒状而非禾穗形，后来的小篆米字亦作如此形体。可知，此字释农作物之不通。

其二，商代的主要农作物如黍、禾、来、麦等都是象形字，象所指农作物之整体形状。如禾作（《合集》33314、33327）、（《合集》33324、33336），象有根有茎有叶有穗且穗头下垂的谷子形状；黍作（《合集》9994）、（《合集》9957）、（《合集》9540）、（《合集》9949）等形，象根茎叶穗俱全、穗头下垂而散的黍谷之形；来作（《合集》28241、33260）、麦作（《合集》9620、9624），象根茎叶穗俱全、叶子下垂、麦穗上耸之麦棵之形。商代甲骨文，虽初具系统文字规模，但毕竟是文字初期形态，其于常用常见之实物名字，皆象其物之形。而字形，绝非农作物之形，如强解为农作物，何以解释这个例外的形体呢？此字明为、、三部分组合，或、、、四部分组合，为一合体会意字，绝非单体象形字，因而无法视其为农作物象形。甲骨文另有一字作□，也有“受□年”的卜辞（《合集》9946），有学者视其为农作物之一，释为高粱，但考释者也未能肯定。[①] 此字也绝不象农作物之形，而为一会意字，也当释作别的什么为宜。

其三，不论从文献材料上，还是从考古材料上，抑或是从甲骨文本身所反映的情况来看，商代中原地区的主要农作物是黍和稷。稷即甲骨文中的禾字所代表的谷子，但在甲骨文中禾字已用为谷类的泛称。甲骨文中是否有特指谷子——稷的专字，尚不能肯定。黍和稷的区别是：黍穗散，稷穗聚；黍粒大，稷粒小；黍产量小，而稷产量大。但二者在后世文献中均称粟，去皮以后均成黄米，不过黍米称糜子米、黏米，稷米称小米。由于黍米比稷米好吃，又可酿酒，所以甲骨卜辞中常见“受黍年”的占卜内容，“受□年”和“受□年”均不如“受黍年”辞例为多见。据统计，在卜辞中出现的 162 条“受某年”的辞例中，“受黍年”占 134 条，“受□年”占 23 条，“受□年”则只占 5 条。后二者明显不是农作物之象形，其受年之卜当不同于“受黍年”，应是对农作物之外的其他年成收获的占卜。如果强把它们释为农作物，非农作物不能“受年”，那么可以确定的农作物“麦”，为什么不见卜辞中有“受麦年”的占卜呢？况且甲骨文中作为农作物的“麦”字，出现的频率并不比□、□的频率低。卜辞中出现过一例“受来年”（《合集》33260）。但此处“来年”既可解为“来”这种农作物的年成收获，又可释作“明年”之意，尚未确定。而且甲骨文自有“麦”字，“来”字即使在卜辞中指麦类作物，也当与“麦”字所指不同。

4.“□”字本义当与酿酒业相关

由此可以肯定地说，□不是农作物名称。那么它究竟是指什么呢？

其实，早在甲骨文研究的初级阶段，就有学者初步揭示了此字的部分真相。罗振玉先生指出：“□象酒盈尊，殆即许书之酉字。”[②] 王襄先生也有类似

① 裘锡圭：《甲骨文中所见的商代农业》，《全国商史学术讨论会论文集》，《殷都学刊》增刊，殷都学刊编辑部，1985。

② 罗振玉：《增订殷虚书契考释》，“犹、猷”字条辞文，东方学会，1927，第 72 页上。

的说法。[①] 叶玉森先生依《礼记·月令·仲冬》“乃命大酋”注“酒熟曰酋”，以“熟年”解释卜辞之“酋年”。[②] 容庚、瞿润缗也以“熟年”视之：“卜辞言‘受酋年’者多见，《说文》‘酋，绎酒也。’引申为多。所谓酋年者，多禾之年，丰年也。《方言》：‘酋，熟也，久熟曰酋。’《广雅》、《释诂》同，今江南谓丰年曰熟年。”[③] 郭沫若先生认为：“乃酉字之古文，知者，以卜辞猷或作（《通纂》556），所从酉字从此。酋，就也，熟也。”[④] 商承祚先生也说：“此曰‘受酋年，不受酋年’，殆卜所执酿酒之黍，丰年不丰年也。”[⑤] 查《说文·酋部》：“酋，绎酒也。从酉，水半见于上。《礼》有大酋，掌酒官也。”段玉裁注：“绎之言昔也。昔，久也……绎酒，谓日久之酒。”“曰水半见，绎酒糟滓下湛，水半见于上，象之。”

罗、王、叶、瞿、商、郭诸学者从许文、《礼》经、段注释为酋意，思路是对的，但有所不足。（1）没有继续深究下去，即没有针对此字字形而求其本义，而只局限于前人成说。其实，《说文》对于此字字义的解释基本是正确的，但以甲骨文证之，知其字形分析有误。许慎对此字字形的理解是“从酉，水半见于上”。他是按当时酋的小篆形体为依据的，而其甲骨文原形并非如此简单。由于文字字形的嬗变，由甲骨文的而变为小篆之，字形也有不小的差异。许、段未见甲骨文此字作何形状，而以小篆之形说解，其误处也无可厚非。（2）只是对此一单字作考，没有放在甲骨卜辞文句中通释，即没有对卜辞“受酋年”做出整体的合理解释。叶氏等解为“熟年”，已被唐氏讥为不伦。郭氏虽释此字为酋，但从他把“受酋年”列入“食货”一项，且在第 444 片的考释中，把“受酋年”与“受黍年”并列而论，似也指为一种农作物之意。瞿、商等人也都没从“绎酒”而深究，又都回到农作物的收成

① 王襄：《簠室殷契类纂》“正编”第 14 卷，天津博物院石印本，1920，第 66 页上；《簠室殷契征文考释》，天津博物院石印本，1925，第 2 页。

② 叶玉森：《殷契枝谭》，《学衡》第 31 卷，1924 年。

③ 容庚、瞿润缗编著《殷契卜辞》，哈佛燕京学社石印本，1933，第 59 页。

④ 郭沫若：《卜辞通纂》，科学出版社，1983，第 403 页。

⑤ 商承祚：《殷契佚存考释》，金陵大学中国文化研究所影印本，1933，第 58 页。

丰歉上来，殊觉可惜。所以罗、王、叶、瞿、商、郭等人之说反倒不如唐、于之说更为令人满意和欣从。

赵锡元先生也曾驳释此字为稻之说，认为罗振玉之释“酋”字是对的。“按照这个字的形象，结合商代金文‘酉’字以及考古发掘实物综合考察，这类容器因其颈部太细，并不适合盛米或某种谷类，是盛流体物的专用器。它与酉字的区别在于：酉是滤出渣滓后的清酒，是酒字的初文。”“酋字上部小点象米，盛的是未经过滤、米与汁混的米酒。”又云：“酋，是用粮食酿制时间较长的熟酒。”是沿着罗、叶、郭等人之说向前推进了一步，已接近正确结论。但在解释“受酋年”时，竟然又说：“‘受酋年’是和‘受㞢年’即‘受有年’意思相同。”① 即训为“丰收在望”的丰年之意，与郭说一样又回到了罗、叶诸说之原地，仍释为农作物之丰收年成，自相矛盾，不知其何以如此。

今以此字之甲骨文字形说解其本义。此字可径释为酋，字形象酿酒时曲料米粒被加热受潮促其霉变发酵之情状：字之上部的丨丨丨、丨丨、⁞⁞、卌是发酵的米粒之形；中间的凵像是盛放米粒的带有孔隙可以透气、蒸发、散热的竹木质箩筐之类的器物，䒑像是箩筐中有双层箅子，每层上部匀摊米粒；其下的形像是从下部器皿中支撑上面箩筐的竹木棍杖；最下者为盛酒器皿，如陶质的大口尊，里面可以盛水，下面可加热使水沸腾，蒸气上升至米粒，达到加热作用。从甲骨文与酒事酒器有关的“酉”字一期典型字作▽（《合集》9531、9609）形，彫（酒祭）字作彡▽（《合集》9524、28272）形来看，皆是大口尊之形，则可知此[?]可析成卌、凵、丨丨、▽四部分，下部者乃一大口尊之象形。

对于商代考古中出土的陶质大口尊（郑州、台西等商代遗址中多有出土，见图二十二）之用途，学者们多有猜测，未得其实。我们认为它们当是与酿酒有关的器物（比如储酒）。至于其造型，也正如甲骨文酉、酒字所从的器形作上大下小之形。如此造型之器盛满酒水后，如果不用东西支撑很容易倾斜。那么作为酿酒器具为何做此极不稳定的形状呢？就此问题，笔者曾有幸

① 赵锡元：《甲骨文稻字及其有关问题》，《吉林大学社会科学学报》1988年第1期。

向已故的我国著名酿造及微生物学专家方心芳院士请教。他根据多年的思考与经验认为，古代酿酒器具之所以做成如此造型，是为了方便酿造过程中酒糟的沉淀和清酒的上浮。器物做成倒锥形或漏斗形，比方形或筒形或上小下大形更容易使酒渣下沉，使清酒水液上漾或积澄。而这种器物的当初放置很可能是埋在地下。在河北省藁城台西村商代遗址的酿酒作坊中，还发现了形如将军盔的与酿酒有关的器物，[①] 正呈尖底大口之形，象酋、酒、酉的甲骨文字所反映的酒器形。在“将军盔”的外表底部，有烟熏火燎的痕迹，可知酿酒过程中有加热这一道程序。整个组合成字就是[illegible]，即酋字。《说文·酉部》：“酋，绎酒也，从酉。”刘熙《释名》“释饮食”：“醳酒，久酿酉泽也。”又云：“酒，酋也。酿之米曲酉泽，久而味美也。”笼统指酋为酿酒过程，其实此字本义应为酿酒的前部或准备过程，对米曲的加工过程。经过如此加工的米曲，就可以浸于水中溶解而酶化酒化了。《礼记·月令》云酿酒之时：“秫稻必齐，麴櫱必时，湛炽必洁，水泉必香，陶器必良，火齐必得。兼用六物，大酋监之，毋有差贷。”这里详细解释了先秦时期酿酒过程中的准备原料、曲櫱、泉水、酒器、柴火的细节，商代酿酒技术可从中窥见一斑。

图二十二　郑州二里冈出土商代大口陶尊
（摘自《郑州二里冈》）

① 河北省文物研究所编《藁城台西村商代遗址》，文物出版社，1979，第 58 页。

商代酿酒，已广泛运用曲蘖发酵。《尚书·说命》："若作酒醴，尔惟曲蘖。"是说要酿造出好酒来，必须运用曲蘖。商代主要将粮食作为酿酒原料，不同于原始的果酒酿造可以自然发酵，谷物的主要成分是淀粉，淀粉不能直接发酵成酒，必须先经过糖化然后再酿成酒。利用酒曲造酒，就可以使淀粉的糖化、酒化两个过程同时进行。这叫作"复式发酵法"。所以酿酒之先，必须先制造出酒曲来。酒曲是一种微生物菌，也称酵母菌、霉菌。商代已会培养这种酵母菌，即把谷物或其他淀粉质料固体培养，洒水受潮，使其霉变，生成微生物菌。商代考古资料表明，当时人们已经掌握了这种制曲的方法，并运用曲蘖造酒。如在河北省藁城县台西村商代遗址的酿酒作坊中，发现了大量灰白色类似水锈状沉淀物。经方心芳先生鉴定，认为这是人工培育的酵母。虽然由于年代久远，酵母菌已经死亡，但酵母残壳犹存。[①] 人工配制酵母（酒曲、曲蘖），是我国古代酿酒技术史上的重大突破。甲骨文[illegible]字所显示的，正是加热水汽使米粒温热潮湿，促其霉变，制造酒曲的情景。笼统而言，它指代酿酒之事和酿酒过程。

"酋"在后世文献的官职系统中是掌管酿酒的官名。《说文》："酋……《礼》有大酋，掌酒官也。"《礼记·月令》："仲冬之月……乃命大酋，秫稻必齐，麹蘖必时，湛炽必洁，水泉必香，陶器必良，火齐必得。兼用六物，大酋监之，毋有差贷。"郑玄注："大酋者，掌酒之官。"《玉篇》："酋，酒官。"《吕氏春秋·仲冬》："乃命大酋。"高诱注："大酋，主酒官也。"以意绎之，这里的"大酋"应是掌管酿酒的官员。但"大酋"不见于《周礼》职官表，《周礼·天官》有"酒正""酒人"等，掌管尝酒酒政、祭礼用酒之事，其职掌与"大酋"之专司酿酒有所分别。此虽两周之事，但商代既然酒事频繁，当有专司酿造之"大酋"官员。此也可证"受[illegible]年"为"受酋年"，即对酿酒年成收获的占问之辞。后世文献中"酋"之酿酒义项，当是从商代"[illegible]"字的酿酒过程本义而来。

---

① 河北省文物研究所编《藁城台西村商代遗址》，文物出版社，1979，第204、205页。

5.“受酉年”是对酿酒的产量收获的占卜

酉即酉，指原始的或至少是商代的酿酒过程和技术。那么，如何解释“受酉年”呢？

年，据《说文》知其本义为谷熟。卜辞中“受年”，指农作物黍的年成收获，而非“收获谷熟”，虽仍指农作物的年成，但毕竟比本义引申了一步。“受年”既指年成收获，就不要太局限于农作物之收获，因为有年成收获的不一定都是农作物，可以是与人类生活密切相关的衣食住行方面的任何一种产量的主体。正如郭沫若先生说到商代的畜牧产业时称，“其所以罕为刍牧贞卜者，盖包含于祈年之例中也。《诗·小雅·无羊》乃考牧之诗，末章云‘大人占之，众维鱼矣，实为丰年’，是知古之祈年，不限于稼穑矣”[①]。胡厚宣先生亦云：“卜辞中每于蚕神求年，知蚕桑之业，与农业生产一样，亦为一年的重要收成。”[②] 其为畜牧渔猎产业祈年，是求兽类猎物和水产鱼虾之多；向蚕神求年，当是祈求蚕桑、纺织的产量高，年成好。准此，“受酉年”当指祈求酿酒的产量高、年成好，不出现意外麻烦。大概商代酿酒从酿造、贮藏到使用也是以一年为一周期单位，故酿酒之业也为商代一年之重要收获项目。因为在商代，帝王宫廷需要大量美酒用于馔食，鬼神祭祀更需要大量美酒歆享，如果酿酒的年成不太好，数量少或质量不佳，在嗜酒成风、祭祀占卜思想支配一切的殷商人们心目中，这无疑是一种年成的馑荒，是上帝鬼神的降罚。所以，“求酉年”与“求黍年”一样，受到商代人们的特别重视，并经常加以占卜贞问。

上引甲骨文辞例中，有几版“受酉年”与“受黍年”同版并卜。而且在甲骨文中，“受酉年”只与“受黍年”并卜，与其他作物受年不相联系，可知“受黍年”之卜实为“受酉年”占卜的铺垫，由此可见二者之间的紧密关系，也可知酒的生产在殷商时代人们心目中的地位。因卜受酉年而卜受黍年，也可知当时酒确实是由黍米酿制而成的。从卜辞所系月份为“二月”“三月”来

① 郭沫若：《卜辞通纂》，科学出版社，1983，第415页。

② 胡厚宣：《殷代的桑蚕和丝织》，《文物》1972年第11期。

看，商代人酿造黍酒与周人“十月获稻，为此春酒”（《诗经·豳风·七月》）的酿酒时间是不同的。这些“受酋年”的占卜，除有些称“我”外，未见有其他人名，这与“受年”的占卜同妇好等人物相联情况不同。可知，这是对王宫酿酒作坊的占卜，而不是关于某个贵族家族内的造酒的贞问。

卜辞中“酋”除用“受酋年”外，还有用作其本义酿酒者，如：

己丑卜……酋于……享？二月。（《合集》9551）

当是酿酒于某地，然后以其酒献享于神灵之意。惜乎其辞残缺，不能知酿酒之所在地。此外，“酋”字还有借用作地名的例子，如：

丁未卜，在酋贞：王步于□不遘……（《菁华》10·9）
……王在师酋……（《骨文》715）
甲午卜，在瀥餗贞：今日王步于酋，亡灾？（《前编》2·16·4）

从辞义可知，此地“酋”是远离都城的某地。张秉权先生仍释此字为糟读为藁，地在今河南确山的古道城或息县西南。[①] 究其如何，已不可考。以“酋”名地，或者此地有当时最大的酿酒作坊，或许此地曾以酿酒闻名，也未可知。

6. 学术界对甲骨文“稻”字的考索

既然备受关注的甲骨文䆃字并非稻字，那么何者为稻呢？对此，学者们进行了不懈的探索和追寻。

甲骨卜辞中有一种作物，即“秜”。于省吾先生最早将此字释为“秜”字为稻，认为“秜稻今年落，来年自生谓之秜，从禾尼声”，秜是野生稻的专名，并推定“商人已经从自然的野生稻进一步加以人工培植”[②]。

---

① 张秉权：《殷虚文字丙编》上辑二“考释”，“中央研究院”历史语言研究所，1959，第149页。
② 于省吾：《商代的谷类作物》，《东北人民大学人文科学学报》1957年第1期。

甲骨卜辞中有关于种植“秜”的辞例，如：

丁酉卜，争贞：呼圃秜于始，受有年？［丁］酉卜，争贞：弗其受有年？（《合集》13505 正）

这是丁酉这天卜问圃去始地种秜能否有好收成。始是当时一个比较重要的农业区。但是赵锡元先生认为于说有误，于既然认为秜是野生稻即不种而生之稻，而卜辞内容却是圃去始地种秜，两种说法相互矛盾。赵认为，在商王朝建立以前的两三千年，全国各地已普遍种植水稻，一个生活在社会发展先进的殷人，一个重视农业的民族，在适合水稻生长的地方，说他们“进一步把野生稻加以人工培植”是不通的。[①] 杨升南先生研究商代农作物时，也认为卜辞记商王命令圃这个人在始地种秜能否丰收，“既然秜用人工种植，在商时它就不是野生稻的‘专名’，而是栽培稻在商时的名称”[②]。按，赵氏、杨氏的批评是有道理的。

温少峰、袁庭栋在《殷墟卜辞研究——科学技术篇》中提出新说，认为甲骨文中“我受畬年”中的畬字，上为余字异体，当读为稌。稌即《诗经·周颂·丰年》中的丰年多黍多稌的稌。从《毛传》“稌，稻也”，又《说文》：“稌，稻也。从稌声。”故卜辞中的“受畬年”即“受稻年”。[③] 此亦可备一说。

赵锡元先生在非议[illegible]为稻字的基础上，又提出甲骨卜辞中的[illegible]（《合集》9940）、[illegible]（《合集》8967）、[illegible]（《合集》9538）等字，旧释为黍为误。他认为此字隶定作汖，是作物生长于水中的形象，“实非稻莫属，已接近于图画文字”，“则卜辞汖即稻之初文”。赵先生还对卜辞种稻的时间、汖无声符、稻为散穗等问题作了论证。[④] 但是赵氏之说并没有引起学术界足够的重视，实际

① 赵锡元:《甲骨文稻字及其有关问题》,《吉林大学社会科学学报》1988 年第 1 期。

② 杨升南:《商代经济史》，贵州人民出版社，1992，第 127 页。

③ 温少峰、袁庭栋:《殷墟卜辞研究——科学技术篇》，四川省社会科学院出版社，1983。

④ 赵锡元:《甲骨文稻字及其有关问题》,《吉林大学社会科学学报》1988 年第 1 期。

上此说可能是正确的。

郭旭东继赵氏之后，也认为“在甲骨文中原释从水写的‘黍’字并不是黍，而是稻字”，将甲骨文中从水之“𣿗”字与不从水的“黍”字视为一字不妥。从对贞卜辞、成套卜辞、相间卜辞、同期卜辞以及与水的亲密关系、古文献金文习语、种植方式来看，它符合水稻亲水的特征，应是五谷作物中的“稻”字。[①]

宋镇豪在研究甲骨文中的农作物时指出：“今从黄淮流域中原地区自史前至商代屡屡发现稻谷遗存推测，则上述卜辞中用为动名词的秜字，应指一种栽培稻（Oryza sativa）的种植事象，然而若结合自然气候与水文条件变迁诸因素考虑，恐怕商代稻的种植已不很普遍，产量也不会很大，否则也不至于甲骨文秜字仅一见。春秋时孔子云‘食夫稻，衣夫锦’，可见稻米很早就已是中原地区人们饮食生活中的珍美食粮。”[②]

而对于甲骨文中仅一见的“稌”（《合集》37517）字，宋氏也认为是稻子的一种——糯稻。卜辞云“稌芀”。王祯《农书·百谷谱》云：“稻之名不一，随人所呼，不必缕数。稻有粳、秫之别，粳性疏而可炊饭，秫性黏而可酿酒。”是知元代稻名尚且随人所呼，商代或亦如此。“甲骨文秜与稌应是商人对栽培稻类作物不同变种的命名，种植均未必普遍。稌可能指黏性稻，稌、糯一声之转，故学者主张为糯稻（Oryza sativa var. glutinosa mats），可从。”

相比而言，我们较为赞同赵锡元和郭旭东的说法，即原来释为“黍”的一些从水的字（即赵氏所谓“沶”，实际应该隶定为“𣿗”）应该释为“稻”。

见于甲骨卜辞中的“𣿗”（稻）之辞例，如：

戊寅卜，宾贞：王往氏众稻于冏？（《合集》10）

贞：叀小臣令众稻？一月。（《合集》12 ）

贞：登稻？勿登稻？（《合集》235 正）

---

① 郭旭东：《论甲骨卜辞中的稻字》，《中原文物》2006 年第 6 期；《甲骨文“稻”字及商代的稻作》，《中国农史》1996 年第 2 期。

② 宋镇豪：《五谷、六谷与九谷——谈谈甲骨文中的谷类作物》，《中国历史文物》2002 年第 4 期。

甲子卜，㱿贞：我受稻年？甲子卜，㱿贞：我受酋年？（《合集》303）

贞：我弗其受稻年？（《合集》795正）

庚戌卜，□贞：王呼稻在娟，受有［佑］？（《合集》9517）

丁酉卜，争贞：今春王勿稻？今春王稻于南……于南洮？（《合集》9518》

庚戌卜，㱿贞：王立稻受年？贞：王立稻受年？一月。（《合集》9525正）

贞：呼王豆出稻？（《合集》9527）

贞：呼妇妌往稻？（《合集》9533》

贞：呼稻于豆受年？（《合集》9536）

庚辰卜，争贞：稻于龚？（《合集》9538）

庚辰卜，宾贞：叀王刍南囧稻？十月。（《合集》9547）

妇妌稻不其萑？（《合集》9599）

……往省稻祀若？［贞］：王勿往省稻？祀弗若？（《合集》9613甲正、乙正）

癸卯卜，古贞：王于稻侯受稻年？十三月，小告。（《合集》9934正）

丙辰卜，㱿贞：我受稻年？丙辰卜，㱿贞：我弗其受稻年？（《合集》9950正）

贞：我不其受稻年？不玄冥。（《合集》9959）

甲午卜，亘贞：我受稻年？（《合集》9966）

甲午卜，古贞：妇妌受稻年？（《合集》9968正）

贞：［帚］妌受稻年？受有佑？贞：［帚］妌受稻年？（《合集》9972）

贞：我不其受稻年？二月。（《合集》9990）

贞：我受稻年？贞：我不其受稻［年］？（《合集》10043）

癸未卜，争贞：受稻年？弗其受稻年？（《合集》10047）

贞：呼妇妌受稻年？（《英藏》810反）

图二十三 甲骨卜辞“漆”(稻)辞例
(《合集》10047)

由此可见，甲骨文中“漆”(稻)的辞例非常之多，这说明当时稻作种植较多且较为普遍，或者稻作的农业收成比较受王室的重视。

三 蔬菜瓜果的种植

商代人们已经学会了食用蔬菜瓜果。蔬菜瓜果虽然是作为副食品出现的，不像“五谷”那样具有主食的地位和性质，但在当时恐怕也是人们饮食生活的重要组成部分而不可忽视。

商代饮食除主食的谷类粮食以外，肯定还有菜蔬肉食之类的副食。由于材料不足，我们还不能准确地描述出商代菜蔬，包括人工种植和野生采集两方面的基本情况。幸赖商代以前的新石器时代考古中有一些菜蔬种子发现，商代以后的文献中有关于先秦时代主要菜蔬的记载，结合二者，庶几可以推知商代已有的常见的菜蔬。

仰韶文化的半坡遗址的F38一小罐中贮存有芥菜和白菜种子，河姆渡遗址中发现了培植葫芦种子和采集的橡子、菱角等，杭州水畈田遗址也出土有葫芦籽、甜瓜籽和蚕豆，苏州草鞋山遗址中有圆菱角，郑州大河村遗址中有莲子。《国语·鲁语上》说，烈山氏之子柱“能殖百谷百蔬”，说明蔬菜和粮食的种植差不多是同时发展起来的。上古时代，蔬菜品种已经很多，《诗经》所提到的132种植物中，有瓜、瓠(葫芦)、韭、葵、葑(蔓菁)、芹、荇等20多种蔬菜。只是大部分到了后世近代又成为野生植物了。又据《黄帝内经·素问》，上古有“五菜”之说，即葵、藿、薤、葱、韭五种。葵，即冬葵，古称繁露。《诗经·豳风》有“七月烹葵及菽”之句，可见葵是当时一种主要的蔬菜。藿，大豆苗的嫩叶。韭，一名起阳草，《夏小正》：“正月圃有韭。”薤，通称藠头，是一种富有营养而味美的蔬菜，古人有“物莫美于芝，故薤为菜芝”之说。

先秦时代主要的水果有：桃、李、杏、梨、枣、梅、柰等。桃，在中国栽培历史悠久，浙江余姚河姆渡遗址、上海青浦崧泽遗址、杭州水畈田遗址、云南新石器时代遗址中都发现过桃核。河北藁城台西商代中期遗址中出土有桃仁。《尔雅》《论语》《左传》等文献都有关于桃的记载，《诗经》有“桃之夭夭，灼灼其华”之句，更为人所熟知。李，也是我国自古以来广泛栽种的果树，同时也是一种观赏植物，《诗经》中有关于李的记载。台西商代遗址中，出土了郁李仁，可知商代是有李树栽种的。杏，《夏小正》：“正月，梅杏施桃则华，四月，囿有见杏。”上海青浦崧泽遗址出土有杏梅的种子。是夏代以及夏以前已有杏树，商代也应该有杏树。梨，《诗经·晨风》：“山有苞棣，隰有树檖。……召之甘棠，秦之树檖。”甘棠、树檖，即野梨也。枣，《诗经·幽风·七月》：“八月剥枣。”河南新郑裴李岗新石器时代遗址有枣干果发现，杭州水畈田遗址有酸枣核出土，藁城台西商代遗址中也有枣仁与桃仁、郁李仁伴出，可证商代已有栽枣历史，当时已食用枣果实。

四　商代中原地区农作物群的环境适应性选择

在人类历史发展过程中，人类活动和其生存的自然环境是相互依存和相互制约的。以黄河流域为腹地的中原地区，是以粟和黍为主要农作物的旱作农业发源地，这是被大量考古发现所证实的历史事实。上古先民在中原地区选择以旱作农业作物进行大面积种植，正是基于对该地此时生态环境的一种理智选择。

就商代而言，当时人们根据对商王朝中心区域的地理、气候、水文、土壤等自然环境条件的分析，理性地选择了在这一地区种植粟、黍、大麦、小麦、稻等农作物品类，形成了商代发达的农业生产经济体系。

乃至于整个先秦时期，由粟、黍、稷组成的“小米群”始终是华北农耕作业的基础，这一点所产生的影响极为深远。粟和黍、稷是半干旱的黄土高原最适于生存的粮食作物，也是唯一得天独厚的粮食作物。所以从新石器时代开始，一直到殷商、西周、春秋时期，中原地区粮食作物的品种都是以“小米群”粟、黍、稷为主。[①] 根据于省吾先生对殷商甲骨文的统计，黍字在卜辞中有 106 例，稷有 33 例，麦有 6 例，禾有 21 例。又据刘毓瑔先生对《诗经》的统计，黍字有 28 例，稷有 16 例，黍稷连称有 16 例，粟有 10 例，菽有 9 例，麦有 11 例，稻有 6 例。

但是自战国以后，农业有所发展，以“小米群”为主的作物品种结构发生变化。首先是菽的生产不仅超过了黍、麦、稻等作物，而且与粟并驾齐驱，成为人们的主要粮食作物。据《孟子》《荀子》《晏子春秋》《战国策》等文献记载，当时的习惯是以菽粟二物连称，而不再以黍稷连称。菽就是大豆。所说的粟可能就是殷周春秋时期的稷。

从作物的生长特性上看，粟和黍的优势在于耐逆性强，尤其是耐旱，但产量很低。大麦的产量也不高，其最大的特点在于耐寒，这对商人来说不是优势。小麦是旱地作物，产量高，易加工，口味好，是最有条件替代粟和黍成为商人主要农作物的品种。但小麦的生长期较长，中原地区充足的夏季降水可以保证春小麦孕穗和灌浆等关键生长期的需水，但春旱常常造成小麦出苗和拔节需水量的不足，因此人工灌溉系统的完善程度是商人能否大规模种植小麦的关键。稻谷是起源于南方的湿地作物，在我国北方地区历来很难大规模种植，然而由于受到东亚季风气候的影响，北方地区凡是有充足水源的地点如河流沿岸的湿洼地等稻谷生长都十分良好。商代的气候比现今温暖潮湿多雨，商王朝控制的领域向南已扩展到江淮地区，因此，稻谷应该是商代的农作物之一。[②]

① 何炳棣:《华北原始土地耕作方式：科学、训诂互证示例》,《农业考古》1991 年第 1 期。

② 陆忠发:《论水稻是商代主要的农作物》,《农业考古》2008 年第 4 期。

因为甲骨文，商代成为信史，讨论夏商周文明农业经济的特点应当以商代为起点。商代甲骨文中可能指农作物的文字为数不少，一般认为这些文字中包括了粟、黍、麦、稻等谷物。如果古文字学家的诠释是正确的，麦类作物在商代已经由西传播到了中原地区，而稻作的北传也应达到黄河中下游一带。

以经济形态言，商代的农作物，如以禾部的卜辞文字计算，为数颇不少。不过，经常出现而且辨识无疑的作物名称，也不外黍、来、秜三类。除了稻类外，小米和麦类至今仍是中原的主要粮食作物。这些都应看作商代农业生产对后世的积极影响。根据现有的考古发现以及理论上的分析，甲骨文的记载应该是可信的，即商代可能种植的谷物有粟、黍、稻、麦等，然而对这些谷物在商代经济生活中的地位和作用并没有完全搞清楚，小麦是否开始被大规模地种植？稻谷在农业经济中的地位如何？对这些问题现在还不能下结论，不应该想当然地夸大粟和黍在商代经济生活中乃至在夏商周文明形成过程中的作用。商代文字记载有限，重建商代社会生活应该主要依靠考古学的研究。考古学是以物说话的，但有关商代农作物方面的考古资料目前还十分缺乏，需要我们在今后的考古工作中系统地运用植物考古学方法去发现古代植物遗存，为最终搞清楚商代农业经济的特点提供充足的考古资料。

第六节　商代末年中原地区植被破坏情况推测

由此可以推测，殷商时代中原地区的生态植被是这样的：大片大片的森林，随处可见的灌丛，林木茂盛，野草丛生，丛林之间遍布沼泽湖泊。各种各样的野生动物穿行其间，天上飞的，地上跑的，水里游的，各怡然自乐。农民在并不吃力的情况下，从事着农作物的种植和生产，在充足的土壤、地力和水分的供应下，收获着人类果腹的粮食。

《尚书·禹贡》记载了属于中原地区的兖州植被情状，“厥草惟繇，厥木惟条”。孟子曾这样描写上古之时的中原大地：“草木畅茂，禽兽繁殖，五谷不登，禽兽逼人，兽蹄鸟迹之道交于中国。”（《孟子·滕文公上》）这不是乌托邦的空想，而是对上古自然环境的真实写照。《管子·地员》中对中原地区繁茂的草木植被也有如此记载：“凡草土之道，各有谷造。或高或下，各有草土。叶下于郁，郁下于苋，苋下于蒲，蒲下于苇，苇下于雚，雚下于蒌，蒌下于荓，荓下于萧，萧下于薜，薜下于萑，萑下于茅。凡彼草物，有十二衰，各有所归。”虽然现在植物学界对于如此众多的草类究为何种何属还不能达成共识，但对于先秦时期中原地区这一植物垂直分布体系的确实存在是不怀疑的。这里的植被、生态处于原始的自然生长阶段，密集茂盛，各臻其极，这为先民们赖以生存的采集、狩猎以及借以发展的农业开发利用提供了极好的条件。

大量的考古和文献资料表明，上古时期中原一带的生态环境无比优越，整个中原大地到处生机勃勃的景象。古老的中华文明正是在这样的生态环境中产生和发展的。人类依赖大自然而生存，他们从大自然获得最基本的生活资料。人类的活动，特别是人类的生产活动，必然对他们周围的生态环境产生影响。生产力越是低下，人类对生态环境的影响就越小。人类曾经主要依靠采集野生植物果实和原始渔猎度过了数百万年的漫长岁月，在这漫长的时间里，现代人类的祖先并没有对生态环境造成明显的破坏。

不过，大自然并不是取之不尽、用之不竭的资源仓库，在只知取用而不知维护的上古时代，过分的砍伐取用也造成当时的植被资源大量减少甚至枯竭。

现代生态科学已经证明：地球上的全部生命都是由绿色植物所固定的太阳能来维持的。整个生态系统的物质循环和能量流动都是通过食物链逐级传递的。草原、森林生态系统食物链的主要环节如下：绿色植物—食草动物—第一级食肉动物—第二级食肉动物。生态学的“十分之一定律”告诉我们：按单位面积的生物量来计算，食物链上后一级生物通常是以数量约自己 10 倍的前一级生物作为生存的条件。食物链上某一环节遭到破坏，整个生态系统就会暂时失去平衡。破坏严重就会导致生态危机。

但是随着生产力水平的不断提高，人类改造大自然的能力越来越强。特别是进入文明社会以后，人类在开发和利用大自然的过程中，对周围生态环境的影响也越来越大。

天然植被的人为破坏趋势，大致有如下几个方面的原因。

一　农业生产对植被的破坏

恩格斯指出："农业是整个古代世界的决定性的生产部门。"[①] 在古代人类的各种生产活动中，农业生产活动因为提供人类所需要的衣食等基本生活资料，所以它对人类生活与生产最为重要，但是同时它对生态环境的破坏最为严重。

原始农业的"刀耕火种"，把大片的森林变成耕地，而要除去耕地上的杂草以便播种，在只有粗重笨拙农具的上古时代，最简便的方法当然是放火焚烧。火既可以用来垦荒，也可以用来烧杀草木以肥田。农业生产的规模不断扩大，原始森林的面积也就不断缩小。每开垦一片新的农田都以毁灭大片的原始森林为代价。从传说中的神农氏号称炎帝，又称为赤帝或有炎，又称为烈山氏（《左传・昭公二十九年》《国语・鲁语上》），"烈山"即烈火焚山之义，就大致知道了远古时期农业确实与火焚森林密切相关。《管子・揆度》："黄帝之王……烧山林，破增薮，焚沛泽，逐禽兽，实以益人。"《孟子・滕文公上》："舜使益掌火，益烈山泽而焚之……后稷教民稼穑，树艺五谷。"《大戴礼记・五帝德》："使益行火，以辟山莱。"这些都是关于上古时代大量焚毁森林而务农耕的记载。

农业生产是殷商时代的主要经济产业，此时的农业生产技术水平也有了较大的提高，应该说早已超越了刀耕火种的原始农业阶段。但从甲骨文字形和甲骨卜辞记载来看，此时焚林垦田和火除杂草仍是常有之事。甲骨文的"農"（农）字，作（《合集》40967）、（《合集》21939）、（《合集》10976 正）、（《合集》9477）形，从林（或从艸）从辰，正是以贝壳辰器

① 《家庭、私有制和国家的起源》，中共中央马克思恩格斯列宁斯大林著作编译局译，人民出版社，1972，第 146 页。

农业工具在林间砍伐林木而耕种农田的意思。商代的一块块整齐的“田”的形成，正是人们在草莽林间开辟出来的。这属于所谓“刀耕”。而甲骨文中有“焚”字，作（《合集》10681）、（《合集》10685）、（《合集》10688）、（《屯南》2232）等形，从火从林（或从木或从艸），正像是以火焚林的情况。《说文・火部》：“焚，烧田也，从火林。”这是对此字的正确解释，焚烧林木正是为了除掉林莽灌木，露出平地来作为农田耕种。这属于所谓的“火种”。估计此时开垦新的农田，仍然使用这种比较原始的方法。这对植被和生态的破坏是非常严重的。

周代继承了此前的夏代商代余绪，开荒焚林已经成了发展农业的制度和政策，并由专门的官员如《周礼・秋官》中的“柞氏”“薙氏”管理其事。《周礼・秋官・柞氏》：“掌攻草木及林麓。夏日至，令刊阳木而火之。冬日至，令剥阴木而水之。若欲其化也，则春秋变其水火。”《秋官・薙氏》：“掌杀草。春始生而萌之，夏日至而夷之，秋绳而芟之，冬日至而耜之。若欲其化也，则以水火变之。”即设立专门掌管攻杀草木的职官以从事此职。《礼记・月令》季夏之月：“是月也，土润溽暑，大雨时行，烧薙行水，利以杀草，如以热汤，可以粪田畴，可以美土疆。”《管子・轻重甲》说：“齐之北泽烧，火光照堂下，管子入贺桓公曰：‘吾田野辟，农夫必有百倍之利矣。’”这些记载都说明周代的农业生产仍离不开火。所以到了春秋时期，随着农业技术的发展和大面积农田的耕作，某些地区就面临森林枯竭的危机，以至于出现了“宋无长木”的窘迫现象。

二　田猎活动对植被的破坏

除了火耕农业，与之相关的先秦时代的田猎活动对生态环境的破坏也很严重。在仅以棍棒、长矛和弓箭为武器的时代，狩猎活动也离不开火。那时候人们经常用放火焚烧山林、泽、薮的方式猎取野兽。据文献记载，黄帝之时，“烧山林，破增薮，焚沛泽，逐禽兽，实以益人”（《管子・揆度》，《管子・轻重》则归之于有虞之王），“舜使益掌火，益烈山泽而焚之，禽兽逃匿”（《孟子・滕文公上》），这就是所谓“火田”。

甲骨文中有大量的卜辞反映“焚林以田”的狩猎现象，如：

王占曰：有祟，帚又光其有来艰，迄至六日戊戌，允有［来艰］……有仆在曼宰在，农亦焚廪三。十一月。(《合集》583反）

亦焚廪三。(《合集》584甲反）

翌戊午焚，擒？二告。(《合集》10198正）

翌癸卯其焚……擒？癸卯允焚，获……兕十一、豕十五、虎……兔二十。(《合集》10408正）

……焚逐……辛师……月。(《合集》10691）

翌丁亥勿焚宁？（《合集》11007正）

翌戊宁焚于西？（《合集》14735正）

丙午卜，在攸贞：王其呼……延执胄人方，麓（？）焚……弗悔，在正月，隹来正……（《合集》36492）

其□淜王其焚？（《屯南》2233）

于己……焚䓞，擒有兕？（《屯南》4462）

“焚”就是甲骨文中人们狩猎的方法之一。这种焚毁山林的田猎方式一方面使大批的野生动物遭到毁灭，另一方面也使大面积的宝贵森林被火烧光，其对生态环境的危害是无法估量的。

殷商以后，火田虽然受到了限制，但从未杜绝。汉焦延寿《易林》旅之鼎：“文君燎猎，吕尚获福。”即指周文王火田，遇吕尚于渭水之滨。《周礼·夏官·牧师》：“凡田事，赞焚莱。”是谓入遇田猎之事，则牧师这种官职负责协助山泽之虞侯官员焚烧草莱。《夏官·大司马》：“火弊，献禽以祭社。”郑注：“火弊，火止也。春田主用火，因焚莱除陈草，皆杀而火止。”《列子·黄帝》篇说：“赵襄子率徒十万，狩于中山，借芿燔林，扇赫百里。”这里虽有夸张的成分，却反映了当时火田的规模相当之大。试想，每进行一次这样的田猎，要有多少野兽葬身火海，又要有多少森林化为灰烬！

三　畜牧业对植被的影响

过度放牧，也是造成植被资源恶化的一个重要因素。商代虽然是以农业生产为主的社会，但商代的畜牧业是很发达的。考古资料也足以说明商代畜牧业的发达。1958 年在安阳小屯发掘一个半地穴式建筑遗址时，在其附近发现了一个骨器作坊遗址，出土的骨料和半成品共有 5000 多件，其中主要是牛、猪、马、羊、狗等家畜肢骨，以牛骨、猪骨为最多。同样的作坊遗址在安阳的高楼庄以西、薛家庄南地等处也有发现。骨器制造业的发达反映了当时畜牧业的发达。大规模的牛、马、猪、羊等家畜不能圈养，只能放牧。对于以农业为主的殷人来说，大量的牲畜当然只能在农田以外的山林或草场上放牧，长期的放牧必然影响草原森林的生态平衡。

有学者通过考察甲骨卜辞文丁前后商王用牲祭祀数量的变化，指出从武丁到康丁时期祭祀所用的牺牲一般是很丰富的、数量是很多的，如一次祭祀用“百犬”“百羊”“百牛”的现象时有所见；而到了商末的黄组卜辞中，祭祀上帝山川与先公的现象已很少见，而且一个明显的变化就是祭祀先王时所用的牺牲数量极少，多用“一牢”或“一牛”为祭牲。究其原因，也正是商末气候环境恶化，植被草木减少，而牛羊畜牧养殖受到影响的缘故。① 再者，甲骨文中有大量的“氐刍”的卜辞，即从外地调运牲畜用草，这是否也说明了当地面临草地和植被枯竭、不够使用的窘困局面呢？

四　手工业生产用木对植被的影响

木材的消费是商代能源形式转变的重要方面。森林中木材的价值早已为人们所认识，用它可以制造弓箭等武器，可以建造车船，建造活人之房屋和死人之葬棺，以及制造生产工具、日用器具和装饰品等。从现有的考古发掘的材料来看，木材被大量地用作建筑材料是无可争议的事实。郑州商城、偃

① 王晖、黄春长:《商末黄河中游气候环境的变化与社会变迁》,《史学月刊》2002 年第 1 期。按，该文作者之一王晖先生主张，所谓黄组卜辞实际上包括文丁、帝乙和帝辛三个时期的占卜记录。

师商城和殷墟都城的众多大型宫殿建筑，所使用的建筑材料大部分是木构架形式，无论是木柱子、梁、檩等，还是房顶覆盖的茅草和树枝，都是取自天然材料。杜牧《阿房宫赋》中说的“蜀山兀，阿房出”同样也适用于殷商时代的城建开发与植被面积消长的关系。《诗经·商颂·殷武》记载了商王武丁时期南发荆楚、得胜还朝之际，经过圣都景亳、登临大伾山凭吊告慰祖灵的场景。[①]“陟彼景山，松柏丸丸。”这些诗句，描写了今河南浚县境大伾山（景亳所在）松林茂盛的情景。但我们也从中知道，为了修葺祖庙，“是断是迁，方斫是虔”，对山上的森林进了大量砍伐，略无顾忌，与《管子》所云“枯泽童山”毫无二致。这是为修庙祭祖，还是比较正当的用木毁木场合，而大量的无谓地毁坏森林的情况，则不胜枚举了。

商代手工业经济中，青铜冶铸业和陶器制造业最为繁盛。烧制青铜器具以及陶器更需要耗费大量的木材作为燃料。商代烧陶器的窑在河南、河北、山东、山西、陕西、湖南、江西、安徽等省的商文化遗址中都有发现，其分布范围是很广的，陶器的烧制温度均在1000℃左右。而仅仅在殷墟就出土了上千件青铜器，在洹河北岸武官村出土的后母戊大鼎重800多千克，铸造这样一个铜器需要七八十个坩埚，每埚盛铜液12千克，烧熔铜矿为液体，全靠树木，一件铜器需要少则几十棵多则成百上千棵树木，商代数以万计的青铜器和陶器，不知要消耗掉多少棵树木。

五　日常生活燃料耗费木材对植被的影响

殷商时代日常饮食用火应当是木材消耗的大项。在这方面，夏商两代可能不同，有一个比较。在二里头文化的一、二期之交和四期遗址中，考古发掘采集了一些炭化碎块，考古工作者对这些炭化碎块的结构在体视显微镜和扫描电子显微镜下进行鉴定、分析和拍照，认为这些炭化碎块分别属于7个树种，即槲栎、麻栎、麻栎属的一个种、侧柏、油松、朴树和另一种阔叶树。通过对地层中分散的木炭分析，考古工作者初步认为：二里头遗址周围分布

① 朱彦民:《商汤“景亳”地望及其他》,《中国历史地理论丛》2002年第2期。

有大量的阔叶树栎林、杂木林和少量的松柏针叶林；当时的气候是温暖湿润的，但具体到不同的文化时期可能也存在温湿度差异，二里头文化四期与一、二期之交气候相比较，前期的生态气候好于后期；对灰坑里的木炭分析，显示不论在二里头文化一、二期之交，还是在二里头文化四期，古人喜欢把栎木作为薪炭材。因为栎木材发热量高，很适合作燃料。因此可以推断，夏代人们喜用栎木作燃料。[①]

商代与此不同，考古工作者在商代中期的洹北商城宫殿区和商代晚期的殷墟遗址同乐花园刘家庄北地分别发现了木炭，科学鉴定表明：洹北商城宫殿区木炭分别属于5个树种，松属的1个种、麻栎属的3个种和1个未鉴定种，松属占55%，麻栎属占36%。同乐花园刘家庄北地出土木炭分别属于4个树种，侧柏、硬木松、麻栎和苦木，侧柏占84%，硬木松占8%，麻栎和苦木各占4%。同乐花园H238木构水井的12个木材样本全部为圆柏属。洹北商城为商代中期，利用最多的是松木；同乐花园刘家庄北地为殷墟三、四期，同乐花园木构水井为殷墟四期，均为商代晚期，利用最多的是柏木。根据出土树种的生态习性初步推测殷墟三、四期气候比商代中期偏干。这是与文献记载和甲骨文材料所表现的情况是一致的。[②]

生火做饭燃烧木材，不仅使用量大，而且是有所选择的，选择某种适合做炭的木材。不同时代因为气候有所变化，树木生长情况也会不一样，所以不同时间商代人们所选择作燃料的木材也不相同。

六　祭祀耗费木材对植被的影响

在殷商时代的大量祭祀活动中，木材也被派上了特殊的用场。如甲骨文中有大量“燎祭”的占卜记载，甲骨文的“燎”字，作（《合集》1280）、（《合集》30434）、（《合集》34461）、（《合集》30411）、（《屯南》3012）等形，正象焚烧大木或架柴焚烧以祭之情况。燎祭在后世文献中又称

① 王树芝、王增林、许宏：《二里头遗址出土木炭碎块的研究》，《中原文物》2007年第3期。

② 王树芝等：《洹北商城和同乐花园出土木材初步研究》，纪念世界文化遗产殷墟科学发掘80周年考古与文化遗产论坛会议论文，2008。

“禋祀”或“柴祭”。《说文解字·火部》云:“尞，柴祭天也。从火从昚。昚，古文慎字。祭天所以慎也。力照切。”《说文解字·示部》:“祡，烧柴焚燎以祭天神，从示此声。《虞书》曰：至于岱宗，祡。”《周礼·大宗伯》:“以禋祀祀昊天上帝，以实祡祀日月星辰，以槱燎祭祀司中、司命、风师、雨师。”《尔雅》:“祭天曰燔祡。”《风俗通·祀典》:“槱者积薪燎柴也。”燎、燔、祡、槱等皆是祀天之祭，应是后人对商周时代以焚烧木头祭祀祀典的不同说法而已。

甲骨文中的燎祭，其祭祀对象不仅是自然神如河、岳、土以及四方风神和上帝等天神地祇，也包括先公先王等祖先神灵，燎祭是甲骨文中用途最广的一种祭祀。据焦智勤先生研究，“‘燎’在卜辞中有两义，最初，燎祭作为殷商时期祭祀制度中一种祭法，仅积薪而燎之，渐及于燎牲。燎牲以祭，燎又成为用牲之法”。他“通检了《甲骨文合集》，得燎祭卜辞982例（朱案：实为976例），就受祭者而言，一是泛称，不列受祭者，二是受祭者为某位先公先王及方望之祭”①。这里引用焦氏所列之表，以示燎祭在甲骨文中的多见及祭典之隆重（见表四）。

表四 《甲骨文合集》中燎祭卜辞统计

	第一期	第二期	第三期	第四期	第五期	小计	备注
燎祭	206	4	17	48	2	277	泛称，不列受享者
燎牲	161		6	109		276	用牲之法
燎于河	43	1	5	12		61	
燎于岳	42		2	18		62	
燎于夒	6	1		2		9	（原文作“夔”，误）
燎于𡆥	32		1	7		40	（原文为原形字）
燎于昌	10					10	（原文为原形字）

① 焦智勤:《卜辞燎祭的演变》,《殷都学刊》2001年第1期。

续表

	第一期	第二期	第三期	第四期	第五期	小计	备注
燎于𠂤	4					4	（原文为原形字）
燎于戠	1			2		3	
燎于芀				1		1	
燎于王亥	31					31	
燎于河、王亥、上甲	1					1	合祭
燎于㞢、上甲	1					1	（原文为原形字）合祭
燎于上甲	8	1		3		12	
燎于大乙、大丁	4			1		5	成为大乙，合祭
燎于大甲	2					2	
燎于祖乙	1		1	2		4	
燎于祖甲					1	1	
燎于父丁				4		4	
燎于妣庚	1					1	
燎于妣辛	1					1	
燎于高妣			1			1	
燎于咸	3					3	
燎于黄尹	2					2	
燎于黄奭	1					1	
燎己	2					2	
燎宗	1					1	
燎门	1					1	
燎于北宗					1	1	
燎于土（社）	23		1	4		28	
燎于亳土			1			1	

续表

	第一期	第二期	第三期	第四期	第五期	小计	备注
燎于有土	1					1	
燎于云	5			2		7	四云、六云
燎于帝云	1					1	
燎于帝史风	1					1	
燎于东	9					9	
燎于西	6					6	
燎于东西	1					1	
燎于北	1					1	
燎于南	2					2	
燎于方	1					1	
燎于土方帝	1					1	
燎于沘	1					1	
燎于鄞	2					2	
燎于刋	1					1	（原文为原形字）
燎于灑	3					3	（原文为原形字）
燎于稟	1					1	
燎于裘	4					4	（原文为原形字）
燎于丘商	1					1	
燎于公田	1					1	
燎于中田	1					1	
燎于西邑	1					1	
燎于冢东	1					1	（原文为原形字）
燎于蔑	1					1	
燎于丧			1			1	
燎甾	2					2	

续表

	第一期	第二期	第三期	第四期	第五期	小计	备注
燎凿			1			1	（原文为原形字）
燎炘			1			1	
燎山	1					1	
燎于十山				2		2	
燎洹泉				2		2	
燎于帝	2			2		4	
燎于蚰	13					13	
燎于七月				1		1	
燎于……	34			8		42	残辞
燎㽙	5					5	
燎擒羊	2					2	
燎白人	2					2	
燎䢅	1					1	（原文为原形字）
总计	697	7	38	230	4	976	

注：焦氏此表统计有误，今改正。

由表四可知，燎祭在商代晚期各个时段中都有存在，几无间断。而且我们知道，甲骨文所反映的当时的祭祀，由于时间久损毁多，恐怕还不是事实的全部。举行这种燎祭所用的木头，应该质量比较好，而且储量较为丰富。所以我们可以推想，用燃烧木材来进行祭祀在商代几乎每天都在发生，这应当是当时消费木材的大宗之一。

商王朝自迁殷以后，进行了长期的持续的破坏原始植被的活动，原始植被的破坏为社会发展与文化的进步提供了新的物质条件，但无疑也给自然种群的生存带来了严重的灾难。定居农业的一个重要特点是早期城镇的形成，城镇建筑所需木材、熟食燃料以及手工业作坊的大量木炭，都需要来自森林。城镇的发展也就进一步加速了对原始森林、草原、沼泽植被的破坏。人为的破坏再加上气候干旱化的影响，殷商晚期中原地区的植被出现了明显的恶化。《战国策·宋卫中山》墨子对公输般说："荆有长松、文梓、楩、楠、豫章，宋无长木。"宋为殷后，宋国正是殷人活动的中心地区。殷人长期过度放牧牲畜，是造成"宋无长木"的重要原因之一。

《孟子·告子上》："牛山之木尝美矣，以其郊于大国也，斧斤伐之，可以为美乎？是其日夜之所息，雨露之所润，非无萌蘖之生焉，牛羊又从而牧之，是以若彼濯濯也。人见其濯濯也，以为未尝有材焉，此岂山之性也哉？"孟子所讲"牛山"位于齐国都城临淄的郊区，原来树木繁茂，后来之所以变得光秃秃了，除"斧斤伐之"外，"牛羊又从而牧之"是重要的原因之一。孟子已经直观地认识到城市发展对周边生态环境和自然植被的重大影响。商代发达的种植业、狩猎业、畜牧业和以青铜器、陶器为代表的手工业，都是以大量森林木材的被毁坏、大量自然植被的消失为代价的。所以作为殷商后裔的"宋无长木"的局促现象，不是一时形成的，寻其渊源，当始自青铜文化大发展的殷商时代晚期。

第五章

商代中原地区的野生动物

中原地区殷墟时期为亚热带半湿润气候，水草丰茂，有不同于现今的良好的生态环境，是各种野生动物的繁殖地和栖息地。考古发现与研究完全证明了这一点。殷墟甲骨卜辞中频繁出现的野生动物以及发掘出的野生动物骨骼，大多数是今天在中原灭绝而在热带或亚热带地区尚生存的生物物种。由于这方面的材料较多，所以由此而探讨商代自然环境的研究较为常见，但问题也不少见。

第一节　殷墟发现的野生动物材料

自从殷墟进行科学考古发掘以来，商代野生动物骨骼的出土与发现就一直不断。不过，集中出土与发现的材料，可以按照时间不同分为两个阶段：其一是 20 世纪 30 年代的殷墟科学考古发掘发现；其二是 1949 年以后的殷墟考古发掘，尤其是新时期以来的殷墟考古发掘有大量而集中的材料出土。

一　殷墟考古发现的动物骨骼

在殷墟 1928~1937 年的十五次大规模发掘中，曾经收集到大量动物骨骼。“此大批所发掘之标本，保存良好，其数目之多，种属之繁，实为考古及生物学上之极好材料，其重要性”对于今日进行环境史研究来讲，是不言而喻的。

对于这些众多的动物骨骼，先后有两个专业的鉴定报告发表。

其一是20世纪30年代中期受殷墟考古学家的委托，两位古生物学家德日进、杨钟健合作，对运往北平的部分殷墟出土动物遗骨进行鉴定研究（另一部分存于南京，未得鉴定研究），得出了鉴定报告《安阳殷墟之哺乳动物群》①。该报告共鉴定出动物骨骼24种，在此基础上，得出了以下结论：

> 由殷墟动物群研究而最感兴会者，为由分析各动物习性之结果，知中国北方气候，自有史以来之变化。但同时与南方文化之沟通，亦殊显著。……竹鼠　……在安阳发现竹鼠，确甚奇特，因此等鼠只生在南方多森林之地，而以人工搬运说明，又不可通也。……貘　安阳化石群比竹鼠更有兴会而奇特者，为貘化石之存在。……貘类化石甚少，全见于中国南方。为说明貘类化石之存在于安阳起见，吾人有二假定。一即认貘当安阳殷墟时期尚存在，因被当时人猎得。一即当时人与南方各地已有交通，此等动物系由南方搬移而来。两者比较似以后说较为可信。……肿面猪（新变种）……亦为南部之动物。……獐　……由此可知獐虽现在限于长江流域，而以前确在北方分布甚广也。……圣水牛　……若与现存者相比，则似与斐列滨之野水牛相似，……印度象　……殷墟之有象，又引起二说。一谓象原生存于中国北方，一为来自南方。由各方推断，似后说较前说为可信。……竹鼠（如真未灭种）及獐之南迁，乃一有兴趣之事实，但因吾人对两动物之生态不甚了了，故此等迁徙，究于气候变化上有几何影响，或系由于耕种关系之故，殊不易判定也。……猪系南方种，……关于水牛，吾人视为更新统水牛中之残存者。但若以为自迁搬而来者，亦未始不可通。但无论如何，三者现均灭亡。水牛之绝迹，表示气候上究有若干变化也。……象与貘则似系将活动物迁移来者。当时与南方之交通，似已甚繁盛。安阳多量之巨介（现在生于长江流域）亦可为之佐证也。

① 〔法〕德日进、杨钟健:《安阳殷墟之哺乳动物群》，实业部地质调查所、国立北平研究院地质学研究所印行，1936。

对此研究报告，甲骨学家胡厚宣先生评论道：

德杨两氏，谓殷墟之竹鼠、肿面猪、獐、圣水牛，皆南方热带森林区域之所产，而在中国古代北方发现颇多，则其时之气候，必有若干变化。实与吾人前两节所言殷代水牛之普遍，及兕象之生长，可以互相证明。至殷墟之有貘与象，据德杨两氏谓可有两种解释：一为殷代气候较今日为暖，貘与象能在北方生存；一为由南方搬迁而来。两者比较，以后说较为可信。而据吾人由甲骨文字兕象之猎获观之，则两者比较，前说亦甚可信，即殷代气候远较今日为热也。①

其二是1945年抗战胜利后，由杨钟健、刘东生两位古生物学家在南京对这批殷墟骨骼材料进行全面鉴定研究，在前已鉴定的24种之外，又新鉴定了5种，最终结果发表了《安阳殷墟之哺乳动物群补遗》② 一文，认为多数属于哺乳类动物，共29种之多。数量在“一千以上者仅肿面猪、四不像鹿及圣水牛三种，占安阳哺乳动物之最大多数。其在一百以上者，为家犬、猪、獐、鹿、殷羊及牛等六种，在安阳动物群中自亦占重要位置。在一〇〇以下者，为数甚多，计有狸、熊、獾、虎、黑鼠、竹鼠、兔及马等八种。至在十以下者，为狐、乌苏里熊、豹、猫、鲸、田鼠、貘、犀牛、山羊、扭角羚、象及猴等十二种，则在全动物群中，于数量上为量甚微”。

对于这批殷墟动物遗骨材料，该报告就数量和种类问题，得出了如下结论：

（一）关于数量

前已述及安阳已知哺乳动物之数量，分为四类。其中一二两类，即约在100以上者，均为易于驯养或猎捕之动物，或全为偶蹄类，除犬外，

① 胡厚宣：《气候变迁与殷代气候之检讨》，《甲骨学商史论丛》第2集，成都齐鲁大学国学研究所，1945。

② 杨钟健、刘东生：《安阳殷墟之哺乳动物群补遗》，《中国考古学报》第4册，商务印书馆，1949。

无一肉食类或其他动物。此等动物，无疑的为当时猎捕或饲养之对象。安阳甲骨文及作成或未作成之骨器，其材料十九取之于此等动物之骨。据李济之先生告作者，殷代设有主管骨原料之专官，名兽工。则此等动物之残骨，不一定代表在安阳完全生存之动物。然材料既如此之多，其来源或不能太远，似仍可作为当时该地生物情形之重要资料。

第三类（100以下）之八种，有四者为肉食类，亦均有猎捕之价值，无饲养之可能，其为数较少，乃为当然。三种为啮齿类，如鼠及竹鼠等，显然无工业之价值，亦不必为猎捕或饲养之对象，自可代表当时原有生物。惟关于马，为数较少，未能与羊牛等视，其原因如何尚难臆断。

至于第四类（10以下），其中有四种为肉食类，其情形当与上之肉食类同。此外有五种（鲸、貘、犀牛、扭角羚、象等），则完全为特殊稀有之动物或自较远地方迁徙，或人工移捕而来，或为当时人不易捕与不甚实用之动物，其为数之少亦无足异。此外田鼠虽为本地产者，然与人工无关。只山羊及猴如此之少数，为可异耳。

所以以上所列之初步估计，虽不见得代表安阳哺乳动物群之真实分布情况，然大致或去实况不远。大多数之动物，为以造作骨器或刊文字而搜集之原料，殆无可疑。亦有一部分用作殉葬之用者，关于其详细分布，另有详确纪〔记〕载，加以整理，或可发现其他新义。

（二）关于种类

安阳哺乳动物之一部分代表原系土著之动物，一部分代表家畜之动物，一部分为迁徙而来者，已迭为论及，不再赘。在全动物群中，实以前二种占绝对多数；今就全群动物观之，显然与现在安阳之哺乳动物分布，大有出入。其解释之法，亦有数种，前已申言之。其所以与现在动物分布情形之不同，可以人工猎逐，森林摧毁，人工搬运以及气候变异（杨、一九四八）诸原因解释之。究竟那一种原因为主要原因，吾人尚不能确切判定。为要了解历史初期之一切情形，对于更新统后期各地地文地层乃至动物群等之更切实之研究，实为必要。安阳动物群为代表此时期之惟一动物群；以之判定一切，自嫌不足；此则有待于未来之努力也。

不过安阳三种最多之种类（猪，四不像鹿及圣水牛）为数既如此之多，即或非本地繁殖，来源必不甚远。而水牛之多，殆为气候与现在不尽相同之明证。至于稀有而显然由外来迁徙之种类，如鲸、象、犀牛等，既相对的如此之少，显然不可能为手工或其他使用之原料，至多不过供赏鉴好奇之用而已。因而对整个动物群言，实并不占重要位置。

总之，安阳动物群代表一复杂之动物群。而主要之成分仍足代表本地猎捕或饲养之种类；只有少数可视为由于人工或其他原因混入者；惟此大多数之本地种类，亦有显示与目下不同之象征；此不同之故，恐气候与人工，兼而有之。

除了以上哺乳动物群，对于殷墟出土的鱼类、龟类动物骨骼，也做了专门的鉴定研究。鱼骨资料则由伍献文先生整理研究，认为殷墟出土鱼骨包括：鲻鱼、黄颡鱼、鲤鱼、青鱼、草鱼等不同的种类。[①] 龟类资料则由古生物学家秉志先生鉴定整理，认为除了个别的大龟为远方贡物，大多数龟是当地的安阳田龟。[②]

于是，合并以上几宗材料庶几可以窥见当年发掘出殷墟动物遗存的全貌。兹归为下表：

表五　1928~1937 年安阳殷墟出土的动物种类

序号	名称	数量（个）	序号	名称	数量（个）	序号	名称	数量（个）
1	圣水牛	1000 以上	7	家犬	100 以上	13	熊	100 以下
2	四不像鹿	1000 以上	8	殷羊	100 以上	14	虎	100 以下
3	肿面猪	1000 以上	9	牛	100 以上	15	獾	100 以下
4	猪	100 以上	10	竹鼠	100 以下	16	黑鼠	100 以下
5	獐	100 以上	11	兔	100 以下	17	狸	100 以下
6	鹿	100 以上	12	马	100 以下	18	貘	10 以下

① 伍献文：《记殷墟出土之鱼骨》，《中国考古学报》第 4 册，商务印书馆，1949。

② 秉志：《河南安阳之龟壳》，《安阳发掘报告》第 3 期，1931 年。

续表

序号	名称	数量（个）	序号	名称	数量（个）	序号	名称	数量（个）
19	犀牛	10以下	25	猴	10以下	31	黄颡鱼	不详
20	田鼠	10以下	26	乌苏里熊	10以下	32	鲤鱼	不详
21	山羊	10以下	27	猫	10以下	33	青鱼	不详
22	扭角羚	10以下	28	豹	10以下	34	草鱼	不详
23	狐	10以下	29	鲸	10以下	35	赤眼鳟	不详
24	象	10以下	30	鲻鱼	不详	36	安阳田龟	不详

注：此表采自周伟《殷墟时期气候的讨论与简述》(《殷都学刊》2004年3月《安阳甲骨学会论文专辑》）一文，按周氏表统计数字摘录自《安阳殷墟哺乳动物群补遗》《记殷墟出土之鱼骨》《记安阳殷墟早期的鸟类》等，但《记安阳殷墟早期的鸟类》鉴定的是1978年发掘的材料，不应置于此表中，故引用时对该表作了改动。特此说明。

在此之后的较长一段时期内，殷墟考古发掘中没有见到大宗的野生动物骨骼，发掘报告中提到的多是一些贝壳、蚌壳、蛤蜊壳等。①

1987年，中国社会科学院考古研究所安阳工作队在殷墟小屯东北地、濒临洹河、甲四东边的一个灰坑（87AXTIH1）里面，集中发现了一批鸟类骨骼，这填补了以前殷墟未发现鸟类骨骼的空白。这批材料经古生物学家侯连海先生鉴定，认为并非一般的家禽如鸡鸭之类，而多是大型的猛禽，至少有5目5科6属8种鸟类，包括：雕（或鹰）、家鸡、褐马鸡、丹顶鹤、耳鸮、冠鱼狗等。此外，这堆鸟类骨骼中也混入了一块鲟鱼侧线骨板，鉴定者认为，这当属于今产于长江流域的中华鲟或达氏鲟两种之一（见表六）。②

我们注意到，这个集中出土鸟类骨骼的灰坑之位置有些特殊，在殷墟小屯东北地、濒临洹河、甲四东边。我们知道，小屯东北地是殷墟都城的宫殿区所在，而甲四基址属于宫殿区北组，是商王宫寝宴乐区域，相当于后世王都的御花园。《史记·殷本纪》载，帝辛“材力过人，手格猛兽”，“益广沙

① 中国社会科学院考古研究所编著《殷墟发掘报告（1959~1961）》，文物出版社，1987，第335页附表四八。

② 侯连海：《记安阳殷墟早期的鸟类》，《考古》1989年第10期。

丘苑台，多取野兽蜚鸟置其中”。李济先生曾推测说：“商代的统治阶级对大的猎获物有强烈的爱好。在小屯御花园里，饲养的动物肯定包括虎、象、猴、各种各样的鹿、狐、狼、野猪以及珍贵的动物……”[①]现在这里集中发现了这些鸟类骨骼，是否意味着这些不能食用的猛禽是商王宫苑中的驯养、玩赏之物？至于其中发现的家鸡，是否就是用来饲养这些猛禽和观赏鸟类的饵食呢？很有可能。

表六　1987 年殷墟发现的鸟类骨骼统计

单位：件

动物名称	雕（或鹰）（大者为雕，小者为鹰）					耳鸮			丹顶鹤	冠鱼狗	褐马鸡		家鸡	鲟鱼
标本名称	头骨顶部、吻端	下颌骨	尺骨	桡骨	趾爪	头骨	下颌骨	趾爪	左桡骨	下颌骨	头骨	下颌骨	头骨	侧线骨板
标本数量	4	7	4	8	20 余	1	1	13	1	2	1	1	1	1

1997 年，在河南安阳洹北花园庄遗址的发掘中，13 个遗迹单位中出土了大量动物骨骼，为人们提供了新的环境资料。发掘时，按出土单位收集了全部动物骨骼，对它们进行了详细的测量和鉴定。通过对这些动物骨骼的整理和分析，可以确认当时被人们利用的动物种类至少有丽蚌、蚌、青鱼、鸡、狗、犀、家猪、麋鹿、黄牛、水牛、绵羊等 11 种。猪、狗、鸡、羊等家养动物占据全部动物总数的 93%，反映当时的肉食来源主要是家畜，其中以猪的数量最多，但牛、羊等也占一定的比例。其中的绵羊、黄牛等属于北方的动物群，犀、麋鹿和水牛等属于南方的动物群。发掘者根据南方与北方的动物群共存的特点，认为当时安阳地区的气候比现在温暖湿润，具有较多的南北气候过渡带的特点，即类似现在的淮河地区。而蚌、鱼等大量水产动物的

① 李济：《中国文明的开始》，西雅图：华盛顿大学出版社，1957，第 38 页。

发现，则表明当时遗址附近有较大的水域，这很可能就是现在安阳境内的洹河。[①] 这又一次证明了殷商时期的气候比现在温暖温润。

二 殷墟器物中的野生动物造型

从殷墟出土的动物造型雕刻艺术品来看，这些动物种类众多，而且造型逼真，栩栩如生，可见殷商之时人们对它们是很熟悉的。如 1975 年发掘的妇好墓（M5）中，出土了大量的动物造型的器物，其中作为佩戴镶嵌玉器的造型有龙、凤、熊、象、虎、马、兔、鸮、鹰、鹦鹉、鹅、鱼、鳖、蛙、怪鸟、兽头等，石器有石牛、石鸬鹚、石怪鸟、鸮纹石磬等，铜器有鸮形尊等。[②]

一些传出于殷墟的商末周初铜器，也多有作野生动物造型的，如小臣余尊（又名牺尊）(《三代》11・34・1）作犀牛造型，遽父己尊（《三代》11・34・1）作象造型，亚此尊（《三代》11・34・1）作犊造型，父乙尊（《三代》11・7・5）作鸡造型，父癸尊（《三代》11・11・4）、虎尊（《录遗》183）、子乍弄鸟尊（《美国》A674R427）等作鸟造型，亚比尊（《三代》11・5・3）、䀠尊（《美国》A670R3）、鲁侯作姜尊（《三代》6・37・3）等均作鸮造型。尤其是其中的鸮形动物最多，如果不是有什么特殊的宗教因素在内的话，那么可以肯定当时这种动物非常之多，人们对其习性相当熟悉，相当了解。

从这些殷墟发掘出土的野生动物实体和器物造型可知，在殷墟时期生长的动物，除了今天仍常见的家畜如牛、羊、马、狗、猪、鸡等外，还有许多今日已不见于安阳的野生动物，如虎、象、犀牛、豹、熊、鹿、麋鹿、狐、

---

① 袁靖、唐际根：《河南安阳市洹北花园庄遗址出土动物骨骼研究报告》，《考古》2000 年第 11 期。值得注意的是，此鉴定结果与原发掘报告在数据上略有出入，据《考古》1998 年第 1 期刊载的唐际根等《河南安阳市洹北花园庄遗址 1997 年发掘简报》，动物骨骼“物种包括丽蚌、蚌、鸡、狗、犀、家猪、黄牛、水牛、绵羊等 9 种。除蚌类外在统计的最小个体总数中，猪的数量最多，占 65%，其次为牛 15%，羊 9%，狗 4%，犀牛 3%，鸡 2%。除犀牛外，均为家养动物”（第 34 页）。没有青鱼和麋鹿两项，不知两者何者为准。

② 中国社会科学院考古研究所编著《殷虚妇好墓》，文物出版社，1980，第 157~171、199~203 页。

猴、獐、貘、獾、鲸、龟、雕、鹰、鸮、丹顶鹤、冠鱼狗等，经过鉴定的种属达46个之多。其中，既有习性适于温暖潮湿的野生动物，也有少数适应草原大漠的野生动物，反映出殷墟生态环境的多样性，同时也证明了当时气候的多样共存和多变复杂性。尤其是其中的竹鼠、犀牛、貘、象、圣水牛、獐、麋鹿等，这些在中原地区早已绝迹而在其他生态环境更好的地区生存的野生动物，最能反映该地区气候变化的情况，应该引起注意。

第二节　中原地区其他商代遗址中发现的野生动物

殷墟都城之外，在中原地区其他商代考古遗址中，也都相继发现了野生动物遗骸。这为商代中原地区的生态环境之复原提供了更多的实物资料。

从郑州商代遗址出土的动物遗骸中，鉴定出更多的野生动物，如麋鹿、梅花鹿、獐、虎、獾、猫、熊、黑鼠、犀牛、野猪、狐、豹、乌苏里熊、扭角羚、田鼠，各种鸟类、鱼类以及海产龟、鲟鱼、螺蛳、蚌、海贝、蛤蜊等。[①] 这种情况与殷墟出土的野生动物骨骼差不多，均反映了该地区有大量野生动物生存的状况。此外，在郑州商代遗址中还出土有象牙觚、象牙梳以及陶鸟、陶鱼、陶虎和陶龟等手工艺品，[②] 也都反映了当地人们对这些野生动物的利用情况及熟悉程度。

同样属于商代早期遗址的偃师尸乡沟商城遗址，也发现有鹿、蚌、鱼等野生动物的遗存，联系到偃师商城东部考古发现了方圆1.5平方千米的水域湖泊，[③] 可以相信这些出土的野生动物遗骨，就是遗址当地的产物。

在离郑州不远的商代中期小双桥遗址，大型祭祀废弃堆积坑中发现有大量的牛头或牛角以及象头、象牙、猪、狗、鹿、鹤、鲸鱼等动物骨骼；用牛头或

---

① 安志敏：《一九五二年秋季郑州二里冈发掘记》，《考古学报》1954年第2期，第91页；赵全古等：《郑州商代遗址的发掘》，《考古学报》1957年第1期。

② 许顺湛：《灿烂的郑州商代文化》，河南人民出版社，1957，图119；杨育彬：《郑州商城初探》，河南人民出版社，1985，第80页及图版页。

③ 段鹏琦、杜玉生、肖淮雁：《偃师商城的初步勘探和发掘》，《考古》1984年第6期。

牛角作祭品的祭祀坑数量较多，牛的数量在60头以上。经鉴定，这些牛均为黄牛。[①]

1973年、1974年在河北藁城台西村商代遗址的发掘中出土了一批动物骨骼，经专家鉴定，主要有四不像鹿、梅花鹿、圣水牛。而这几种野生动物的骨骼也都发现于殷墟遗址。四不像鹿是一种喜水动物，适合在沼泽地生活。水牛的习性与潮湿多水的环境分不开。“由这几种动物看来，滹沱河边藁城一带，在三千多年前是雨水充沛、气候温暖的地方，并且附近地区生长着森林。”[②]在藁城台西商代遗址内，还出土了大量被认为产自当地的龟甲，经专家鉴定，属于龟鳖目的乌龟属。龟类大部分为水生或半水生，喜欢潮湿温暖气候。沼泽低洼等近水地区，是它们最常出没之处。考虑到当时交通不便，这些龟甲似应该为当地所产，不可能采自太远的地方。所以有学者认为，“在商代河北藁城一带的气候，应较现在为温暖潮湿”[③]。

再从石家庄向北跨2个纬度是河北省阳原县，在该县的丁家堡夏商时期文化遗址，发现了大量的野生动物遗骨，主要有貉、亚洲象、野马、披毛犀、马鹿、原始蚌、杜氏珍蚌、黄蚬和圆旋螺等，[④]很显然这些均属生活在热带或亚热带的动物。从北距安阳殷墟600多公里的地区仍有热带动物存在的事实，可见竺可桢先生提出的殷墟时期年均气温比现在高2℃，1月份的气温比现在高3~5℃的推断是正确的。这种温度适宜多种生物生长。

山东济南大辛庄遗址曾出土大量的兽骨，其中可识别出种类的有水牛、马、狗、羊、猪、鹿、龟、鱼、蚌、鳄鱼等。[⑤]而在近年的发掘中，在遗址中

---

① 河南省文物研究所:《郑州小双桥遗址的调查与试掘》，河南省文物研究所编《郑州商城考古新发现与研究（1985~1992）》，中州古籍出版社，1993；河南省文物考古研究所等:《1995年郑州小双桥遗址的发掘》，《华夏考古》1996年第3期。

② 河北省文物研究所编《藁城台西商代遗址》，文物出版社，1985，第188页。

③ 叶祥奎:《藁城台西商代遗址中的龟甲》，河北省文物研究所编《藁城台西商代遗址》，文物出版社，1985，第192页。

④ 贾兰坡、卫奇:《桑干河阳原县丁家堡水库全新统中的动物化石》，《古脊椎动物与古人类》1980年第4期。

⑤ 山东省文物管理处:《济南大辛庄遗址试掘简报》，《考古》1959年第4期。

又收集到大量动物、植物和土壤等自然标本，为研究当时的生态环境、人们的食物结构和动植物遗存的文化含义提供了珍贵资料。[①] 在这里发现的100多种动物骨骼化石，经过专家鉴定，其涉及范围很广，有野猪、鹿、鱼类、鸟类、牛、马、狗、龟等，还有蚌类的壳，而且仅鹿就有至少三个不同的品种，蚌类也有三种。可见，商代济南能够适应多种动物生存繁衍。由此推测，当时济南气候比现在要温暖潮湿，离该遗址不远的地方应该有一条水量丰沛、鱼类蚌类繁多的河流，而且灌木、青草等低矮的绿色植物覆盖面积相当大，足以让如此多的牛、鹿等食草动物尽情享用。而鸟类骨骼稀少，有可能是因为树木并不是很多。更令人感兴趣的是还发现了一块鳄鱼骨骼，当时很可能有鳄鱼在此出没，而适合鳄鱼生存的生态条件是水草丰沛、气候湿热。由此有关专家推测：商代济南气候较现在湿热，低矮灌木丛随处可见，水系河湖密布，气候与现在的江浙一带相近。[②]

第三节　商代中原地区野生动物种类概况

如此数量众多的野生动物发掘材料，足以说明商代生态环境的良好和水草植被的茂盛。如果再证之以甲骨卜辞材料，则更能说明问题。据不完全统计，甲骨文中已能释出的动物名称达70余字，代表30多种动物。另外还有少数是表示动物大类的字如畜、兽、鸟、鱼、贝等。30多种动物中有20多种属于野生动物，如象、虎、兕、鹿、狐、龛、雉等。[③]

但是毋庸讳言，目前对先秦时期尤其是商代野生动物的研究相当薄弱，已有的研究多属定性研究，而所有的量化研究都是不可靠的。这是因为，文献材料稀少，考古资料不全。相对来说，数量较多的是甲骨卜辞中的材料。

仅就甲骨文材料而言，由于许多文字尚未考释出来，我们还不能够全面

① 方辉等:《济南市大辛庄商代居址与墓葬》,《考古》2004年第7期。

② 王振国:《古生物学家推测：商代济南气候似江南》,《齐鲁晚报》2002年4月2日。

③ 毛树坚:《甲骨文中有关野生动物的记述——中国古代生物学探索之一》,《杭州大学学报》（哲学社会科学版）1981年第2期。

利用它。除了后世和今天仍然存在的动物，在甲骨文中还有许多野生动物由于后来灭绝了，汉字中没有保留下它们的名字，也就是说，即使对这些动物字形进行隶定，也没有汉字与之对应，我们如今不能辨识它们。就是后世仍然存在的野生动物，我们也无从将其与甲骨文字对应起来。

我们试比较一下，见于殷墟考古发现的且被鉴定出来的野生动物，如发现数量并不少的獐、貘、狸、熊、獾、竹鼠、黑鼠、扭角羚等，以及雕、鹰、鹤等，都不见于甲骨田猎卜辞，或我们还无法从甲骨文中将其考释辨认出来；同样，见于文献记载的猎获动物，如狸、熊、罴、貉、麈、麝等，也无法在甲骨文中辨识出来。再加上甲骨文材料的不完全性，所以对于当时野生动物的生存状况进行准确而科学的描述，几乎是不可能的。

即便是我们认识的野生动物物种，比如鹿类动物、猴类动物、鸟类动物、鱼类动物、昆虫类动物等，由于知识背景的缺陷，也不能完全做到对其具体的种属类别的正确判断。如分析甲骨文鸟类动物字形，我们只称其为"鸟"，而实际上形状千差万别，有具冠和不具冠之分、孔雀冠和鸡冠之分、尾羽散开和尾羽合并之分、三趾与二趾之分、立形与平形之分、回首与不回首之分等；同样，猴类动物字形有坐形与立形之分、秃顶与毛首之分、长尾与短尾之分、卷尾与直尾之分、有足与无足之分等。但我们不能考释出其具体的名称来。相信将来甲骨学与动物学相结合，能在这方面有所突破。

对于这种考古发现野生动物材料与甲骨文及文献记载不能一一对应的情况，杨升南先生曾经将殷墟考古发现的野生动物骨骼鉴定与甲骨卜辞及文献记载（《逸周书·世俘解》）结合起来进行统计，得出如下一表，[①] 可作参考。

---

① 杨升南:《商代经济史》，贵州人民出版社，1992，第305、306页。杨书表中，将獐与麇分为两种野生动物进行统计，不能苟同，故而将两者合并在一起。对于其他文字，也有改动，已非杨书原表。

表七 殷墟出土野生动物兽骨及甲骨卜辞与文献对照

动物类别	材料约计		估计总数	卜辞	《逸周书·世俘解》
	第一次鉴定	第二次鉴定			
狐		三个头骨及破碎下颚骨	10 以下	见	
狸	三个下颚骨 若干上下颚骨及肢骨		100 以下	未见	
熊	一上颚骨及两个下颚骨	上下颚骨及牙与肢骨	100 以下	未见	获 151 只
乌苏里熊	一下颚骨		10 以下	未见	
獾	二下颚骨	数头骨及肢骨	100 以下	未见	
虎	若干头骨及下颚骨	二十余头骨及少数肢骨	100 以下	见	获 22 只
豹	二上颚骨一下颚骨	?	10 以下	未见	
猫		一后大腿骨	10 以下	未见	获 2 只
鲸	脊椎骨及肢骨		10 以下	未见	
黑鼠	二头骨	四头骨及下肢骨	100 以下	未见	
竹鼠	三下颚骨	二头骨及二下颚骨	100 以下	未见	
田鼠		三头骨及数下颚骨及肢骨等	10 以下	未见	
兔	头骨上下颚骨及肢骨	二头骨上下颚骨及肢骨	100 以下	见	
貘	一左下颚骨 一右下颚骨	?	10 以下	未见	
犀牛			10 以下	见	获 12 只
肿面猪	二头骨及上下颚骨	大量上下颚骨及肢骨等	1000 以上	未见	
豕（野猪）	下颚骨	破碎之上下颚骨	100 以上	见	获 352 只
獐（麞、麇）	头骨、下颚骨	头骨、肢骨等	100 以上	作人名用	获 30 只
鹿	下颚骨	头骨上下颚骨及肢骨	100 以上	见	获 3508 只
四不像鹿（麋）	角、上下颚骨及肢骨	大量角、上下颚骨及肢骨	1000 以上	见	获 5235 只
扭角羚		一对角及若干肢骨	10 以下	未见	

续表

动物类别	材料约计		估计总数	卜辞	《逸周书·世俘解》
	第一次鉴定	第二次鉴定			
象	肢骨、象牙	象牙、肢骨及脊椎骨	10 以下	见	
猴	上下颚骨	一头骨及牙齿	10 以下	未见	
麑				见	
氂（牦牛）				未见	获 721 只
貉				未见	获 18 只
麈（麃）				未见	获 16 只
麝				未见	获 50 只
罴				未见	获 118 只
总计	18 种	19 种（存疑 2 种）		9 种	13 种

也有学者运用现代动物学的分类法，结合考古、文献和甲骨文字材料，对商代野生动物和家畜家禽等，大致做了分门别类的研究，区分为 187 种动物。① 具体如下。

1. 哺乳纲

（1）偶蹄目

反刍亚目：牛（牝、牡、犅、牢、物、犙、㸬）、羊（羒、牂、羯）、羱。

不反刍亚目：豕（豭、豝、豖、豰、豨、豚）、彘、彖、豸、貆、兕、象、马（騇、骘、駔、驳、骊、騽、騂、駬、騻、騳、騎、駕、骗、骆、駒、騡）、廌（麀）、鹿、麇、麛、麗、麞、麋、麐、麔、麝、獐。

（2）食肉目

虎（虒、虣、虘、虞）、豹、貘、犬、猵、龙、猶、狼、狐、狽、狒、熊、罴。

① 谭步云：《甲骨文所见动物名词研究》，豆丁网，2009 年 4 月 27 日，http://www.docin.com/p-19401276.html 该文又载于谭氏论文集《多心斋学术文丛》（新北：花木兰文化事业有限公司，2020）第 3~108 页。

（3）灵长目

夒、夔。

（4）啮齿目

兔、鼬。

（5）翼手目

蝠。

2. 鸟纲

鸟（隹、雌、雄）、雀、雉、鸓、鸿、雊、雚、鸦、雁、雞、萑、雚、舊、凤、鷉、鸛、鸢、鸲、鹰、鸓、翟、皃、舄、燕。

待考者

3. 爬行纲

（1）蛇目

龙、虫（蝼）、它、巴。

（2）龟鳖目

龟（龜匕）、僶、鼈、龗、鼂、𪚿。

（3）待考者

鼍。

4. 昆虫纲

蜀、蝉、蜻、蚰、蝉。

5. 斧足纲

贝、鲒、蜃。

6. 吸虫纲

蛊。

7. 两栖纲

黾。

8. 蛛形纲

蚤、卤。

9. 鱼纲

鱼、鲔、鲍。

但是作者自己也承认，这样一个分类只是粗略的，也未必恰当。

第四节 商代中原地区的野生动物——麋鹿

鹿及鹿科动物，是中国古代先秦时期非常重要的野生动物。鹿类作为动物界中的一个族类，虽不能完整地反映某个区域野生动物资源的丰富性与多样性，但仍可据之对动物种类多样性与资源丰富性作出某种推断。这是因为：其一，鹿类曾是华北最为重要的野生经济动物，自远古以来便是当地人们捕猎的首选目标，而仍有较多鹿类可供捕猎，即意味着尚有众多其他可供捕猎的野生动物；其二，在各种高等食草动物中，鹿类是对生境特别是林草地的要求比较严格的一类，鹿类的种群数量和地理分布对于生态环境的改变反应比较灵敏，有较多鹿类存在，即意味着整个生态环境尚称良好，其他野生食草动物亦应较为丰富，至少在华北这样的自然环境下是如此；其三，鹿科动物是生态食物链中的一个组成部分，在食物链中，鹿及其他食草动物属于“一级消费者”，是大型食肉动物的捕食对象，数量众多的鹿类及其他食草动物存在，为食肉猛兽提供了食物条件，相应地，后者必定也存在一定的种群数量。

正如王利华教授所云：“鹿科动物，是大型陆地野生食草动物的典型种类，也是重要的经济动物。在历史上，鹿类曾对华北居民的经济生活产生了非常重要的影响；反过来说，华北地区鹿类种群数量与分布区域的历史变化，乃是当地人类活动改变生态环境的直接后果之一，是这一地区生态环境变迁的重要历史表征。”① 因此，研究殷商时代中原地区的生态环境变迁，这个时代鹿及鹿类野生动物是一个不能忽视的考察对象。

---

① 王利华：《中古华北的鹿类动物与生态环境》，《中国社会科学》2002 年第 3 期。

一 鹿科动物种属分类及古今变迁

1. 鹿科动物种属及在我国境内的分布

所谓鹿科动物，确切地说是指反刍亚目鹿上科动物，包括麝科和鹿科动物，一般也将鼷鹿上科的鼷鹿列为鹿类。

根据动物学家的调查研究，我国是世界上鹿科动物分布较多的国家，现今存鹿科动物 21 种，其中鹿上科动物 20 种，鼷鹿上科的鼷鹿 1 种，占全球鹿种总数的 41.7%。其中麝属和麂属的大部分种类，以及獐、毛冠鹿、白唇鹿等，均系中国特有或主要分布于中国境内。

我国古代典籍中记载的鹿科动物很多，主要分为 8 种，它们是鹿（梅花鹿等）、麋（麋鹿和驯鹿）、麈（驼鹿）、麞（獐）、麝（原麝、林麝、马麝）、麂（赤麂、黑麂、黄麂、菲氏麂）、麏（狍）和马鹿。

现今分布于华北的有麝科的原麝、马麝，鹿科的獐（河麂）、黄麂、白唇鹿、梅花鹿、马鹿、麋鹿（又名四不像）、狍（又名狍子、狍鹿、野狍、野羊）等。[①]

2. 殷商以前野生鹿科动物的生存状况

在远古时代的中原地区，分布着种类众多、数量巨大的大型野生动物，甚至还有犀、象等后来只分布于热带地区的动物。其中，鹿科动物是最为庞大的家族，也是当地原始居民的主要捕猎对象和食物来源之一。3800 万年（渐新世）前，鹿从亚洲开始出现（作为比较，人类的出现仅仅是 200 多万年），之后它们迅速遍布在我们的星球。

新石器时代的华北虽然已有原始的农业和畜牧业，但捕猎野生动物仍为当地居民谋取食物的主要方式之一，而鹿科动物仍是他们最重要的肉食来源。这一情况，已为大量考古实物资料所充分证明。

动物考古学家袁靖曾“比较全面地收集了目前所知的我国各个地区新石器时代的 54 个遗址或文化层中出土的动物骨骼资料，并对它们

---

① 盛和林等:《中国鹿类动物》，华东师范大学出版社，1992，第 1 页。

按家养动物和野生动物分别进行了统计和分析”。根据他的研究，这些遗址（年代为距今 10000 年至 4000 年）中所出土的野生动物骨骼，主要为梅花鹿、麋鹿、獐等鹿科动物。[①] 袁文分列为黄河中上游地区和黄淮地区的 35 个遗址或文化层所出土的野生动物骨骼中，鹿类骨骼的数量居于绝对多数，一些遗址所出土的鹿类骨骼数量很多，比如陕西临潼姜寨遗址一、二、四、五期文化层共出土 167 具，白家遗址出土 218 具；安徽濉溪石山子遗址出土数量更多达 353 具；山东泗水县尹家城遗址也出土 125 具之多。这些事实说明，新石器时代鹿科动物在华北的分布十分普遍，并且种群数量之大应居于陆地大型野生动物之首。

3. 殷商时期鹿科动物的众多繁殖

到了商周时期，黄河中下游的农牧业已取得一定发展，但人口仍然稀少，土地开垦尚不甚广，包括鹿类在内的各种野生动物，仍有广袤的蒿莱丛林和辽阔的湖沼草泽可供其栖息繁衍，因此彼时华北地区的各种鹿类种群数量众多，其中麋的数量最为庞大。

商代的情形，甲骨卜辞的记载可以说明。在殷墟甲骨各期的田猎卜辞中，有许多关于野生动物被猎获的记载。每次猎获的野兽往往数以百计，尤其是鹿科动物。根据这些记载我们看到：在当时，捕猎野兽仍为重要的经济活动，卜辞中关于“麋擒”“逐鹿”“射鹿”“获鹿”“网鹿”“获麐”之类的文字相当之多，可知鹿类仍是最重要的捕猎对象。

有学者统计，见于现有甲骨卜辞中的鹿类猎获数量，仅武丁时期就达 2000 头之多，每次捕猎常常所获甚丰，猎获的鹿类常在百头以上，其中有一次“获麋”的数量竟多达 451 头！郭沫若先生曾经根据当时所见 186 条有关田猎的卜辞，统计得出了如下一表，并云：“被猎的兽类，无论是被获的次数乃至每次被获的匹数，都以鹿为首位。”[②]

---

① 袁靖：《论中国新石器时代居民获取肉食资源的方式》，《考古学报》1999 年第 1 期。

② 郭沫若：《中国古代社会研究》，科学出版社，1960，第 219 页。

表八　甲骨文狩猎卜辞动物数量统计

被获物	次数	最高纪录匹数
鹿科动物	24	384 头
狐	11	41 头
豕	3	113 头
兔	2	10 头
兕	6	6 头
雉	2	6 头

虽然郭先生当年所见材料有限，但是由此得出的定性结论还是符合历史实际的。近年杨升南先生根据较为全面的甲骨卜辞材料，对商代田猎所获野生动物数量和频率做了统计，得如下一表[①]，同样也是捕获鹿科动物数量最多，频率最大。

表九　甲骨文各期田猎卜辞所获野生动物和频率统计

名称	一期	𠂤组、子组、午组	二期	三期	四期	五期	总计
虎	32	12	—	4	3	10	61
象	6	—	—	—	1	12	19
兕	83	10	5	32	18	33	181
豕	43	3	2	14	3	2	67
鹿	158	18	3	55	12	76	322
麋	60	4	—	45	9	10	128
麑	20	3	—	1	2	24	50
狐	4	—	—	13	—	75	92
兔	11	5	—	—	—	—	16
雉	6	—	1	—	1	13	21
鸟	6	—	—	1	—	7（隹）	14
鹰（雕）	5	—	—	—	—	—	5
[illegible]	12	—	—	2	—	—	14

① 杨升南：《商代经济史》，贵州人民出版社，1992，第 309 页。

殷墟动物骨骸出土情况证实了甲骨卜辞记载的真实性。根据古生物学家的鉴定和统计，殷墟出土的野生哺乳动物骨骸，千数以上者有肿面猪、圣水牛和麋，獐和梅花鹿的数量也在百数以上。[①] 这些无疑反映：当时安阳及其附近地区的鹿类种群数量众多，分布密度相当高。否则，以当时的狩猎技术条件，捕获如此众多的鹿类是不可想象的。

4. 两周时期鹿科动物的生存状态

西周初期，鹿科动物繁多这种情况似乎没有太大变化。《逸周书 · 世俘解》[②] 中记载了周武王伐纣克商之后不久，在殷都附近进行了一次大规模的田猎活动，一举擒获的动物有虎、猫、麋、犀牛、牦（牦牛）、熊、罴、豖、貉、麈、麝、麇、鹿等 13 种野兽，其中包括：

> 禽虎二十有二，猫二，糜（麋）五千二百三十五，犀十有二，牦（牦牛）七百二十有一，熊百五十有一，罴百一十有八，豖三百五十有二，貉十有八，麈十有六，麝五十，麋（麇）三十，鹿三千五百有八。

共计擒获 13 种 10235 只野兽。当然这不是武王一人的功劳，而是动用了大批兵士进行大规模围猎的结果。按周武王的这次狩猎也是在殷墟都城附近的中原地区，所以这一资料同样也可以作为该地区殷商时代生态环境状况的一个补充证据。在这些猎获动物中，包括麋、麈（鹿群中之雄性头鹿）、麝、麇（即獐）和鹿（应主要为梅花鹿）等在内的鹿科动物有 8839 头，占全部猎物数量的 86.4%；而麋又占鹿类的大多数（超过 59%）。所载猎物，属食肉类

---

① 杨钟健、刘东生:《安阳殷墟之哺乳动物群补遗》,《中国考古学报》第 4 册，商务印书馆，1949；裴文中、李有恒:《藁城台西商代遗址中之兽骨》，河北省文物研究所编《藁城台西商代遗址》附录一，文物出版社，1985。

② 据说《逸周书》是孔子编选《尚书》时删节下来的遗篇。尽管对于《逸周书》的成书年代历来史家均有争议，但近代以来的学者，大多相信虽然其中的一些篇章如《世俘》《史殷》《商誓》等反映了商周时期的历史事实，最初文本成书于西周或春秋时期，但《逸周书》初步编纂是在战国时代。该书是战国初年魏国人编成的，流传到西汉时刘向进行了整理，之后便流传开来。

的有虎、猫、熊、罴和貉，约占总数的 3%；食草动物除鹿类外，还有犀（犀牛）、牦（牦牛）和豕（野猪），约占总数的 10.6%，食肉类与食草类的比例约为 1∶32。这一方面是因为食肉类猛兽不易捕获，另一方面更由于食肉类的种群数量原本即远低于食草类，因此这条记载符合“生态金字塔”理论，也应当是符合当时的历史实际的。

自西周至春秋时代，华北平原草泽地区仍有大量的麋鹿栖息繁衍，山丘林地中也是獐、鹿成群。《诗经·豳风·东山》：“町畽鹿场，熠耀宵行。不可畏也，伊可怀也。”《诗经·小雅·鹿鸣之什·鹿鸣》：“呦呦鹿鸣，食野之苹。……呦呦鹿鸣，食野之蒿……呦呦鹿鸣，食野之芩。”《诗经》的记颂反映了当时许多地区仍有广阔的“町疃鹿场”，到处有“呦呦鹿鸣，食野之苹”“食野之蒿”“食野之芩”，成群的鹿觅食徜徉于苹、蒿草丛之中；行人在林野发现死獐、鹿的现象时有发生。其他文献也有相似的记载，如《史记·周本纪》有云：“麋鹿在牧，蜚鸿满野。”《晏子春秋》也记载“鹿生于野，命县于厨”。虽然这些说法都有一种政治隐喻或人生哲理蕴含其中，但也都反映了当时郊外多麋鹿的事实。

春秋时期，中原大地仍然麋鹿漫野，有些地方甚至因麋鹿多而成灾。如《春秋·庄公十七年》：“冬，多麋。”杜预注云：“周之冬，夏之秋也。麋多则害五稼，故以灾书。”因此之故，在当时遇见鹿类的概率仍相当高。据《左传·宣公十二年》记载，在晋、楚邲之战（战场约在今河南郑州、荥阳一带）期间的某一日，参战士兵曾两次遇见了麋（一次有麋六头），且有捕获。这些事实说明，在当时，鹿类特别是麋鹿仍是常见的动物，彼时的中原地区也像“荆有云梦”一样，“犀兕麋鹿盈之”（《墨子·公输盘》《战国策·宋卫策》）。

二 鹿（普通鹿或鹿类总称）

1. 先秦文献记载的鹿科动物

鹿在古典文献中频繁出现，显示了上古时期野生鹿科动物的繁多。关于鹿科动物的名称很多，如《说文》中属于鹿科动物的名称共有 21 字，除鹿字本字外，还有：麚、麟、麠、麛、麀、麒、麔、麋、麎、麔、麇、麞、麌、麠、麃、麈、麈、麟、麢、麀。在古代文献中，从鹿之字很多，计有麂、麈、麕、麋、麈、麑、麔、麝、麞、麀、麃、麆、麇、麑、麌、麔、麔、麕、麖、麔、麎、麚、麛等。另据《尔雅·释兽》：“鹿，牡麚牝麀，其子麛。”“麕，牡麌牝麜，其子麆。”“麋，牡麔牝麎，其子麌。”则详细说明了鹿科动物的三大种类鹿、麕、麋的牡、牝、子分别称谓如何，可见古人对鹿科动物之体征习性等是非常稔熟的。

当然，古籍中这些鹿的记载，大多数属于野生鹿科动物的总称。比如《左传·文公十七年》：“鹿死不择音。小国之事大国也：德，则其人也；不德，则其鹿也，铤而走险，急何能择？”《襄公十四年》：“譬如捕鹿，晋人角之，诸戎掎之，与晋踣之。戎何以不免？”《礼记·郊特牲》：“大罗氏，天子之掌鸟兽者也，诸侯贡属焉。草笠而至，尊野服也。罗氏致鹿与女，而诏客告也。以戒诸侯曰：‘好田、好女者亡其国。’”《诗经·小雅·节南山之什·小弁》：“鹿斯之奔，维足伎伎。雉之朝雊，尚求其雌。”《诗经·大雅·文王之什·灵台》：“王在灵囿，麀鹿攸伏；麀鹿濯濯，白鸟翯翯。”《诗经·大雅·荡之什·桑柔》：“瞻彼中林，甡甡其鹿。”《诗经·小雅·南有嘉鱼之什·吉日》：“吉日庚午，既差我马。兽之所同，麀鹿麌麌。”《易经·屯卦》：“六三，即鹿无虞，惟入于林中。君子几，不如舍。往吝。”《管子·轻重戊》：“桓公即为百里之城，使人之楚买生鹿，楚生鹿当一而八万。管子即令桓公与民通轻重，藏谷什之六。令左司马伯公将白徒而铸钱于庄山。令中大夫王邑载钱二千万，求生鹿于楚。”《韩非子·说林下》：“有欲以御见荆王者，众驺妒之。因曰：‘臣能撇鹿。’见王，王为御，不及鹿；自御，及之。”《淮南子·说山训》：“马之似鹿者千金，天下无千金之鹿。”“撰良马者，非以逐狐狸，将以射麋鹿；砥利剑者，非以斩缟衣，将以断兕犀。”《列子·天瑞》：“孔子游于太山，见荣启期行乎郕之野，鹿裘带索，鼓琴而歌。”《吕氏春秋·仲夏纪》：“是月也，日长至。……鹿角解。蝉始鸣。”《穆天子传》：“仲秋丁巳，天子射鹿于林中，乃饮于孟氏，爰舞白鹤二八。”《晏子春秋》：晏子抚其手曰：“徐之！疾不必生，徐不必死，鹿生于野，命县于厨，婴命有系矣。”《逸周书》：“夏至之日，鹿角解，又五日，蜩始鸣，又五日，半夏生。鹿角不解，兵革不息，蜩不鸣，贵臣放逸，半夏不生，民多厉疾。”《逸周书·王会解》：“独鹿邛邛，邛邛善走者也。”《庄子·天地》：“至德之世，不尚贤，不使能；上如标枝，民如野鹿。”《吕氏春秋·恃君览》：“疾不必生，徐不必死。鹿生于山而命悬于厨。”

可能因为鹿科动物此时比较普遍，容易捕获，也可能因为其性柔顺，不似其他兽类猛烈，所以在文献记载中，竟然有将麋鹿与野兽并列的现象，这表明古人并没有将鹿科动物看作凶猛的野兽。有的是将鹿与豕（野猪）并列而称，如《礼记·礼器》：“居山以鱼鳖为礼，居泽以鹿豕为礼，君子谓之不知礼。”《孟子·尽心上》：“孟子曰：舜之居深山之中，与木石居，与鹿豕游，其所以异于深山之野人者几希。及其闻一善言，见一善行，若决江河，沛然莫之能御也。”《穆天子传》：“仲冬丁酉，豕鹿四百有二十，得二虎九狼，乃祭于先王，命庖人熟之。戊戌，天子射兽，休于深藋，得麋，天子西游，射于中□，方落草木鲜。”《越绝书》：“今不出数年，鹿豕游于姑胥之台矣。”《仪礼·乡射礼》：“释获者执鹿中一人。”“士布侯。画以鹿豕。”

也有将鹿与兽并称的，如《韩非子·内储说上》：“其说在文子称若兽鹿。”“齐王问于文子曰：治国何如？对曰：夫赏罚之为道，利器也。君固握之，不可以示人。若如臣者，犹兽鹿也，唯荐草而就。”《淮南子·泰族训》：“关雎兴于鸟，而君子美之，为其雌雄之不乖居也；鹿鸣兴于兽，君子大之，取其见食而相呼也。”

因为鹿科动物容易捕获，所以先秦时期多以鹿皮作为服饰、车马材料乃至礼品使用。比如《国语·齐语》：“故天下诸侯罢马以为币，缕綦以为奉，鹿皮四个。”《礼记·玉藻》：“大夫齐车，鹿幦豹犆，朝车；士齐车，鹿幦豹犆。”《礼记·檀弓上》：“练，练衣黄里、縓缘，葛要绖，绳屦无絇，角瑱，鹿裘衡长袪。袪，裼之可也。”《周礼·考工记》：“鹿胶青白，马胶赤白，牛胶火赤，鼠胶黑，鱼胶饵，犀胶黄。”《管子·大匡》：“诸侯之礼，令齐以豹皮往，小侯以鹿皮报，齐以马往，小侯以犬报。”《管子·小匡》：“使诸侯以缕帛布、鹿皮四分以为币。”《晏子春秋》：“晏子相景公，布衣鹿裘以朝。公曰：夫子之家，若此其贫也，是奚衣之恶也！寡人不知，是寡人之罪也。"《战国策·楚策》:"莫敖子华对曰：昔令尹子文，缁帛之衣以朝，鹿裘以处。"

在众多鹿科动物中，白鹿可能少见而贵重，所以多见人们珍重白鹿的记载。如《国语·周语上》:"王不听，遂征之，得四白狼四白鹿以归。"《穆天子传》:"辛未，纽菹之兽。于是白鹿一牾乘逸出走，天子乘渠黄之乘驰焉。""天子饮于漯水之上，官人膳鹿献之天子，天子美之，是曰甘。癸酉，天子南祭白鹿于漯□，乃西饮于草中，大奏广乐，是曰乐人。"《逸周书·王会解》:"麃麃者，若鹿，迅走，俞人虽马，青丘狐九尾，周头辉羝，辉羝者，羊也。黑齿白鹿白马。"《越绝书》:"犬山者，句践罢吴，畜犬猎南山白鹿，欲得献吴，神不可得，故曰犬山。""王曰：然巨阙初成之时，吾坐于露坛之上，宫人有四驾白鹿而过者，车奔鹿惊，吾引剑而指之，四驾上飞扬，不知其绝也。"

这些传世文献所记载的内容，大多数属于西周至春秋战国时期的历史事实。但是我们知道，中国古代生态环境呈日益恶化的趋势，由周代野生动物如此繁盛的生态环境，可以推知商代中原地区野生动物尤其是鹿科动物更加繁盛。

2. 甲骨文"鹿"字考释与辨正

鹿，甲骨文作（《合集》810正）、（《合集》10270）、（《合集》10307）、（《合集》27921）、（《英藏》1825）等形，为一活脱脱象形字，象鹿之有角之形。《说文·鹿部》:"鹿，兽也。象头角四足之形。鸟鹿足相似，从匕。凡鹿之属皆从鹿。"甲骨文鹿字形与《说文》鹿字"象头角四足之形"颇为近似。甲骨文鹿头一般作两只角形，其上再作分叉，也有作一只角上分叉者，为其简写体。

罗振玉先生认为，这些字形"或立或寝，或左或右，或回顾或侧视，皆象鹿形"[①]。但是王襄先生将这些字形做了分别，独角者为"古麢字。许说解

① 罗振玉:《增订殷虚书契考释》卷中，东方学会，1927，第29页下。

廌兽也，似山羊一角。此字从一角，与鹿从二角者异”[①]。而歧角者为鹿，“契文之鹿，初文象其歧角短尾匕足之形，几若写照鹿象，后则鹿首扩大为目，似与身等，仍存其歧角匕足，为小篆所从出，而初文之鹿形渐失，或从□，亦即目字……”[②]对此，孙海波[③]、李孝定[④]等人从之。

但是对于王襄如此分别鹿字字形，唐兰先生持批评态度：“□近人有释为廌者，盖谓鹿当具二角，而此只一角，故也。实则甚误。廌字卜辞自作□，鹿字小篆作□，亦知一角，可知此字仍是鹿字。”[⑤]姚孝遂等人同意唐说。[⑥]

在此，我们同意罗振玉、唐兰之说。原因有二：其一，甲骨文中的象形字，或是其正视之形，或是其侧视之形，所以甲骨文鹿字正视形作两角，而侧视形或反首回顾时形作一角，有学者认为作一角者是其简化形，是符号化的结果，是有道理的；其二，所谓一角之廌，据《说文》“廌，解廌，兽也，似山牛，一角。古者决讼，令触不直”，是一种神话中的动物。但是在甲骨文田猎卜辞中，不管歧角之□还是单角之□，都是作为实在生存的野生动物捕获的，而且一角之□往往一次捕获上百头之多，如《后编》2・14所记捕获之□一次就多达162头，可见□不是什么神话动物廌，而是自然界确实存在的鹿。此外，至于唐先生等人指认□字为廌，也是有问题的。因为□字并非独角，而且卜辞中有“白公廌”（《南明》472）出现，是一个自然界存在的野生动物，并非神话动物独角廌。观□字形，角颇似牛类动物，或者为野牛也未可知。

与后世文献记载的鹿科动物种类相对应，甲骨文中有四种鹿科动物的象形文字，可以辨识出来就是鹿、麋鹿、麞（梅花鹿）和麠（獐）等。虽然它们整体形象不同，有的有角，有的没有角，有的角短，有的角长并且有分枝，

---

① 王襄：《簠室殷契类纂》“正编”第10卷，天津博物院石印本，1920，第45页下。

② 王襄：《古文流变臆说》，龙门联合书局，1961，第64页。

③ 孙海波：《甲骨文编》第10卷，哈佛燕京学社，1934，第2页。修订版《甲骨文编》（中华书局，1965）已经改正此说。

④ 李孝定编述《甲骨文字集释》，“中央研究院”历史语言研究所，1965，第3051页。

⑤ 唐兰：《天壤阁甲骨文存》，辅仁大学，1939，第59页。

⑥ 姚孝遂：《甲骨刻辞狩猎考》，《古文字研究》第6辑，中华书局，1986，第9页；姚孝遂、肖丁：《小屯南地甲骨考释》，中华书局，1985，第155~156页。

有的腹下有香腺，有的没有。但这些作为动物名称的象形字，都有一个共同的象形的鹿作为它们的基本形制。这里面，实际上包含有将一些性状相同的动物归为一个类群的做法。

甲骨文鹿字有好几种形体，正好说明殷商时人称“鹿”只是泛指，不必因字形稍异而分释为“麐”与“鹿”。还有些学者据甲骨文“鹿”字形体认为“鹿”是“驯鹿”或“安南鹿”，这是不妥的。就目前材料来看，我们既无法分辨有歧角者是“安南鹿”还是“驯鹿”，也无法仅据斑纹分辨是“梅花鹿”还是“斑鹿”，因为安南鹿和驯鹿均有巨大的歧角，梅花鹿和斑鹿都有斑点。也就是说，鹿字在甲骨卜辞中泛指一般鹿科动物。

不过，从甲骨文材料看，商代人是能够分辨出鹿之性别雌雄的。甲骨文有字作[illegible]形，从鹿从丄，可以隶定为䴟，特指公鹿。《甲骨文编》（第40页）和《甲骨文字典》视之为“牡”之异体字是不恰当的。《说文》：“麚，牡鹿也。”则“䴟”或许是“麚”的本字。惜哉，甲骨文尚未见到表示雌鹿的“麀”字。

另外，甲骨文有麓字，作[illegible]（《合集》30268）形，象鹿在树林中间。鹿喜欢在山林中生活，以鹿在树林栖息来表示山麓，正是古人造字的原意，也反映了古人对生物与环境关系的了解。

3. 甲骨卜辞鹿科动物及其捕获情况

鹿是殷商时田猎的主要对象，甲骨文田猎卜辞中屡有“逐鹿”“获鹿”“射鹿”“陷鹿”等例证。如“获鹿”的辞例：

贞：伲不其获鹿？（《合集》10262）

贞：多子获鹿？（《合集》10275正）

田羌往来亡灾？王占曰：吉。兹御，获鹿十五。（《合集》37400）

丁卯……狩正……擒？获鹿百六十二……百十四，豕……十，旨一。（《合集》10307）

丁丑卜，王我叀三十鹿逐？允逐，获十六。一月。甲……鹿获？允获十九。二月。（《合集》10950）

戊午卜，㱿贞：我狩敽，擒？之日狩，允擒。获虎一、鹿四十、狐

百六十四、麞百五十九……（《合集》10198 正）

“擒鹿”的辞例：

……狩获，擒鹿五十又六。（《合集》10308）

王其田羌，亡灾？擒鹿十又五。（《英藏》2289）

“逐鹿”的辞例：

乎多马逐鹿，获？（《合集》5775 正）

癸酉贞，子汏……逐鹿？（《合集》7075 反）

丙戌卜，王［贞］：我其逐鹿，获？允获十……（《合集》10950）

贞：乎徲逐鹿？（《合集》10261）

戊午卜，贞：王往逐鹿？（《合集》10266 正）

丙辰卜，殻［贞］：王其逐鹿，获？二告。（《合集》10302 正）

丁丑卜，王我叀三十鹿逐？允逐，获十六。一月。甲……鹿获？允获十九。二月。（《合集》10950）

壬午卜，王其逐在万鹿，获？允获五,二告。丁未卜，王其逐在蚰鹿，获？允获七。一月。（《合集》10951）

乙酉卜，犬来告有鹿，王往逐……（《屯南》997）

“射鹿”的辞例：

贞：王其令呼射鹿？（《合集》26907）

王涉滴射有鹿，擒？（《合集》28339）

“网鹿”的辞例：

呼多犬网鹿于农？八月。（《合集》10976 正）

等等。在众多田猎卜辞中，“擒鹿”“射鹿”“网鹿”“获鹿”“逐鹿”“阱（）麋”等辞，比比皆是，其中“获鹿”的占卜记载也最多。盖“获鹿”是众多捕获鹿科动物方法和手段的总称。

值得一提的是，“逐鹿”一词在甲骨文中经常出现。关于“逐鹿”，甲骨文中有（《合集》10654）、（《合集》8256）、（《合集》82560），前一字可隶定为麈后两字可隶定为衞，殆逐鹿之专用字。“逐”作或，从豕从止，可以隶定为逐。但在甲骨文中，可以追逐的不仅限于豕（野猪），还有其他野生动物。比如甲骨文中就有“毚鹿”（《合集》10294、10296），文意与“逐鹿”相同，可知毚也是逐字的另类写法。甚至“逐”字还有更加奇怪的写法，作奐形，上兔下犬，象猎狗追逐野兔之形。辞例为：“辛巳卜，𠂤贞：甫往奐（逐）鹿，不其……”（《合集》20715）则奐字也是逐鹿之“逐”字。同理，“麈”或“衞”更应该是逐鹿专用字。

古代成语中的所谓“逐鹿中原”，乃是中原之地古时森林湖沼多，野兽成群，便于狩猎的缘故，加上古人往往将狩猎与战争结合在一起，所以渐渐地这种狩猎的名目演变成了称霸战争的代称。

图二十四　甲骨卜辞“获鹿”“逐鹿”辞例
（《合集》10307、20715）

4. 商代考古出土鹿类骨骼材料分析

在20世纪30年代的殷墟考古发掘中，出土了大量的鹿科动物遗骨。据杨钟健、刘东生等学者的鉴定研究，其中麋鹿（四不像鹿）的数量最多，在 1000 头以上，獐（麞）和鹿（梅花鹿？）的数量也颇为不少，都在 100 头以上。[①]

特别有意思的是，在一些发现的鹿头骨上，有些还有甲骨文刻字。在 1929 年 12 月殷墟第三次考古发掘中，于大连坑出土大型动物头骨的同时，也出土了鹿牙等野生动物遗骨。在距离该大型动物头骨不远处也发现了一个刻有文字的鹿头骨，其上文字为："己亥，王田于羌，在九月，隹王……"（《甲编》3941，即《合集》37743）[②] 在 1931 年 4 月殷墟第四次考古发掘中，于 E10 坑发现许多兽骨，其中就包括鹿角和刻写文字的麋鹿头，其上文字为："戊戌，王蒿田……文武丁祄……王来正（征）……"（《甲编》3940，即《合集》36534）（见图二十五）。

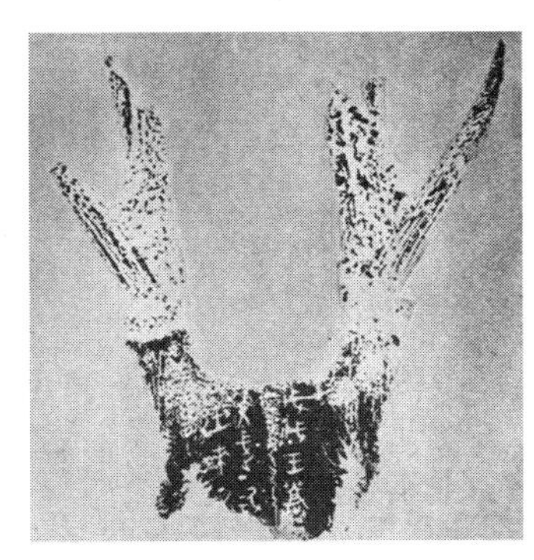

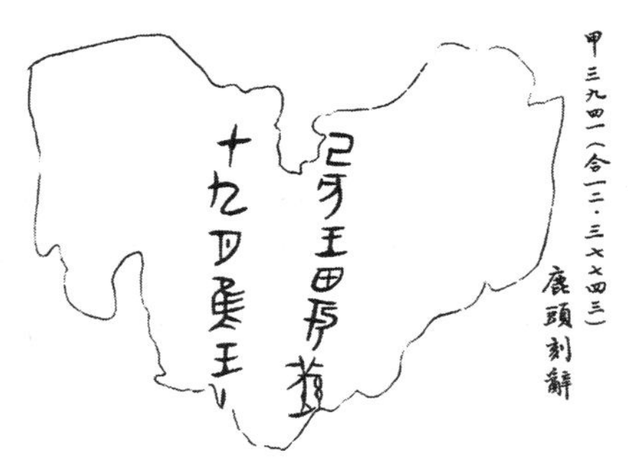

图二十五　甲骨文中的两个鹿头刻辞
（《合集》37743 拓本、摹本）

在 1949 年以后的殷墟发掘中，也陆续有鹿科动物遗骨和鹿类造型饰物的发现。比如殷墟妇好墓中，也发现了一件鹿形玉饰（M5:983），墨绿色，有黄斑，浮雕。奇蹄。作伏卧回首状。圆眼小耳，前肢蜷曲于腹下，后肢稍内屈，短尾。后肢上侧有圆孔。颈饰麟纹，身饰云纹。长 6 厘米、高 4.9 厘米、厚 0.5 厘米。[③] 鹿头上没有鹿角，应是幼鹿麑的造型（见图二十六）。

---

① 杨钟健、刘东生：《安阳殷墟之哺乳动物群补遗》，《中国考古学报》第 4 册，商务印书馆，1949，第 147、150 页。

② 李济：《民国十八年秋季发掘殷墟之经过及其重要发现》，《安阳发掘报告》第 2 期，1930 年。

③ 中国社会科学院考古研究所编著《殷虚妇好墓》彩版三〇 .4，文物出版社，1980；中国社会科学院考古研究所编著《殷墟考古发现与研究》，科学出版社，1994，第 343 页。

图二十六 妇好墓出土的玉鹿佩饰
（摘自《殷虚妇好墓》，左：拓本；右：照片）

鹿的骨架在武官大墓中出土一具。鹿角在遗址中亦有所见，但数量不多。据鉴定，有赤鹿角和麋鹿角两种，麋鹿角多于赤鹿角。在小屯东北地曾发现一支赤鹿角，无加工痕迹，长 60 厘米；一支麋鹿角，一叉角被锯平，长 40 厘米。①

在河北省藁城县台西村商代中期遗址的发掘中，也发现了大量的鹿科动物遗骨，包括四不像鹿、狍（麅）和斑鹿等的鹿角遗物。

其中，四不像鹿标本 4 个。标本 1 号（T3:029），为一自然脱落的左角，呈灰黄色。标本 2 号（H43:04），为残断的左角上端，呈扁平的形状。标本 3 号为四不像鹿角的一段，长 267 毫米。标本 4 号为一小段分成两叉的残角，上、下端都留有被锯而成的平滑断面，大概是取用骨料之后剩留的部分。鹿角各处扁平，显系已达四不像鹿角的顶端部位。“以上四不象鹿角标本，大概都是商代人类在用四不象鹿角制作器物选取材料以后丢弃的残角，因为各支鹿角上都未见加工和使用的痕迹。由此也可见当时加工四不象鹿角是很普遍的。”②

斑鹿即梅花鹿，学名为 Cervus nippon，标本 2 个。标本 5 号、标本 6 号为两支自然脱落的斑鹿角。一大（标本 5 号），一小（标本 6 号），都属成年个体。标本 6 号分出四叉，标本 5 号第Ⅲ叉上端断失。两只角的角面上都布满纵沟和麻点状突棱，角的上端都向内侧偏转。斑鹿是我国更新世晚期

---

① 中国社会科学院考古研究所编著《殷虚考古发现与研究》，科学出版社，1994，第 417 页。

② 裴文中、李有恒：《藁城台西商代遗址中之兽骨》，河北省文物研究所编《藁城台西村商代遗址》附录一，文物出版社，1985，第 181~182 页。

动物群中常见的动物。[①]

狍即狍子，古典文献中称麞，学名为 Capreolees Capreolecs，标本 1 个。标本 8 号为一成年狍左角，是一件人工做成的器物。先是在角环的下方将角柄锯掉，然后加工。“因此，商代的人可能就是因为要利用这个第三叉的锐利的尖端，而将此狍角加工成器物。”[②]

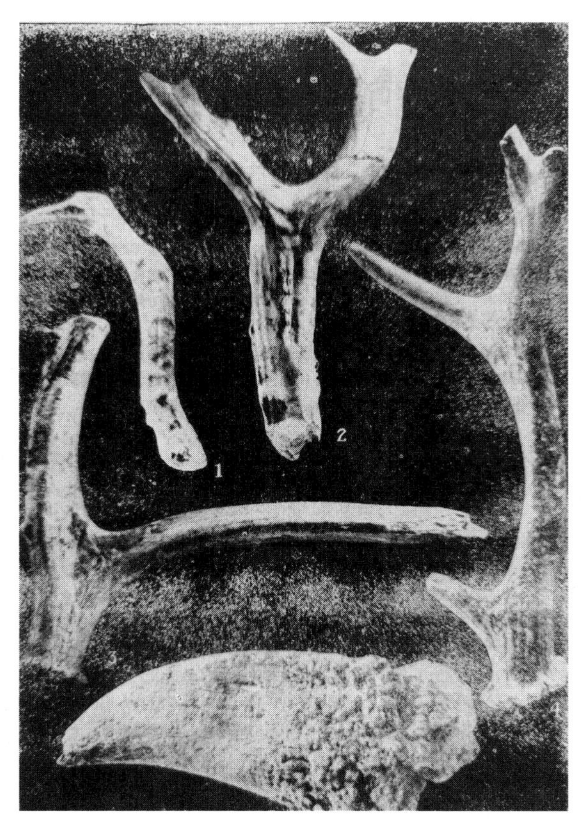

图二十七　藁城台西村商代遗址出土的兽骨

（摘自《藁城台西商代遗址》）

① 裴文中、李有恒:《藁城台西商代遗址中之兽骨》，河北省文物研究所编《藁城台西村商代遗址》附录一，文物出版社，1985，第 182~183 页。

② 裴文中、李有恒:《藁城台西商代遗址中之兽骨》，河北省文物研究所编《藁城台西村商代遗址》附录一，文物出版社，1985，第 184~185 页；李有恒:《河北藁城台西村遗址动物群中发现狍》,《古脊椎动物学报》1979 年第 4 期。

据古代动物学家研究与鉴定，殷墟等商代遗址出土的鹿科动物遗骸包含了赤鹿、麋鹿、梅花鹿、獐、狍（麅）等几个种属。在殷墟附近的河南许昌灵井遗址（仰韶文化—早商文化）也出土过赤鹿（Cervus elaphus）和斑鹿的化石。相信日后考古的新发现，会给我们提供越来越多殷商时代鹿科动物的信息，从而奠定古代动物学方面的基础。

三　麋鹿（四不像鹿）

1. 麋鹿的种属习性

在远古至春秋时代，麋鹿曾是东部湖沼草泽地区的优势鹿种，种群数量十分庞大。但是，随着土地不断被垦辟，加之自然气候变化和人为狩猎等因素，自战国秦汉以后中国境内的麋鹿日益稀见。元朝时，为了以供游猎，残余的麋鹿被捕捉运到皇家猎苑内饲养。到 19 世纪时，只剩下在北京南海子皇家猎苑内的一群。后来被八国联军捕捉并从此在中国消失。20 世纪 60 年代初期，我国又从英国引进，在江苏省盐城建成了“中华麋鹿园”野生养殖基地，目前园中大约有野生麋鹿 3000 头。在诸种鹿类中，麋鹿的种群数量和分布区域减缩最为明显，目前是中国境内独有的可以与国宝大熊猫相媲美的又一珍稀动物。

麋鹿又称四不像鹿（学名为 Elaphuras menyiesianus sow，或 Elaphurus davidianus），又名大卫神父鹿。因为它头脸像马、角像鹿、颈像骆驼、尾像驴，但它角似鹿而非鹿，头似马而非马，身似驴而非驴，蹄似牛而非牛，因此又称四不像（见图二十八）。麋鹿在中国古代被认为是灵兽，古典小说《封神演义》里姜子牙的坐骑就是四不像麋鹿。

麋鹿原产于中国华北和长江下游平原，并且北到辽河平原、南到杭州湾南岸。麋鹿为鹿科，形似鹿而体大。一般体长 2 米多，雄性肩高 0.8~0.85 米，雌性肩高 0.7~0.75 米，成年雄鹿一般重 250 千克，初生仔 12 千克左右。雄性有分枝之角，角较长，每年 12 月份脱角一次。雌麋鹿没有角，体型也较小。麋鹿性情温顺，喜欢居住在沼泽地带，善于游泳，以青草和水草为食物，有时到海中衔食海藻，加之又喜欢群居，故易被大批猎获。《诗经・巧言》有

“居河之麋”，注云：“水草多谓之麋。”故又被称为“水鹿”。[①]《纬略》称：“麋之大者曰麈，群麋随之，皆以麈尾而传。”就是说，麈是麋鹿群中领头的大麋鹿。《说苑·杂言》中有“麋鹿成群，虎豹避之”。

图二十八　麋鹿（四不像鹿）

2. 古典文献中记载的麋鹿

由于繁衍众多，出没频繁，而且容易被大量捕获，麋鹿在先秦文献中出现的频率，丝毫不亚于作为鹿科动物总称的鹿。

当然，在这些记载中，单称“麋”者，毫无疑问是指麋鹿，比如《春秋·庄公十七年》：“冬，多麋。”《左传·僖公二十八年》：“余赐女孟诸之麋。”《宣公十二年》：“麋兴于前，射麋丽龟。晋鲍癸当其后，使摄叔奉麋献焉。”“楚潘党逐之，及荧泽，见六麋，射一麋以顾献。”《礼记·月令》：“仲冬之月……芸始生，荔挺出，蚯螾结，麋角解，水泉动。”《诗经·小雅·节

① 丁骕：《契文兽类及兽形字释》，《中国文字》第21册，台湾大学文学院中国文学系编印，1966。

南山之什·巧言》："彼何人斯？居河之麋。无拳无勇，职为乱阶。"《管子·地员》："既有麋麃，又且多鹿，其泉青黑，其人轻直，省事少食。"《国语·鲁语上》："且夫山不槎蘖，泽不伐夭，鱼禁鲲鲕，兽长麋麌，鸟翼鷇卵，虫舍蚳蝝，蕃庶物也，古之训也。"《吕氏春秋·士容论》："此良狗也。其志在獐麋豕鹿，不在鼠。欲其取鼠也则桎之。"《吕氏春秋·仲夏纪·古乐》："帝尧立，乃命质为乐。质乃效山林溪谷之音以歌，乃以麋輅置缶而鼓之，乃拊石击石，以象上帝玉磬之音，以致舞百兽。"《穆天子传》："□乌鸢、鹳鸡飞八百里。名兽使足：□走千里，狻猊□野马走五百里，邛邛、距虚走百里，麋□二十里。"《穆天子传》："爰有□兽食虎豹，如麋而载骨，盘□始如大鼻。爰有赤豹、白虎、熊罴、豺狼、野马、野牛、山羊、野豕，爰有白鸟、青雕，执太羊，食豕鹿。"《穆天子传》："味中麋胄而滑。"《逸周书·时训解》："冬至之日，蚯蚓结，又五日，麋角解，又五日，水泉动。蚯蚓不结，君政不行；麋角不解，兵甲不藏；水泉不动，阴不承阳。"《周礼·考工记》："角环灂，牛筋蕢灂，麋筋斥蠖灂。"《越绝书》："麋湖城者，阖庐所置麋也，去县五十里。"《战国策·楚策》："今山泽之兽，无黠于麋。麋知猎者张网，前而驱己也，因还走而冒人，至数。猎者知其诈，伪举网而进之，麋因得矣。"

而"麋鹿"并称者，极有可能单指麋鹿，也有可能是指鹿和麋鹿这两种动物，所以这种形式的"麋鹿"出现得最多。比如《左传·僖公三十三年》："郑之有原圃，犹秦之有具囿也，吾子取其麋鹿，以闲敝邑，若何？"《孟子·梁惠王上》："孟子见梁惠王，王立于沼上，顾鸿雁麋鹿，曰：'贤者亦乐此乎？'孟子对曰：'……文王以民力为台为沼，而民欢乐之……乐其有麋鹿鱼鳖。'"《孟子·梁惠王下》："臣闻郊关之内，有囿方四十里，杀其麋鹿者如杀人之罪。"《管子·国准》："彼菹莱之壤，非五谷之所生也，麋鹿牛马之地。"《吕氏春秋·先识览》："天生民而令有别。有别，人之义也，所异于禽兽麋鹿也，君臣上下之所以立也。"《吕氏春秋·恃君览》："此四方之无君者也。其民麋鹿禽兽，少者使长，长者畏壮，有力者贤，暴傲者尊，日夜相残，无时休息，以尽其类。"《吕氏春秋·慎行览》："凡人伦以十际为安者也，释十际则与麋鹿虎狼无以异，多勇者则为制耳矣。"《墨子·非乐》："今人固与禽兽、麋鹿、蜚鸟、贞虫异者也。今之禽兽、麋鹿、蜚鸟、贞虫，因其羽毛，以为衣裘；因其蹄蚤，以为绔屦；因其水草，以为饮食。”《墨子·公输》：“荆有云梦，犀兕麋鹿满之，江汉之鱼鳖鼋鼍为天下富，宋所为无雉兔狐狸者也，此犹粱肉之与糠糟也。”《晏子春秋》：“晏子衣缁布之衣，麋鹿之裘，栈轸之车，而驾驽马以朝，是隐君之赐也。”“夫麋鹿维无礼，故父子同麀，人之所以贵于禽兽者，以有礼也。”《庄子·齐物论》：“民食刍豢，麋鹿食荐，蝍蛆甘带，鸱鸦耆鼠，四者孰知正味？猿猵狙以为雌，麋与鹿交，鳅与鱼游。毛嫱丽姬，人之所美也，鱼见之深入，鸟见之高飞，麋鹿见之决骤。四者孰知天下之正色哉？自我观之，仁义之端，是非之涂，樊然淆乱，吾恶能知其辩！”《庄子·盗跖》：“神农之世，卧则居居，起则于于，民知其母，不知其父，与麋鹿共处，耕而食，织而衣，无有相害之心，此至德之隆也。”《战国策·魏策》：“文台堕，垂都焚，林木伐，麋鹿尽，而国继以围。”《战国策·宋卫策》：“墨子曰：……荆有云梦，犀兕麋鹿盈之，江、汉鱼鳖鼋鼍为天下饶，宋所谓无雉兔鲋鱼者也，此由七粱肉之与糟糠也。”

麋鹿是商周时期大量存在的野生动物，正如《史记·周本纪》所云：“麋鹿在牧，蜚鸿满野。”因此麋鹿是这一时期狩猎的主要对象，所获数量颇多。《逸周书·世俘解》记载了灭商后不久周武王在殷商田猎区中进行的一次狩猎活动，捕获大量野兽，其中麋鹿数量最多，达 5235 只。可知殷商至西周时，中原地区麋鹿之多见。

《逸周书·世俘解》表现这次狩猎所获的原文为：“武王狩，禽虎二十有二，猫二，麋（原文作糜，据《容斋随笔》改为麋）五千二百三十五，犀十有二，牦七百二十有一，熊百五十有一，罴百一十有八，豕三百五十有二，貉十有八，麈十有六，麝五十，麇（原文作麋，据《容斋随笔》改为麇）三十，鹿三千五百有八。”

这次武王狩猎获兽，有“糜”和“麋”两种兽，“糜”数为 5235 只，“麋”数为 30 只。“糜”非动物字，当是“麋”的误写。而“麋”应是“麇”之误。注引梁处索云：“麋必有一字作麇者，古麋麇多通写。”因为卜辞中有“麇”字，但不见有作兽名者，当是此类兽少之故。因此，武王获 5000 多只的“麋”，以古文献和甲骨文中多“麋”及殷墟考古发掘中四不像鹿遗骨较多等情况相参照，应为“麋”，而仅获30只的“麋”，应该就是文献记载和甲骨卜辞中均为少见的“麋”。

3. 甲骨文“麋”考释与辨正

麋鹿（四不像），甲骨文字作（《合集》27146）、（《合集》28363）、（10344）、（《天理》206正）、（《合集》10350）、（《合集》20723）、（《合集》18322）等形，与“鹿”字明显不同在于角的形状，鹿象鹿角参差之状，而麋鹿之所从绝不象角形，而是象目上有眉毛之鹿形。

容庚、瞿润缗先生最早辨识麋与鹿角之别，“非鹿字。《后编》卷上第15叶‘王田于斆麓往……兹御获六鹿九’，之角与鹿不同，苟释为一字，则云获鹿六鹿九，而不云获鹿十五，亦为不辞也”[1]。唐兰先生也明确释为麋字：“卜辞数见字，旧不之识，故商氏列于《待问编》。余谓此乃麋字。又有字，且屡见偏旁，又有字，亦均在《待问编》，余谓当释为眉或觅。盖惟古文麋、眉形相近，故经传眉寿多作麋寿也。”[2]唐兰所言甚是，古音麋、眉皆为明纽脂部字，读音相近，故甲骨文中的“麋”可以用眉毛形状来表音。李孝定先生对此的解释也颇有贡献：“按，字作者，尚可解为首具二角而不歧出，惟于作形者，则无以为解。《急就篇》：‘狸兔飞鼯狼麋麐。’颜注：‘麋似鹿而大，冬至则解角，目上有眉，因以为名也。’小颜此说与契文字形亦近，盖它兽无眉，而麋独有，故作字象之耳，颜说当是。”[3]只是李先生前面所谓，以为为麋鹿二角不歧出，而无解。其实，这不是麋鹿的头角，而是其眉毛形状，眉毛可以以二道概括之，也可以用三道来代表之，皆无不可。李氏后面引申古人眉毛的说法，倒是说到了点子上。

于省吾先生也从容、瞿之说而详论之：“《说文》：‘麋，鹿属，从鹿米声。麋冬至解其角。’……甲骨文麋字作或，其头部作或，和人的眉目之眉同形。后世代之以从鹿米声之麋，于是麋行而䴢废。总之，䴢本为独

① 容庚、瞿润缗编著《殷契卜辞》，哈佛燕京学社石印本，1933，第51页。

② 唐兰：《获白兕考》，《史学年报》第4期，1932年，第121页。

③ 李孝定编述《甲骨文字集释》，“中央研究院”历史语言研究所，1965，第3064页引。

体象形字，但其头部作，也表示着麋字的音读。”[①]姚孝遂等人从之，进一步论证：“卜辞麋字从即眉，突出其目上有眉的形状。实则麋的目上有白斑，看上去似眉。”[②]

关于麋鹿的眼睛之与众不同，古代人们也已经颇为了解和有所记述。比如《淮南子·说山训》：“孕妇见兔而子缺唇，见麋而子四目。”《本草纲目》：“时珍曰：麋，鹿属也。牡者有角。鹿喜山而属阳，故夏至解角；麋喜泽而属阴，故冬至解角。麋似鹿而色青黑，大如小牛，肉蹄，目下有二窍为夜目。”实则麋鹿只有两目，且眼睛较小，眼边的眶下腺却很明显，像两道浓黑的眉毛，所以甲骨文“麋”字加上眉毛以象其形。[③]

也就是说，甲骨文麋字本是一个独体象形字，但又寓眉声于其中。从鹿形从眉得声，象形兼形声，即作鹿身而特别突出眼上的眉毛，用以表声。到了石鼓文中，麋字作，小篆作，从鹿从米得声，已是典型的形声字。

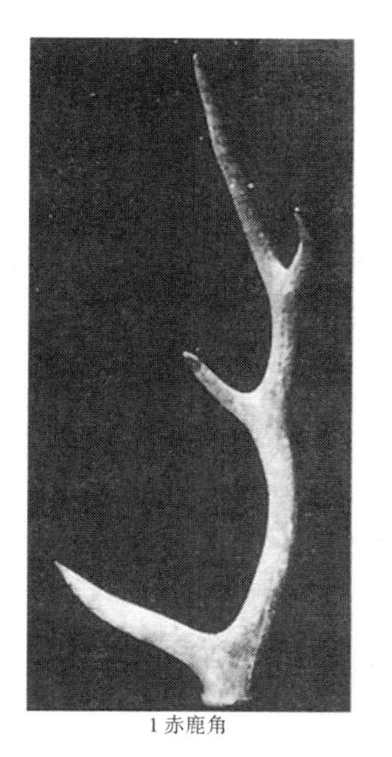

1 赤鹿角

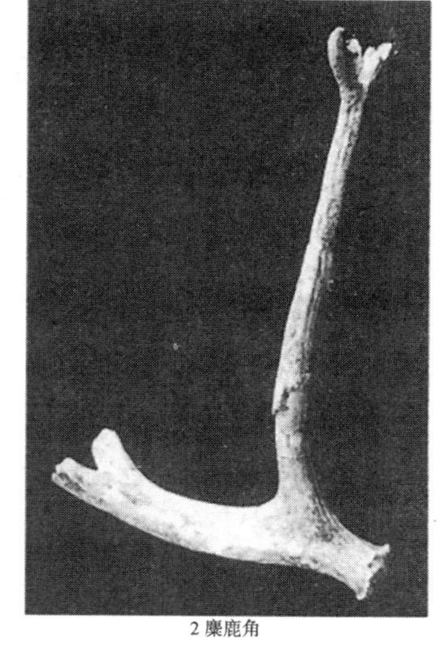

2 麋鹿角

图二十九　殷墟出土的鹿角和麋鹿角

（摘自《殷墟的考古发现与研究》）

① 于省吾：《释具有部分表音的独体象形字》，《甲骨文字释林》，中华书局，1979。

② 姚孝遂、肖丁：《小屯南地甲骨考释》，中华书局，1985，第159页。

③ 夏经世：《我国古籍中有关麋的一些记载》，《兽类学报》1986年第4期。

4. 甲骨文中捕获麋鹿的田猎卜辞

商代捕获大量麋鹿的记载，更多的是反映在甲骨田猎卜辞中，甲骨文中记载的猎获麋鹿的次数和数量都不少。

据 1941 年胡厚宣对卜辞记载的不完全统计，仅武丁时，猎获的麋鹿有 1179 头，其中一次猎获 200 头以上的就有两次。[①] 就目前的甲骨文记载来看，最多的一次曾捕获 700 头（《屯南》2626）。

甲骨卜辞有大量“获麋”“擒麋”“逐麋”的占卜记录。如“获麋”“擒麋”的辞例：

允获麋四百五十一（《合集》10344 反）

□亥卜，王贞：余狩麋，不蔑擒？（《合集》10377）

获麋二百。（《合集》10990）

获麋四十八……（《合集》37458）

获麋十又八。（《合集》37459）

……王田于㱿麓，往［来亡灾］？兹御，获麋六、鹿……。（《合集》37461）

……擒兔？允擒。获麋八十八、兕一、豕三十又二。（《合集》10350）

戊寅卜，争贞：……曰我其狩盗，其［擒］？允擒，获兕十一，鹿……麋七十又四，豕四，兔七十又四。（《合集》13331+《合集》40125+《天理》205+《苏德美日》附录一）[②]

□□卜，翌日壬王其田棼，乎西有麋兴，王于之擒？（《屯南》641）

“逐麋”的辞例：

丙申卜，争贞：王其逐麋，遘？（《合集》10345 正）

---

① 胡厚宣：《气候变迁与殷代气候之检讨》，《甲骨学商史论丛》第 2 集，成都齐鲁大学国学研究所，1944。

② 此条卜辞由杨升南先生补缀而成，见杨氏《商代经济史》，贵州人民出版社，1992，第 304 页。

丙申卜，争贞：王其逐麋，获？（《合集》10346 正）

贞：王往逐麋，获？（《合集》10347 正）

甲申卜，贞：王田逐麋？（《合集》27146）

庚申卜，贞：王叀麦麋逐？（《合集》27459）

贞：叀麋逐，亡灾？（《合集》28358）

王其逐斿麋，湄日亡灾？弜逐斿麋，其悔？（《合集》28370）

自东西北逐沓麋，亡灾？其逐沓麋自西东北，亡灾？（《合集》28789）

捕获百头以上的麋鹿，往往使用陷阱捕猎。此处“阱”字作（《合集》31825）、（《屯南》815）、（《天理》206 正），从井或从凵从麋，可以隶定为“麀”，应当是为捕获麋鹿而设陷阱的专字。“阱麋”的辞例有：

壬戌卜，争贞：叀王自往麀？（《合集》787）

……羌其麀麋于斿？（《合集》5579 正）

壬申卜，㱿贞：甫擒麋？丙子麀。允擒二百又九。（《合集》10349）

……子其麀麋……（《合集》10363）

己卯卜，㱿贞：我其麀，擒？（《合集》10655）

甲子卜，其麀，……叀马乎麀？（《合集》27964）

贞：其麋……麀……，王……（《合集》28797）

丙戌卜，丁亥王麀，擒？允擒三百又四十八。（《合集》33371）

甲子卜…日王逐？乙酉卜，在碁，丙戌王麀，弗正？乙酉卜，在碁，丁亥王麀，允擒三百又四十八。丙戌卜，在碁，丁亥王麀，允擒三百又四十八。（《屯南》663）

丁未卜，贞：甲申王其麀，擒？（《屯南》923）

□□贞：乙亥麀，擒七百麋，用皂……（《屯南》2626）

贞：王勿狩乂，既麀麋，归？（《英藏》849 正）

还有“射麋”：

> 贞：其令马亚射麋？（《合集》26899）
>
> 王其田斿，其射麋，亡灾？擒？（《合集》28371）

等等。

据有关学者对田猎卜辞的研究，获麋100只以上的狩猎，皆在一、四两期，第五期有一辞记获48只的，见《合集》37458。二期不见有获麋的记载，第三期虽有猎麋，但不见有记明猎获量的卜辞。

需要说明的是，现藏台湾“中央研究院”历史语言研究所的刻有“戊戌，王蒿田……文武丁祄……王来正（征）……”（《合集》36534）卜辞的所谓鹿头骨，其实是麋鹿头骨。

四　麞（獐、麇、麢、麐）

1. 麞的种属类别与体征习性

麞即獐，又称牙獐、土麝、香獐、河麂、老章，古文献亦称麇，学名Hydropotes inermis，属哺乳纲偶蹄目鹿科，原产地在中国东部和朝鲜半岛，也是古代华北最原始的鹿科动物（见图三十）。现是国家二级保护动物，严禁猎捕。

图三十　麞（獐）

麞是一种小型的鹿，体重15~20千克，体长约1米，肩高0.45~0.55米，略低于臀高。雌雄都没有角，雄性上犬齿发达，向下延伸，曲成獠牙，突出口外。无额腺，眶下腺小。耳相对较大，尾极短，几被臀部的毛所遮盖。毛粗长而硬，头顶灰褐至红褐色，颏、喉、嘴周围和腹毛白色，身体背面及侧面的毛色为棕黄色、灰黄色，幼兽身上有白色斑点，纵行排列。雌雄均有腹股沟腺（鼠蹊腺）。

麞栖息于有芦苇的河岸或湖边，或是在山边、耕地或有长草的旷野，善于隐藏。冬季草枯萎后，可发现它们经常在开阔田野的洼凹地及洞穴内。植物食性，以青草为食。性喜水，能游泳。行动轻快，跑起来一蹿一跳的两耳直立姿态颇像野兔，性情温和，感觉灵敏。繁殖力强，为鹿类中繁殖力最强的一种。

相比较而言，麞不像梅花鹿具有较高的观赏价值并能够提供珍贵的鹿茸，亦不似麝是麝香的主要来源，因此它在古代的声望不及于后二者。不过，麞乃为当时重要的捕猎对象和重要的野味肉食来源，麞肉能食，味美，麞的毛皮亦可制革。其分布区域也相当广泛。

2. 古典文献中对“麞”（獐、麇、麕、麠）的记述

对于“麞”这种鹿科动物，古代文献中往往称为“麇”。

对此，《说文·鹿部》分别解释道：“麇，麞也。从鹿，囷省声。麕籀文不省。”段玉裁注曰：“释兽曰麕，牡麌，牝麜，其子麆。许书皆无其字。盖鹿旁皆后人所着也。从鹿。囷省声。盖小篆省囷为禾也。居筠切。古音在十三部。”《说文·鹿部》云：“麞，麇属也。从鹿章声。”段玉裁注曰：“麞，麇属也。伏侯《古今注》曰：麞有牙而不能噬。《考工记》：缋人山以章。郑云：章读为獐。獐，山物也。齐人谓麇为獐。陆机《诗》疏云：麠，麞也。青州人谓之麠。按麞异于麇者，无角。从鹿，章声。诸良切。十部。”《中华古今注》：“鹿，青州人谓鹿为獐也。”以上文献所记，详细训释了“麞”“獐”“麇”“麕”“麠”异字而相通的缘由。

对于“麞”这种动物的习性，古人也有细致入微的观察和精确的描述。《春秋公羊·哀十四年》传，谓“西狩获麟”之“麟”为“有麠而角者”，说

明“麏”本来无角。《吕氏春秋·不苟论·博志》:“使獐疾走，马弗及至，已而得者，其时顾也。”崔豹《古今注》:“獐有牙而不能噬，鹿有角而不能触。”《中华古今注》:“獐，有牙而不噬。一名麕獐。见人惧，谓之章慑。”由此可知，在古人心目中，麞是一种虽然有恐怖的獠牙，但不能用来咬人，见人而惧，虽然跑得比马还快，但是奔跑时总是回头张望，所以总容易被人捕捉的鹿科动物。

《诗经·召南·野有死麕》有:“野有死麕，白茅包之。有女怀春，吉士诱之。林有朴樕，野有死鹿。白茅纯束，有女如玉。”《诗集传》亦云:“麕，獐也。鹿属，无角。”《焦氏易林·蒙》:“复，獐鹿雉兔，群聚东囿。”是把“麕”（獐）与“鹿”相对而言。

《穆天子传》卷5:“仲冬丁酉，天子射兽，休于深藿，得麋麇豕鹿四百有二十，得二虎九狼，乃祭于先王，命庖人熟之。”《礼记·内则》:“牛脩，鹿脯，田豕脯，麋脯，麇脯，麋、鹿、田豕、麇，皆有轩，雉、兔皆有芼。”《周礼·天官·庖人》:“庖人掌共六畜、六兽、六禽，辨其名物。”郑玄注:“郑司农云:‘六兽，麋、鹿、熊、麕、野豕、兔……’玄谓兽人冬献狼，夏献麋。又《内则》无熊，则六兽当有狼，而熊不属。”《吕氏春秋·士容论》:“此良狗也。其志在獐麋豕鹿，不在鼠。欲其取鼠也则桎之。”则是把“麇”（麕、麞、獐）与麋鹿、鹿和野生动物并称，表示不同于鼠类的高级野生动物，说明古人对麇的习性特征及与其他鹿科动物之间的区别非常熟悉。

尤其是郑玄所谓“六兽”——“麋、鹿、熊、麕、野豕、兔”，都是古代人们狩猎所能捕获的大宗野兽猎物种类，可见“麞”（獐、麇、麕、麏）这种野生鹿科动物在当时数量繁盛。而且这样一个排序位次，正好说明了“麞”（麕）这种动物虽然多见，但总不如麋鹿、鹿和熊这些更为常见的野生动物数量多。

3. 甲骨文“麇”字考释与卜辞用法

甲骨文有一字，作（《合集》4596）、（《合集》4601）、（《合集》6511甲）等形，为一从罒禾声之形声字，可以隶定作罧。可见此字并不从鹿，但是早期甲骨学家多数将此字当作鹿属的“麇”来看待了。

罗振玉先生曾据《说文》及《诗集传》首释此字为“麇”字，谓:“《说文解字》麇从鹿囷［囷］省声。籀文从囷［囷］不省。今卜辞从不从鹿，然则麇殆似鹿而无角者与？”[①] 王襄从之也释为“麇”。[②] 王国维先生亦云:“案：殷虚卜辞有字，麇妇觚有字，均与篆文略同。”[③] 今按约定俗成之例，还将此字释为“麇”字。

从甲骨文来看，此“麇”字上部所从确像鹿而无角，应是鹿属麞类动物。不过甲骨文此“麇”字已经不是一个单体象形字了，而是一个形声字。早期表示常见动物的甲骨文字，往往是单体象形字，很少是合体字。所以说，这个根据甲骨文字形勉强当作“麇”的字，不可能表示鹿科动物“麞”，或许表示“麞”的文字还没有释读出来。

而且在甲骨文中，此“麇”字也并不表示动物名称，而是用为人名或方国名，如武丁时期卜辞：

……卜，宾贞：麇告曰：方由今春凡，受［有］佑？（《合集》4596）

乙酉卜，争贞：麇告曰：方由今春凡，受有佑？（《合集》4597）

丙□［卜］，□贞：令（？）□犬登□□麇望（？）□方？（《合补》6511 甲）

春秋之时有麇国（见《左传·文公十年》），有麇地（见《左传·定公五年》），或许与此殷商人族名有关。

也就是说，甲骨文中的此“麇”字，乃由原字形勉强隶定而成，恰好与古典文献中的“麇”字为一个字，但所指也许并非一物。这是需要提请注意的。尤其是按照《说文》对“麇”的解释，“麇，麞也。从鹿，囷省声。麕籀文不省”。是先有麕字，后有省略的麇。今甲骨文无“麕”，则勉强释为“麇”的是否就是后世的“麇”（麞），确实有待仔细查考。（详见下文）

① 罗振玉:《增订殷虚书契考释》卷中，东方学会，1927，第 29 页下。

② 王襄:《簠室殷契类纂》“正编”第 10 卷，天津博物院石印本，1920，第 44 页下。

③ 王国维:《史籀篇疏证》,《观堂集林》，中华书局，1959，第 28 页。

4. 甲骨文"麞"字考释

殷墟考古发掘中出土了大量的獐骨骼，据杨钟健、刘东生先生的统计，其数量在 100 只以上。[①] 由此来看，商代之时是有獐频繁出没于中原大地上的。那么，甲骨文中就应该有这样一个常见的动物名词字。究竟哪个字是表示"麞"这种鹿科动物的？这是一个需要进一步探讨的问题。

甲骨文中有[illegible]（《合集》10260）、[illegible]（《合集》10386、37455）、[illegible]（《合集》10392）等形，可以隶定为罠，象无角之鹿科动物之形。

以往的学者大多将此字释为"麑"字。比如孙海波云："卜辞麑不从儿，无角，象形。"[②] 郭沫若将此字隶定为"麛"，[③] 视"麛"为"麑"之或体。徐中舒先生也释为"麑"字："象无角之幼鹿，当为麛之初文。……典籍或作麑。"[④]

罗振玉并释[illegible]及[illegible]为麑字，谓后者："象鹿子随母形，殆即许书之麑字。《说文解字》训麑为狻麑，而别有麛字训鹿子，然麑之为字，明明从鹿，会合鹿儿之谊，正是鹿子矣。卜辞以有角无角别鹿母子，故卜辞中之[illegible]字，似鹿无角，缘是亦得知为麑字矣。"[⑤]

学者将此释为"麑"的理据，应是来自以下文献。《说文・鹿部》："麛，鹿子也。从鹿弭声。"《尔雅・释兽》："鹿，牡麚，牝麀，其子麛。"《论语・乡党》"素衣麑裘"，《经典释文》释麑为"子鹿"。《韩非子・说林上》："孟孙猎得麑，使秦西巴持之归，其母随之而啼，秦西巴弗忍而与之。"是幼鹿称麑之证。《国语・鲁语上》："鱼禁鲲鲕，兽长麑麇。"韦昭注："鹿子曰麑，麋子曰麇。"《淮南子・主术训》"先王之法，畋不掩群，不取麛夭"，注："鹿子曰麑，麋子曰夭。"

---

① 杨钟健、刘东生：《安阳殷墟之哺乳动物群补遗》，《中国考古学报》第 4 册，商务印书馆，1949。

② 孙海波：《甲骨文编》，中华书局，1965，第 403 页。

③ 郭沫若：《卜辞通纂》，科学出版社，1983，第 139 页。

④ 徐中舒主编《甲骨文字典》，四川辞书出版社，1989，第 1081 页。

⑤ 罗振玉：《增订殷虚书契考释》卷中，东方学会，1927，第 29 页下。

但《说文·鹿部》也说："麑，狻麑，兽也。从鹿儿声。"《尔雅·释兽》又云："狻麑，如虦猫，食虎豹。"郭璞注："即狮子也。""狻麑"后世又作"狻猊"，如果是狮子，"狻麑"则是一种可以"食虎豹"的可怕猛兽，显然作为鹿科动物的"麑"是不可能如此的。段玉裁《说文解字注》怀疑，"狻麑"二篆皆后人所增。可见文献中称"麑"的两个义项是互相矛盾的。

那么我们再来看看，甲骨文中这个既无长长犄角又无獠牙利爪的毘，是否就是尚未长成的幼鹿。如果不是幼鹿，它又能是什么字呢？

其实早在甲骨学发轫之初，很多学者信从罗振玉释之为"麑"时，唐兰先生就别开蹊径，首先将此字释为"麇"：

> 卜辞有[illegible]字，及麂字，罗氏并释为麑。其说云："象鹿子随母形，殆即许书之麑字。《说文》训麑为狻麑，而别有麛字，训鹿子，然麑之为字，明明从鹿，会合鹿儿之谊，正是鹿子矣。卜辞以有角无角别鹿母子，故卜辞中之[illegible]字，似鹿无角，缘是亦得知为麑字矣。"罗氏误认从见之字，以为儿（兒）字，故有此说，所谓卜辞以有角无角，别鹿母子，亦其所臆测也……[illegible]以字形论之，盖鹿属而无角者……《说文》以麇为从鹿囷省声，籀文作麕，《诗》"野有死麕"，《释文》作麏，云："本亦作麕，又作麇。"囷与君皆声，固无可疑，然《说文》以从禾为囷省声，则失之。殷世已有麇字，而麕、麏之字发生，尚在其后，又安得因而省之哉。余谓麇字实从禾[illegible]声，稛或穛之本字也。《春秋公羊·哀十四》传云："有麏而角者。"则麇本无角，其证甚明；《说文》："麇，麞也。""麞，麇属也。"《考工记》注云："齐人谓麕为獐。"则麞即獐，而今之獐固无角也。则麇之本字，以麇鹿例之，实当作[illegible]。以无角别于鹿，亦象形字也。①

唐先生将[illegible]字释为"麇"，是颇有道理的。近有单育辰著有《说

---

① 唐兰：《获白兕考》，《史学年报》第4期，1932年，第121页。

“麋”“麃”——“甲骨文所见的动物”之五》，发表在简帛网上，信从唐说并为之补正如下：

一、目前所见甲骨文中的动物如豕、兕、象等，都没有用字形来区分大小，如果单说“鹿”以有角无角之形来区别大鹿小鹿，显然是不合适的。并且在鹿科动物中，除了驯鹿（此动物不见于殷墟）外，母鹿也都是无角的，所以罗振玉所言“卜辞以有角无角别鹿母子”，更是不可信的。……

二、在中国古代，鹿科的动物中，最大的三群就是“麋”“鹿”“麇”（又称麢、麞、獐）；在安阳殷墟动物群中，遗留下来的麇的骸骨数量也是很大的，据《安阳殷墟之哺乳动物群》《安阳殷墟之哺乳动物群补遗》这两种动物骨骼鉴定报告显示，殷墟动物群鹿科动物中，以麋的数量为大，其次则是麇和鹿，二者数量相仿。如果我们把Ⅰ型（朱案即甲骨文[illegible]字）动物释为“麇”，则不仅和殷墟动物骨骼鉴定结果完全吻合；也和动物学史上记载的鹿科最大三群是“麋”“鹿”“麞（麇）”完全吻合。但如果我们把Ⅰ型动物释为鹿子义的“麑”，则那时数量很大的“麇”在甲骨文中完全没有了踪影，这是没有可能的……

三、目前中国的野生动物资源接近枯竭，人们对“麇（麞）”这种动物的了解也不多，这里我们依照《中国经济动物志·兽类》把麞的特征描述如下，其形参文末所附的图一、图二……从以上描述可以看出，甲骨文Ⅰ型动物似鹿，无角，短尾的特征都是与“麞”完全一致的。

四、Ⅱ型（朱案即甲骨文[illegible]字）“禾”上所从的动物与Ⅰ型完全相同，Ⅱ型是“麇”字，从而推知Ⅰ型那个动物也是“麇”。①

① 单育辰：《说“麇”“麃”——“甲骨文所见的动物”之五》，复旦大学出土文献与古文字研究中心网站，2009年9月23日，http://www.gwz.fudan.edu.cn/SrcShow.asp?Src_ID=917。

单氏还总结了甲骨文“麇”字的识别特征：“1. 有颈；2. 多有短尾；3. 腹朝下。”如此，对唐氏论点的有力补充，尤其是不能以鹿角之有无辨别鹿之大小，遂使唐先生释字为“麇”的观点得以坐实。因为甲骨文中有（《合集》31771）字，可以隶定为麤，象两只一大一小的鹿形影相随之状。字中的小鹿也是有鹿角的。所以比较两家观点，笔者比较欣从此说。

但是对于单氏同时将、两字，即氏所谓Ⅰ型、Ⅱ型，均视为“麇”，笔者不能苟同。两个字一为独体象形字（），一为合体形声字（），两字字形结构既不相同，且在甲骨卜辞中所指也并不一致，所以还是分释为两字为宜。同时，为了区别甲骨文中已有之非动物名称的“麇”（），故而建议将此甲骨文字释为“麞”。

至于罗振玉也指认为“麑”的（《合集》37467）、（《合集》37468）字，并不从，而是从鹿从见，郭沫若隶定为“觊”，[①] 为从鹿见声之形声字，非幼鹿从母之会意也。此字与前述之（麤）明显不同，更无由释为“麑”字。在甲骨文中，“觊”字用为地名，如“侯麓觊豕”“告觊兔”，盖指能够见到鹿科动物的田猎之地。

5. 田猎卜辞中捕获“麞”的占卜记录

既然考证出来了即“麞”字，那么原来当作“麑”字而论的甲骨卜辞，尤其是那些捕获的田猎辞例，自然也应该归到“麞”字之下。

在田猎卜辞中，涉及捕获“麞”的辞例，有特言明“获麞”“逐麞”“射麞”“执麞”等类的，表明了不同的捕麞方法。其中“获麞”辞例最多，捕获数量也颇大。这可能是“获麞”是对所有狩猎方法擒获麞的总称。故今分别胪列如下：

（1）获麞

乙未卜，今日王狩光，擒？允获彪二、兕一、鹿二十一、豕二、麞

① 郭沫若：《卜辞通纂》，第615片考释，科学出版社，1983，第487~490页。

百二十七、虎二、兔二十三、雉二十七。十一月。(《合集》10197)

戊午卜，㱿贞：我狩㪤，擒？之日狩，允擒。获虎一、鹿四十、狐百六十四、麑百五十九……(《合集》10198正)

……之日王往于田，从𣪊京，允获麑二，雉十七。十月。(《合集》10921)

鹿七十一，豕四十一，麑百。(《合集》20723)

壬子王卜，贞：田盂，往来亡灾？王占曰：引吉。兹御。获狐卌(四十)一、麑八、兕一。(《合集》37380)

乙子(巳)王卜，贞：田害，往来亡灾？王占曰：吉。兹御。获鹿四、麑一。(《合集》37408)

辛未卜，贞：王田于琋，往来亡灾？兹获狐十又一、鹿四、麑五。(《合集》37411)

戊申王卜，贞：田害，往来亡灾？王占曰：吉。才(在)九月。兹御。获鹿一、麑三。(《合集》37426)

己亥卜，贞：王田于□麓，往来亡灾？获麇四、虎三、麑二。(《合集》37463)

壬戌王卜，贞：田害，往来亡灾？王占曰：吉。获麑五、象一、雉六。(《英藏》2539)

(2)逐麑

……多子逐麑，获？不玄冥。二告。(《合集》10386)

(3)射麑

王其射租麑，叀逐，无[灾]？(《英藏》2295)

(4)执麑

甲午卜，古贞：令戎执麑？十二月。(《合集》10389)

(5)擒麑

癸酉卜：子其擒？子占曰：其擒。用。四麑、六兔。(《花东》548)

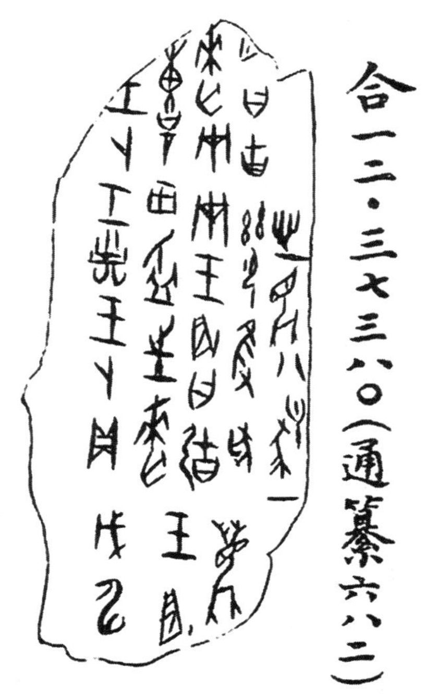

图三十一　甲骨文中捕获麋鹿占卜辞例

（《合集》37380 摹本）

通过以上辞例可以看出，特指明捕获麋而且数量较多的田猎卜辞，大多属于甲骨文第一期的武丁时期。捕获 100 只麋及以上的卜辞，如《合集》10197、20723 等，均属于这个时期。武丁以后，捕获麋的数量大为减少。第二、三、四期只有两版甲骨的三条卜辞记有获麋的，但都无具体数字。到第五期时猎麋的卜辞有所增加，但所获数量与武丁时相比也大为逊色。就卜辞所见，此时一次狩猎获麋或 1 只 2 只，最多的一次捕捉到 8 只（《合集》37380）。这种田猎趋势的变化，说明了当时中原地区的生态环境很可能出现了一定的恶化，已经不大适应野生麋的生存了，或者种群减少，或者迁徙他方，皆未可知。

据说麋肉味美，田猎捕获的野麋可能都饱了当时人的口福了。但也许有些也做了祭祀用的牺牲。甲骨卜辞中也有这样的例子：

癸酉卜，升叀麞即鼓令取宋……（《合集》21229）

辛未卜：其延（诞）㪉麞？辛未卜：弜入麞，其㪉？用。（《花东》395）

戊申卜，王叀麞即于员（鼎）？（《英藏》1782）

6. 甲骨文与“麞”有关的㱿字

甲骨文有两个与“麞”（[illegible]）相关或者说是从[illegible]之字。“麇”（[illegible]）字算一个，从[illegible]从禾，是一个表示地名的字。

另外一个与之相关的甲骨文字，作[illegible]（《合集》4449）、[illegible]（《合集》31997）、[illegible]（《补编》1267）、[illegible]（《合集》27952）等形。论者往往将此字与从鹿从禾之“麇”相混。其实此字从罒从攴，为㱿，《说文》所无。

王襄疑为“牧”字之异体；[①]李孝定释为《说文》之“㪅”字；[②]徐中舒主编《甲骨文字典》将其列入“御”字形中；[③]姚孝遂等将此字隶定为“麬”；[④]上举单育辰隶定为“麬”，[⑤]皆不可从。孙海波《甲骨文编》收入卷3支部，隶定为㱿；[⑥]屈万里也隶定为㱿。[⑦]孙、屈二氏之隶定较为确实可行，兹且从之隶作㱿。

以下是出现㱿字的甲骨卜辞辞例：

丁酉卜，宾贞：叀戌木令比㱿、王？贞：叀戌延令比㱿、王？六月。（《合集》6）

壬寅卜，贞：今日㱿至？十月。（《合集》4606）

贞：今日㱿不其至？（《合集》4605）

① 王襄：《簠室殷契类纂》（增订本）“存疑”第10卷，河北第一博物院，1929，第49页上。

② 李孝定编述《甲骨文字集释》，“中央研究院”历史语言研究所，1965，第1053页。

③ 徐中舒主编《甲骨文字典》，四川辞书出版社，1989，第166页。

④ 姚孝遂、肖丁主编《殷墟甲骨刻辞类纂》，中华书局，1989，第641页。

⑤ 单育辰：《说“麇”“麃”——“甲骨文所见的动物”之五》，复旦大学出土文献与古文字研究中心网站，2009年9月23日，http://www.gwz.fudan.edu.cn/SrcShow.asp?Src_ID=917。

⑥ 孙海波：《甲骨文编》，中华书局，1965，第156页。

⑦ 屈万里：《殷虚文字甲编考释》，“中央研究院”历史语言研究所，1961，第446页。

……丧戣……众？……戣允……八千人？（《合集》31997）

贞：……登……戣……工……（《合补》6511 乙）

由以上辞例可知，“戣”在甲骨卜辞中用作人名或地名，后两辞也说明戣或戣地与征兵打仗有关。以往有学者把“戣”释为“牧”，至少从现有辞例来看，此说并没有什么可靠的证据。

五 梅花鹿

1. 梅花鹿的种属及体征

梅花鹿，古文献中或作斑鹿，学名 Cervus nippon。梅花鹿可能是中古华北分布最广的鹿种，大抵各地丘陵山区多树木丛林之处，都有梅花鹿的出没（见图三十二）。它的分布区域，主要是在东亚地区森林和山地草原地带。

图三十二 梅花鹿

梅花鹿属中型鹿类，体长 125~145 厘米，尾长 12~13 厘米，体重 70~100 千克。头部略圆，面部较长，鼻端裸露，眼大而圆，眶下腺呈裂缝状，泪窝明显，耳长且直立，颈部长。四肢细长，主蹄狭而尖，侧蹄小。尾巴较短。毛色随季节的更替而改变。夏季体毛为棕黄色或栗红色，无绒毛，在背脊两旁和体侧下缘有许多排列有序的白色斑点，状似梅花，因而得名。冬季体毛呈烟褐色，白斑不明显，与枯茅草的颜色类似。颈部和耳背呈灰棕色，一条黑色的背中线从耳尖贯穿到尾的基部，腹部为白色，臀部有白色斑块，其周围有黑色毛圈。尾背面呈黑色，腹面为白色。雌兽无角，雄兽的头上有一对雄伟的实角，角上共有 4 个杈，眉杈和主干呈一个钝角，在近基部向前伸出，次杈和眉杈距离较大，位置较高，常被误以为没有次杈，主干在其末端再次分成两个小枝。主干一般向两侧弯曲，略呈半弧形，眉叉向前上方横抱，角尖稍向内弯曲，非常锐利。

2. 甲骨文中的梅花鹿信息

甲骨文中有一字，作（《合集》36836）、（《合集》36480）等形，从鹿从文，或从毘从文，或从毘从文，会鹿身有花纹之意。从毘从毘者，盖鹿字之省，可以隶定为麐或𪊨字。此字应该是后世所谓梅花鹿者。

但是早期甲骨学者，受《说文解字》影响，多将此字释为“麐”字。《说文·鹿部》：“麐，牝麒也。从鹿吝声。”“麒，仁兽也。麋身牛尾，一角。从鹿其声。”“麟，大牝鹿也。从鹿粦声。”王襄谓此字为“古麐字”。[①] 罗振玉先生谓：“此字从，似鹿而角异。从吝省声，殆即麐字。鹿为歧角，麐角未闻似鹿，故此字角无歧，许从鹿殆失之矣。”[②] 闻一多、孙海波、李孝定等皆从之。[③] 徐中舒解释道：“麐、麟同音，是麟本当作麐。”[④] 今人学者也多有释此

① 王襄：《簠室殷契类纂》“正编”第 10 卷，天津博物院石印本，1920，第 44 页下。

② 罗振玉：《增订殷虚书契考释》卷中，东方学会，1927，第 30 页上。

③ 闻一多：《诗经新义·麟》，《古典新义》，《闻一多全集》，三联书店，1982，第 79 页；孙海波：《甲骨文编》，中华书局，1965，第 402 页；李孝定编述《甲骨文字集释》，“中央研究院”历史语言研究所，1965，第 3062、3057 页。

④ 徐中舒主编《甲骨文字典》，四川辞书出版社，1989，第 1079 页。

字为“麐”即“麟”者。[①] 然而对于此字，唐兰先生有较详审的考证驳辩，[②] 余深信之，此不赘言。

郭沫若则认为甲骨文此字应释为“麖”字，古文作“麖”，认为秦公簋及秦公钟“高弘有麖”，“麖”字从鹿从文，与此正同。古文“文”字多有从心者，故“麖”字后来演变为“慶”。[③] 我们也不认为此字释为麐正确。因为，麐即麟，而据《说文》等古代文献对“麒”“麟”的描述，可能就是后世所谓长颈鹿，与甲骨文此字字形均不能相侔。并且，正如唐兰先生所云“殷世已有麖字，麠、麐之字发生，尚在其后，又安得因而省之哉”一样，麖是甲骨文已有之原形字，而麐是文献中出现的后起字，原形字麖不可能是后起字麐的省文。董作宾先生据字形认为“为从鹿从文会意，象鹿皮之有斑纹也”[④]，是正确的。故麖不能释为长颈鹿的麐或麟，而只能是满身花纹的梅花鹿。

不过在甲骨文中，含有麖字的卜辞辞例非常少见。如“庚戌卜，贞：王……于麖驳騂……”（《合集》36836）“……又白麖于大乙……”（《合集》36481 正、反）。究其原因，有学者认为甲骨文“鹿”字是鹿科动物的总称与泛指，梅花鹿自然也就包括在“鹿”的范畴之中了。此说也有一定道理，究竟如何，存疑待考。

第五节　商代中原地区的野生动物——虎

虎是一种生活在森林之中的大型哺乳类猫科野生动物。虎的活动范围较大，一般为 500~900 平方公里，最大范围甚至达 4200 平方公里以上。其觅食范围也可达数十公里之远。虎的捕食猎物有野猪、马鹿、水鹿、狍子、麝獐、

① 刘钊：《“小臣墙刻辞”新释——揭示中国历史上最早的祥瑞记录》，《复旦学报》（社会科学版），2009 年第 1 期；王晖：《古文字中“麐”字与麒麟原型考——兼论麒麟圣化为灵兽的原因》，《北京师范大学学报》（社会科学版）2009 年第 2 期。

② 唐兰：《获白兕考》，《史学年报》第 4 期，1932 年，第 119~121 页。

③ 郭沫若：《卜辞通纂》，科学出版社，1983，第 155 页。

④ 董作宾：《获白麟解》，《安阳发掘报告》第 2 期，1930 年。

梅花鹿等，偶尔捕食野禽。历史上老虎又称老虫、大虫、波、白额虎、扁担花、打哈（藏）等。

中国境内的老虎品种主要有孟加拉虎、华南虎、东北虎、新疆虎、华北虎、云南虎六种。孟加拉虎主要分布在西藏亚东、曲柯、吉隆、达旺以南邦迪拉区的林芝、墨脱等地，20 世纪 20 年代拉萨附近仍有孟加拉虎出没，但近 50 年没有发现，表明其分布范围大大缩小。华南虎亦称“中国虎”，是中国特有的虎种，生活在中国中南部。识别特点：头圆，耳短，四肢粗大有力，尾较长，胸腹部杂有较多的乳白色，全身橙黄色并布满黑色横纹。其在亚种老虎中体型较小（苏门答腊虎最小）。目前野生华南虎几乎灭绝，仅在各地动物园、繁殖基地里人工饲养着不到 100 只。东北虎，又称西伯利亚虎，起源于亚洲东北部，即俄罗斯西伯利亚地区、朝鲜和中国东北地区，有 300 万年进化史。东北虎是现存体重最大的猫科亚种，其中雄性体长可达 3 米左右，尾长约 1 米，体重接近 350 千克，体色夏毛棕黄色，冬毛淡黄色。背部和体侧具有多条横列黑色窄条纹，通常两条靠近呈柳叶状。头大而圆，前额上的数条黑色横纹，中间常被串通，极似“王”字，故有“丛林之王”之美称，东北虎属中国 I 级保护动物，并被列入《濒危野生动植物种国际贸易公约》（CITES）附录。华北虎，分布在北京、河北、山西、陕西、宁夏、甘肃东部中部，青海东部、河南东北部、山东、皖北、苏北有华北虎亚种。新疆虎是西北虎的亚种。云南虎主要分布于滇西南。除东北虎有少数存量外，其他种类的虎已经灭绝殆尽。

在中国历史上，虎乃百兽之王，时常被我国古代人民奉为“山神”。虎还是中华民族原始先民的图腾崇拜物，所以虎的踪迹经常见于古代典籍。商代之时中原地区生态环境良好，森林植被茂盛，所以有大量的猛虎出没其中。殷墟考古和甲骨文材料都证明了这一时期中原地区猛虎存在的真实性。

一　一项关于商代虎与野生动物研究的评述

因为虎在野生动物群体中的地位和作用非常明显而且突出，所以也有学者从甲骨田猎卜辞猎获虎等野生动物的情况出发，对商代中原地区的动物群落结构与分布密度进行了大致推测。① 兹简介该研究大致情况如下。

该研究揭示了虎作为森林、草原食草动物的占有者和数量调节者，占据生物链最上端的高级野生动物，助推形成了野生动物群落结构这样一个可能性的事实。

举武丁时代卜辞为例：

戊午卜，㱿贞：我狩𣪕，擒？之日狩，允擒。获虎一、鹿四十、狐百六十四、麑百五十九……（《合集》10198 正）

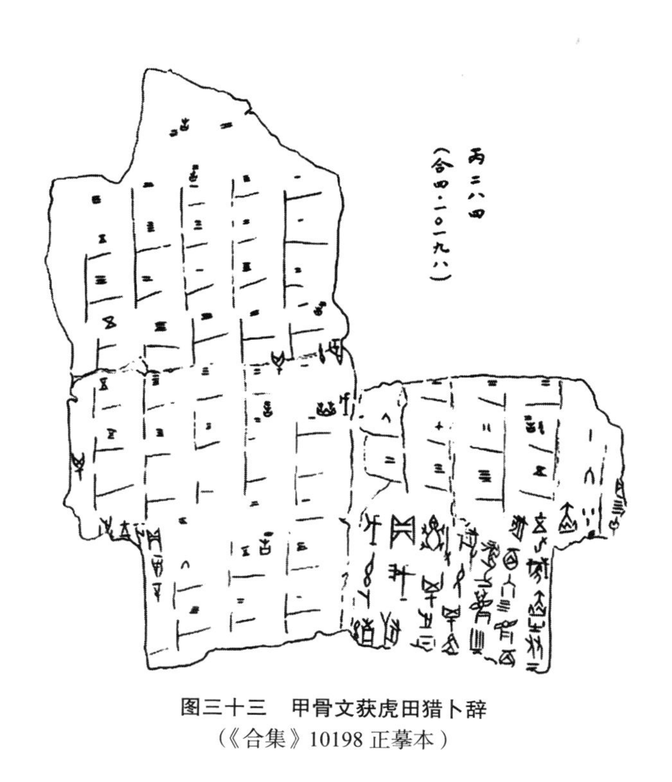

图三十三　甲骨文获虎田猎卜辞
（《合集》10198 正摹本）

① 王振堂、徐镜波、衣波：《甲骨文时代中国生态环境背景》，见王振堂、盛连喜《中国生态环境变迁与人口压力》，中国环境科学出版社，1994。

该研究的推算过程是这样的：一只虎对应 363 只其他野生动物，这相当于一只独居的虎的生存领域范围可以供 300 多头其他大型野兽生存。如以一只虎年均吞食带骨肉食 3.5 吨计算，则其食肉量相当于 70 只左右的野猪、马鹿、狍及鹿等大型食草动物。以 70 只除以 363 只，则其捕获机遇为 0.19，即 1/5。而以《逸周书·世俘解》中周武王田猎所获的情况计算，共获野兽 10235 只，其中虎22 只。除却其中的大型食肉动物及非虎食动物如熊、罴、犀、野牛等，还剩 9191 只食草动物，这样一只虎对应 418 只食草动物。虎的年食肉量仍按 70 只动物计算，则其捕获机遇为 0.17，即 1/6。由此认为在同一地区不同时间的两次捕猎，野生动物的结构大致相似，反映了当时生态环境的客观实际情况。由此比勘，得出虎与其他野生动物的数量比例：一只虎对应半头犀牛，5~7 只熊，16 只野猪等。虎的密度是 0.3~1.0 只 /100 平方公里，熊的密度是 2~6 只 /100 平方公里，罴的密度是 1~3 只 /100 平方公里，野猪的密度是 5~15 只 /100 平方公里，鹿的密度是 80~90 只 /100 平方公里，麋的密度是 120~135 只 /100 平方公里。因为这一研究中有一些数字在局部场合下的偶然吻合，因此这个分析似乎具有一定的科学参考价值。

但是我们认为，这一研究的方法就存在一些问题。我们知道，在野生动物王国里，虎并非唯一的食草动物的占有者和数量调节者，豹、熊、鳄鱼等都是食肉动物。同时人类更是食肉动物群中的大宗。所以，仅仅以虎和其他野生动物的数量比例来推算野生动物分布密度，是非常偏颇的一种做法。而且，该研究所依据的材料也有不少问题。比如他们所依据的卜辞材料多采自以前著录的甲骨学书籍，材料有限且有释读的误差，所以这就影响了研究结论的正确性。又比如这一研究是以一只虎对应 363 只其他野生动物为前提的，但这只是一条卜辞中的有限材料而已，而且是一条残辞，以之为据，显然属于孤证不立的情况。

我们略微查阅甲骨文材料就会知道，并不是所有卜辞中的动物数量都符合这一比例，如：

乙未卜，今日王狩光，擒？允获。彪二、兕一、鹿二十一、豕二、

麈百二十七、虎二、兔二十三、雉二十七。十一月。(《合集》10197)

壬寅卜贞：王田宰，往来亡灾？王占曰：吉。兹御。获虎一、狐六。(《合集》37362)

戊午卜贞：王田朱，往来亡灾？王占曰：吉。兹御。获兕十、虎一、狐一。(《合集》37363)

己亥卜，贞：王田于□麓，往来亡灾？获麋四、虎三、麞二。(《合集》37463)

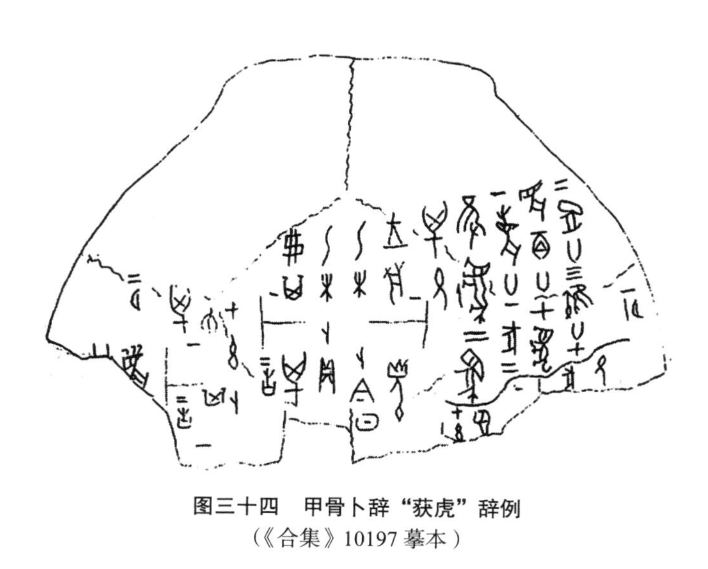

图三十四　甲骨卜辞"获虎"辞例

(《合集》10197 摹本)

彪，当为母老虎。上举这四条卜辞都是捕获包括虎在内的猎物较多的田猎卜辞，数据是非常准确而清晰的辞例，虎与其他野生动物的比例分别是 1∶50、1∶6、1∶11、1∶2 等，都与上述所论 1∶418 的比例相差很远。所以，这一研究的结论不能反映当时的实际情况。

鉴于现有的田猎卜辞材料并不反映当时真实的所有的田猎活动情况，所以仅仅从有限的田猎卜辞来复原当时野生动物的结构比例和生存密度，都是不适当的做法。即使将所有田猎卜辞作一统计，也无助于此问题的解决。也就是说，目前解决这一问题的学术条件尚不成熟。

二　甲骨文中“虎”字考释及其用法

因为甲骨文中关于捕获虎的信息较多，所以这里着重讲讲甲骨卜辞材料。甲骨文中的虎字，作（《合集》10206）、（《合集》21939）、（《合集》21472 正）等形，为一个典型的象形字，象张着大口、身有花斑的野生猛虎形象。《说文解字》“虎部”：“虎，山兽之君。从虍，虎足象人足。象形。凡虎之属皆从虎。”这是许慎依据小篆字形而作的说解，实际上从甲骨文字来看，虎字上部为虎头，下部为虎身及足尾之形，与人足毫不相涉。

在甲骨文发现早期，学者们就已经释读出甲骨文中的“虎”字。如罗振玉先生考证道：“此象巨口修尾，身有文理，亦有作圆斑如豹状者，而由其文辞观之，仍为虎字也。”①

王襄先生也认为：“契文之虎象形，头尾足毛色文章一一写出……契文于禽兽之具异征者，其字每将为表出，如凤鸡之冠，龙鹿之角，鱼燕之尾，象之鼻，马之鬃，豹之圜文胥是。……二千年后，赖契文订之，治学求是不必为讳。”②

其后，除了李亚农③、郭沫若④等误将“虎”字释作“豕”字外，大多数学者都同意早期甲骨学家们关于“虎”字的考释，略无异议。

不过，“虎”字在甲骨文中形体多变，较为复杂，这是容易引起人们误释的一个原因。对此，姚孝遂先生等有较为权威的解读：“虎字的形体变化多端，早期的‘虎’字，是甲骨文中仍然接近原始图像的少数字体之一，与‘犬’和‘豕’的区别非常明显。到了廪辛、康丁时期，形体则已经简单化、线条化，与‘犬’字形体极为近似，很容易相混。甚至在祖庚、祖甲时期，

---

① 罗振玉：《增订殷虚书契考释》卷中，东方学会，1927，第 30 页上。

② 王襄：《古文流变臆说》，龙门出版社，1963，第 61~62 页。

③ 李亚农：《殷契摭佚续编》，商务印书馆，1950，第 121 片考释。

④ 郭沫若：《殷契粹编》，第 950 片考释，科学出版社，1965。

就开始出现了这种形体。”[①]“康丁以后的虎字符号化的程度较高，考释诸家或误释为‘豕’，或误释作‘犬’，实则三者的形体虽近似而区分较严。虎字足部作[illegible]，象有爪，头部作[illegible]，象有牙，这些形体都是‘豕’或‘犬’所不具备的。”[②]

“虎”字在甲骨文中有诸多义项：或用为野生动物名字，或用为方国名，或用为人名，不一而足。

1. 用为方国名，是为“虎方”，如：

> 贞，令望乘暨举途虎方，十一月。□举其途虎方，告于大甲，十一月。□举其途虎方，告于丁，十一月。□举其途虎方，告于祖乙，十一月。(《合集》6667)

此辞例中的“虎”字与他处形体稍异，或有释为“豸”或“豹”者，此处从众，仍释为“虎”，释为“虎方”。关于虎方所在地望，丁山先生最早曾经考证，甲骨卜辞中的“虎族”“虎方”就是春秋时期的“夷虎”。《左传·哀公四年》：“楚人既克夷虎，乃谋北方。”谓：“夷、尸、屍、死，古本一字也。”又引《水经注·肥水》：“肥水北径芍陂东。又北，径死虎塘东。”又：“死虎，当今安徽寿县东南四十余里。”因此认为虎方在淮水流域上游地区。[③]但是也有学者认为虎方应在汉水流域。[④]随着江南地区尤其是江西商代考古发掘材料的出土，特别是1989年在江西新干县大洋洲商墓出土了大量铸造精美的青铜器，这批青铜器具有浓厚的地方特色，其虎形象又特别引人注目，于是又有学者据此提出虎方在赣鄱地区的新观点。[⑤]有学者进一步指出，在鄱阳湖、洞庭湖、西湖区域的古三苗文化至商代发展成吴城类型和费家河类型商文化，

---

① 姚孝遂:《契文考释辨正举例》,《古文字研究》第1辑，中华书局，1979。

② 姚孝遂、肖丁:《小屯南地甲骨考释》，中华书局，1985，第154页。

③ 丁山:《殷商氏族方国志·虎氏、虎方》,《甲骨文所见氏族及其制度》，科学出版社，1956。

④ 江鸿:《盘龙城与商朝的南土》,《文物》1976年第2期。

⑤ 张长寿:《记新干出土的商代青铜器》,《中国文物报》1991年1月27日。

这些地区就是商代的虎方文化分布区域。[①]

2. 用为人名或族名，是为“侯虎”，如：

辛巳卜，殻贞：王叀仓［侯虎］伐髳方，受有祐？（《合集》6552 正）

贞：今者［王叀］从仓侯虎伐髳方，受有祐？（《合集》6553）

贞：今者［王叀］从仓侯虎伐髳方，受有祐？贞：勿从仓侯［虎］？（《合集》6554）

……贞：令旛从仓侯［虎］戬周？（《合集》6816）

贞：勿令仓侯［虎］归？贞：令仓侯［虎］归？（《合集》10043）

虎入百。（《合集》9273 反）

乙亥卜，令虎追方？（《合集》20463 反）

辛卯卜，王……呼虎……（《合集》16496）

丁巳卜，王乎疋虎？（《英藏》1780）

辞中的“仓侯虎”应该是商代武丁时期的诸侯之一。“仓侯”是其爵称，“虎”是其私名，与虎方无关。关于仓侯虎所居之地何在，学术界也颇有争论。或说在今河南省固始县，或说在今河南省长垣市，或说在今河南省开封东，等等，不一而足，兹不赘述。另外，“虎入百”和“令虎……”“呼虎……”的“虎”，可能是另外一个名虎之人，也是一个与商王朝有密切关系或为其属下臣僚的人。所以他能够向王朝进贡上百的物品，能被商王命令和宣召，等等。

3. 用为野生动物名字

此为“虎”字之本义，详见下文。有学者推测：“由晚商时期中原地区气候环境状况和华南虎在历史时期的分布范围来看，田猎卜辞中所捕获的老虎应当就是华南虎。”[②] 只能说这样的推测有其可能性，目前还没有更多材料能够支撑这一说法。

---

① 彭明翰：《商代虎方文化初探》，《中国史研究》1995 年第 3 期。

② 杨杨：《田猎卜辞中的动物》，《郑州师范教育》2017 年第 1 期。

三 甲骨田猎卜辞擒获“虎”的占卜记录

在甲骨卜辞中，经常能够见到田猎捕获野生虎的占卜记录。这一方面说明当时野生动物资源非常丰富，另一方面也说明当时中原地区林木茂盛，有着适宜老虎生存的良好的生态环境。对于田猎捕获老虎的甲骨文材料，我们分以下几种情况作介绍。

1. 获虎

……日……狩尭允获虎二倗有𡚸戋友若。(《合集》10196)

乙未卜，今日王狩光，擒？允获。彪二、兕一、鹿二十一、豕二、麑百二十七、虎二、兔二十三、雉二十七。十一月。(《合集》10197)

戊午卜，㱿贞：我狩𢻎，擒？之日狩，允擒。获虎一、鹿四十、狐百六十四、麑百五十九……(《合集》10198 正)

壬午卜，宾贞：获虎？(《合集》10199 正)

己未卜，雀获虎？弗获？一月在须。(《合集》10201)

己未卜，雀获虎？弗获？一月。二告。(《合集》10202)

……狩……虎一……鹿……(《合集》10213)

翌癸卯其焚……擒？癸卯允焚，获……兕十一、豕十五、虎……兔二十。(《合集》10408 正)

……王贞：勿疋(胥)在妊虎，获？(《合集》20706 正)

壬午卜，遘虎？其获虎？(《合集》20707)

……获有虎？(《合集》28301)

□巳卜，……甫狩……获鹿……虎十……(《合集》20752)

乙未卜，其禣虎陟于祖甲[祼]？乙未卜，其禣虎于父甲祼？(《合集》27339)

壬寅卜贞：王田宰，往来亡灾？王占曰：吉。兹御。获虎一、狐六。(《合集》37362)

戊午卜贞：王田朱，往来亡灾？王占曰：吉。兹御。获兕十、虎一、

狐一。壬子卜贞：田牢，往来亡灾？王占曰：吉。兹御。获兕一、虎一、狐七。（《合集》37363）

己亥卜，贞：王田于□麓，往来亡灾？获麋四、虎三、麑二。（《合集》37463）

壬辰卜，……亡灾？……虎一、狐十。（《合集》37562）

……兹御……虎三……狐……麑。（《合集》37366）

……北……获……虎一。（《合集》37370）

辛酉，王田于鸡麓，获大𩁹虎，在十月，隹王三祀劦日。（《合集》37848、《怀特》1915）

这些捕获到虎的卜辞，说到捕猎使用的方法，往往是“狩”和“田”。尤其是《合集》10197一辞，在一次“狩”猎活动中，就捕获野生动物七种共205头（只），其中就包括猛虎4只——2只母虎，2只公虎，野牛1头，野猪2头，鹿21头，野兔23只，獐127只，飞禽野鸡27只，数量相当可观。杨升南先生认为，“甲骨文中的狩可能是以多人进行合围的方式”[①]。一次“狩”猎就能获得这样多种类和数量的动物，只有大规模围猎才有可能。再证之以《合集》10198所记的一次“狩”猎所获364头（只），说狩是一种大规模的围猎方式，当是可信的。“田”则是田猎活动的总称，在甲骨田猎卜辞中，“田”的出现频率极高。

对于一次能捕获到的野生动物数量，虎比兕、象等都为少见，常见的是捕到一只或两只，可见虎之不易捕捉。尤其是最后一辞例，《怀特》1915和《合集》37848都是刻于虎骨上的辞例，而且说的是同一件事，属于同文卜辞。可见这是一件大事，需要多次占卜和记录。辞意是说，在帝辛三年的十月辛酉这一天，商王在鸡山之麓狩猎，捕获到一只大老虎（“大𩁹虎”），所以在这只虎的骨头上刻上此次狩猎记录，以示炫耀和纪念（见图三十五）。

---

① 杨升南：《商代经济史》，贵州人民出版社，1992，第278页。

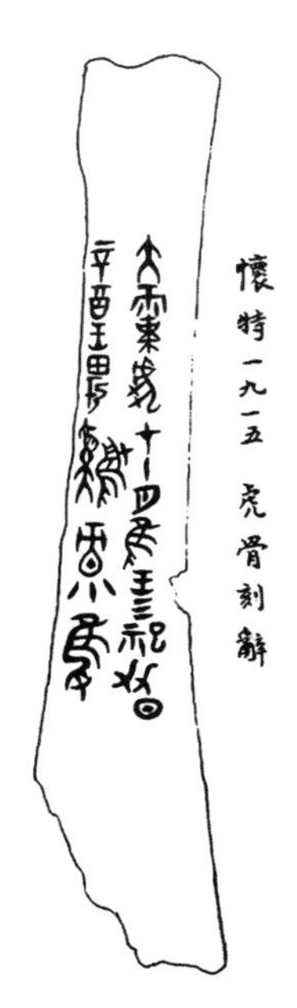

图三十五　甲骨卜辞获大雨虎辞例

（《合集》37848、《怀特》1915 摹本）

2. 擒虎

甲申……王其……擒……虎二……（《合集》10214）

……擒虎？允擒。获麋八十八、兕一、豕三十又二。（《合集》10350）

王其爇兇乃麓，王于东立，虎出擒。（《合集》28799）

……亡灾，擒虎？（《合集》28844）

叀牢虎……奴亡灾？辛酉卜，王其田，叀省虎比丁十亏录…叀叙，擒虎。（《合集》33378）

“擒虎”是一个足以引起人们想象的捕猎场景。“擒”本是以网捕鸟之意，但引申为狩猎捕获野生动物之意，与“获”字略同。但“获”为获得，不管死活，都可以称为获，而“擒”则是生擒活捉。尤其《合集》10350：“……擒虎？允擒。获麋八十八、兕一、豕三十又二。”“虎”当是虎类动物，究为何种虎类，待考。他种野生动物用“获”，而“虎”用“擒”，可见虎之与众不同。擒获活虎，当是用作蓄养的。甲骨文中另有一字，作（《合集》26972）、（《合集》20385）等形，为一会意字，象以特殊的桎梏拘禁被擒活虎之形，可以隶定为“虣”字，与手镣脚铐拘禁人之“執”（，《合集》10389）字，都从（幸）字，为同一类字。擒获活虎而拘禁之，当有特殊用途，并非为了口福和毛皮仅仅食其肉而寝其皮也。

3. 格虎

壬辰卜，争贞：其虣，弗其获？二告。壬辰卜，争贞：其虣，获？九月。(《合集》5516）

……灉虎……虣……（《合集》10206）

……日，王往虣虎，允亡灾？（《合集》11450）

格虎是后来的字眼，甲骨文中的就是（《合集》697正）、（《合集》27887）字，是一个指事字，就是拿起干戈武器与猛虎搏斗，可以隶定为“虣”字。裘锡圭先生认为，此字就是后世“暴虎”的“暴”字，古籍也写作“虣”，也是以戈搏虎的意思，进一步认为不乘车徒步搏虎。[①]我们认为这个解释是对的。《诗经·郑风·大叔于田》：“叔在薮，火烈具举。袒裼暴虎，献于公所。”《毛传》：“暴虎，空手以搏之。”《吕氏春秋》、《淮南子》高诱注“暴虎”也解为“无兵搏虎”，《论语·述而》孔疏“暴虎冯河”也称“空手搏虎为暴虎”，皆为错误理解，“徒搏”是不乘车徒步搏虎，并非“徒手”即空手无兵器搏虎也。因为不拿兵器徒手搏虎，是不可能制服猛虎的。而甲骨文的“虣”字，则为我们展示了古人“暴虎”的真正含义，即以戈搏虎。

值得注意的是，上举诸辞中，有一辞是“王”去搏虎，可见此时这个商王是位勇猛的壮士，敢于亲身搏虎。据《史记·殷本纪》载，“帝纣资辨捷疾，闻见甚敏；材力过人，手格猛兽”。殷纣王就是能够“手格猛兽”的人，看来这位商代国王同样也是这样一个“材力过人”者。但是毕竟是猛虎野兽，

① 裘锡圭:《说玄衣朱襮裣——兼释甲骨文虣字》,《文物》1976年第12期。

亲身搏虎还是有极大风险的，所以占卜其安危亡灾。

4. 射虎

> 王叀射虤兕，擒亡灾？（《合集》24803）
>
> 王其射虤兕，擒亡灾？……擒虤兕。（《合集》28402）
>
> 叀戊射虤兕，亡灾？（《合集》28403）
>
> 王叀辛……射虤兕，亡灾？（《合集》28404）
>
> 王乃射虤兕，亡灾？（《合集》28406）
>
> 王叀虤兕先射，亡灾？弜虤兕先射，其若？（《合集》28407）
>
> ……其射虤兕，不遘雨？（《屯南》1032）

在先秦文献中，“虎”“兕”往往并举而论，比如《诗经 · 小雅 · 何草不黄》：“匪兕匪虎，率彼旷野。哀我征夫，朝夕不暇！”《论语 · 季氏》：“虎兕出于柙。”《墨子 · 明鬼下》：“生列兕虎。”《晏子春秋 · 内篇 · 谏上》：“手裂兕虎。”《道德经》：“盖闻善摄生者，陆行不遇兕虎，入军不被甲兵，兕无所投其角，虎无所措其爪，兵无所容其刃。夫何故？以其无死地。”《战国策 · 楚策》：“楚王游于云梦，结驷千乘，旌旗蔽日，野火之起也若云霓，兕虎之嗥声若雷霆。”《楚辞 · 九思》：“虎兕争兮于廷中，豺狼斗兮我之隅。”盖“虎”“兕”都是凶猛野兽，故而往往并列，正如《毛诗正义》：“兕、虎，比战士，取其猛也。”所以在田猎中如果遇到“虎”“兕”，就是碰到了劲敌。在甲骨文中，对付田猎中出现的“虎”“兕”往往是采取远距离射杀的方式，不让其靠近，以免危险。不过如上所举，在甲骨田猎卜辞中，与“兕”并列而称的是[illegible]（《合集》29356），隶定为“虤”字，是一种特殊的虎。以往释此字为“宁虎”或“白虎”，当作地名，[①] 非也，从辞例来看，应该是与“兕”并列的虎类。

① 参见于省吾主编《甲骨文字诂林》，中华书局，1996，第 1629 页。

5. 网虎

甲……燎于□□（前田？）罵虎。（《合集》20710）

己卯卜，网戉虒？（《合集》8203）

同样，捕获猛虎的方法中还有张网设猎。甲骨文中的“网”字作（《合集》10666）、（《合集》10976正）等形，象形字，象用绳编织成网状之形。后起字作“罔”，或增糸而作“網”（网）。《说文解字》：“网，庖牺所结绳以渔。从冂，下象网交文。”《易经·系辞下》：“作结绳而为网罟，以佃以渔。”疏曰：“用此网罟，或陆畋以罗鸟兽，或水泽以网鱼鳖也。”

这样的情况也适合于商代。在商代以网捕猎野生动物，有以网捕鱼、捕鸟的，如甲骨文有：“庚戌卜，阏获网雉，获八。庚戌卜，串获网雉，获十五。”（《合集》10514）但又不仅限于鸟类，大型哺乳类野生动物往往也可以张网而猎，比如甲骨文中有：“壬戌卜，㱿贞：呼多犬网鹿于农？八月。壬戌卜，㱿贞：取豕，呼网鹿于农？”（《合集》10976正）“其网鹿？”（《合集》28329）甲骨文中另有（《合集》149）、（《合集》4761）、（《合集》5775正）等字，分别是表示以网捕获兔、豕、鸟等专字，可以隶定为“冤”、“冢”、“罹”（羅）。

上举辞中“罵虎”之“罵”，作（《合集》20710）形，会意字，从网从虎，就是甲骨文中以网捕虎的专字，更何况该动词字后边所跟之字就是“虎”字，以网捕虎之意更不容置疑。另一辞中的“网戉虒”之“网戉”作（《合集》8203）形，会意字，象以网加上武器并用、捕获野生动物之形，所捕猎的“虒”，当为一种特殊的虎类。

6. 捕虎之地

贞：乎冒……亩（廪）虎……（《合集》10206）

丁巳卜，史贞：乎任目虎壶？十月。（《合集》10917）

癸酉卜，古贞：乎祀取虎于敄啚？（《合集》11003）

庚辰卜，蓺比沫罵虎？（《合集》20709）

其氏虎罝戍？（《合集》28031）

辛王其……宰虎亡灾？（《屯南》3599）

……田祟宰虎亡灾？（《屯南》4140）

总结以上甲骨田猎卜辞中获虎、擒虎之地，有“宰”“沫”“亩”“罝”“任目”“敹啚”“濇”“朱”“妊”“乃麓”“鸡麓”等，其中“宰”“罝”地出现的频率较高，说明两地是猛虎出没较为频繁的地方。

另外，甲骨文中对于经常能够捕捉到虎的地方，有一个专门的称呼：“虘”。“虘”字，作（《合集》26900）形，为一会意字，从田从虎，《说文》所无。《甲骨文编》《甲骨文字典》均隶定为虎田，实际应为一字。陈邦福以为即猫之本字，从虎苗省声。①李孝定却批评说：“字从田，何以独知为苗省？”②有学者另辟蹊径，从语音角度考虑，认为“虎田”可能就是《说文》中的虎腾字，田字古音在定纽真韵，腾字古音在定纽蒸韵，两字旁转可通，《说文》云：“虎腾，黑虎也。”也并不可取。不过学界公认此字在甲骨文中是个田猎地名，略无异议。③

但我认为它不是普通的田猎地，而是猛虎集中之地，是能够捕获猛虎的地方。比如：

叀虘田，亡灾？（《合集》26900）

□寅卜，王其比虘犬，……壬，湄日亡灾？永……（《合集》27899）

弜射虘鹿，其每？（《合集》28350）

王其田虘，擒？（《合集》29319）

叀虘田，亡灾？（《合集》29320）

翌日戊王叀虘田，湄日亡灾？（《合集》29321）

贞：弜田虘其每？（《合集》29323）

---

① 陈邦福：《殷契说存》，自写石印本，1929，第5页上。

② 李孝定编述《甲骨文字集释》，“中央研究院”历史语言研究所，1965，第1695页。

③ 参见于省吾主编《甲骨文字诂林》，中华书局，1996，第1628~1629页。

叀虣豕射，亡灾？擒。（《合集》33363）

□午卜，王叀虣鹿，射亡灾？（《屯南》3207）

在此地进行田猎，其目的当然是捕获猛虎了。当然，这里有虎生存，其周围环境肯定不错，自然也会有其他野生动物前来栖息。所以这里也可以捕获鹿和野猪。

四 商代人们捕虎之用途

商代人们捕获猛虎，究竟做何用途呢？据文献记载，殷纣王曾经“益收狗马奇物，充仞宫室。益广沙丘苑台，多取野兽蜚鸟置其中”（《史记·殷本纪》）。看来捕获猛兽的用途至少是供统治者观赏玩乐的。这样的玩物最好是生擒活捉的，所以甲骨文中有“擒虎”“执虎”（虩）等，已见前述。

不仅如此，甲骨卜辞中还有以猛虎作为牺牲进行祭祀的记载，比如：

丙午卜，□贞：……白虎……隹丁取……二月。（《合集》10067）

庚戌卜，虎勿禘于瀧？（《合集》14363）

戊午，御虎妣乙，叀卢豕？（《合集》22065）

……祖乙宁……虎襪……（《合集》22552）

己卯卜，旅贞：侑甾虎其用？（《合集》23690）

乙未卜，其襪虎陟于祖甲［祼］？乙未卜，其襪虎于父甲祼？（《合集》27339）

癸卯卜，戊王其匕虎舌……（《合集》27909）

王其田，叀成虎匕，擒亡灾？（《合集》27915）

己丑卜，王叀壬匕虎？（《合集》28598）

图三十六　甲骨卜辞以虎为牲辞例
（《合集》27339）

以虎为牲，不见于文献记载。以上这些以虎为牲进行祖先神灵祭祀的甲骨文材料补苴了文献记载的空白。因为甲骨文中关于捕获猛虎的记载不少，且每次狩猎所获猛虎数量有限，往往是一只两只，最高的纪录是捕获了 10 只猛虎（《合集》20752），物以稀为贵，所以在甲骨文祭祀之礼中，以虎为牺牲的祭祀记载并不多见。

作为祭祀牺牲的虎，有“白虎”、“甾虎”（黑虎？），有雄虎还有雌虎（“虍匕”或“虎匕”）。祭祀的方法，有常见的“侑”祭和“禘”祭等，还有不常见的“禣”祭。“禣”字甲骨文作（《合集》267 正）、（《合集》1315）形，会意字，象以手执鸟倒献于神祖牌位“示”上之形。虽然字形是以禽类（家鸡或野禽）为牺牲而献祭，但在甲骨卜辞中此字的祭法不限于禽类，如家畜有马（《合集》32435）、牛（《合集》40874）等，野兽有兕（《合集》27146）、麋（《合集》15921）、鹿（《合集》10316）等。此处以虎为牺牲的祭祀对象，有成（成汤大乙）、妣乙、祖乙、父甲、祖甲等。由于材料稀少，还看不出有多少与祖先神灵的对应关系和用虎祭祀的特殊意义来。

当然，由于猛虎是一种大型的凶猛食肉动物，不仅猎食小型的野生动物，而且吃人，所以虎是威胁人身安全、令人类感到恐惧的一种野生动物。商代人们经常去捕猎猛虎，可能也与人们此时已经感到了严重的虎患有关。在甲骨文中，有将“虎”视为祸患的占卜记载，比如：

贞：叀虎？九月。(《合集》9169)

贞：我马有虎，隹祸？贞：我马有虎，不隹［祸］？(《合集》11018 正)

戊申卜，㱿贞：其有虎？戊申卜，㱿贞：亡其虎？(《合集》14149 正)

丁巳卜，贞：虎其有祸？(《合集》16496)

……梦大虎，隹……(《合集》17456)

贞：虎亡其祸？(《合集》16523)

□丑卜，贞：王梦有死大虎，隹……(《合集》17392 正)

壬午卜，遘虎？(《合集》20707)

丁酉卜，𠂤自丁酉至于辛丑，虎不……丁巳卜，𠂤自丁至于辛酉，虎□不？十一月。(《合集》21387)

遘有虎？(《合集》28300)

癸巳贞：旬亡祸？王兹虎。□酉贞：［旬］亡祸？……祸兹虎。(《合集》34865 正)

在这些占卜记载中，“虎其有祸？”“虎亡其祸？”不仅反映了人们对虎患的焦虑和担心，还害怕猛虎祸害饲养的家畜“马”，故有“我马有虎，隹祸？”“我马有虎，不隹［祸］？”甚至商王睡梦中遇到“大虎”，就会害怕地占问是否会有祸患发生。更害怕日间行走遇见老虎（“遘虎”）。可见虎患严重，以至于谈虎色变。

五 商代考古中发现与虎相关的资料

在商代考古发掘中，经常有一些材料和信息，可以反映商人对虎习性非常熟悉和经常接触虎的这样一个历史事实。

比如在 1953 年发掘郑州二里冈时，出土了一件用泥质灰陶雕塑而成的陶虎（H1:52），头部已残去一半，鼻子隆起，目、鼻孔及嘴、牙齿均属刻画而成，口中有小圆孔透入腹部，腹中空空，无耳，背部及前肢上均有刻画纹路，两爪伏地，张嘴怒目，样子十分凶猛。①

但是更多与虎相关的考古学资料是发现于殷墟遗址。比如在 20 世纪 30 年代的殷墟考古发掘中，曾经发现了虎头骨和肢骨若干，经过鉴定有虎头骨 20 多个。另外还有豹头骨。②

在 20 世纪 30 年代发掘河南安阳殷墟侯家庄的殷商王陵时，在 HPKM1500 大墓南墓道出土石虎、石牛、石龙各一对，由南往北顺序为虎、牛、龙，两两成对，东西并列。在虎的南面 4.42 米处，陈放一件石俎。报告作者认为："石刻兽象是牺牲较永久的代用品，石俎是放置已经腐化了祭品的家具。"这组石雕所呈现的现象，含义深刻，在殷墟仅一见。HPKM1500 的一对石虎，大小相若，作伏卧状，方头，"目"字形眼，大鼻粗眉，臀部略拱起，短尾上翘。腹下有一条竖直浅槽。造型简练概括。其中一件长 29.95 厘米、高 13.3 厘米，重 6.47 千克。③HPKM1550 翻葬坑出土的一件虎形器，也作伏卧状，方形头，"目"字形眼，细眉歧出，两耳向上，身短而肥，尾下垂，尾尖上卷，背部雕云纹，尾为节状纹。主纹均为双线阴刻。外形神似。全长 27.6 厘米、高 10.3 厘米。这可能是一件陈列艺术品。

在 HPKM1001 翻葬坑所出的一件虎头形圆雕，面部中线隆起成脊状，大眼巨眉，卷云形鼻，双耳上竖。高 2.9 厘米、宽 19.5 厘米。似为镶嵌在木构件上的装饰品。同墓翻葬坑出土的一件虎面饰，正面微凸，雕一大眼巨眉咧口的虎面，下部刻有一头两身的虎，阴线双钩。背面中部有一"右"字刻文。

---

① 河南省文化局文物工作队编著《郑州二里冈》，科学出版社，1959，第 31 页，图版柒之 9，图 20：2。

② 杨钟健、刘东生:《安阳殷墟之哺乳动物群补遗》,《中国考古学报》第 4 册，商务印书馆，1949。

③ 梁思永、高去寻:《侯家庄第一本・1500 号大墓》，"中央研究院"历史语言研究所，1974，第 43 页。

高 21 厘米、厚 4.6 厘米。报告作者认为这可能是嵌在木柱上的“浮柱饰”。[①]其说似可信。

除殷墟出土的虎形实物造型外，还有一些器物上雕刻虎纹。比如在著名的后母戊大鼎上，鼎的耳部雕以虎纹，作二虎共噬人头状。与妇好墓出土的青铜钺上的虎纹相似。

虎纹还多施于一些兵器之上，这恐怕与虎威猛有关。比如第 1004 号大墓内还出土有大量的青铜铸造的胄，其中有的铜胄正面额部的图案，就是猛虎的头像，大耳巨目，形貌威猛。与安阳出土商代虎纹铜胄图案近似的，还有在江西新干县大洋洲商墓出土的铜胄，正面额部也饰猛虎头像，大耳巨目，鼻的下缘就是胄的前沿。当战士戴上这类铜胄以后，在相当于虎嘴的地方，正露出他们那英武的面庞，显得分外雄劲威严。

在第 1003 号大墓出土的一匹梯形干盾（防御武器）上，两面都涂有颜色，甲面一律绘有一对侧视醒目的对称立虎纹。虎纹绘在白地上，全身黄色，双足、眉、眼眶周边则为白色，耳边镶以白色。虎的肥瘦和面部形状没有一只相同的。[②]与此类似，在小屯西区 M167 坑穴夯土中，也发现了一组戈盾并存现象。盾作梯形，盾高 0.84 米、上宽 0.65 米、下宽 0.70 米。盾架由三根竖木、两根横木所构成，相接处似用绳捆扎。由中间的竖木为界，分为两个长方形框，框内分别绘一只侧立的虎，背相对。虎纹作红色，深棕色地。[③]

不仅如此，殷墟还出土过一段“虎纹花土”，而且保留至今。1935 年春中央研究院对殷墟进行第 11 次发掘时，在位于安阳侯家庄西北岗的 1001 号大墓中，发现在墓坑底部用木板构筑的一“亞”字形木椁上，有红色的虎纹花土覆盖。所谓花土，是一种表面雕刻夔龙纹、鸟纹、兽面纹、虎纹等纹样的黏土，是施于木椁顶盖填土上的一种装饰。往往专业的考古工作者一看到

① 梁思永、高去寻:《侯家庄第二本·1001 号大墓》上册，“中央研究院”历史语言研究所，1962，第 81、86 页。

② 梁思永、高去寻:《侯家庄第四本·1003 号大墓》，“中央研究院”历史语言研究所，1967，第 33 页。

③ 石璋如:《殷墟墓葬之四·乙区基址上下的墓葬》，“中央研究院”历史语言研究所，1976，第 37、38 页，插图十八。

花土，就知道这里是墓葬。该墓的虎纹花土为浮雕虎的侧面轮廓图像，长 1 米左右。虎呈张口、曲背、折足、卷尾。虎身轮廓以粗壮凸起的勾连纹构成，空隙处填以细密的云雷纹，表面施以朱红色彩。虎纹线条遒劲有力，构图抽象肆张，图案精致瑰丽、气魄恢宏，具有商代晚期花纹图案的典型特征。该虎纹花土现藏南京博物院，为国家一级文物。[①]

1949 年后的殷墟发掘，也出土了不少虎形雕塑实物和虎纹图案。比如在小屯 F11 出土的一件石虎，石料呈红褐色，长 4.5 厘米。昂首张口，有条状纹，恰似虎背上的花纹。后岗 M9 出土的铜觥（M9:1），其盖上后端作虎头形，前端是鹿头形。花园庄东地 M54 出土的牛尊，在尊两侧腹部和牛眼两侧，雕饰虎纹。

妇好墓发掘之后，出土有大量的生动毕肖的动物造型艺术品。比如有石虎一件（M5:401），长 12 厘米，重 228.4 克。圆雕，作昂首行走状，形象凶猛。又有铜虎和虎头玉柱共 4 件，造型与铸工均极精细，并镶有绿松石片，有较高的艺术价值。其中一件铜虎（M5：720），大头，张口竖耳，尾后伸，尾尖上卷，长 12.8 厘米、高 7 厘米；一件虎头（M5：929），张口露齿，下连前肢，双眼镶贴金叶，头末端镶有淡青色玉柱，通长 9.5 厘米、高约 47 厘米（见图三十七）。[②]

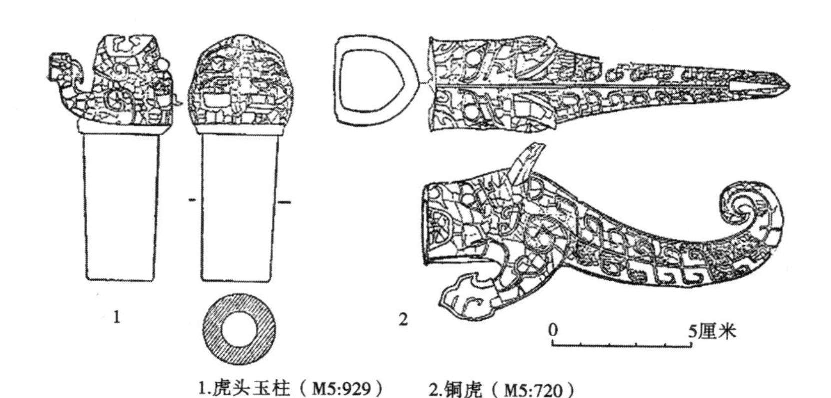

1.虎头玉柱（M5:929）　2.铜虎（M5:720）

图三十七　殷墟出土的虎形器物

（摘自《殷墟的考古发现与研究》）

① 详情请查询南京博物院网站：http://www.njmuseum.com/。

② 中国社会科学院考古研究所编著《殷虚妇好墓》，文物出版社，1980。

以虎形作纹饰的器物也颇有不少。比如1950年在殷墟遗址武官村大墓的考古发掘中，出土了一件青灰色的虎纹大理石磬。石磬靠背处有一圆孔。长84厘米，宽42厘米，厚2.5厘米，正面雕刻着一只猛虎花纹，作张口欲吞状，巨眉细目，拱身卷尾，足前屈。身饰斑条纹，尾饰鳞纹，极具生气。背面较平，有极细的刻纹，似欲雕而未成（见图三十八）。①

图三十八　殷墟出土的虎纹石磬

（摘自《殷墟的考古发现与研究》）

同样的石磬，在殷墟遗址小屯村北地也发现过一件。也为青灰色大理石质料，背部有圆穿。两面均雕龙纹，张口露舌，钝角，“目”字形眼，足前屈，尾作鱼尾状，身饰菱形纹和三角形纹，两足之间有两条蛇纹，后足至尾处雕一夔纹，龙背上也有一夔。长88厘米，宽28厘米，厚4.2~4.6厘米。②

在殷墟出土的青铜器上，也往往装饰有虎纹。比如商代青铜钺这种具有传奇色彩的特殊兵器，常以猛虎图像作装饰图案。目前所发现的形体最为硕大的青铜钺，应数1976年在河南安阳殷墟发掘的妇好墓出土的一对。其中较重的那件（M5:799），在钺体两面靠肩处饰有双虎扑噬人头的图案，居中是一个圆脸尖颏的人头像，左右两侧各有一只瞪目张口的猛虎，扑向中间的人头，似欲吞噬，散发着狰狞、恐怖而神秘的色彩。上面铸有“妇好”铭文，表明大钺是专为她制作的器物。此外，商周时期的其他青铜兵器，也常以虎

① 郭宝钧:《一九五〇年春殷墟发掘报告》,《中国考古学报》第5册，中国科学院编印，1951，图版捌。

② 中国科学院考古研究所安阳发掘队:《殷墟出土的陶水管和石磬》,《考古》1976年第1期，图三。

纹装饰。

在妇好墓中出土的一对圈足铜觥（M5:802、M779），两个器盖都作虎形，器盖相合后，前端如一只端坐的猛虎，虎的前肢抱颈，后肢作蹲状，尾部上卷。一对蟠龙纹铜盘（M777、M853），均饰有虎纹，或饰于龙头左上侧，或饰于盘的口下内壁，与鱼纹、鸟纹相间。

第六节　商代中原地区的野生动物——大象

大象在我国早期生态环境史的研究中具有非常重要的标志性意义，所以经常将野生大象在一个地区的活动情况作为衡量这一地区生态环境的参考。

一　中国境内大象的习性和分布

象属于长鼻哺乳类，是现代世界上比较稀有的和孤立的一类动物，只有两种，即亚洲象和非洲象，分别生活在亚洲和非洲的热带地区。历史时期我国境内出现的野生大象，在动物学上都属于亚洲象（Elephasmaximus）（见图三十九）。

亚洲象具有身躯硕大、长鼻伸缩自如及牙齿构造致密三大特点。亚洲象成体硕大，尾长 1.2~1.5 米，肩高 2.5~3 米，体重可超过 5000 千克；象牙长 3 米左右，重 20~75 千克。为现今世界上最大的陆栖动物。亚洲象的头大、沉重，额扁平，头顶高耸，耳三角形，下角最尖。亚洲象的全身体毛极稀少，仅尾端具簇毛，全身灰棕色，四肢粗长呈柱状。亚洲象的雄性上门齿特长，露出口外，呈獠牙，雌性不呈獠牙状。

象的主要食物是董棕，树干内的柔软部分和树叶、野芭蕉及棘竹的尖端部分，还有草、嫩芽、水果等，有时潜入村寨，盗食瓜果、粮食作物等。

象喜群居，以家族或小群活动，由十数只到数十只不等。孤象则为老雄象，单独行动，凶猛，伤害人类。象畏寒，不喜阳光直晒，性喜水，每天除饮水外，尚需洗浴以降低体温，平均体温为 39.9℃。象能涉水渡河，更喜在水边活动。特别是干旱季节，母象携小象，更是嬉戏水旁，居留溪边。象的听觉最为灵敏，嗅觉亦强，视觉较差。

亚洲象栖息于海拔较低的山坡、沟谷、河边等处的热带森林、稀树草原及竹阔混交林中，一般说来，林中较为开阔，树的密度不大，适于野象庞大身躯走动。在海拔较高的山坡上，较少见到它们的活动痕迹，在陡坡上则完全没有。现在野生的亚洲象分布在印度、斯里兰卡、缅甸、泰国、老挝、越南、印尼的苏门答腊等国家和地区，现在世界驯养亚洲象最多的国家为印度。我国现在野生的亚洲象仅限于云南西南部。

亚洲象的驯养，早在公元前3000年便在印度河谷开始。现在象在东南亚各国仍被驯养，是有用的家畜，多用于开荒、筑路、搬运粗木等。最适于林区和江河地区工作，每只象可抵20~30人的劳动力，每只象可劳动20年。

图三十九　濒临灭绝的亚洲象

二　历史时期中国境内野生大象的分布变迁

大象是生活在热带和亚热带森林的巨型野生动物，其生活习性特别，极不易饲养，它们对生态环境的要求极为苛刻，很难适应后来已经变迁的气候和环境。所以，在本书讨论的中原地区，野生大象早已绝迹。

追溯野生大象在中国境内的分布和历史变迁，我们知道历史时期中国的亚洲象是从地质时代演化而来的，亚洲象化石在我国秦岭、淮河以南更新世中、晚期地层中均有发现，已报道的化石虽很少，但是追溯到中世纪，长鼻类化石的分布却是很广的。

长江流域及其以南的早期野象，根据浙江省余姚市河姆渡遗址第四文化层中出土的亚洲象遗骨，河南淅川县下王岗第九文化层中出土的亚洲象遗骨，广西南宁市豹子头等地贝丘遗址的亚洲象遗骨及福建闽侯县昙石山遗址亚洲象遗骨等，反映 7000~6000 年前到 3000 多年前，长江、余姚江、闽江及西江等流域一带的森林中都有野象的分布。

在三四千年前，今河北阳原县一带有野象分布。在中原地区新石器时代的地层中多有象骨的遗存，甚至连北京地区也有人工饲养象的遗骸。[①]20 世纪 30 年代，在河南安阳殷墟遗址发现了商代中原地区的野象遗骨。到了春秋时代以后，中国野象分布的北界，就由华北地区南移到秦岭、淮河以南；这个时期，长江流域从四川盆地到长江下游都有野象分布。不仅分布范围广，而且数量多。例如公元 6 世纪时，“淮南有野象数百”。这个“淮南”是指今安徽当涂、芜湖、繁昌、南陵、铜陵一带，足见那时长江流域的野象不少。北宋以后，长江流域的野象趋于灭绝；而南岭以南，从今福建、两广到云南都有野象分布，比长江流域分布范围更广，数量更多，古籍上称“群象”。如宋代“潮州野象数百食稼”，明初太平府（治今广西崇左市）“十万山象出害稼，命南通侯率兵二万驱捕”。此外，古籍还提到岭南有的地方“狎象而畏虎”，“养象以耕田”，以象为“乘骑”“象战”等，反映岭南是历史时期我国野象分布最多的地区。从 12 世纪以后，福建、广东东部和中部的野象都相继灭绝，20 世纪 30 年代以后，十万大山一带的野象也趋灭绝，滇西南及西双版纳等地的热带雨林、稀树草原及竹阔混交林，成为中国野象唯一的残存区。

---

① 贾兰坡、张振标：《河南淅川县下王岗遗址中的动物群》，《文物》1977 年第 6 期。

三　甲骨文大象出没于中原地区的信息

甲骨文中有“象”字，作（《合集》10222）、（《合集》32954）、（《合集》10226）等形，正象一头大象之形神毕肖的轮廓，尤其突出其长鼻的外形特征。《说文解字·象部》:“象，长鼻牙，南越大兽，三年一乳，象耳牙四足之形。凡象之属皆从象。”这是汉时人们对大象的认识。《尔雅》:“象谓之鹄，角谓之觷，犀谓之剒，木谓之剫，玉谓之雕。金谓之镂，木谓之刻，骨谓之切，象谓之磋，玉谓之琢，石谓之磨。璆、琳，玉也。”则是对象牙及其他材质加工的诸称谓。

早在甲骨文发现初期，罗振玉先生即指出:“象为南越大兽，此后世事。古代则黄河南北亦有之。为字从手牵象，则象为寻常服御之物。今殷虚遗物有镂象牙礼器，又有象齿甚多。卜用之骨有绝大者，殆亦象骨。又卜辞卜田猎有‘获象’之语，知古者中原象，至殷世尚盛也。”“意古者役象以助劳，其事或尚在服牛乘马以前。微此文，几不能知之矣。”①

虽然“卜用之骨有绝大者”并非象骨而是圣水牛的肩胛骨，但罗氏言上古中原有象则确然可信。王国维先生也从“敾卣”铭文而证《吕氏春秋·古乐》篇“商人服象”记载为确:“古者中国产象。殷虚所出象骨颇多，曩颇疑其来自南方。然卜辞中有获象之文，田狩所获，绝非豢养物矣。”②

徐中舒先生根据金文资料论证古代豫州之豫从象从邑，河南古称豫州是因那时产象而得名（豫当以产象得名，与秦时之象郡以产象得名者相同），同时以大量史料考证商代黄河流域盛产犀、象，并论述了犀、象南迁的历史过程。③

---

① 罗振玉:《增订殷虚书契考释》卷中，东方学会，1927，第30页下“象”字考释，第60页下“为”字考释。

② 王国维:《敾卣跋》,《观堂别集》卷2,《观堂集林》第4册，中华书局，1984。

③ 徐中舒:《殷人服象及象之南迁》,《中央研究院历史语言研究所集刊》第2本第1分，1930。

四 商代中原地区野生大象的生存

20世纪30年代发掘殷墟时发现了野生大象的骨骼，而对于殷墟出土大象的来源问题，学术界有不同的看法。

1. 殷墟大象来自外地说

以1935年发掘出土的殉象等材料为例，以德日进、杨钟健、刘东生等为代表的古生物学家认为，殷墟动物骨如象、鲸、貘、扭角羚等，不同于本地原生物如狸、鼠、獾、虎等和家畜犬、猪、羊等，它们被发现于殷墟有两种可能：一种可能是本地所生，另一种可能则是由外地人工搬运而来。相比而言，他们认为后一种可能性较大。①

按此说也并不是没有根据，因为在甲骨文中，往往可以见到有所谓“氐象”“来象”的卜辞，说明此时外地方伯诸侯向殷商中央王朝进贡野生大象，比如：

……宾贞：……氐象侑祖乙？（《合集》8983）

戊辰卜，雀氐象？戊辰卜，雀不其氐象？十二月。戊辰卜，雀氐象？（《合集》8984）

癸未卜，亘贞：画来象？（《合集》9172正）

“氐象侑祖乙”则说明商王朝征调大象是用于祭祀祖乙。第二辞显示了氏族首领“雀”向王室提供大象，氐者，致也。雀是殷商晚期南方诸侯方伯。②

2. 殷墟大象中原本土出产说

而对于同样的这些殷墟出土的大象骨骼材料，徐中舒、胡厚宣、竺可桢等历史学家和古气象学者则力主是殷地所产，而不是从南方地区所引进，因

① 〔法〕德日进、杨钟健：《安阳殷墟之哺乳动物群》，实业部地质调查所、国立北平研究院地质学研究所印行，1936；杨钟健、刘东生：《安阳殷墟之哺乳动物群补遗》，《中国考古学报》第4册，商务印书馆，1949。

② 江鸿：《盘龙城与商朝的南土》，《文物》1976年第2期。

为当时殷墟地区的气候为热带或亚热带，完全适合大象的生长。①

对于这样两种不同的观点，考古学家李济先生似乎取舍不定：在一处文字中，认为可能是迁徙而来的；② 而在另一处文字中，则同意为当地所产。③ 陈梦家先生则倾向于存疑。④ 学者们如此谨慎，可能是1935年殷墟发现大象骨骼毕竟只是孤证的缘故。

后来随着在山西、陕西、河南等地先后发现了许多犀、象的骨骼和牙齿的化石，古生物学家杨钟健先生对于前说有了不同的态度，他强调："当不能凭已有材料，作十分肯定之结论。"⑤ 日本学者林巳奈夫先生则认为大象不大可能是从南方赶来的，并从青铜器中有大象、虎、水牛等野生动物纹饰说明其生存于中原地区的可能性。⑥

3. 商代中原地区可以猎获野生大象

甲骨文材料同样也支持本土出产说，这就是见之于商朝晚期甲骨文的大量捕获野生大象的材料：

……今夕其雨……获象？（《合集》10222）

辛巳王卜，贞：王田書，往来亡災？王占曰：吉。获象一、雉十又一。（《合集》36364）

乙亥王卜，贞：田噩，往来亡災？王占曰：吉。获象七、雉三十。（《合集》37365）

丁亥卜，贞：王田書，往来亡災？擒鸟百三十八、象二、雉五。（《合集》36367）

---

① 竺可桢：《中国近五千年来气候变迁的初步研究》，《考古学报》1972年第1期。

② 李济：《安阳遗址出土之狩猎卜辞、动物遗骸与装饰文样》，《考古人类学刊》，第9、10期合刊，1957年。

③ 李济：《安阳——殷商古都发现、发掘、复原记》，中国社会科学出版社，1990，第142、143页。

④ 陈梦家：《殷虚卜辞综述》，中华书局，1988，第556~557页。

⑤ 杨钟健：《安阳殷墟扭角羚之发见及其意义》，《中国考古学报》第3册，1948年。

⑥ 〔日〕林巳奈夫：《〈安阳殷墟之哺乳动物群〉について》，《甲骨学》第6辑，日本甲骨学会，1958。

……获狐十、㲋……虎一、□一、象□、雉十一。(《合集》37368)

□□王卜，贞：田梌，往……？王占曰：吉。兹御。……百四十八、象二。(《合集》37372)

辛巳卜，贞：王……往来亡灾，擒获……象一。(《合集》37373)

……贞：王田……御。获狐十……象三、雉……(《合集》37478)

壬午卜，贞：王田梌，往来亡灾？获鸟百四十八、象二。(《合集》37513)

壬戌王卜，贞：田書，往来亡灾？王占曰：吉。获麋五、象一、雉六。(《英藏》2539)

……王卜，贞：田梌，往[来亡]灾？王占曰：吉。兹御。……获鸟二百五十、象一、雉二。(《英藏》2542)

图四十　甲骨卜辞获象辞例

(《合集》10222)

这些狩猎获象的占卜记录，大多数是甲骨文第五期卜辞，则证明大象确实是生活在当时的田猎地区的野生大象，至商代晚期仍能在当地捕猎到野生大象，虽然数量不多，往往是一只两只，捕获到七只就是最多的纪录了，但这足以说明考古中发现的大象并非从外地（尤其是南方地区）搬运而来。

对于殷商晚期的田猎区地望问题，一般的说法是在今河南省黄河以北的沁水流域的焦作市、济源市和新乡市原阳县一带（如郭沫若、陈梦家、李学勤的观点[①]），但笔者更同意日本学者松丸道雄先生的意见，殷商晚期的田猎区就在殷墟都城附近的地区。[②]《竹书纪年》载："（帝辛）十年夏六月，王田于西郊。"田猎地分明是在都城的郊区而已。不过不论哪种观点，田猎区都是在以殷墟为中心的中原地区，这是可以肯定的。从甲骨文材料来看，可以捕获野生大象，就可以证明商代中原地区确实生存着野生的大象。

那么如何理解早期甲骨文中大量的关于大象进贡的材料呢？这有两种可能。其一，商王朝当时对大象之需求量很大，而这时生态环境已经开始发生变化，犀、象不能适应，其数量在减少，仅在中原地区狩猎已经不能完全满足需求了，需要从南方进贡作为补充。其二，这一时期商代中原地区的人们还没有捕获大象的能力和技术，所以需要由南方等地诸侯方伯前来进贡；到了甲骨文晚期也就是商代末期，人们对野生大象的习性逐渐了解，也学会了狩猎捕获技术，于是捕获大象的占卜记录比比皆是（详见下文），则自然不用另从外地"氐象""来象"了。

4. 殷墟之外中原地区出土象骨材料

在古称豫州的中原地区，除殷墟外，郑州地区也有许多商代大象的信息发现。在郑州小双桥商代中期遗址的东南部一道壕沟内，1985 年和 1989 年，分别采到一件青铜建筑饰件，这两件器物正面为一个饕餮面，两侧为位置对称、内容相同的两组图案，均为一组龙、虎、象相搏图。"象"纹饰的出现也可证明郑州地区商时有大象存在。特别值得一提的是，郑州商城考古发掘中

---

① 郭沫若：《卜辞通纂》序及第 635、637、642、657、661、672、716 诸片考释，科学出版社，1983；陈梦家：《殷虚卜辞综述》，中华书局，1988，第 259~262 页；李学勤：《殷代地理简论》第一章"殷商、商与商西田猎区"，科学出版社，1959。

② 〔日〕松丸道雄：《殷墟卜辞中的田猎地》，《东洋文化研究所纪要》第 30、31 册合编，东京大学东洋文化研究所，1963；《再论殷墟卜辞中的田猎地问题》，《中国殷商文化国际讨论会论文》，1987；朱彦民：《殷卜辞田猎地"衣"之地望考》，《中国历史地理论丛》2010 年第 2 辑。

还常常有象牙化石及象牙器的出土，如象牙觚、象牙梳子等。[①] 在郑州小双桥遗址，还发现过被用作献祭的象。[②]

在殷墟周围的安阳、林州、浚县、鹤壁等地也都发现了旧石器时代的大象化石。这些都可证明，商代中原地区有犀、象等大型动物生存繁衍，并非孤证。另外，20 世纪 70 年代在河北省西部的阳原县丁家堡水库曾挖出夏商时期的象化石，伴出的还有现在主要分布于长江流域及以南地区的厚美带蚌、巴氏丽蚌、黄蚬等水生物蚌化石。[③] 这使夏商时期象的分布向北推移了 500 多公里。这同样也可为殷商时期中原地区曾有大象生存提供佐证。

五　商代中原地区驯养大象的证据

田猎卜辞表明了野生大象在殷商中原地区的存在，而殷墟考古材料则进一步表明此时野生大象已经开始被驯化和畜养。

殷墟考古中目前已发掘两座象坑。1935 年，殷墟王陵东区 Ml400 号大墓附近发现象坑，埋着一头成年象和一名大象饲养者（象奴）。[④]1978 年在殷墟王陵西区东南发掘的祭祀坑 M35 中就埋着一头幼象和一头猪，象的项下系一铜铃。幼象身高 1.6 米，身长 2 米，门齿尚未长出。经专家鉴定，属于亚洲象。[⑤] 既有小象，又有象奴，可知象已为殷人驯养，是为“殷人服象”的直接证据。

这不仅有考古资料大象骨骼实物可以证明，而且在出土文字材料中也有这方面的线索可寻。在安阳殷墟薛家庄东南 M3 中出土的青铜爵、青制觚上都写着“象”的铭文，铜鼎上，有铭文“执象”二字。发掘整理者也认为

① 许顺湛:《灿烂的郑州商代文化》，河南人民出版社，1957，图 119；杨育彬:《郑州商城初探》，河南人民出版社，1985，第 80 页及图版页。

② 唐际根:《中商文化研究》，《考古学报》1999 年第 4 期。

③ 贾兰坡、卫奇:《桑干河阳原县丁家堡水库全新统中的动物化石》，《古脊椎动物与古人类》1980 年第 4 期。

④ 胡厚宣:《殷墟发掘》，学习生活出版社，1955，第 89 页。

⑤ 杨宝成:《安阳武官村北地商代祭祀坑的发掘》，《考古》1987 年第 12 期。

“这次发掘为有关‘殷人服象’的问题，提供了新的资料”[1]。而在《殷墟文字甲编》第2422片上有一“象”字，竟然画有一只怀孕的母象，身旁还紧随一只幼象，惟妙惟肖地表现了殷人驯养象、繁殖象的生动情景，学者以为这正是殷人养象之证据。[2]

正因为商代时期人们开始豢养大象，所以就像畜牧业中对其他家畜进行圈养看护一样，当时人们对圈养大象也是非常在意的。这在甲骨文中就有一些表现可资考证。比如：

壬戌卜，今日王省？一。于癸亥省象，易日？（《合集》32954）

“省”意为“省察”“视察”。[3]“省象，犹它辞言‘省牛’‘省黍’‘省舟’‘省右工’，省为察看、省视之意，所省者，大抵为人能所及而在掌握中之品类。确定癸亥日天气情况便于察看象，则该象应是驯养中的象，而非出没无定的野象。言来月象送至，似亦指已驯服的象。”[4]既然商王可以省视，那么这个有象的地方肯定距离殷墟都城不远。卜辞中有国王省察农田与仓库的记载，因此“省象”的意思即为省察大象的管理状况。

在一些青铜器的徽识中，大象的形象与祖先的名号被标识在一起。[5]有材料表明，在殷人观念中，大象具有特殊的意义和非同一般的社会地位。[6]这显示了商人已经从以象为用达到了以象为尊的地步。商人重视大象，岂不宜也！

正因为“殷人服象”，日常驯养大象而接触较多，所以人们对大象的习

---

① 徐广德：《安阳薛家庄东南殷墓发掘简报》，《考古》1986年第12期。

② 晁福林：《夏商西周的社会变迁》，北京师范大学出版社，1996，第192页。

③ 徐中舒主编《甲骨文字典》，四川辞书出版社，1989，第376页。

④ 宋镇豪：《夏商社会生活史》（修订本），中国社会科学出版社，2005，第334页。

⑤ 〔美〕杨晓能：《另一种古史：青铜器纹饰、图形文字与图像铭文的解读》，唐际根、孙亚冰译，三联书店，2008，第18页。

⑥ 岳红彬：《殷墟青铜礼器研究》，中国社会科学出版社，2006，第258页。

性非常熟悉。因此，一些工艺品往往以大象形象来塑造。比如妇好墓出土圆雕玉象一对，长鼻上伸，体硕腿粗，憨态可掬，栩栩如生。[①]

同样，在殷墟发现的一些器物上，往往有以大象为母体的纹饰装饰，也为这一时期人们熟悉大象提供了佐证。而以大象的写实花纹作为商代青铜器的流行纹饰，如象纹觚、象纹簋、象纹卣和象尊等，“通行于西周前期或商末”，传世铜器中也有三件商末周初的象尊（图四十一）。[②]

图四十一　商代象尊

不仅传世青铜器如此，在殷墟考古发掘中往往也能出土以大象为纹饰或造型的青铜器物。比如在安阳郭家庄 M160 族长墓葬中，出土了铸有四个象头的方尊，这些大象头都被表现为长鼻有牙的成年形象。[③] 郭家庄 M50 出土

① 中国社会科学院考古研究所编著《殷虚妇好墓》，文物出版社，1980，第 160 页。

② 容庚：《商周彝器通考》，哈佛燕京学社，1941，上册第 126 页；下册第 369、370 页，图 692 乙、图 697、图 698。

③ 杨锡璋、刘一曼：《安阳郭家庄 160 号墓》，《考古》1991 年第 5 期。

的青铜鼎上表现着三个象面，鼎足则被表现为象的鼻子。[1] 郭家庄东南 M26 出土的青铜方彝上也表现着象的纹饰。[2] 殷墟花园庄 M54 族长墓出土的青铜方彝、青铜觥上也表现着象的纹饰。[3] 殷墟之外的其他地方商代考古遗址中，比如湖南所出青铜器上也多有象纹装饰。[4]

至于青铜器上的这种象纹有何含义，也是有争议的。林巳奈夫先生根据一件青铜钺上的毒蛇与大象这两种具有恐怖力量的象征判断，“由此可见大象也曾是使人害怕的动物之一”[5]。而另外一位学者则认为，这种在商代青铜器上常见的象纹，进入宗周文明之后逐渐消失。象纹确实具有巫术含义，而到了西周中期，商文化已完全为周文化所取代，因此具备了沟通天地作用的动物纹样在青铜器上消失，这正是象纹装饰衰落的原因所在。[6] 其实，商代青铜器上象纹的出现，表明当时大象频繁出没，是人们常见之物而已，如果非要追究其纹饰的深刻宗教含义，就有些胶柱鼓瑟了。

六 大象之于商代人们的用途

甲骨文中有“为”字，作（《英藏》1708）、（《屯南》982）、（《合集》18152）、（《合集》13490）等形，从爪从象，正象一人以手牵象之形，为一会意字，表示“会手牵象以助役之意”[7]。王国维先生认为“为”字或从“服象”之意引申而来。[8]

---

① 中国社会科学院考古研究所编著《安阳殷墟郭家庄商代墓葬：1982 年 ~1992 年考古发掘报告》，中国大百科全书出版社，1998，第 37~38 页。

② 徐广德：《河南安阳市郭家庄东南 26 号墓》，《考古》1998 年第 10 期，第 41 页。

③ 中国社会科学院考古研究所编著《安阳殷墟花园庄东地商代墓葬》，科学出版社，2007，第 121~123 页。

④ 黄纲正、王自明：《湖南宁乡老粮仓出土商代铜编铙》，《文物》1997 年第 12 期，第 16~26 页；熊传新：《湖南醴陵发现商代铜象尊》，《文物》1976 年第 7 期。

⑤ 〔日〕林巳奈夫：《神与兽的纹样学——中国古代诸神》，常耀华等译，三联书店，2009，第 43 页。

⑥ 梁彦民：《商人服象与商周青铜器中的象装饰》，《文博》2001 年第 4 期。

⑦ 徐中舒主编《甲骨文字典》，四川辞书出版社，1989，第 266 页。

⑧ 王国维：《敦卣跋》，《观堂别集》卷 2，《观堂集林》第 4 册，中华书局，1984。

古文字中，与大象有关的字除了“为”字，还有就是如今河南省之简称“豫”字。甲骨文、金文中未见“豫”字,《说文》古文作䂊，小篆作豫，徐中舒先生认为“《禹贡·豫州》之豫，为象予二字合文”，“其命名之义”，“豫当以产象得名，与秦时之象郡以产象得名者相同，此又为河域产象之一证”。[①] 胡厚宣先生认为，河南一带在《禹贡》《周礼·职方》等中称“豫州”，这个“豫”字，从象予声，就是一个人牵了大象的标志[②]。但这与《说文》“豫”为大象之解抵牾,《说文解字·象部》:“豫，象之大者。贾侍中说：不害于物。从象予声。”

“豫，象之大者”，说明“豫”就是“大象”之意。《易经》六十四卦中有“豫”卦，在该卦各卦爻中充满了对象的各种形态的描述，如初六“鸣豫”描述了大象的鸣叫，六二“盱豫”则是象仰望的姿态，九四“山豫”则描述了象群跟随而行，上六“冥豫”是大象闭目之态。这一卦围绕大象的各种姿态与形象进行阐释，因此学者推测这是“商朝人的作品”[③]。我们认为，这种判断是正确的，因为商人能经常见到大象，捕获大象，驯养大象，服象为役，而此后的周人是没有这样的条件的。所以,《易经》中至少表现大象生活情态的“豫”卦，是产生于商代的故事，这是没有疑问的。

大象在商代的用途，大概可以分为如下几个方面。

1. 大象被用于负重、耕田

在商代之前的早期历史中，大象曾经被用作先民耕田的工具和帮手。比如有舜“象耕”的故事，陈梦家先生据此认为“商人服象，或以之耕作”[④]。但是通过对卜辞与商代考古资料的研究，我们只知道商人曾经“服牛乘马”，还没有证据显示商人将大象运用于农耕的信息。

不过卜辞中有“乎象”“令象”等事项的占卜记载，显示了被驯养或控制

---

① 徐中舒:《殷人服象及象之南迁》,《中央研究院历史语言研究所集刊》第2本第1分，1930。

② 胡厚宣:《卜辞中所见之殷代农业》,《甲骨学商史论丛》第2集，成都齐鲁大学国学研究所，1944。

③ 黄玉顺:《易经古歌考释》，巴蜀书社，1995，第86页。

④ 陈梦家:《商代的神话与巫术》,《燕京学报》第20期，1936年，第498页。

下的大象确实有被召集并接受王命的史实。当然，这是通过对大象饲养者与管理人员下达指令，进而调动或使用大象。

> 叀象令从仓侯归？（《合集》3291）
> 贞：令象亢目若？二告。贞：生……月象至？（《合集》4611）
> ……贞：象乎……（《合集》4612）
> ……令象……（《合集》4615）
> ……占曰：象其呼来……□辰卜，亘贞：象其呼……（《合集》4619）
> 丙寅卜，中贞：乎象凡果？（《合集》13625）
> 贞：令象？（《合集》13663 正甲）

日本学者白川静先生认为，殷人在修建宗庙等大型工程时，可能使用了驯化的大象搬运木材等建筑材料。[①] 美国学者艾兰博士也推测，随葬大象可能会起到在地下继续干活的作用。[②] 而这些，结合现在尚有大象生存的印度地区运用大象进行负重搬运劳作的情况，还是可以相信的。

2. 大象被用于祭祀

商人祭祀祖先神灵，常用的牺牲为牛、羊、犬、豕等，但也偶尔以野生动物为祭品。

甲骨卜辞中有：

> ……宾贞：……氏象侑祖乙？（《合集》8983）

即以大象为牺牲祭祖先的占卜记录。在郑州小双桥商代中期遗址中，也发现过被用作献祭的象。[③] 大象被用为祭牲，虽然所见者鲜，但由此可见象之为用

---

① 〔日〕白川静：《中国古代文化》，加地伸行、范月娇译，台北：文津出版社，1983，第 62 页。

② 〔美〕艾兰：《现代中国民间宗教的商代基础》，《早期中国历史、思想与文化》，杨民等译，辽宁教育出版社，1999，第 84 页。

③ 唐际根：《中商文化研究》，《考古学报》1999 年第 4 期。

在当时较为普遍。

3. 大象被用于战争

《吕氏春秋·古乐》:“商人服象，为虐于东夷。”是说商人已经将驯服的大象作为军事力量进行使用，在征伐东夷的战场上发挥其巨大威力。前面我们讲中原地区不仅有象，而且商人已降伏了它，大象被驯化之后，将其用于战争，似乎并不奇怪。因为在战争中使用大象作战，在其他古代文明中也存在，正如《剑桥战争史》所言，象的庞大体积与重量本身便足以构成强大的战斗力。①

古印度史诗《罗摩衍那》记载，骑在战象身上的武装者使用弓箭战斗。②《史记·大宛列传》记载:“身毒国，其人民乘象以战。”古印度的战象不但见于汉代的文献，也曾经给来自希腊的马其顿征服者留下了深刻的印象。印度人用 200 头战象配合 300 辆战车、4000 名骑兵及 3 万步兵阻挡亚历山大的远征军。在列阵的最前线布置一列战象，每隔十米摆放一头，在步兵防线之前形成一条防线。在任何情况下，敌人都不敢从大象之间的空隙冲进来。“骑马的当然不行，因为马一见大象就惊，步兵更不行。因为在列队向前推进的重装部队面前，他们无法前进，而且大象也会冲击和践踏他们。”而另一方面，战象如果管理不善，则会对己方的军队造成很大伤害。③

商代如何在征伐东夷的战争中使用战象，今天已经不可知其端详。然而从上引古印度象战情况，结合《左传·定公四年》所载“执燧象以奔吴师”的后世象战，可以想象其大概。由驯化野象组成的战象部队具有相当的战斗力。将这种攻击性强大的巨兽排列在步兵之前，既能构成一道防线，使敌方的步兵与骑手不敢冲入阵形，又能形成一道攻击面向敌阵推进。可以想见，在战车的有效配合下，战象攻击具有压倒性的优势。殷人通过对战象的使用，也可以非常轻松地冲击敌对者的队伍，达到击溃对方的效果。

---

① 〔美〕杰弗里·帕克:《剑桥战争史》，傅景川译，吉林人民出版社，1999，第 192 页。

② 《罗摩衍那·战斗篇》,《季羡林文集》第 23 卷，江西教育出版社，2008，第 474~475 页。

③ 〔古希腊〕阿里安:《亚历山大远征记》,〔英〕E. 伊利夫·罗布逊英译，李活译，商务印书馆，1985，第 173、175 页。

4. 象牙被用于制作精美器物

大象生时有以上诸多用处，而人们更熟知的是，大象死后其更为贵重的用处在于其独特的象牙。雄性的象有长长的獠牙露出嘴外，质硬而色白，往往被加工成各种各样的豪华艺术品、首饰和生活器具，是一种非常昂贵的原材料。

殷商之时，因为常见而且能够捕获大象，所以当时象牙雕刻工艺相当发达。而累累见于文献记载的，是商代末年殷纣王使用的那双“象箸”（以象牙做成的筷子）。《韩非子·喻老》：“昔者纣为象箸而箕子怖。以为象箸必不加于土铏，必将犀玉之杯；象箸玉杯必不羹菽藿，则必旄象豹胎，旄象豹胎必不衣短褐而食于茅屋之下，则锦衣九重，广室高台。吾畏其卒，故怖其始。居五年，纣为肉圃，设炮烙，登糟丘，临酒池，纣遂以亡。故箕子见象箸以知天下之祸。故曰：‘见小曰明。’”《韩非子·说林上》：“纣为象箸而箕子怖，以为象箸必不盛羹于土铏，则必犀玉之杯；玉杯象箸必不盛菽藿，则必旄象豹胎；旄象豹胎必不衣短褐而舍茅茨之下，则必锦衣九重，高台广室也。称此以求，则天下不足矣。圣人见微以知萌，见端以知末。故见象箸而怖，知天下不足也。”《淮南子·本经训》：“（桀）为旋室、瑶台、象廊、玉床。纣为肉圃、酒池。”《缪称训》：“纣为象箸而箕子叽，鲁以偶人葬而孔子叹，见所始则知所终。故水出于山，入于海；稼生乎野，而藏乎仓；圣人见其所生，则知其所归矣。”《齐俗训》：“故糟丘生乎象樠，炮烙生乎热斗。”《说山训》：“纣为象箸而箕子唏，鲁以偶人葬而孔子叹，故圣人见霜而知冰。”《史记·十二诸侯年表》也谓：“纣为象箸。”《论衡·龙虚篇》云：“传曰：纣作象箸。”

商代象牙制品除见于古代文献记载外，也时时见于考古发掘，往往精工细作，纹饰繁缛，令人叹为瑰宝。比如在郑州商城考古发掘中，就常常有象牙化石及象牙器的出土，如象牙觚、象牙梳子等。[①]

---

① 许顺湛：《灿烂的郑州商代文化》，河南人民出版社，1957，图 119；杨育彬：《郑州商城初探》，河南人民出版社，1985，第 80 页及图版页。

而真正能够代表商代象牙雕刻工艺水平的，还是殷墟出土的象牙制品。“在殷墟，象牙制品大多数出土于大墓和中型墓中，多为实用之器，应是墓主人生前使用之物。器形有鸮尊、盂形器、杯、方形器、梳、笄、筒、筒的底座、柄形器、圆柱形器、圆锥形器、圆泡、圆片、长方形片、帽形钮、鸟形钮、立雕兽头、鸟形爪、雕花残片以及多种形状的镶嵌片，等等。但可复原的甚少。”“象牙器在殷墟第二、三、四期大墓和中型墓中都有不同数量的出土，可见象牙制品从殷代早期至晚期，一直沿用未衰。”[①]

比如鸮尊一件，出土于侯家庄 HPKM1003 大墓。作站立状，以颈代器口，圆腹垂尾，腹两侧有贯耳。以盖作头，盖已失。器身雕蛇形纹，并镶嵌绿松石。极其精致。器口最长约 8.5 厘米。碗形器一件和五块残片，均出自 HPKM1001 的翻葬坑。复原后的形状为深腹平底。外表雕刻钩喙一角一足卷尾夔纹二条，夔的眼、角、身镶嵌绿松石片。有的地方还涂以红色。口外径 13.3 厘米。梳在侯家庄 HPKM1003 大墓翻葬坑出土一件，但残损较甚。整体呈长方形，背上有钮，背部雕兽面纹，下部有梳齿约 28 枚。高 13.5 厘米。侯家序 HPKM1500 大墓出土的一件象牙柄形器（R18298），圆柱形，上端呈弧形凸出，颈部收缩，下端已残。顶端雕夔纹，腰部饰三角形纹和兽面纹，下端雕三角形纹。残长 11.5 厘米，最厚约 3 厘米。侯家庄 HPKMl001 翻葬坑所出的一件立体蛇形兽，蛇头呈方形，“目”字形眼，身细长，上雕云雷纹，原镶有绿松石片，但已脱落。残长 8.8 厘米。有较高的艺术价值。

而殷墟妇好墓出土物中有三件象牙器，二为象牙雕刻杯、一为象牙雕花筒，[②] 高贵典雅，精美绝伦，保存完好，是殷墟所出象牙制品的顶级代表。其中一件为筒形带流虎鋬杯（M5：99），在它的表面雕有瑰丽繁缛的花纹，主纹浮于地纹（雷纹）之上，自下而上的相应部位，分别有鸟、夔、饕等形象以及三角形纹，几乎没有空白处。安鋬处修治平整，并有上下对称的小圆孔各一，鋬榫即由此孔插入。杯鋬上端雕成饕餮的形状，下端则为一立体的虎，

---

① 中国社会科学院考古研究所编著《殷墟的考古发现与研究》，科学出版社，1994，第 395、398 页。

② 郑振香、陈志达：《安阳殷墟五号墓的发掘》，《考古学报》1977 年第 2 期，图版 35.2、31。

形象生动。杯身高 42 厘米、切地径 10.6~11.2 厘米。另两件为夔鋬觚形杯（M5：100），成对。杯身似铜觚，通体雕刻花纹四段，自口至切地，分别为饕餮、夔龙和大三角形纹、变形夔纹，饕餮的眼、眉、鼻都镶以绿松石片。纹饰精细、清晰。各段花纹之间用绿松石细带纹一周或三周相隔开。杯的一侧有上下对称的圆孔，鋬榫即由此两孔插入。鋬作夔形，上端两面雕鸟纹，背面中部雕一兽面和一个凸起的兽头，并在相应部位镶嵌绿松石片（见图四十二）。杯高各为 30.3 厘米、30.5 厘米。

图四十二　妇好墓出土象牙觚形杯

这些精美华贵的象牙质奢侈品，固然为后世留下了价值连城的艺术瑰宝，但也正是因为贪婪地使用这些奇珍异宝，玩物丧志，使殷商王朝最终走向衰亡。岂不惜哉！

七　先秦文献记载的大象消长信息

先秦文献中对大象的记载所在多有，从这些记载中，我们也可以看出一些变化的端倪。

1. 商代末期大象已为稀贵之物

仅就殷商时代而言，虽然甲骨文中不乏猎获野象的田猎卜辞，但同时也有“来象”“氏象”的占卜记录，如上所举。这从殷商早期规定的远方贡物来看，就已经形成了这样的格局。比如《逸周书》：“汤问伊尹曰：‘诸侯来献，或无马牛之所生，而献远方之物，事实相反，不利。今吾欲因其地势所有献之，必易得而不贵，其为四方献令。’伊尹受命，于是为四方令曰：‘臣请……正南瓯邓、桂国、损子、产里、百濮、九菌，请令以珠玑、玳瑁、象齿、文犀、翠羽、菌鹤、短狗为献。’”南方贡献其地特产的象牙，可见殷商早期，野生大象就主要分布在荆楚吴越等南方地区，而以殷都为中心的北方中原地区的野象生存，恐怕只是其分布最北边界内的零星分布而已。

在古代文献中，殷商末年殷纣王使用“象箸”一事被大书特书，极度渲染，尤以《韩非子》《淮南子》二书所云为详。详见上述所引。这些对于“纣用象箸”的记述，是作为殷纣王生活糜烂、奢侈无度的证据来说的。正如《新书·连语》云：“纣损天下，自箸而始。”把“象箸”与“犀玉之杯”“旄象豹胎”“锦衣九重”“广室高台”等奢华之物相提并论，可见当时“象箸”之难得。以殷纣王的帝王之尊而难得“象箸”，也在一定程度上可以窥见殷商末年野生大象在中原地区分布的稀缺了。

2. 古人往往将犀、象并举

后世文献记载中，往往把“犀”“象”看作同一性质的野生动物，其实，“犀”“象”是两种生活习性和生存环境极为相似的两种动物，所以在文献记载中“犀”“象”并称的例子颇为不少。比如《尔雅·释地》：“南方之美者，有梁山之犀象焉。”《山海经》南山经：“东五百里，曰祷过之山，其上多金玉，其下多犀、兕，多象。”《中山经》：“又东五百里，曰鬲山，其阳多金，其阴多白珉。蒲□之水出焉，而东流注于江，其中多白玉，其兽多犀象熊罴，多猿蜼。”《荀子·正论》：“虽珠玉满体，文绣充棺，黄金充椁，加之以丹矸，重之以曾青，犀象以为树，琅玕、龙兹、华觐以为实，人犹莫之扣也。”《战国策·楚策》：“黄金珠玑犀象出于楚，寡人无求于晋国。”《淮南子·地形训》:“南方之美者,有梁山之犀象焉。”《齐俗训》:“于是乃有翡翠犀象、黼黻文章以乱其目,刍豢黍粱、荆吴芬馨以嚂其口,钟鼓管箫丝竹金石以淫其耳,趋舍行义、礼节谤议以营其心。”

正像人们猎获犀牛是为了得到犀角一样,捕捉野象的目的是获得大象头部那枚贵重的象牙。文献中对此多有记述。比如今本《竹书纪年》周赧王“四月,越王使公师隅来献舟三百,箭五百万,及犀角、象齿”。《周礼》:“壶涿氏:掌除水虫。以炮土之鼓驱之,以焚石投之。若欲杀其神,则以牡橭午贯象齿而沉之,则其神死,渊为陵。”《逸周书·王会解》:“大夏兹白牛。兹白牛,野兽也,牛形而象齿。”《淮南子·氾论训》:“故蛇举首尺而修短可知也;象见其牙而大小可论也。”《说林训》:“见象牙乃知其大于牛,见虎尾乃知其大于狸,一节见而百节知也。”《说山训》:“象解其牙,不憎人之利之也,死而弃其招箦,不怨人取之。人能以所不利利人则可。”所以《左传·襄公二十四年》云:“象有齿以焚其身,贿也。”

3. 见之于文献的象牙制品

古人以象牙为原料,制作了许多珍贵优美的工艺品和奢侈华丽的日用品,计有“象尊”“象邸”“象床”“象觚”“象觯”“象笄”“象笏”“象栉”“象环”“象揥”“象珥”“象车”“象箸”“象廊”“象琪”“牺象”等。比如《周礼·春官宗伯》:“司尊彝:掌六尊、六彝之位,诏其酌,辨其用与其实。春祠、夏礿,祼用鸡彝、鸟彝,皆有舟。其朝践用两献尊,其再献用两象尊,皆有舟。”《周礼·夏官司马》:“弁师……王之皮弁,会五采玉璂,象邸玉笄。”《仪礼·燕礼》:“宾升立于序内东面。主人盥洗。象觚。升宾之东北面。献于公。公拜受爵。”“若君命皆致。则序进奠觯于篚。阼阶下。皆再拜稽首。公答再拜。媵爵者洗象觯升实之序进。”《仪礼·丧服》:“折笄首者。折吉笄之首也。吉笄者。象笄也。”《礼记·玉藻》:“日五盥,沐稷而靧粱,栉用樿栉,发晞用象栉,进禨进羞,工乃升歌。”“史进象笏,书思对命。”“孔子佩象环五寸,而綦组绶。”《诗经·魏风·葛屦》:“纠纠葛屦,可以履霜。掺掺女手,可以缝裳。要之襋之,好人服之。好人提提,宛然左辟。佩其象揥。维是褊心,是以为刺。”《诗经·小雅·鹿鸣之什·采薇》:“四牡翼翼，象弭鱼服。岂不日戒？𤞤狁孔棘。”《韩非子·十过》：“昔者黄帝合鬼神于泰山之上，驾象车而六蛟龙，毕方并辖，蚩尤居前，风伯进扫，雨师洒道，虎狼在前，鬼神在后，腾蛇伏地，凤皇覆上，大合鬼神，作为清角。”《逸周书·器服解》：“斧巾，玄缋绥，缟冠素纰，玄冠组，武卷组缨，象琪，缋瑱，绨绅带，象玦，朱极韦，素独。”《战国策·齐策》：“孟尝君出行国，至楚，献象床。”《礼记·祭器》：“君西酌牺象，夫人东酌罍尊。”《礼记·明堂位》：“季夏六月，以禘礼祀周公于大庙，牲用白牡；尊用牺象山罍。”《淮南子·俶真训》：“是故目观玉辂琬象之状，耳听白雪清角之声，不能以乱其神。”等等。

这些文献记载，可以证明商周时期有大量以象牙为原料制作成的器物。而相关考古出土文物，比如商代象牙器，出土于殷墟妇好墓的“象簪”“象珥”“象揥”等，周代的“象床”“象笏”“象觚”“象环”“象栉”等，可证这些文献记载所言不虚。

图四十三　殷墟出土的玉雕象

4. 东周以后南方贡象的记载

古代文献中对先秦时期黄河下游野象的分布变化情况也有所记载。《吕氏春秋·仲夏纪·古乐》：“成王立，殷民反，王命周公践伐之。商人服象，为虐于东夷，周公遂以师逐之，至于江南，乃为《三象》，以嘉其德。”《孟子·滕文公下》亦云：“周公相武王，诛纣、伐奄，三年讨其君；驱飞廉于海隅而戮之；灭国者五十；驱虎豹犀象而远之。天下大悦。”是说到了西周初年，野生犀牛和大象同豺狼虎豹一样，是危害人类生命安全的大型凶猛野生动物，所以不得不动用军队将其驱赶出中原地区。这同周人的伐纣、践奄一样，是德政的表现，所以“天下大悦”。《诗经·鲁颂·泮水》：“元龟象齿，大赂南金。”是说在西周春秋时期，居于淮水下游近海一带的部族“淮夷”向鲁国贡献的宝物中，就有“元龟象齿”之物，[①] 这也反映了当时淮水下游有野象活动。

但是古典文献中更多的记载，则是西周以后南方荆楚吴越一带向中原朝廷进贡大象或象牙，西南地区的巴蜀古国也有野象，而很少见到在中原地区能够捕获野象的记载。比如今本《竹书纪年》周赧王“四月，越王使公师隅来献舟三百，箭五百万，及犀角、象齿”。古本《竹书纪年》：“魏襄王七年四月，越王使公师隅来献乘舟，始罔及舟三百，箭五百万，犀角、象齿焉。”（《水经·河水注》引）《国语·楚语上》：“巴浦之犀、牦、兕、象，其可尽乎？”《战国策·楚策》：“黄金珠玑犀象出于楚，寡人无求于晋国。”《山海经·海外东经》：“巴蛇食象，三岁而出其骨，君子服之，无心腹之疾。其为蛇青赤黑。一曰黑蛇青首，在犀牛西。”《淮南子·说林训》：“又利越之犀角、象齿、翡翠、珠玑，乃使尉屠睢发卒五十万，为五军。”《地形训》：“南方之美者，有梁山之犀象焉。”“平土之人慧而宜五谷。……南方……其地宜稻，多兕象。”《说文解字·象部》：“象，长鼻牙，南越大兽，三年一乳，象耳牙四足之形。”《尔雅·释地》：“南方之美者，有梁山之犀象焉。”可见两周之际，野生大象的分布北界已经不在中原地区，而是逐渐地南迁了。

学术界公认的成书于战国时期的《禹贡》，记载了远在江南地区的扬州、荆州向中央政府进贡象齿、犀角等贵重土特产的史实，说明战国时期中原地

① 《毛诗正义》认为：《禹贡》徐州“淮夷”贡赋为鲁珠暨鱼，其土不出龟象，鲁僖公伐而克之，以其国宝来献，非淮夷之地出此物。似乎当时“淮夷”地区不产野象。实际上《禹贡》是战国时代或战国中期以后成书，远在《泮水》篇之后，且根据当时气候等条件来看，淮域有野象栖息是完全可能的。

区的犀、象已经灭绝，所以要从南方进贡这些野生动物。不见活象，只见大象骨骼遗存。《战国策·魏策》:“西门豹为邺令，而辞乎魏文侯。……夫物多相类而非也，幽莠之幼也似禾，骊牛之黄也似虎，白骨疑象，武夫类玉，此皆似之而非者也。”是说人们见到其他动物的遗骨也怀疑是大象骨骼，由此可见此时人们对大象这种动物的陌生程度。

野象的踪迹已不复见，像原来那样以“旄象之约”(《吕氏春秋·孝行览·本味》）为珍馐的口福，也就成了人们心目中的美好回忆和不切实际的幻想了。所以《淮南子·说林训》云:“象肉之味，不知于口；鬼神之貌，不著于目；捕景之说，不形如心。”是说大象的肉味，就像鬼神之貌不能目见那样，也就“不知于口”了。也正因如此，人们由对野生大象形状的想象，从而生发出中国传统哲学中一个重要的概念——“象”。这在《韩非子·解老》中如此记载:“人希见生象也，而得死象之骨，案其图以想其生也，故诸人之所以意想者皆谓之象也。今道虽不可得闻见，圣人执其见功以处见其形，故曰:‘无状之状，无物之象’。”而今，由此产生的“象”这个哲学概念，深深留在中国传统文化中了。

八 中原环境变迁导致大象迁移

从考古学、古生物学、甲骨文材料及古文献记载等可知，距今7000~6000年到距今2500年左右，我国殷墟（约36°N）一带及以南，不少地区有野象分布。而现在我国云南西南部德宏州盈江县（约24.6°N）以南才有野象栖息，南北纬度相差约11.4°。历史时期我国野象分布变迁之大可以想见，这应该是大自然生态环境的作用力，不是人力所能达到的。

为什么商代我国野象分布的北界可达中原地区的殷墟一带呢？如前所述，野象对气温的变化是比较敏感的。它怕寒冷。它的体型大，为植食类动物，食量也大。高纬度地区，气温更低，野象的御寒能力较低，较难忍受，另一方面，草木枯萎，也影响它们的食料来源。

距今7000~6000年到距今2500年左右，野象的分布北界所以能达到中纬度，显然是由于当时气候较今为暖，并且这与近年来我国东部许多全新世孢粉分析的结论是相一致的，反过来进一步证实了商代黄河流域有野象分布这一事实。联系商代中国马来貘的分布也以殷墟一带为北界，孔雀分布以河南淅川一带为北界，这些热带动物分布的纬度也远较今为高，更可证明这一点。另外，与殷商时代中原地区人口密度小，天然植被广布，野象的食料既充足又易于取给也有密切关系。当时这一带天然植被有森林，有草原，有水生植被，还有沼泽植被等，在较今为暖湿的气候条件下，是野象栖息、繁殖的良好场所。因此，商代中原地区的殷墟一线成为当时中国野象分布最北的地区，就非偶然了。

《吕氏春秋·古乐》:“商人服象，为虐于东夷。周公遂以师逐之，至于江南，乃为《三象》。”《孟子·滕文公下》:“周公相武王，诛纣、伐奄……驱虎豹犀象而远之。”两处文献都讲到了大象退居江南，是周公动用军队武力驱逐的结果。

我们说，殷人服象及商代中原地区多象，是不容置疑的。只是它们的南迁，并不纯粹是人为因素，而主要是环境发生了变化的自然结果。中原一带气候的变冷是迫使大象南迁的决定因素，而农耕的发展使植被面积减少、地理环境发生变化，也加速了大象南迁的进程。① 如果一定要强调人为因素，也不应是动用军队将其驱赶到江南地区，而是动用军队大肆捕猎的缘故，正像前述的《逸周书·世俘解》中周武王的狩猎行为一样。

在此后的历史传统中，也偶尔有关于军事活动中使用战象的记载。《左传·定公四年》中吴军追击楚昭王，楚人方面“王使执燧象以奔吴师”，杜注:“烧火燧系象尾，使赴吴师，惊却之。”说明春秋晚期的楚国曾在万不得已的情况下使用过战象。《后汉书·光武帝本纪》记载，王莽军攻打昆阳，“又驱诸猛兽，豹犀象之属，以助威武”。

殷商考古遗址中经常发现的象、犀牛等野生动物骨骼，到了西周考古遗址中已经基本见不到了。而且流行于商末周初的青铜器大象纹饰和以象

---

① 王宇信、杨宝成:《殷墟象坑和“殷人服象”的再探讨》，胡厚宣等:《甲骨探史录》，三联书店，1982。

为造型的象尊，在西周中期以后也突然不见了。这从一个侧面证明了当时动物种类的减少，折射出商末气候的变迁对西周时期及其以后生态环境的影响。

从野象分布的变迁中，可以看出气候变化对野生动物生存状态的影响。

（1）历史时期中国气候的冷暖变化是相当大的。在距今7000~6000年至距今2500年左右，温度变化总的趋势是此期为近六七千年来最温暖的时代，较今暖和得多，因而野象能在黄河下游栖息；从距今2500年左右至公元1050年左右，温度变化的总趋势是有所降低，但还是比较温暖，故野象能在长江流域繁衍；公元1050年左右以后温度变化的总趋势是逐渐转冷，野象分布北界也逐步南移。可见野象分布北界的逐渐南移，正反映了我国温度变化总趋势是阶段式逐渐转冷，具体气候是冷暖交替、波状起伏的。

（2）野象的逐渐南移也反映了我国各地开发时间的先后。大体先从黄河流域开发，进而长江流域，然后岭南地区，最后滇西南一带。野象曾经是我国分布广、数量多的一种野生动物，现在仅滇西南成为唯一残存区。①

第七节　商代中原地区的野生动物——兕

与野生大象有同样的生活习性的是野生兕。殷墟考古发掘和甲骨文材料中，也有野生兕的资料。

一　“兕”的考古发现与争论

1929年11月28日，在中央研究院的第三次殷墟发掘中，在小屯东北地张学献家的田地发现的大连坑（横十三，丙北支，二北支）中，出土了一个大型动物的头骨。与此伴出的是成层的大块牛肩胛骨和象牙、鹿角、牛角、

① 文焕然等：《历史时期中国野象的初步研究》，《思想战线》1979年第6期；文焕然遗稿《再探历史时期的中国野象分布》《再探历史时期中国野象的变迁》，文焕然等：《中国历史时期植物与动物变迁研究》，重庆出版社，2006，第186~200、201~206、207~215页。

蚌壳、陶片等。该头骨很大，包括从额骨顶部到鼻尖的整个额骨部分，是一个大型动物的头骨。

骨头上竖刻两行文字，但是头骨本身不加修整，也不是占卜用的。商人有时候会把特别有名的战利品保存下来并在上面留下记录。某些战利品是从被战败敌人的头骨上取下的头骨片，在上面刻辞纪念（见《前编》图 3,《综述》图版 13-4,《京津》5281,《综述》13-1）。还有的是在狩猎活动中获得的战利品，即在某种稀罕猎物比如某一野鹿的头骨上刻字留念（见《甲编》3941、《甲编》3940）。这块有刻辞的大型兽头骨，就是这样一个狩猎活动纪念品。

大块兽头骨上面的刻辞为：

……于倞麓，获白，燎于……在二月，隹王十祀，肜日，王来征盂方白□（《甲编》3939，即《合集》37398）[①]

董作宾先生专就此辞写了《获白麟解》一文，其弁言曰："在去年的冬天，李济之先生从殷墟挖出来一个大兽的头骨，运到北平研究。半个月之后，我们从开封归来，才见到这件宝贝。大兽头骨的额上，原来刻着有两行大字。这是多么重要的发现！除了贞卜刻辞和彝器款识之外，这要算殷商时代惟一的记事文字。这上载有'获白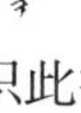'字样，于是我们就想到这或者就是大兽的名子［字］，我们应该先从认识此字着手。同时我们又想到几个须要连带解决的问题。"

董先生的论文分为上下两部分。上篇"说麟"，包括：（一）动物象形字和麟；（二）关于角；（三）一角的兽；（四）麟的由象形而谐声；（五）"麐"不是麐；（六）麟和牛；（七）白麟；（八）殷商卜辞中关于麟的记载；（九）春秋以来的麟；（十）明代的所谓麟；（十一）西方古代的白麟；（十二）关于麟的

① 屈万里：《殷墟文字甲编考释》，"中央研究院"历史语言研究所，1961；中国社会科学院考古研究所编著《殷墟的发现与研究》，科学出版社，2001，第 149 页。两处释文中个别字有不同之处。

结案。下篇“说获麟的时与地”，包括:（一）麟头和鹿头的刻辞;（二）获麟时代的推测;（三）获麟的地方。

董先生根据上刻文字内容和“□”字形，结合所列38个同类字形，其上下文言“获”者7，言“逐”者5，言“逐”而“获”者2，言“狩”者1，因此断定绝非家畜，认为这是一头白色牛尾的野生动物；因其头上有一角，因此认定这是一只属于牛科动物的独角兽；为此，董氏搜集了中东、波斯、中亚和我国华北地区大量的有关独角兽的材料，可谓旁征博引，亟欲自圆其说，他认为该动物就是古书上记载的独角麒麟，也即印度之瘤牛、亚述里亚之里姆、巴比伦之野牛。[①]

在文中，董氏顺便解读了刻在大兽头骨上的甲骨文字:“商王武丁（或祖甲？）的十祀，九月里，在倞的地方田猎，有一天，获了一头白麟；己亥这天，又在羌的地方，获了一只鹿。于是归来的途中，刑白麟而祭于盂。祭的明日，王便从盂回到殷都。”

这引起了史学界的广泛重视，当时就有方国瑜、唐兰、裴文中等学者对此讨论，并与董先生进行商榷。其中方国瑜先生从三个方面对董文提出了质疑。其一，殷墟卜辞所记载的“□”是不是与后世所见之“麟”为同种兽类？其二，西方古代的“里姆”是不是与殷墟卜辞所记载的“□”为同种兽类？其三，春秋以后所见之“麟”是不是与西方古代之“里姆”为同种兽类？咄咄逼问，所驳至当。方氏认为甲骨文中的□与西方的里姆（Rimu）和中国的独角兽（麟）不相干。在商代的甲骨文中，□和马都有一样的尾巴，上部的独角可能只是笔画的省略，只能说□是中原本地的一种野生动物。[②]

唐兰先生则首先考释出此字为兕字:“《说文》‘𤉡，如野牛而青色，象形’，盖即卜辞之作□形而小异耳。《说文》旧有校语曰‘与禽离头同’，则别本篆当作□，是又□形之异也。然则以字形论之，甲骨刻辞此字当释为兕，即《说文》之□可

---

① 董作宾:《获白麟解》,《安阳发掘报告》第2期，1930年。

② 方国瑜:《〈获白麟解〉质疑》,《师大国学丛刊》第1卷第2期，1931年。

决然不疑者。”明确指出，骨上刻字为“获白兕”。在他看来，甲骨文中的□和《说文》的𤉡字（如野牛而青，象形）、篆书的冡都可以释为《尔雅》的兕或冡字，因为《说文》古文作□，隶定为兕。根据《尔雅》郭璞注和刘欣期的《交州记》，它是一种独角的野兽，色青，体大而重。唐兰还引用《诗疏》引《韩诗》载：“兕觥，以兕角为之，容五升。”认为兕角很大，与甲骨文所见形象极为吻合。概括地说，唐氏有两点依据：其一是甲骨文的□与篆书冡字很相似；其二是根据某些古代文献，兕本就是一个独角的体形巨大的野生动物的名字。故唐氏肯定地说：“一角之兽而其角又特大者，当为兕之形，亦皎然无疑者也。”①

唐兰先生的观点，为学界普遍接受。郭沫若《卜辞通纂》对第577片的考释，不同意董作宾关于白麟的考释，而接受了唐兰的意见，把□释为冡。“冡本青色，间亦有白者。此获白冡，纪异也。唐说涉及五行义，以殷人尚白为解，亦失。”对于兽骨刻辞文字解读，郭亦不完全同意董氏，认为“九月”当为“二月”，“自”字当为“正（征）”字，等等。②

二　兕之字形究竟是何种野生动物

当然，关于此字的考释，历来就有不同的说法。早在殷墟大连坑大型兽头骨发现之前，针对甲骨文中的此字，学者们的考释就各执其说，莫衷一是。罗振玉、王襄都曾把此字释为“马”字。叶玉森曾释为“駮”，陈邦福释为“希”等。商承祚曾根据某些金文的特征，把□释为豸，③ 但他后来又把它转写为冡。④ 殷墟考古中发现此骨，无疑是对此字考证的一个促进。后来，就连最早认为是“白麟”的董作宾先生，也在其《殷历谱》中转而接受了唐兰的

① 唐兰：《获白兕考》，《史学年报》第4期，1932年，第119~121页。

② 郭沫若：《卜辞通纂》，科学出版社，1983，第465~466页。

③ 商承祚：《福氏所藏甲骨文字考释》，南京金陵大学中国文化研究所丛刊甲种，1933。

④ 商承祚：《殷契佚存》序言，南京金陵大学中国文化研究所影印本，1933。

观点，释为冡。[1] 丁骕[2]、李孝定[3]等，也都接受唐兰的观点，把转写为冡或冡。

因为该字的考释比较复杂，所以在此将该字在甲骨文中不同时期的字形作如下统计：

表十　甲骨文不同期别“兕”字字形

期别	“兕”字字形
武丁时期	粹编 941；邺初 1-38-12；续编 3-43-5；乙编 672；乙编 8672；简编 41-3；乙编 8049；粹编 939；丙编 86-10；乙编 764
祖庚祖甲时期	wenlu 68-724；前编 3-31-1；后编 1-30-10；遗珠 593

① 董作宾：《殷历谱》卷 2，中央研究院历史语言研究所专刊，1945。

② 丁骕：《契文兽类及兽形字释》，《中国文字》第 21 册，台湾大学文学院中国文学系编印，1966。

③ 李孝定编述《甲骨文字集释》，“中央研究院”历史语言研究所，1965，第 3021 页。

续表

期别	“兕”字字形				
康丁时期	甲编 3916-8	摭续 133	甲编 1915	后编 2-38-5	外编 54
	甲编 3914	甲编 2026	佚存 265	续编 6-20-11	甲编 1633
武乙文丁时期	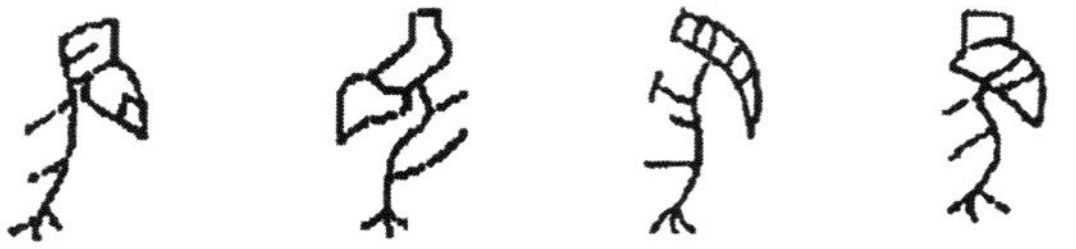 甲编 840	2359	甲编 620	宁沪 1-193	
帝乙帝辛时期	佚存 518	续编 3-44-8	续编 3-44-9	佚存 427	甲编 3939
	续编 3-24-5	粹编 940	京津 5321	前编 2-5-7	续编 3-28-5

资料来源：该表中的字形，源自雷焕章神父《商代晚期黄河以北地区的犀牛和水牛——从甲骨文中的[illegible]和兕字谈起》（葛人译，《南方文物》2007年第4期）中的字形统计。

唐说此字为“兕”，当然可从。可是兕在古代究竟是一种什么野生动物，仍然见仁见智，人说各异。

一种说法是马。“甲骨四堂”之首罗振玉先生曾把释为“马”。[①] 王襄[②]和商承祚[③]也把它释为马一类的动物。叶玉森最初把它释为“犀牛”。[④] 后来，叶氏不再坚持兕是犀牛的说法，认为甲骨文的尾巴与马的尾巴的写法一样，应是一种体形巨大的独角野马。也许与《尔雅》中记录的长着弧齿且以虎豹为食的駮（駮如马，倨牙，食虎豹）相似。但是，独角也可能只是笔画的省略，不过是用一角代表两角而已。至于在大兽头上发现牛的牙齿，他认为刻辞并不一定刻在它提到的动物上面。[⑤]

另一种说法是犀牛。叶氏提出的犀牛说，虽然自己不大相信了，却对他人仍有影响。唐兰先生释为兕，但他与后世文献联系，似乎也是指兕为犀牛。丁山先生认为，该字“于形，当释为豸，于谊当释为兕，实皆犀牛的异名”[⑥]。姚孝遂、肖丁先生也认为“𤉡、犀乃古今字，今通称犀牛”[⑦]。

还有一种说法是野牛。《说文》:“𤉡，如野牛而青。”明确说兕是青色的野牛。但是段玉裁注曰:“野牛即今水牛，与黄牛别，古谓之野牛。”董作宾先生虽释此字为麟，但举“解”（）、“角”（）二字论证此兽的角是牛角形，认定这是一只属于牛科动物的独角兽，也认为此兽即印度的瘤牛、亚述里亚的“里姆”、巴比伦的野牛。[⑧] 法国古生物学家德日进对这个兽头骨的牙齿进行了鉴定，认为是牛牙。陈梦家先生曾将殷墟出土的哺乳类动物骨骼与田猎卜辞所获野生动物名称作比较，将犀牛与兕对比，认为“在此比较中，有一些不合式之处”，出土的犀牛骨骼数量在 10 以下，而田猎卜辞中猎获的兕之数量在 100 以上，所以认为兕不是犀牛，“卜辞的兕当是野牛”[⑨]。

---

① 罗振玉《增订殷虚书契考释》，东方学会，1927，第 29 页上。

② 王襄:《簠室殷契类纂》“正编”第 10 卷，天津博物院石印本，1920，第 44 页上。

③ 商承祚:《殷墟文字类编》，决定不移轩影印本，1923。

④ 叶玉森:《殷契钩沉》，北平富晋书社影印本，1929，第 8 页。

⑤ 叶玉森:《殷虚书契前编集释》，大东书局，1934。

⑥ 丁山:《商周史料考证》，中华书局，1988，第 177 页。

⑦ 姚孝遂、肖丁:《小屯南地甲骨考释》，中华书局，1985，第 151 页。

⑧ 董作宾:《获白麟解》，《安阳发掘报告》第 2 期，1930 年。

⑨ 陈梦家:《殷虚卜辞综述》，中华书局，1988，第 555 页。

近年随着各种材料的丰富，有学者对这一问题的研究有了很大的深入和进展。台湾法裔学者雷焕章神父从考古器物学、动物学等角度，对甲骨文中的□字形及兕与犀牛异同等相关问题进行了较为系统的研究，得出了以下结论。（1）大兽头骨是水牛的头骨。（2）甲骨文象形文字□，角不像犀牛那样从鼻上竖起，却总是从头后伸出，角上常见的表示纹理的刻画，也与水牛角的特征吻合，尾端表示毛发的刻画，与犀牛的特征不符，却与牛的特征相合。（3）牛方鼎底部铸造的动物造型，角基非常宽大，角上可见粗壮纹理，整个造型与《甲编》3916-10的象形文字非常近似，这与水牛角的特征极相吻合。（4）小屯五号墓（即妇好墓）的小石牛口鼻的形态以及角上的粗壮纹理，显然代表一头卧地的水牛，这和商代甲骨文□的某些变体吻合。（5）在商代的甲骨文中，□是狩猎中被捕获的野生动物，能被弓箭射杀，一次狩猎活动可以获得多头，这种事情可能发生在野牛身上，却不可能发生在犀牛身上。（6）兕和犀显然是两个不同的字，尽管发音接近，但它们的外部造型有较大差异，可能是代表两种不同的野生动物。（7）根据古生物学家的研究，全新世的华北地区有圣水牛，小屯有不少圣水牛的遗骸被发现，某些可能是家养的，还有的则是野生的。（8）兕在文献记载中的特征，与水牛最接近，从先秦到东晋的绝大多数文献，并无兕只有一角的记录，《山海经》是唯一的例外，也有一些作者受它的影响。（9）甲骨文中□和后代的兕字似乎是同一个字，□的特征并不总能得到正确的分析，它的衍化可能与以前设想的也不一样，但是它的语义好像总是一样的——一头野水牛。（10）对于甲骨文“牛”字（畜养圣水牛）与“兕”字（野生圣水牛）何以造型不同，或许是商人将家畜之牛与野牛区别开来的缘故，他们将作为猎捕对象的野牛，象形构字为“兕”；而家畜之牛，因属常见，故仅仅以其头部形状的局部象形而构字为“牛”。①

有学者对中国境内出土的水牛遗骸骨进行系统鉴别，得出结论：“从新石器时代到青铜时代出土的可鉴定到种的水牛遗骸，基本属于已灭绝的所谓圣

① 〔法〕雷焕章：《商代晚期黄河以北地区的犀牛和水牛——从甲骨文中的□和兕字谈起》，葛人译，《南方文物》2007年第4期，第150~160页。在雷氏《兕试释》（《中国文字》新第8期，台北：艺文印书馆，1983，第84~110页）一文中，也有类似的观点表述。

水牛。”[①] 这一结论在一定程度上也支持了雷氏的观点。

同时，另外一位台湾学者张之杰先生，也从动物学的角度，对此问题进行认真探究，得出了以下结论。(1)甲骨文“牛”字是指一种畜牛。(2)殷商有水牛属和牛属各一种，即圣水牛和殷牛，其中圣水牛为畜牛。(3)甲骨文“牛”字是指圣水牛，甲骨文“牛”字之造型与圣水牛相合。(4)甲骨文“牛”字系专指一种已灭绝的上古畜牛——圣水牛，换言之，在殷商时代，“牛”字为一专称，而非泛称。(5)殷商时代之畜牛即圣水牛，甲骨文“牛”字即指此而言。(6)后世何以由专称转变为泛称，这可能和家牛被引入中原成为另一种畜牛有关；其转变时机可能始于春秋。(7)远在殷商时代，华北的犀牛可能已十分稀少，在田猎中已很少接触到犀牛，所以甲骨文中没有“犀”字。(8)根据青铜器狩猎纹、兕觥、岩画资料、汉画及文献资料，推断东周至两汉，兕可能是指野牛，而非野水牛，殷商至西周，兕字也可能是指野牛。[②] 这与雷焕章神父考定的“自殷商至东晋，兕字是指野生圣水牛，牛字是指畜养圣水牛”的观点很不相同。

近年来黄家芳先生通过对历史文献资料的分析，认为晋朝及晋以前的文献对“兕”的描述是客观可信的。综合遗存实物以及犀牛的生理习性等各种资料，他也不赞同“兕”为犀牛说这一主流观点，并总结了“兕”与犀的角、皮以及生活习性等方面的区别，认为“兕”是一种大独角、皮厚、外形似牛的群居动物，这种动物在晋朝已经消失。[③]

对于我国古代文献中所记载的“兕”究竟为何种动物，历来多有争议，如今学术界更是众说纷纭。在此字尚未得到学术界的普遍一致的看法之前，为了行文的方便，在此，笔者暂且遵从唐兰先生的观点，将此字视为“兕”

① 王娟、张居中:《圣水牛的家养、野生属性初步研究》,《南方文物》2011年第3期。

② 张之杰:《殷商畜牛考》,《自然科学史研究》1998年第4期，第365~369页;《殷商畜牛——圣水牛形态管窥》,《科学史通讯》第16期，1997年，第17~22页;《甲骨文牛字解》,《科学史通讯》第18期，1999年，第5~8页;《中国犀牛浅探》,《中华科技史学会会刊》第7期，2004年;《雷焕章兕试释补遗》,《中华科技史学会会刊》第7期，2004年。

③ 黄家芳:《“兕”非犀考》,《乐山师范学院学报》2009年第3期。

字。至于“兕”究竟为何种野生动物，我个人看法倾向于张之杰先生的观点，甲骨文中的“兕”字不是犀牛，也不是野水牛，而是野牛。

三 兕在先秦历史视野中的出没

我们先来看看先秦时期文献对“兕”的记载，并分析“兕”究竟应该是一种什么样的野生动物。

《诗经·小雅·吉日》:“既张我弓，既挟我矢。发彼小豝，殪此大兕。以御宾客，且以酌醴。”《毛诗正义》:“殪，壹发而死。言能中微而制大也。笺云：豕牡曰豝。挟，子洽反，又子协反，又户颊反。豝音巴。殪，于计反。兕，徐履反，本又作光。中，张仲反。”《正义》又曰:“《释诂》云：殪，死也。发矢射之即殪，是壹发而死也。又解小豝、大兕俱是发矢杀之，但小者射中必死，苦于不能射中；大者射则易中，唯不能即死。小豝云发，言发则中之。大兕言殪，言射着即死。异其文者，言中微而制大。”这是描写将狩猎所获野生动物的肉食，再佐以醴酒用以宴飨宾客。用一支箭射死一头皮坚肉厚的犀牛是不太可能的。相反，如果它是一头野牛，就成为可能之事，野牛的肉对于宾客来说大概是一种美味。

《诗经·周南·卷耳》:“陟彼高冈，我马玄黄。我姑酌彼兕觥，维以不永伤！山脊曰冈。”《豳风·七月》:“称彼兕觥，以介眉寿。”《诗经·小雅》之《桑扈》,《周颂》之《丝衣》都提及“兕觥”。“兕觥”是用兕之角做成饮酒用的觥器。《毛诗正义》：引“兕觥，角爵也。伤，思也。……觥，罚爵也。飨燕所以有之者，礼自立司正之后，旅酬必有醉而失礼者，罚之亦所以为乐。冈，古康反。光，字又作兕，徐履反。《尔雅》云：似牛。觵，古横反，以兕角为之，字又作觥。《韩诗》云容五升，《礼图》云容七升。”《正义》曰：“《释兽》云：兕，似牛。郭璞曰：一角，青色，重千斤者。以其言兕，必以兕角为之觥者。”觵是觥的变体，两者古音相同。在《诗经》里，兕觥总是用于宴会等喜庆场合，但在《周礼》中觵是用作惩罚的器具。《周礼》之《地官·闾胥》:“凡事，掌其比觵挞罚之事。”《周礼》之《春官·小胥》:“觵其不敬者。”据动物学知识，犀牛的角不像牛角那样是空心的，因此不能当成酒杯。而包括野牛在内的牛属动物角长而弯曲，容量很大，而《小雅·桑扈》《周颂·丝衣》“兕觥其觩，旨酒思柔”（意为兕觥弯又长），与上面的叙述正相吻合。

《诗经·小雅·何草不黄》：“匪兕匪虎，率彼旷野。哀我征夫，朝夕不暇！”《毛诗正义》引：“兕、虎，野兽也。旷，空也。《笺》云：兕虎，比战士也。兕，徐履反。”《正义》曰：“言我此役人，若是野兽，可常在外。今非是兕，非是虎，何为久不得归，常循彼空野之中，与兕虎禽兽无异乎？时既视民如禽兽，故哀我此征行之夫，朝夕常行而不得闲暇。《传》：兕、虎，野兽。《正义》曰：《传》言野兽者，解本举此之意，以役人不宜在野，故言视民如禽兽也。许慎云：兕，野牛。其皮坚厚，可为铠。《释兽》云：兕似牛。某氏曰：兕牛千斤。郭景纯云：一角，青色，重千斤是也。《笺》：兕、虎，比战士。《正义》曰：《序》云视民如禽兽，则直取在野以比之。而下章以狐比有栈之车，则比中各自取象，故云：兕、虎，比战士，取其猛也。”先秦文献中，将兕与虎相提并论的例子也颇不少。比如《论语·季氏》：“虎兕出于柙。”《墨子·明鬼下》：“生列兕虎。”《晏子春秋·内篇·谏上》：“手裂兕虎。”《道德经》：“盖闻善摄生者，陆行不遇兕虎，入军不被甲兵；兕无所投其角，虎无所措其爪，兵无所容其刃。夫何故？以其无死地。”《战国策·楚策》：“楚王游于云梦，结驷千乘，旌旗蔽日，野火之起也若云霓，兕虎之嗥声若雷霆。”《楚辞·九思》：“虎兕争兮于廷中，豺狼斗兮我之隅。”把兕和老虎并举，故而兕为野兽自不待言。有经验的猎手很清楚，与犀牛相比，野牛是更凶猛好斗的野兽之一，此“兕”为野牛，所以才与猛虎并列。另外，《庄子·秋水》《荀子·礼论》《韩非子·解老》等，也都间接提到兕的踪迹。

从以上古典文献记载来看，两周时期野兕在黄河中下游一带有所分布。《国语·晋语八》：“昔吾先君唐叔射兕于徒林，殪，以为大甲，以封于晋。”《诗经·小雅·吉日》：“发彼小豝，殪此大兕。”《诗经·小雅·何草不黄》：“匪兕匪虎，率彼旷野。”这也反映了在今山西西南部到渭水下游镐京（包括今西安市西南沣河以西、鄠邑区以东一带）均有野兕的存在。

但是更多的文献记载所表明的野兕出没地是江南地区的楚国云梦一带。今本《竹书纪年》周昭王“十六年，伐楚，涉汉，遇大兕”。(《初学记》七引《纪年》:“周昭王十六年，伐楚荆，涉汉，遇大兕。”)《战国策·楚策》:“楚王游于云梦，……有狂兕牂车依轮而至，王亲引弓而射，壹发而殪。王抽旃旄而抑兕首，仰天而笑。”《楚辞·招魂》:“君王亲发兮，惮青兕。”《吕氏春秋·仲冬纪》:“荆庄哀王猎于云梦，射随兕，中之。申公子培劫王而夺之。……‘杀随兕者，不出三月［必死］。’”由此可知，春秋战国之时在楚国云梦一带可以猎获兕等野生动物。

这与甲骨文所反映的商代能够在中原地区猎获那么多野生兕的情况，是有很大变化的，这也说明了随着生态环境的变迁而引起的野生动物迁徙的历史事实。

四 古代犀、兕为不同野生动物

“兕”之为物，其利于世人者颇多。不仅如前所言可以制作“兕觥”，而且可以制作“兕中”，比如《仪礼·乡射礼》:“大夫，兕中，各以其物获。”制作“兕爵”，比如《左传·昭公元年》:“举兕爵……饮酒乐。”而且可以用“兕”皮制作战争中穿戴的“盔甲”，比如《国语·晋语八》:“昔吾先君唐叔射兕于徒林，殪，以为大甲……”兕的皮质很厚，足以用来制作防身的铠甲。古典文献中，关于“兕甲”的记载很多。比如《淮南子·修务训》:“苗山之［铤］，羊头之销，虽水断龙舟，陆割兕甲，莫之服带。”《淮南子·兵略训》:“假之筋角之力，弓弩之势，则贯兕甲而径于革盾矣。”《说山训》:“矢之于十步贯兕甲，于三百步不能入鲁缟。”《说林训》:“矢之于十步，贯兕甲；及其极，不能入鲁缟。”

与兕相同的是，犀牛之皮也可以制作盔甲。《荀子·议兵》:“楚人鲛革犀兕以为甲。《左传·宣公二年》也提到用犀牛、牛和兕的皮制作铠甲的问题。“使其骖乘谓之曰：牛则有皮，犀兕尚多，弃甲则那？役人曰：从其有皮，丹漆若何？华元曰：去之！夫其口众我寡。”不过，两者做出的铠甲是绝不相同的。《周礼》之《冬官·函人》云:“犀甲七属，兕甲六属……犀甲寿百年，兕甲寿二百年。”可见，兕甲的可用性和耐久性都要远比犀甲为强。

由此也可以判断，古代犀牛和兕是绝不同的两种野生动物。兕之为兕，犀之为犀，在古人那里是分得很清楚的。所以，除了“兕”“虎”并举外，古文献中还多见“犀”“兕”同列的记载。比如《国语·楚语上》：“巴浦之犀、牦、兕、象，其可尽乎……”《墨子·公输》：“荆有云梦，犀兕麋鹿满之。”《战国策·宋卫策》：“荆有云梦，犀兕麋鹿盈之。”

在《山海经·中山经》中，更是将兕与犀牛、熊、虎、豹、牛、牦牛、鹿和象并举，如称某山“多犀、兕，多象”，某山“兽多犀、兕、熊、罴”，某山“其兽多虎、豹、犀、兕”，某山“其兽多犀、兕、虎、犳、㸲牛”，某山“其兽多犀、兕”，某山“其兽多夔牛、麢、臭、犀、兕”，等等。但举“犀兕麋鹿”为例，麋鹿是鹿属野生动物，但麋是麋，鹿是鹿，两者绝不相同。同样，犀兕是牛属野生动物，虽然多为并列联属，但犀为犀，兕为兕，《国语·楚语上》之“犀、牦、兕、象”将两种分割论列，就是一个明证。

先秦文献多次提及兕，但大都没有明确说到兕的形状。第一次描述兕之形状的是《山海经》。《山海经·海内南经》：“兕在舜葬东，湘水南，其状如牛，苍黑，一角。”汉代以后的文献提到兕有独角者，多是受到了《山海经》的影响。比如《仪礼·乡射礼》郑注：“兕，兽名，似牛，一角。”《山海经·南山经》“祷过之山，其下多犀兕”，郭璞注：“兕亦似水牛，青色，一角，重三千斤。”《尔雅》郭璞注：“兕一角，青色，重千斤。”刘欣期《交州记》：“兕出九德，有一角，角长三尺余，形如马鞭柄。”

同时，《山海经·中山经》也提到了犀牛：“（厘山）有兽焉，其状如牛。苍身，其音如婴儿，是食人，其名曰犀渠。”反而不说犀牛为独角，岂不怪哉！我们知道，《山海经》的许多描述荒诞离奇，把《山海经》当成完全真实可靠的史料是不切实际的。

与此相反，《说文解字》等称犀牛似豕，而兕似牛，为牛。《说文·牛部》：“犀，南徼外牛。一角在鼻，一角在顶，似豕。”《说文解字·㕯部》：“𤉡，如野牛而青。”《说文解字·角部》：“觵，兕牛角可以饮者也。”《尔雅·释兽》:“兕似牛，犀似豕。”《通志略》:“兕如野牛，青色，重千斤，一角长三尺余，形如马鞭柄。其皮坚厚，可制铠。”这些正式的字典对“兕”字的定义，清楚地说明了兕是牛属动物，与畜牛相似，但又与畜牛略有不同。那么，我们只能将其视为野牛（见图四十四）。

图四十四 野牛

五 考古出土大型动物头骨鉴定结果

1930 年，著名生物学家德日进神父鉴定了这块大型头骨，德氏发现头骨内侧有一排牙齿，认定是牛牙（bovine teeth），该动物属于牛科动物（species of the bovidae）。为了回应董作宾先生“获白麟”的观点，著名古生物学家裴文中先生抛开文献中记载的神话独角兽等说法，也根据牙齿和头骨的形状，断定此大型兽头骨是一种牛属（*bovidspecies*）的野生动物。[①]

据雷焕章神父所言:“在法国国家自然历史博物馆古生物学部主任 Léonard Ginsburg 的指导下，Sauveur d'Assignies 先生在巴黎工作多年，从

① 裴文中:《跋董作宾获白麟解》,《世界周报》1934 年 3 月 18 日、25 日。

事古生物学研究。1979年，d'Assignies先生陪我访问南港的'中央研究院'，得以近距离观察大兽头骨。他画了图也做了测量。1980年7月初，d'Assignies先生、Ginsburg教授和我在巴黎的法国国家自然历史博物馆会面，讨论大兽头骨的归属问题。两位专家都完全赞成德日进和裴文中的意见：牙齿（我有照片）和骨头肯定是牛的。后来，通过照片和线图，他们还和馆藏的所有其他牛和水牛的头骨加以比较，结果是：大兽头骨是水牛的。牛的两角根部位于额骨较高的位置，而水牛的则较低。另外，牛的两角根分得很开，水牛的则很近。就大兽头骨而言，角根部的位置很低，角根中部的凸起距离额骨中缝仅5.5厘米。对两位古生物学家而言，大兽头骨是水牛的头骨。"①

雷神父所言两位法国古生物学家对小屯出土的大型动物头骨的鉴定，前后似有矛盾之嫌，既说完全赞同德日进、裴文中的大兽头骨是牛的观点，进一步的测量鉴定又说是水牛。须知牛和水牛并不属于同一种属动物，正如雷在其文中所云两者之间有生物学上的骨骼结构差异。既说是牛的，怎么可能同时又是水牛的呢？所以雷氏自己在最后也称"小屯出土的所有水牛都属于圣水牛（Bubalus mephistopheles Hopwood），但是巴黎没有这种水牛的标本，因此也说不上更多的话"②。

我们认为，该大兽头骨上刻有"兕"字，说明该头骨就是被猎获的"兕"之头骨。而经过古生物学家的鉴定，该头骨属于牛属野生动物。那么，甲骨文中的"兕"就是野牛无疑了。它既非犀牛，也非水牛，而是野牛。

至于甲骨文中的"兕"为何也是一角，其实这是一个很容易理解的问题。甲骨文刻画文字，虽然属于象形的范畴，但多用省笔勾勒其轮廓，并非要把全部肢体都表现出来。这也可以理解为是从侧面看这些动物形态，只能看到一个角，而另外一个角被遮挡住了。比如甲骨文中的"象"字，作[illegible]（《合

---

① 〔法〕雷焕章：《商代晚期黄河以北地区的犀牛和水牛——从甲骨文中的[illegible]和兕字谈起》，葛人译，《南方文物》2007年第4期。

② 〔法〕雷焕章：《商代晚期黄河以北地区的犀牛和水牛——从甲骨文中的[illegible]和兕字谈起》，葛人译，《南方文物》2007年第4期。

集》10222）形，只示意出一牙形状，没有必要也画出另外一只象牙。“虎”字，作（《合集》10206）形，也只是示意出老虎的两条腿来，没有必要画出另外两条腿。“兕”之字形中一角，也可以做这样的理解。

同样，在殷墟考古中，也未能发现这种用兕角做成的酒器（兕觥），据推测很可能是角质物容易炭化而不易保存到今天的缘故。

六　甲骨文中狩猎获兕的占卜记录

除了上举大型动物头骨上刻“获白兕”记录，甲骨卜辞有大量的捕获“兕”的狩猎活动之占卜记载，说明当时中原地区有大量的兕出没，可供捕猎。如：

贞：王其逐兕，获？弗𡉚兕，获豕二。（《合集》190 正）

乙未卜，今日王狩光，擒？允获。虎二、兕一、鹿二十一、豕二、麑百二十七、虎二、兔二十三、雉二十七。十一月。（《合集》10197）

……擒麂？允擒。获麋八十八、兕一、豕三十又二。（《合集》10350）

贞：乎𢓊逐兕获？（《合集》10403）

癸巳卜，㱿贞：旬亡祸？王占曰：乃兹亦有祟，若偁。甲午，王往逐兕。小臣甾车马硪，□王车，子央亦坠。（《合集》10405 正）

……其……擒？壬申允狩擒，获兕六，豕十又六，兔百又九十又九。（《合集》10407 正）

翌癸卯其焚……擒？癸卯允焚，获……兕十一、豕十五、虎……兔二十。（《合集》10408 正）

辛未卜，王获？允获兕一豕一。（《合集》10410 正）

辛亥卜，争贞：王不其获肱射兕？……获肱射兕？（《合集》10421）

……贞：其隹王获射兕？一月。（《合集》10422）

……令画执兕，若？（《合集》10436）

邑执兕七。（《合集》10437）

乙巳卜，出贞：逐六兕，擒？（《合集》24445）

王叀射𪊽兕，擒亡灾？（《合集》24803）

贞：叀众涉兕？大吉。贞：其祝，允擒。乙，王其正襄兕，吉……（《合集》30439）

王其射穆兕，擒？（《合集》33373）

乙巳卜，……王田……无……兕二十又……来征人。(《合集》36501）

戊午卜贞：王田朱，往来亡灾？王占曰：吉。兹御。获兕十、虎一、狐一。(《合集》37363）

……兹御。获兕十又二。(《合集》37376）

辛巳卜，在萅，今日王逐兕擒？允擒七兕。(《合集》33374 反）

擒兹获兕四十、鹿二、狐一。(《合集》37375）

在九月隹王□祀肜日，王田盂于倞麓，获白兕。(《合集》37398）

丁酉［卜］，贞：翌日壬寅王其𡎸兕……（《合集》37387）

丁卯卜，在去贞：亩告曰，兕来羞，王隹今日𡎸，亡灾？（《合集》37392）

戊午卜，在潢贞：王其𡎸大兕，叀𤝔眔騽无灾？擒。(《合集》37514）

戊辰卜，其𠦪（阱）兕，叀……擒有兕。(《屯南》2589）

□卯卜，庚辰王其狩，……擒？允擒。获兕三十又六。(《屯南》2857）

王其网，射大兕，亡灾？（《屯南》2922）

戊寅卜，争贞：……曰我其狩盗，其［擒］？允擒，获兕十一，鹿……麋七十又四，豕四，兔七十又四。(《合集》13331+《合集》40125+《天理》205+《苏德美日》附录一）①

我们从这些田猎卜辞来看，“光”“朱”“潢”“盂”等都是离殷都不远的田猎区，可见当时在殷墟都城周围的丛林沼泽中生存着大量野生的兕，可以供商王时时田猎捕获。与兕可以同时猎获的还有虎、鹿、豕、麋、兔、雉、

① 此条卜辞由杨升南先生补缀而成，见杨氏《商代经济史》，贵州人民出版社，1992，第 304 页。

狐等野生动物。在西周铜器中有吕行壶，其铭文曰："吕行捷孚兕。"① 说明西周之时仍能捕获野兕。然而《殷周金文集成引得》中的释文认为"兕"通"犀"，② 则误矣。

在相关的狩猎卜辞中，猎获兕用了不同的狩猎方式。其中有"获"、"狩"、"毕"、"罕"（擒，即用网捉）、"逐"（追赶）、"射"（以弓箭射杀）、"涉"（赶到河里）、"空"（远、阬、坑，赶到坑里——此从张秉权之释③）、"寷"（赶到包围圈里）、"啙"（即围字，围猎也）、"阱"（[illegible]，《屯南》2589，专门为捕兕制作的陷阱，隶定为羿）、"塱"（搏，徒手格兽——此从张政烺之释④）、"执"（抓获）、"焚"（焚林驱赶入围）等。由这些常见的狩猎方式来看，兕是当时经常被狩猎的一种普通的野生动物。

我们注意到，兕被捕获的数量也是非常惊人的。比如在一次田猎中，获得 40 头兕（《合集》37375），还有一次猎到 36 头（《屯南》2857），一次猎到 20 余头（《合集》36501），一次猎到 11 头（《合集》10408 正），一次猎到 10 头（《合集》37363）。犀牛是一种单独活动的野生动物，因此很难一次获得如此众多的犀牛。相反，野牛是一种群居动物，所以一次获猎许多头兕极有可能。这也是我们认为兕是野牛而不是犀牛的一个原因。

同时我们也注意到，猎获兕的方式中，还有一种是"涉"，即把兕赶到水里进行捕获。"贞：叀众涉兕？大吉。"（《合集》30439）辞例是说，用众人合围的方法，把兕赶到水里，将其活捉。如果兕是水牛，水牛入水，得其所宜，则很难捕捉。但如果是惯于陆地生存的野牛，不习水性，将其赶入水中捕获，则是极为容易的事情。这也是我们认为兕不是水牛而是野牛的一个原因。

---

① 中国社会科学院考古研究所编《殷周金文集成》第 15 册，中华书局，1993，第 243 页，9689 器。

② 张亚初编著《殷周金文集成引得》，中华书局，2001，第 144 页，15.9689 条。

③ 张秉权：《殷虚文字丙编》上辑二"考释"，"中央研究院"历史语言研究所，1959，第 108 页。

④ 张政烺：《卜辞裒田及其相关诸问题》，《考古学报》1973 年第 1 期。

商代人们猎获野生兕的目的，除了以其肉做成美味宴飨宾客，如前引《诗经・小雅・吉日》所述外，可能还要将兕肉作为牺牲供品祭祀祖先。在甲骨卜辞中，利用兕作牺牲不乏其例。如：

……侑于……兕䙜兕。(《合集》974 正)

贞：䙜兕于祖……(《合集》15920 正)

戊午卜，犾贞：隹兕于大甲䙜？戊午卜，犾贞：隹兕于大丁䙜？吉。戊午卜，犾贞：隹兕于大乙䙜？大吉。(《合集》2714)

……烄凡于兕，雨？(《合集》32295)

其鼎兕父丁？其鼎兕祖丁？(《合集》32603)

父丁鼎三兕？(《合集》32718)

……兕父丁三？(《合集》32719)

庚申：岁妣庚牡一？子占曰：渻□，自来多臣毁？二。(《花东》226)

据日本甲骨学家岛邦男先生的不完全统计，兕作为祭祀牺牲，被用于䙜祭 4 次(《综类》223-1)，被用于鼎祭 3 次(《综类》223-1)，被用于[illegible]祭 2 次(《综类》222-4、223-2)。[①] 实际上还有用于祈雨之祭的“烄”祭，如上举之《合集》32295。最末一辞见于花东卜辞，“毁”本作[illegible](《花东》226)形，象双手拿棰敲击兕之形，当即棰杀多臣进贡来的兕以为牺牲，以用于岁祭妣庚。

在这些祭祀卜辞中，有时还提到被祭祀祖先的名字，如祖丁、父丁、大甲、大丁、大乙等祖先神灵。殷人是非常重视祖先祭祀的，能将兕作为牺牲祭祀先人，可见兕与殷人常用的牛牲、羊牲、犬牲等一样，肉味鲜美，而且能够经常供应，这恐怕是对兕进行猎捕的重要原因了。

另外，甲骨文中还有一字，作[illegible]形(《合集》32603)，可以隶定为兕，即

---

① 〔日〕岛邦男编《殷墟卜辞综类》，东京：汲古书院，1971。

图四十五　甲骨卜辞以兕祭祖辞例
（《合集》32603）

表示雌性的兕。与此“兞”相类似，还有一条卜辞曰：“叀匕兕”（《合集》28411），均是表示在祭祀过程中注重兕的性别，这种祭祀有可能是祭祀女性祖先的。因为甲骨祭祀卜辞中，往往有以雌性的牛羊等家畜作为祭祀先妣的牺牲的记录。如“贞：来庚戌㞢于示壬妾妣［庚］牝羊□……”（《合集》2385）“贞：求王生，于妣庚？于妣丙？”（《合集》2400）“丁酉岁妣丁牝？”（《花东》226）“庚子：岁妣庚豝？”（《花东》296）能够对兕这种野生动物讲究其雌雄，从另一个侧面也反映了当时人们对兕这种野生动物的多见与熟悉。

还需要讨论的一点就是“白兕”问题了。兕也就是野牛，常见的颜色应该是青灰色，但也不排除变异个体出现白色的情况。因为“殷人尚白”，所以在狩猎中捕获白色的野牛，就认为是一个吉祥的征兆。关于“殷人尚白”观念的考证，笔者以前有专门的详论，兹不赘引。[①] 商末周初，白色的野牛应该是比较稀罕的，人们见到之后就会有不一样的感觉。据《史记·周本纪》载，武王伐纣时，太公望以“苍兕”为口号激励将士，也是一个明证。上引郭沫若先生曾否定唐兰先生考证此辞时涉及五行之义和“殷人尚白”，其实是不必要的。我们认为，在那块大型头骨（兕即野牛头骨）上刻上“获白兕”的字眼词句，恐怕就是为了纪念这样一个祥瑞的事件。

第八节　商代中原地区的野生动物——犀牛

如前节所述，在我国古代文献记载中，与兕极易混淆的野生动物是犀牛。兕与犀牛是两种不同的野生动物，这在先秦时期人们是分得很清楚的。汉代以后，主要是因为随着自然生态环境的变化，其中一种迁徙走了，或者逐渐减少甚至灭绝了，人们很难见到了，所以才将这两种混同起来。明代李时珍《本草纲目》卷 51《犀·释名》:“山人多言兕，后人多言犀，北音多言兕，南音兕多言犀。”无怪乎当年对甲骨文中“兕”字进行考释时，众多学者将其指认为犀牛了。

一　犀牛的纲目种属及亚洲犀牛的种类

犀，俗称犀牛，在现代脊椎动物学分类中属于哺乳纲奇蹄目犀科。[②] 犀牛，具有硕大的体躯和头部，它的肩高在 1.5 米以上，身长 2.5~3.5 米，体重可达 1~2 吨，是仅次于大象的陆栖野生兽类。犀牛形体庞大，腹部浑圆，颈部较粗，腿部较短。前肢和后肢有奇数指（趾）。3 个指（趾）均较细小，末端为扁爪。所以犀牛与野马、野驴同属奇蹄类动物。在犀牛粗大的头部，它的

① 朱桢（朱彦民）:《“殷人尚白”观念试证》,《殷都学刊》1995 年第 3 期。

② 丁汉波:《脊椎动物学》，高等教育出版社，1983，第 379 页。

眼睛所占比例极小。上唇显著伸长，且能自由运动，为重要的摄食器官。在面部上方，鼻骨部生有1~2个角，俗称犀角，是其显著特征之一。犀类的角既与先茸后枯的鹿角不同，又与角质鞘的牛、羊角有别。犀角仅由皮肤的角质化纤维变化而成，与头骨并无直接联系。独角犀的角生在鼻骨上，双角犀则为一前一后，鼻骨部的前角较大，额骨部的后角较小。犀牛的皮肤极厚，除了耳缘及尾部末梢，全身体毛极少，几近裸露状态，又硬又厚的皮肤类似铠甲，在肩胛、颈下及四肢关节处有宽大的褶缝，以保持活动的灵活性。犀牛生活在热带、亚热带潮湿密林地区，既见于湿地平野，又可见于海拔2000米左右的山坡地带。经常逗留在沼泽及泥塘等处，每日需洗浴或泥浴，以避蚊虫叮咬。食物以灌木的鲜枝、嫩芽和各种果实为主。犀牛的嗅觉和听觉较好，而视觉较差。惯于独栖，喜欢夜行。犀牛性格怯弱，容易被人们攻击和猎杀。

犀牛的经济价值颇大，特别是犀角，既有与象牙一样的雕刻与观赏的艺术价值，又有其医药功效的实际作用。在传统中药内，犀角与鹿茸、麝香和羚羊角合称为四大动物名药。随着犀牛的数量日益稀少，犀角越来越昂贵。目前，犀角的单位重量价格可与同等重量的黄金相比。故俗语有云："大象以牙殒命，犀牛因角害身。"

全世界范围内的犀牛，共有5种类型，其中2种产于非洲，3种产于亚洲。历史时期中国境内的犀牛是更新世以来犀类的残存，应该属于亚洲犀牛的三种类型：大独角犀（又称印度犀，学名Rhinoceros unicornis）、小独角犀（又称爪哇犀，学名Rhinoceros sondaicus）、双角犀（又称苏门答腊犀，学名Diicerorhiuus sumatrensis）（见表十一）。据研究，中国第四纪的犀类，包括分属于独角犀亚科、双角犀亚科、板齿犀亚科3个亚科中的4个属、9个种，除板齿犀亚科灭绝于中更新世，披毛犀灭绝于晚更新世外，双角犀和独角犀属中的一些种类都延续到全新世和历史时期。目前，这些犀牛种类早已在中国境内绝迹。

表十一　现生亚洲野生犀牛三种类型特征比较

种名	特征					栖息地及食物
大独角犀	较大，雌、雄性均具一角	体型大，体色黑	除耳、尾外，全身几无毛	颈、肩、腰、腿，具有显著褶皱	全身皮肤上，有许多类似铆钉头的瘤状突起	河沼岸边，食草、水草等
小独角犀	较小，雌、雄性均具一角，雌性或缺	体型较小，体色暗灰	除耳、尾外，全身几无毛	颈、肩、腰、腿，有褶皱，但不显著	无瘤状突起，但具有多数鳞状小圆突起	居丘陵地，在森林多草地少处，食树叶、小枝
双角犀	较小，雌、雄性均具双角	体型最小，体色土色或黑色	全身较多毛	仅肩部一处有褶皱	无任何突起	丘陵地的森林中

图四十六　三种亚洲犀牛皮角比较

［上引图表均取自文焕然《中国历史时期植物与动物变迁研究》（重庆出版社，2006）一书］

其中苏门答腊犀是最小的一种犀牛，也是亚洲唯一的双角犀牛，所以容易辨认。历史上曾广泛分布于亚洲中南部。我国历史上也曾有过苏门答腊犀分布。1922 年在我国灭绝，1935 年在印度灭绝。这种犀牛在过去的 10 年中减少了一半，主要由于森林砍伐栖息地被破坏，现在只零散地分布在马来西亚半岛（约 250 头）和苏门答腊岛（约 50 头）。苏门答腊犀重 0.6~0.8 吨，肩高 1~1.5 米，后角形状像个小山脊，最大的角长 0.25~0.79 米，栖息于森林地区。苏门答腊犀的特征是体表有稀疏的长毛，皮肤呈棕褐色，又称“毛犀牛”，与史前时代的披毛犀有几分相似。它主要吃水果、嫩叶和树皮。雌、雄性成熟期均为 7~8 年，怀孕期 17 个月，每 3~4 年生育一胎。估计寿命 34 年。

二 古代文献中关于犀牛的记载

在中国古典文献中，对犀牛多有记载。而且，多与兕并举。比如《左传·宣公二年》:“牛则有皮，犀、兕尚多，弃甲则那?”《国语·楚语上》:“巴浦之犀、牦、兕、象，其可尽乎?”《墨子·公输》:“荆有云梦，犀、兕、麋、鹿满之。”《战国策·宋卫策》亦云:“荆有云梦，犀、兕、麋、鹿盈之。”《列子·仲尼》:“王作色曰：吾之力能裂犀兕之革。”《商君书·弱民》:“楚国之民……胁蛟犀、兕，坚若金石。”《荀子·议兵》:“楚人鲛革犀、兕以为甲，坚如金石。”《淮南子·兵略训》:“蛟革犀、兕，以为甲胄。”《淮南子·说山训》:“砥利剑者，非以斩缟衣，将以断兕、犀。”犀、兕并称，当是后人将兕认作犀牛的一个主要缘故。这是因为，犀牛与兕在外观上看起来有相似之处，又都是野生动物，并且因为皮厚坚韧，都可用来制作铠甲，所以往往将其并称。其实这正如古籍常见的“麋鹿”并称，但如麋是麋、鹿是鹿一样，“犀兕”也是两种不同的野生动物，犀为犀，兕为兕，两者不容相混。尤其是《国语·楚语上》将“犀、牦、兕、象”胪列，“犀”与“兕”之间尚有一“牦”字，更可见这是两种不同的野生动物，此时古人还是分得很清楚的，因它们习性相近，所以并列而论。

除了“犀兕”并举外，也有将犀牛与大象并论的。比如《孟子·滕文公下》:“周公相武王……驱虎豹犀象而远之。天下大悦。”《战国策·楚策》:“黄金珠玑犀象出于楚，寡人无求于晋国。”《荀子·正论》:“犀、象以为树。”《尔雅·释地》:“南方之美者，有梁山之犀、象焉。”《淮南子·地形训》也称:“南方之美者，有梁山之犀、象焉。”《淮南子·主术训》:“故夫养虎、豹、犀、象者，为之圈槛，供其嗜欲，适其饥饱，违其怒愤，然而不能终其天年者，形有所劫也。”《淮南子·齐俗训》:“翡翠、犀、象，黼黻文章以乱其目。”“犀、象”并称，同样也是因为是习性相同的野生动物，并且犀角、象牙都是极为珍贵的贡物，比如今本《竹书纪年》：今王“四月，越王使公师隅来献舟三百，箭五百万，及犀角、象齿”。《逸周书・伊尹朝献》：“正南瓯邓、桂国、损子、产里、百濮、九菌，请令以珠玑、玳瑁、象齿、文犀、翠羽、菌鹤、短狗为献。”由“犀、象”并称而不容混淆其间差别，更可证明“犀、兕”并非一物。

汉代以后的学者，受到《山海经》中对“兕”一角的描述的影响，认为“兕”即“犀”，“犀”就是“兕”，从而开始将两种野生动物鲁鱼亥豕、张冠李戴地混淆了。（详见上文“兕”部分）

其实，在汉代，也还有一些学者能够见多识广，不受蒙蔽。比如《淮南子・地形训》：“平土之人慧而宜五谷。……南方……其地宜稻，多兕象。西方高土……其地宜黍，多旄犀。”《说文解字・牛部》：“犀，南徼外牛。一角在鼻，一角在顶，似豕。从牛尾声。”《说文解字・舄部》：“兕，如野牛而青。”《释名・释兽》：“兕似牛，犀似豕。”《一切经音义》：“犀牛，毗沙拿此云：角，谓犀牛一角，一亦独也。喻独觉也。言一一独居山林也。”可见此时人们对兕、犀仍然能够分得清楚。

由于犀牛皮坚厚，所以人们捕猎犀牛的另一目的，就是用犀牛皮来制作铠甲。古典文献中，这样的例子颇为不少。比如《左传・宣公二年》：“牛则有皮，犀兕尚多，弃甲则那？”《国语・越语上》：“今夫差衣水犀之甲者亿有三千，不患其志行之少耻也，而患其众之不足也。”《管子・中匡》：“死罪不杀，刑罪不罚，使以甲兵赎。死罪以犀甲一戟，刑罚以胁盾一戟。”《管子・小匡》：“制重罪入以兵甲犀胁二戟。”《国语・齐语》：“制重罪赎以犀甲一戟。”《淮南子・氾论训》：“齐桓公将欲征伐，甲兵不足，令有重罪者出犀甲一戟。”是皆言以公输犀甲为抵罪方法。《淮南子・诠言训》：“蛟革犀兕，以为甲胄。”《淮南子・修务训》：“夫纯钩［钧］鱼肠之始下型，击则不能断，刺则不能入，及加之砥砺，摩其锋剽，则水断龙舟，陆削犀甲。”《周礼・冬官》还记载了用犀牛皮革做成的铠甲之与众不同：“函人为甲。犀甲七属，兕甲六属，合甲五属。犀甲寿百年，兕甲寿二百年，合甲寿三百年。”犀甲用7个带子扭结，而兕甲用6个带子扭结，犀甲可以用100年，而兕甲可以用200年。可见犀甲的质量虽高，但与兕甲相比，则远不如兕甲历久耐用。

当然，犀牛皮除了用来制作铠甲，还可以用来制作其他武器和生活用器。比如《释名·释兵》："以犀皮作之曰犀盾，以木作之曰木盾，皆因所用为名也。"是以知道犀革可以制作"犀盾"。《孔子家语·子路初见》："子路曰：南山有竹，不柔自直，斩而用之，达于犀革。以此言之，何学之有？"是以知道犀革可以制作箭靶。《吕氏春秋·贵直》："赵简子攻卫附郭，自将兵。及战，且远立，又居于犀蔽屏［犀］橹之下，鼓之而士不起……简子乃去犀蔽屏［犀］橹而立于矢石之所及，一鼓而士毕乘之。"是以知道犀革还可以在战场上用作遮挡弓箭刀枪的临时性掩体工事。《左传·庄公十二年》："陈人使妇人饮之酒，而以犀革裹之。"《左传·定公九年》："公三襚之，与之犀轩与直盖，而先归之。"《韩非子·奸劫弑臣》："治国之有法术赏罚，犹若陆行之有犀车良马也，水行之有轻舟便楫也，乘之者遂得其成。"由此"犀轩""犀车"可知，犀革还可以用于制作车辆，盖用犀革装饰挡风遮雨的车舆，这种"犀轩""犀车"应该是当时最为豪华的名贵车驾了。

除此以外，犀牛角还可以用来做胶。《周礼·考工记》："鹿胶青白，马胶赤白，牛胶火赤，鼠胶黑，鱼胶饵，犀胶黄。"用犀牛角还可以雕刻成精美的工艺品。《尔雅·释器》："象谓之鹄，角谓之𧢲，犀谓之剒，木谓之剫，玉谓之雕。金谓之镂，木谓之刻，骨谓之切，象谓之磋，玉谓之琢，石谓之磨。"《韩非子·喻老》："昔者纣为象箸而箕子怖，以为象箸必不加于土铏，必将犀玉之杯。"是以知道犀牛角至少可以制成饮酒的杯子。因为犀牛在古代就是不大常见的野生动物，并不容易被捕获，所以与犀牛有关的贡物就成了非常稀有的贵重物品。《战国策·楚策》："遣（使）车百乘，献鸡骇之犀、夜光之璧于秦王。"《国语·郑语》："今王弃高明昭显，而好谗慝暗昧；恶角犀丰盈，而近顽童穷固。"《国语·吴语》："行头皆官师，拥铎拱稽，建肥胡，奉文犀之渠。"都是这方面的证明。

正因如此，如果捕获了犀牛，是非常值得大书特书的事情。比如古本《竹书纪年》：周夷王三年，"猎于桂林，得一犀牛"。（《太平御览》卷890引）

今本《竹书纪年》：周夷王“六年，王猎于社林，获犀牛一以归”。(《太平御览》卷890引《纪年》:“夷王猎于桂林，得一犀牛。”）这也正是我们说在甲骨文田猎卜辞中记载的所能捕获的数量庞大的“兕”不可能是野生犀牛的另一原因。

三 殷墟出土的犀牛骨骼和以犀牛为造型的青铜器

比这些文献记载的年代较早之殷商时代，由于中原地区有着良好的自然生态环境，非常适于野生动物的生存和繁殖，野生犀牛自然会在中原地区出没。所以在殷墟考古发掘中，也有犀牛骨骼的发现，但是此时已经不如其他野生动物骨骼多了。

在殷墟早期考古发掘中曾经发现了两块犀牛骨。1936年，德日进、杨钟健合撰了一篇经典论文——《安阳殷墟之哺乳动物群》，称在殷墟哺乳类遗存中共发现24种哺乳动物，未曾鉴别出犀牛。至1949年，杨钟健、刘东生又合写了一篇《安阳殷墟之哺乳动物群补遗》，才发现两枚犀牛指骨及一枚掌骨，第一块是左第三脚掌骨，另一块是一“下端已断去之掌骨，可能为第二手掌骨”。不幸的是，因标本有限，没有发现犀牛的牙齿和头骨，无法鉴定其种属。① 而且因为“貘与犀牛在发掘时未曾注意其出土地”②，所以也无法判断犀牛骨究竟是出自仰韶、龙山文化层还是殷商文化层。不过，据杨、刘推测，殷墟哺乳动物遗存中的犀牛，总数在10只以下，数量之稀少可见一斑。

但是到了1997年，在河南安阳殷墟的洹北花园庄遗址发掘中，则明确发现了属于殷商时代的四块犀牛骨骼：右桡骨近端1，右尺骨1，左股骨远端2

---

① 杨钟健、刘东生:《安阳殷墟之哺乳动物群补遗》,《中国考古学报》第4册，商务印书馆，1949，第149~150页。

② 石璋如:《河南安阳小屯殷墓中的动物遗骸》,《文史哲学报》(台北）第3期，1953年，第1~14页。

（见图四十七）。[①] 这四块犀牛骨骼，经鉴定属于奇蹄目（Perissodacryla）犀科（Rhinocerotidae）犀（Rhinoceros sp.）。这表明，商代野生动物不仅有兕牛（野牛），也有犀牛。

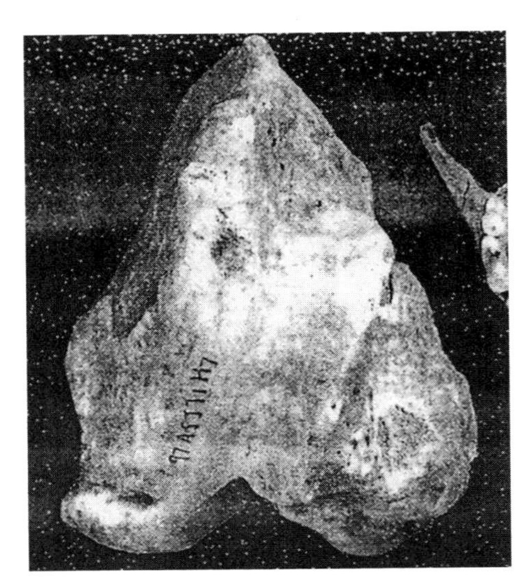

图四十七　殷墟洹北花园庄遗址所出犀牛左股骨远端

（《考古》2000 年第 11 期，图版捌，2）

在殷墟出土的青铜器中，有作犀牛造型的，比如著名小臣艅尊（过去又名牺尊，实际应称犀尊）（《三代》11 · 34 · 1），清光绪年间出土于山东梁山，为著名的“梁山七器”之一，现藏于美国旧金山亚洲艺术博物馆，上有铭文 27 字：“丁巳，王省夒京，王易（赐）小臣艅夒贝。隹（唯）王来正（征）人方，隹（唯）王十祀又五彡（肜）日。”该尊就作苏门答腊犀牛造型。“四祀邲其卣”，相传出自安阳殷墟遗址，为商代晚期作品，现藏故宫博物院。卣的颈部有两耳（连接提梁），呈犀牛头状，显然也是取象于苏门答腊犀（见图四十八）。

只是犀牛在甲骨文中作何字形，尚不能确定。犀牛形态特殊，如果

① 唐际根等：《河南安阳市洹北花园庄遗址 1997 年发掘简报》，《考古》1998 年第 1 期；袁靖、唐际根：《河南安阳市洹北花园庄遗址出土动物骨骼研究报告》，《考古》2000 年第 11 期。

写成象形字，应该不易发生混淆才对。我们颇为怀疑的是，在前面所引的雷焕章神父辑录出的那么多“兕”的甲骨文字形，其中有些很可能就是“犀”字。但是究竟哪些是“犀”字，目前还不能肯定，有待文字学家进一步考释。不过，远在殷商时代，华北的犀牛可能已经十分稀少。即使甲骨文中有此字，也是一个生僻字。因为那时在田猎活动中已经很少能够见到犀牛了。

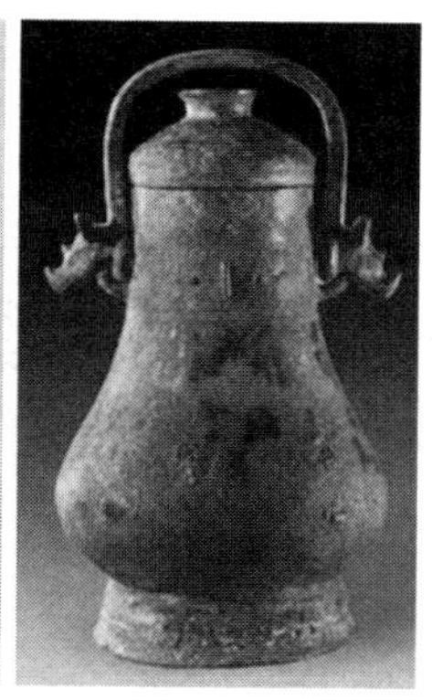

图四十八　晚商小臣艅尊与四祀邲其卣

四　中国古代犀牛的出没与灭绝

而追溯早于殷商时代的史前时期，考古发掘中也时有野生犀牛的遗迹出现。在浙江余姚市河姆渡遗址第四文化层发现有独角犀的遗骨。[①] 在河南省淅川县下王岗遗址第八、九文化层（相当于仰韶文化早中期），发现有苏门答腊犀的遗骨。[②] 在广西南宁地区新石器时代贝丘遗址中（南宁市豹子头、扶绥县左江西岸、扶绥县敢造等遗址）也发现有犀、象的遗骨。[③] 这些遗址大多距今六七千年，这是野生犀牛生存于早期中国境内的有力证据。

① 浙江省博物馆自然组:《河姆渡遗址动植物遗存的鉴定研究》,《考古学报》1978 年第 1 期。

② 贾兰坡、张振标:《河南淅川县下王岗遗址中的动物群》,《文物》1977 年第 6 期。

③ 广西壮族自治区文物考古训练班、广西壮族自治区文物工作队:《广西南宁地区新石器时代贝丘遗址》,《考古》1975 年第 5 期。

据研究，历史时期中国野生犀牛的分布变迁与亚洲象大同小异。在总的南迁过程中，有过短暂而小范围的北返（36°N）。具体南迁过程可分为5个时期。（1）三四千年以前，犀牛分布北界曾达河南安阳殷墟。（2）公元前900~前200年，其分布北界曾在秦岭、淮河一线南北变迁。（3）公元580年前后，北界从杭州湾、钱塘江下游北岸，向西经（江西）湖口，再转北至淮河上游，西延至秦岭一线。（4）公元1000年前后，以南岭及（福建）武平、上杭等地为北界。（5）公元1450年前后，北界之一为（广西）玉林（现玉林市玉州区）以西，横县以北，灵山以西至十万大山一线；西部北界为（云南）广南府（今广南县一带）、元江府（今元江哈尼族彝族傣族自治县）一带及盈江县稍北一线。①

也就是说，甲骨文时代的殷墟时期，是中国野生犀牛在中原地区分布的最后时期。后来，随着中原地区气候的变迁，生态环境的恶化，再加上人类对其生存条件的破坏和肆意捕杀，野生犀牛开始向南方地区迁徙。《孟子·滕文公下》："周公……驱虎豹犀象而远之。"这只说到了外在的人为因素一面，其实犀牛向南迁徙的真正与主要原因可能还是气候和环境的变化引起了野生犀牛生存环境的改变。从此之后，中原地区就再也见不到那么多野生犀牛出没了，而见之于文献的记录也只是靠南方地区将其作为名贵的土特产向中原朝廷进贡了。除了上述记载的盛产犀角的楚国云梦等地外，晋常璩《华阳国志·蜀志》提到古代蜀国之宝有犀、象。同书卷1《巴志》还提到当时巴国的"巨犀"为贡物之一。由于野生犀牛适应环境变化的能力较弱，尤其是对于寒冷寒潮天气难以适应，再加上犀牛的繁殖力很低，每胎只产一仔，且间隔多年才能生育一次，所以其数量逐渐减少，最终在中国境内灭绝。以至于在20世纪50年代以后的30年中，我国动物学工作者在不少地区开展了野生动物调查工作，但均未获任何一种犀牛标本，晚近野生犀牛早已在中国境内绝迹了。

---

① 文焕然:《中国野生犀牛的古今分布变迁》,《中国历史时期植物与动物变迁研究》，重庆出版社，2006，第226页。

第九节　商代中原地区野生动物的迁移与灭绝

种类丰富的野生动物，是当时中原地区生态环境的有机组成部分，同时也对生态环境提出了较高的要求，即必须有与之相匹配的气候条件与植被环境，不然这些野生动物就不能生存。商代晚期开始出现的生态环境的恶化，致使大量野生动物他迁甚至绝迹，就足以说明这一问题。

中原地区自然界生物链系统遭到破坏，这在殷商晚期变得日益严重。文献记载，到了商代末年，商王武乙狩猎曾到达渭水流域，遭到雷劈身亡。《史记·殷本纪》："武乙猎于河渭之间，暴雷，武乙震死。"殷纣王也曾远至渭水流域狩猎。《竹书纪年》载："（帝辛）二十二年冬，大蒐于渭。"这种情况的发生，意味着中原地区经过长时期的竭泽而渔，焚林而猎，大量野生动物被猎杀；再加上自然环境的变迁，野生动物不得不迁徙，中原地区的生态环境已遭到严重破坏，野生动物大量减少，在都城周围狩猎已不易，不得已才跑到那么远的渭水流域打猎。

这种情况在甲骨文材料中也有所反映。在甲骨田猎卜辞中，各期田猎擒获情况并不平衡，这可能也与某一时期的滥捕滥杀有关。据陈炜湛先生研究，五期甲骨卜辞中，第三期田猎卜辞最多，1600 片左右；其次为第一期，1300 片左右；再次为第五期，900 片左右。但第一期中田猎规模大，捕获动物数量多，占各期之首。对于第二期田猎卜辞最少的原因，陈氏推测说："是由于祖甲'革新'政治，减少卜事，故现存田猎卜辞少？是由于武丁时期狂捕滥杀、竭泽焚林，致令祖庚祖甲时期不得不减少田猎活动，以使禽兽栖息繁衍？两种可能性似乎都存在，以常理推测，后者的可能性当更大些。"[①] 而且从各期田猎卜辞的所记内容来看，第一期多记获猎野兽数量，第二、三、四期则均不记获猎数量，到第五期又开始记载所获猎物数量，但已不如第一期的数量多。这也说明大量的捕猎，使野生动物减少，破坏了自然的生物链，也对当

① 陈炜湛：《甲骨文田猎刻辞研究》，广西教育出版社，1995，第 4 页。

时的环境造成了较大的破坏。

殷墟和其他殷商考古遗址中发掘出的野生动物骨骼材料，是非常珍贵的环境史资料。因为这些野生动物中的大多数，现在已经不存在于中原地区了，有些早就绝迹了，有些则迁移到其他地区。其原因非常明显，这里曾是它们生于斯长于斯的天然家园，但是随着自然环境的改变，生存系统的人为破坏，它们不像有高智商的人类那样可以多穿衣服，住进房屋，生上炉火，它们适应不了环境和气候的变化，不得不迁移。

殷墟发掘中圣水牛的数量超过了 1000 头，约占动物骨骼总数的 1/3，可见当时之多见。如此众多的圣水牛骨骼在殷墟发现，说明这种动物是在当地驯养的家畜。对于牛与圣水牛，古生物学家杨钟健、刘东生先生作了如此区别："牛是在田野中生活的，水牛能在池沼中生活而不大习惯于田野或山地。"① 据张之杰先生研究，殷商时代畜牛即圣水牛，甲骨文"牛"字即指此而言；而数量较少的"殷牛"，则是野牛。② 这就是我们所说的可以通过田猎而获得的"兕"。圣水牛是生活在温湿多水地区的家畜，今天在长江南北的湖北、湖南省才有大量的饲养。

獐生活在沼泽地带；竹鼠则生活在竹林之中，以食竹根、竹笋为生。而现在这两种动物都已绝迹于中原地区，这两种动物骨骼的大量出土，反映了当时安阳殷墟地区是温暖而湿润的气候。象、虎、猴生活于高山密林之中，当然有时也进入林缘草地；犀牛、鹿多居于低山丘陵草原地带；马、驴、野牛则生活于草原或河谷小平原上。尤其值得注意的是，殷商时期存在数量较多的麋鹿与象、野生水牛乃至犀牛等都是离不开水的，是适宜生活在湿地中的大型野生动物。例如麋鹿就是一种沼泽动物，在古籍中被称为泽兽、水鹿。没有沼泽，它就无法生存。这些动物的存在，又反映当时安阳附近还有湖泊沼泽存在。商代中原地区能够捕猎到如此众多的野生麋鹿，极能说明当时的生态环境是如何的良好。

---

① 杨钟健、刘东生:《安阳殷墟之哺乳动物群补遗》,《中国考古学报》第 4 册，商务印书馆，1949。

② 张之杰:《甲骨文牛字解》,《科学史通讯》第 18 期，1999 年。

鸟类动物中，雕类一般栖息于山地林间、平原和开阔草地，也常见于沼泽附近的林地或丘陵高树巅处。它们性情凶猛，食蛇、蛙、蜥蜴、小型鸟类、兽以及动物尸体等。现在褐马鸡生活在高山深林之中，而繁殖期则下到灌木丛中。丹顶鹤则栖息于草甸和近水浅滩，以鱼、虾、虫和介壳类等为食。噬食鼠类的鸮类鸟，是典型的夜行型鸟类。而且其生态习性比较特殊，这类鸟集聚的地方，就是鼠类比较多的地方。而它们一般在北方繁殖。栖息于小溪涧的冠鱼狗是潜水的能手，它完全以鱼类为生，常蹲踞溪涧低树上，静候饵物，一见有鱼游过，立即潜入水中去捕获。孔雀、雉类、犀鸟、啄木鸟以及鹭鸶、鹳、大雁等水禽鸟类动物，各有其相应的生境。以上几类生存环境不同的鸟类集中于安阳殷墟，这反映出安阳地区当时高山、森林、丛灌和草原广泛分布，河溪、沼泽、草甸也比较多，气候总体温暖湿润，各类动植物非常丰富。

适宜于湿地和大面积水面环境的鳄鱼、乌龟等两栖爬行类动物，原来都曾繁衍栖息于中原地区，可惜现在都早已迁移了，这里已经没有它们生存的生态环境了。

与此相关的，偶然发现于安阳小屯的鲟鱼骨板，据鉴定属于生存于今长江流域的中华鲟（扬子鲟）或达氏鲟的两种鲟鱼之一。鉴定者认为，殷墟地区不可能生存鲟鱼物种，这一鲟鱼骨板可能是为满足商王膳食需要的远方贡物。我们认为此观点值得商榷。既然中原地区当时有那么好的生态条件，气候相当于今长江流域，河湖水系众多，鳄鱼、乌龟既能在此生存，鲟鱼为什么就不能在此生存呢？再说，甲骨卜辞中记录了许多远方贡物的名称，如卜龟、粮草、马匹、女人等，但没有发现贡鱼。论者称其贡自远方者，盖因后来此地生态环境恶化，草木稀疏，百兽凋零，不可想象鲟鱼能生于此间矣。

文焕然先生在研究中国珍稀动物灭绝问题时，分析了以下几个方面的原因。

首先是环境变迁。动物是离不开一定的生存环境问题的：动物的变迁，反映着环境的变迁。从安阳殷墟出土的动物遗存和卜辞记载来看，当时环境与今天大不一样。野象、犀牛、貘是热带或亚热带动物；野生水牛、竹鼠等是适宜温暖环境的动物。这些动物的存在，说明安阳一带的气温，在殷代远比现代温暖。但是从距今约 2500 年以来，我国气候变化总的趋势是气温较以前逐渐降低。加之西周以后，华北地区人口不断增加，山林逐步被砍伐，湖沼也逐渐被淤塞，野生动物的生存环境发生变化，因而相继迁徙或者消失。

其次是人类的大量捕杀。在原始时代，狩猎和采摘是人们的主要谋生手段，野兽为肉食的来源，尽管当时生产力水平很低，但捕杀却是大量的、长时间的，这样就使动物资源大大减少，有的甚至灭绝。

最后，动物本身的原因。有些动物属于衰亡种，不能适应新的变化了的环境，容易被自然淘汰。例如犀牛是很笨重的动物，遇到突变的气候，就难以适应。加之犀牛的繁殖能力极低，孕期 400~500 天，每胎仅产 1 仔，即使外界条件适合，繁衍也非常缓慢。另外，一些猛兽切割能力的丧失（上下裂齿退化），以及进攻性器官的退化，都表现出它们正处于衰亡的过程中。①

虽然文先生是从中国古今历史长时段生态环境的变化得出的结论，但所论环境变化因素对野生动物的影响，对于我们研究商代晚期及其以后野生动物的变化来说，同样也是颇具借鉴意义的。

综观上述，可知历史时期早期中国珍稀动物迁移或灭绝的原因很多。但概括地说，不外自然原因和人为原因两大方面。它们对各种动物的影响是不同的，并且既是错综复杂的，又是综合而相互影响的，其中主导因素，一般地说，是自然因素。

---

① 文焕然:《中国珍稀动物历史变迁的研究》,《湖南师院学报》(自然科学版)1981 年第 2 期。

第六章
商代人与生态环境的互动关系

一个时代的生态环境既是这个社会人类存在的物质基础，又是这个社会各种政治经济活动所依托的自然条件。自从人类社会出现以后，社会是建立在一定的生态环境之上的，生态和社会构成生态社会系统，人类社会作用于自然环境，自然环境也作用于人类社会，自然生态环境与人类社会历史在相互作用中共同发展。但是越是在人类历史的早期，由于自然力量的强大和人类活动的能动性较弱，人与自然环境的关系，越是表现为自然生态环境对人类的限制以及人类对生态环境的顺从。

商代虽然已经是人类社会发展到较为成熟的时代，但毕竟依然是早期历史时段，受科学技术和认知能力的限制，此时先民的社会活动，依然是对自然环境的认识和对生态条件的顺从。这不仅表现在人们的日常社会生活顺从于周边的自然环境，而且那些能够被历史学研究视野关注的重要政治活动和重大历史事件，无不依靠自然环境，顺从而充分利用自然环境。

虽然商代还没有出现像《周礼·地官》记载的“山虞”“泽虞”“林衡”“迹人”“场人”“囿人”等周代生态职官，但可以肯定的是，这些后世的负责生态环境的官员，不会直到周代才出现，商代也是会有的，只是限于材料不能知道其名目罢了。从以下几个方面来看，商代人们与生态环境的互动，有些可能是官方的，而有些则可能是民间自发的。

第一节　商代人们对自然环境的认识

应该说，受当时科学知识水平的局限，商代人们对自然环境的认识不能说是真实的、准确的、完全的、科学的。然而在与人类日常生活、生产劳作等息息相关的常见的自然环境方面，因为有了长久以来的积累，人们自然也有不少直观的感受和深刻的经验教训。这些人类与自然交往的经历，自然就形成了商代人们对当时自然环境的初步认识。

早在商代之前，先民们往往利用图腾或岩画创作以及器物刻绘等特定的方式来表达他们对自然界万物的认识。如在原始岩画中，野牛、野马以及种类繁多的花草、树木等动植物的高度抽象，正反映着人们的动植物崇拜观念，是人们崇拜、保护、利用或驯养动植物的生动写照；而在大汶口文化和龙山文化遗址中的器物上有鸟类图形及雕塑，则反映了仅囿于行走的古代先民对于自由飞翔的飞鸟的崇拜心理。同时，以这样的方式反映远古时代自然灾害的神话也在一定程度上述说着人类面对自然灾难的辛酸与无奈的历史。

在商代，这种以在器物上绘刻自然界万物形象来表达人们对自然物的认识的方式，依然是人们反映其对于人与自然环境之间关系和认知形式的主要渠道。[①]只是比较以前，商代人们的这种表达更加具有丰富性和有效性。这使我们有理由判断，这一时期人们对自然环境的认识有了进一步的深化，更加具有科学性了。

总括起来，商代人们对于自然环境以及与此相关的认识与观念，较以前大为丰富。除了一般的人们日常生活中接触到的自然环境，人们往往对自然环境有一种别样的认识，比如对于图腾崇拜物象的生命特征、生命运动形态的认识以及对于自然环境灾难的苦痛记忆等。这包括如下几个方面。

一　图腾物象反映自然生态观念

商代人们继续用图腾物象以及各种器物刻绘或雕塑等传统形式来反映人

① 参考陈智勇《试论商代的生态文化》,《殷都学刊》2004 年第 1 期。

对自然生态的认识。

《史记·殷本纪》和《诗经·商颂·玄鸟》记述了商人祖先吞卵而生的故事，显示出以玄鸟为图腾的特征。人们把自身的起源归于自然界中的飞鸟而不是抽象物，显然是一种很原始的生态认识。所以在殷商时期的礼器、食器和兵器上以及金文中都有丰富多样的鸟形图样（见图四十九）。在甲骨文中，商人祭祀其先公先王中显赫的高祖王亥时，头上总要冠以鸟形，以示不忘祖源之义。[①]

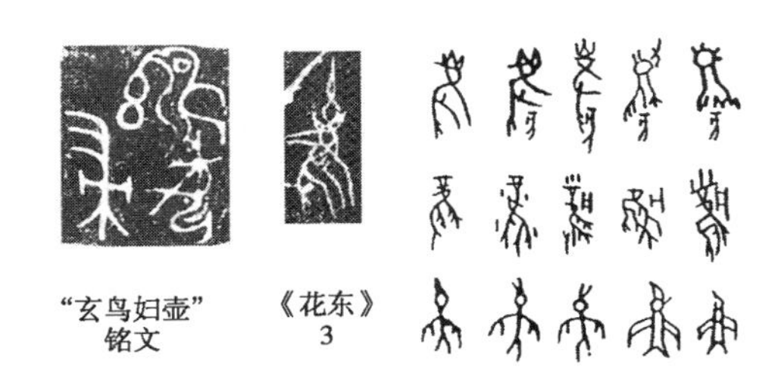

图四十九 “玄鸟妇壶”铭文与甲骨文“玄鸟”及从鸟之亥、凤、燕字

二 器物上的动植物花纹与联想

商代器物上的大量动植物纹饰或雕塑形象，是人们对生态环境长久观察和自然联想的结果。

商代人们对于像昆虫那样细微的生命形态也有着细腻的观察，这些昆虫被赋予神秘的色彩，象征着某种自然的力量。在商代甲骨文中，可看到不少昆虫，如蜻蜓、蟋蟀、蜘蛛和蝎子等的象形文字造型。而在殷墟妇好墓中出土的昆虫形玉器饰物中，有惟妙惟肖的螳螂，有写实的圆雕蝉，有刻着蝉纹的玉匕。安阳大司空村商代晚期墓地也出土有四件蝉形玉（石）。对其含义，董作宾先生认为“蝉为夏虫，闻其声即知为夏”[②]，丁山先生则认为这种昆虫

① 朱彦民：《商族的起源、迁徙与发展》，商务印书馆，2007。

② 董作宾：《卜辞中所见之殷历》，《安阳发掘报告》第3期，1931年。

不是蝉，而是另外一种形状与蝉相近似的昆虫——蟑螂，是灶神的代表。[①]夏鼐认为玉蝉的宗教意义在于：由于蝉的幼虫长期蛰居地下，若干年后再出土、蜕壳、升树、高鸣，正象征着人死后的复活，反映着蝉这种昆虫生活史的循环。[②]显然，这种昆虫崇拜是建立在商人长期观察昆虫生态习性之基础上的。

殷墟妇好墓中出土了大量的玉鱼、玉鱼刻刀、玉鱼耳勺等，铜鼎、铜盘等青铜礼器和餐具上有鱼形铭文或鱼饰，这些都是人们以生活中常见的鱼为题材，对鱼的生态行为进行长期观察的反映。

商代某些器物的仿生化塑造，同样体现出人们的生态环境认识。商代有很多仿生的鸟兽尊、鼎器物，尤其把器物塑造成鸮的形状，这是商代所独有的。鸮在商代以后一直被认为是不祥之鸟，而鸮在商代却备受尊崇。鸮是猫头鹰类的猛禽，其特点是昼伏夜出。在商代人看来，死去的祖先的灵魂在白日的强光下不能出游，只有在夜幕降临、阴气笼罩大地之后才可四处游荡。于是，商人就把鸮与灵魂联系起来，认为鸮可以成为祖先灵魂的负载者，因而鸮自然而然地成为沟通人神的媒介。[③]

这种认识还包括植物。人们对植物造型很熟悉，见诸甲骨文，有很多是与树木有关的字，如木、林、森、休、霖、桑等，指事的字如末（指木的上端）、本（指木的下端）、杲（太阳升到树木上）、杳（日在树下）、采、蓐（农）、析（砍树）和焚等字。甲骨文中还有以林方作为部落名称的。（详见上文植物部分）

三　商代人们的树木崇拜观念

对树木的崇拜在一定意义上揭示了商人对于人和植物关系的认识程度。

森林曾经是人类的原始家园。尽管人类最终走出了森林，但积淀了人类生命经历的森林，无时不唤起人们温馨的感受和美好的回忆。对于进入文明时代的人类来说，森林不再只是一个生物、物质世界，它还是一个积淀着人

---

① 丁山：《中国古代宗教与神话考》，龙门联合书局，1961。

② 夏鼐：《汉代的玉器——汉代玉器中传统的延续和变化》，《考古学报》1983年第2期。

③ 杜道明：《论商代“神人谐和”的审美风尚》，《美学》2002年第1期。

类情感的精神世界，它时时召唤着曾经相依相傍的人类子孙回归森林。这种回归情结促使人们以森林的要素——某种树木作为原始家园的心理依托。比如四川广汉三星堆遗址中出土有青铜神树，就反映着当时商人的通天神树崇拜观念，其中当不乏这种原始群体回忆的因素在焉。

商人对树木崇拜的另一层含义在于，社树是祖先崇拜的反映，象征着故国和国家的命运。《论语 · 八佾》云：“夏后氏以松，殷人以柏，周人以栗。”又《墨子 · 明鬼》云：“昔者虞夏商周，三代之圣王，其始建国营都……必择木之修茂者，立以为丛社。”说明祭社之处必植树，不独商代如此，夏商周三代莫不如此。商代是以柏树为社树的。何以有此种选择，当是一个殷商宗教的问题。

《尚书 · 汤誓》云：“汤即胜夏，欲迁其社，不可，作夏社。”《淮南子 · 说林训》云：“侮人之鬼者，过社而摇其枝。”《孟子 · 梁惠王下》云：“所谓有故国者，非谓有乔木之谓也，有世臣之谓也。”《楚辞 · 哀郢》：“发郢都而去闾兮……望长楸而太息兮。”（蒋骥《山带阁注楚辞》卷 4 云：“长楸，所谓故国之乔木，令人顾望而不忍去者。”）社树被赋予社神的功能，成了社的象征。社树的神灵信仰，应该来自原始社会时期人们对森林所具有的信仰与崇拜，因为原始人来自原始森林，森林是他们的栖身之所，当然他们很早就与森林乃至树木有了不可分割的联系。

柏树之外，桑树也是商人钟情的树木种类。《帝王世纪》云：“汤祷于桑林之社。”似乎除了“柏林之社”，另有“桑林之社”。《尚书 · 咸乂》有：“伊陟相大戊，亳有祥，桑谷共生于朝。”《史记 · 殷本纪》也引此说。可见，桑树在商代是一种极为独特颇受重视的神圣树木。不仅如此，《吕氏春秋 · 本味》中记载了“伊尹生于空桑”的故事，伊尹生于桑中，而伊尹是商代初年辅佐商汤建国的功臣，在商代二元政治体系（张光直先生的理论）中，桑显然扮演着某一政治支派的母族角色，因而它也成了商人的社树。其中的宗教与政治之关系，似乎大有文章可究。然而限于材料，不得已于此缺略焉。

可见，社树是祖先崇拜的反映，又象征着故国和国家的命运，而其根源在于人自身来自森林，故以森林之树来代表母亲或故国。对于商人来说，柏树或桑树等神圣的树木本来是客观的存在，不具备任何社会属性，而它们之所以被神化，在一定程度上正反映商代人们在部族发展历史过程中，对于自身与自然的森林树木之某种宗教性关系的思考。

四 商代人们的生命转化意识

商代人们对自然界生命形态进行观察，有了生命转化的意识。

与蝉纹中生命复生意识近似的是，古人已经有了生物循环变化的意识。这是建立在化生说基础之上的中国古代对有机生物界的一种猜测，是根据不精细的观察甚至凭空想象认为一个物种可以变成在种族发展史上毫无亲缘关系的另一个物种，或者是把动植物和人类联结起来凑成一幅统一的臆断起源图式。最早记载生物循环变化现象的古籍是《夏小正》，该书是古人在长期的实践观察中对四季物候变化现象的总结，其中记有“正月，鹰则为鸠……五月，鸠则为鹰”。其实鹰即苍鹰，冬候鸟，鸠即杜鹃，夏候鸟，鸠中有一种鹰头杜鹃，其体形与羽色酷似苍鹰，夏时见于华南各省，北抵河南、陕西，前者消失时后者出现，因此古人误认为二者相互转化。此外，在古代图腾崇拜、祖先崇拜中也记载有图腾动物与氏族祖先、英雄等的相互转化，如在《山海经》中有炎帝之女化为精卫鸟的记载，《左传·昭公七年》中有鲧神化为黄熊的记载，也就是图腾动物与人之间的循环转化。

商代青铜器的纹样中有动物纹，被称为饕餮纹的兽面纹，或是夔纹和龙凤纹等。这些动物取材也有动物化生的含义孕育其中。饕餮、夔龙等神怪性动物，很可能由牛、羊、虎和爬虫等自然界中的动物转化而成，青铜彝器是协助巫觋沟通天地用的，其上所镶的动物纹样也有助于这个目的的实现。[①] 夔形近于龙或青牛（《山海经·大荒东经》），龙形是蛇、鳄等的合成物，这表明它们由自然界中实存的众多动物的形貌组合而成。而在甲骨文中商人先公如

① 〔美〕张光直:《商周青铜器上的动物纹样》,《考古与文物》1981年第2期。

高祖夒的形象被描绘为猴形，可能反映了在商人的心灵深处，朦胧地意识到商族起源与猴类有关。[①] 很显然，青铜器纹饰中之神性动物形象主要采自自然界不同动物，由不同动物的不同器官拼凑而成，已经实现了高度抽象化，蕴含着特定的信仰意识，而其根源在于自然生态。

五　商代人们的灾难记忆

商代人们不仅对自然环境的形态有长期细微的观察，有利用生态环境的意识，同时，也因在自然灾害面前的无能为力和遭受的巨大伤痛，而对自然灾害记忆犹新。

需要注意的是，甲骨文“昔”“灾”字从水，反映了商代人们对往昔巨大水灾的历史记忆。甲骨文中表示洹水之灾的“灾”字，作（《合集》49）、（《合集》19268）、（《合集》17200），象洪水横流、泛滥成灾之形。因为“水”字在甲骨文中作（《合集》10153）、（《合集》33347）、（《合集》33351）、（《合集》5810）之形，水流作纵势，象水在河道中蜿蜒流过之形，这当是水流的正常形态。而当水流作之形时，就属于不正常情况了，这是水灾的象形字。甲骨文“昔”字作，表示往昔那些大水洪灾的日子。根据文献记载，我们知道在中国上古时期，与世界史上古时期一样，都经历了一场巨大的洪水灾害，所以外国文化中有诺亚方舟的神话创造，而我国则有大禹治水的文献记载。盖乃水灾之本字，然而其也可泛指灾害。

至甲骨文晚期，“灾”字变作了（《合集》29104）、（《合集》35969）、（《合集》23801），从水才（在）声的形声字。早期学者如罗振玉、王襄等都将其释为会意字，即象河流堵塞造成洪水泛滥的灾祸之形。[②] 其实这种造字结构分析是错误的。先有象形字再有形声字，比较符合文字初期发展的规律。至于甲骨文（《合集》17230）、（《合集》880反），从戈才（在）

① 张二国：《商周的神形》，《海南师范学院学报》（人文社会科学版）2001年第4期。

② 罗振玉、王襄之释见于省吾主编《甲骨文字诂林》，中华书局，1996，第1292~1293页。

声，则是表示战争灾害即所谓人祸的兵灾专字了，与自然灾祸无涉。要之，商代的自然灾祸多是与水相关的。

六　商代人们的灵异祸福观念

商代人们对生物灾害的认识，除了自然观察外，也有神灵信仰的神秘性蕴含其中。

除了水患、雨灾，商代人们对于自然环境中的生物危害也有了相当的认识。他们认为自然界中某些生物的异常行为会给人带来灾难。比如文献记载中，就有商代人们以“鸣雉”为灾害的观念。《尚书·高宗肜日》：“高宗肜日，越有雊雉。”据《尚书·书序》可知，“高宗祭成汤，有飞雉升鼎耳而雊，祖己训诸王，作《高宗肜日》《高宗之训》”。也就是说，高宗武丁祭祀成汤时，有一只野鸡飞上了鼎耳鸣叫，被时人祖己看作异常现象，借以训诫诸王。甲骨文中也有这方面的记载，如卜辞有“鸣雉”(《合集》36、《海》11、《京》2859)，李学勤先生以为这是雉鸟非时而鸣，是中国历史上最早的以鸟类活动(声音)为吉凶占卜的例子。①

动物之外，商代还有以植物异常现象为灾祸的观念。如伊陟辅佐商王大戊时，“亳有祥，桑谷共生于朝”(桑和谷物合生在一起)，就被人们认为是不正常的现象，于是“伊陟赞于巫咸，作《咸乂》四篇”(《尚书序》)，以此来训诫大戊修己正德，避祸趋吉。

总的来说，商代人们对自然环境的认识还是比较浅显的，这些认识大多集中在人们日常生活中经常接触到的自然环境的那部分。因而这些认识不是全面的，限于人们的科学知识和认识水平，这种对自然环境的认识也多是不准确的。而对自然生态灾难的认识，也多是人类在遭受这些灾难时留下的痛苦记忆。也许当时的人们并没有有意识地去了解自然环境，去认识周围的生态环境，但人们这方面的认识和知识，大多被有意识地制作成一些象形饰物或仿生器物，运用于装饰自己的生活和美化环境上了。从这种角度

① 李学勤:《古文献丛论》，上海远东出版社，1996。

来说，商代人们对自然生态环境的认识是积极的、乐观的，也是值得今人学习的。

第二节 商代建都与生态环境的关系

商代人们对自然生态环境的利用，是建立在对自然生态环境的认识基础之上的。可以说，人类自诞生以来，就与生活在其中的周围自然环境结下了不解之缘。人类的历史就是一部人类认识自然、了解自然，并从大自然中获取生产材料和维持生存的饮食材料的历史。人类社会的存在和发展，都与所处的生态环境息息相关，都依赖于生态系统和环境系统在一定空间的组合。到了商代，随着人们对自然环境的认识、把握程度的提高，人们对自然生态环境的利用也就逐渐广泛起来。

一 商代建都对自然环境的依赖和利用

在早期人类社会，各个等级的聚落在选址和修筑的过程中，都严格遵循着明确的顺应生态环境、便于生产生活的人地关系的原则。[①] 进入文明社会以后，都城作为一个国家的政治、经济、文化中心，作为发展到一定时代规模的高级聚落形态，生态环境在其选址过程中的重要性，自然也是不言而喻的。它的产生和发展更是集中体现了对生态环境的依赖性。

1. 商代建都要考虑的自然环境因素

《管子·度地》篇载："圣人之处国者，必于不倾之地，而择地形之肥饶者，乡山，左右经水若泽。"说明古代先民已懂得利用生态环境规划自己的都城。商代的都城建设是商人政治社会中的一件大事，必须做非常慎重的考虑，做非常完善的准备。而都城周围的生态环境，是一个必须首先考虑和面对的因素。应该说，当时的生态环境对商代都城的建设具有非常重要的影响。[②]

---

① 陈朝云：《顺应生态环境与遵循人地关系：商代聚落的择立要素》，《河南大学学报》（社会科学版）2004年第6期。

② 李建党：《生态环境对商代都城的影响》，《殷都学刊》1999年第3期。

商朝建都对于自然环境的选择，已经能够兼顾建都地点的土质地力、地貌、气候、水文等多重因素，总的来说，重视总体安排，基本上贯彻了便于生活、便于生产、便于交通、保障安全防范的原则。

目前考古发现的商代城址已有十多处，但被学术界公认为是都城且具有较大规模的只有四座：偃师商城、郑州商城、洹北商城和安阳殷墟。

这几座商代都城皆位于今河南省境内，地处华北平原与太行山脉交界地，一般前带河，后披山，东有广阔的冲积平原，土地肥沃，气候温和，物产丰富，是发展农牧业的好地方。并且这里地理位置重要，交通便利，是四方交通之要道，更是军事防御之重镇，大小河流、湖泊和高山峻岭成为其天然的防御设施和屏障。

2. 偃师商城建都对自然环境的选择

偃师商城位于河南省洛阳市东部，伊洛盆地的东缘，著名的洛河从其南边流过，周围地势平坦。考古发掘表明，城墙外东北角有一条自然河流与护城壕相连，紧邻城的东南部有一湖泊。这里地下含水层为颗粒的砂砾卵石，水量丰富，为浅层地下水源丰富的地区，[①] 即使遇到旱灾，丰富的地下水也能保证一般的用水需求。因此，古代伊洛平原植被良好，森林茂密。植物学家依据史念海先生研制的《西周春秋战国时代黄河中游森林分布图》进行量算，认为偃师商城靠近的黄土高原，黄河中游邻近的沁阳盆地和洛河中下游等地森林覆盖率为53%。[②] 这是春秋战国时代的伊洛平原植被状况，而这个时代上距商代尚有数百年，相信殷商时代的森林覆盖率会更高。这一地区的土壤属于棕壤的褐土（俗称黄土），黄土层一般厚达10米以上。而且这一带黄土层属黏黄土，即细黄土，细砂含量少于15%，黏土含量超过25%，这些都有利于早期农业的产生与发展。尤其是经过多年耕种形成的壤土（河边）及黑垆土（源上），母质肥沃，垂直节理发育，有利于毛细现象生成，可把下层的肥力及水分带到地表，具有“自然肥效”，肥力高，并且土质疏松，利于石

① 时子明主编《河南自然条件与自然资源》，河南科学技术出版社，1983。

② 转引自张德水《夏代国家形成的地理因素》，《夏文化研究论文集》，中华书局，1996。

铲、木耒等原始农业生产工具进行开垦与试种植播，也有利于开挖水井及水渠进行农田灌溉，所以这里从古到今一直都是有名的粮食高产区。另外，偃师商城所处的地区，自古以来就是东西交通的孔道，南北交通也颇为便利。北阻黄河、邙山，南挡伊阙、轘辕，西有崤函之固，东有虎牢之险，地势十分险要。这里向来为天下之中，交通便利：向西经洛阳过崤、函关，直通关中平原；向东出虎牢关，直抵广阔平坦的华北平原和黄淮平原；向北翻过邙山，渡过黄河，直达山西境内；向南越轘辕关，利用河道之便，翻过熊耳山可与南阳盆地相通。可以说这里自古以来就是建都的最佳场所之一。

3. 郑州商城建都对自然环境的利用

郑州商城的地理位置亦非常优越。郑州商城位于郑州市区内偏东。郑州市的地理位置正处于中原地区的腹心地带。具体来说，由登封经新密和荥阳延伸东来的中岳嵩山余脉，进入郑州市区后在西部与南部分别形成了起伏的丘陵高地；由豫西沿黄河南岸延伸东来的邙山，到了郑州市区西北约 25 公里处即告终止；郑州商城北临黄河，黄河南岸的邙山，东西长 18 公里，高出黄河水面 100 余米，可使郑州商城免受黄河泛滥之苦。市区的北郊与黄河南岸之间和市区东郊一带，则属于一望无际的黄淮平原或较低洼地带。而郑州市区正坐落在西部、南部为丘陵高地和东部、北部为平原的相衔接地带。郑州商城西有荥泽，东有圃田泽，位于中间的高阜之处。还有贾鲁河、金水河、熊耳河等河流流经市区。显而易见，郑州商城正处于一个广阔而肥沃的冲积平原之上，这对于一个依赖于农业生产而发展的国家是相当重要的。据文献记载，郑州商城附近广有森林分布，《汉书・地理志》："河南曰豫州：其山曰华，薮曰圃田，川曰荥、洛，浸曰波、溠；其利林、漆、丝、枲；民二男三女；畜宜六扰，其谷宜五种。"也就是说，在今河南省的郑州、荥阳一带，汉代时还生长着原始森林，所以此地以"林、漆、丝、枲"等物为向朝廷缴纳的土产贡赋。《左传・昭公十六年》载，至西周末年，郑桓公从关中迁国于今河南新郑一带时，当地还是"庸次比耦以艾杀此地，斩之蓬蒿藜而共处之"。西周时、汉代时此地原始生态环境尚且如此，比之年代更早的商代生态环境可想而知。而这里的土壤为黄沪土，成土母质为黄土性洪积物质，一般土质疏松，土层深厚，排水性良好，适耕期长，保水保肥性好，适宜农作物生长。[1]它位于西部低山丘陵的边缘，广阔平坦的黄河冲积平原的前沿，西承虎牢之险，自古是联络东西、贯通南北的交通枢纽。从文献记载和古文字资料来看，商末周初这里仍是交通要道。此地周代称“管”。周初《利簋》铭文云:“武王征商，惟甲子朝。岁鼎昏，夙有商。辛未在阑阜，易有事利金。”据考证，“阑”字当是“管”字的初文。[2]武王克商后归途中的第八天就驻足于此，并封其弟叔鲜于此，史称管叔鲜。次年武王东巡又路过此地，《逸周书·文政解》云:“惟十有三祀，王在管，管蔡开宗循王。”

4. 洹北商城和安阳殷墟建都对生态环境的考虑

同在河南省北部安阳地区的洹北商城与殷墟都城分别是商代中期和商代后期的都城所在。两者具有相同的自然环境生态条件。

而今洹北商城和殷墟王都所在的安阳地区生态环境良好，也正是适合建都之地。此地处于北纬36°7’，平均海拔78米。洹北商城、安阳殷墟位于河南省的最北部，在豫北洹水之滨，是晋、冀、鲁、豫四省交会的要冲，地处太行山东麓与华北大平原的交接地带，往西约19公里即进入太行山东麓。《战国策·魏策》云，殷墟“左孟门而有漳滏，前带河，后被山”。《魏都赋》又说:“南瞻淇澳，北临漳滏。”根据现代卫星遥感摄影技术可知，殷墟位居太行东侧华北平原南部一冲积扇平原上，西依太行山，西部为山岗丘陵，北面为低丘，东面和南面则是漳河与洹水流域的开阔冲积平原。地势总体平坦，但略呈西北高、东南低走势。这里东近大河，卫、漳、洹、滏四水穿流而过，南有淇水，大河距殷墟也只有四十五里，而北面的漳水、滏水距殷墟也不超过五十里。洹水从殷墟都城和洹北商城中间蜿蜒流过。这里土壤母质主要为风积、洪积土，疏松而多孔，富含石灰，有垂直节理，有利于植物根系生长。[3]从卫星的影像色调及土壤的物理化学性质可以综合看出，殷墟所处的冲

① 时子明主编《河南自然条件与自然资源》，河南科学技术出版社，1983。

② 于省吾:《利簋铭文考释》，《文物》1986年第8期;《关于利簋铭文考释的讨论》，《文物》1987年第6期。

③ 时子明主编《河南自然条件与自然资源》，河南科学技术出版社，1983。

积扇土壤中含水量较高，比较温润，腐殖质较厚而且肥沃。[①] 正因为这里土壤肥沃并有丰沛的水资源，所以在商代有着良好的森林植被。考古发掘和甲骨文资料表明，当时的安阳周围分布着茂密的竹林。而考古地层中发现的植物孢粉资料表明，殷商时期安阳西侧山区松桦林发育，低山丘陵上分布有偶含常绿栎树的阔叶林，平原上分布有温带草原植被。[②] 另外，这里的冲积扇西侧有丰富的煤炭、铜矿资源，可以满足商代都城青铜冶炼手工业的需求。

这里自然环境得天独厚，地理条件十分便利，作为都城的最佳选址非常合适。很显然，这是盘庚经过充分的生态环境考察和全面的地理地貌权衡后选定的都城地点。

二　生态环境对商代都城布局的制约

作为人类文化发展的物质基础和环境条件，生态环境不仅影响商代人们建置都城时的地址选择，而且对当时都城的形制和格局有着深刻的影响。商代人们已经开始根据生态环境的客观情况对都城进行细致规划和精心布局。

偃师商城建于二里头夏代都邑遗址的东北附近，一改前代无城垣之类积极防御设施的“居易无固”状态，筑有长方形城垣，城区面积达 190 万平方米。这是因为，偃师商城紧临洛水，南墙之外就是滔滔洛水。遗址中部又有一条横贯东西的低洼地带。这是该地的自然环境使然。一遇洪水，极易遭受灾害。《吕氏春秋·孟夏四纪》:“孟夏行秋令，则苦雨数来，无谷不滋，四鄙入保”。此“保”即为“城郭”。可见，城墙不仅保护本城居民的生命财产免受洪水的冲袭，还可接纳四周居民暂避洪水。偃师商城除筑有城墙以阻拦洪水外，城墙四周还辅以壕沟。这同样是为了防止洪水灾害对都城造成破坏。

偃师商城城墙的形制也受到自然生态环境的影响。比如大城城墙东北角呈抹角状是城外自然河流影响的结果。[③] 与此类似的是，偃师商城大城的东南

---

① 申斌:《宏观物理测量技术在殷商考古工作中的应用初探》,《殷都学刊》1985 年第 2 期。

② 周昆叔、唐际根:《姚家屯遗址西周文化层下伏生土与殷商气候》,《殷墟发掘 70 周年学术纪念会论文》，中国社会科学院考古所编印，1998。

③ 王学荣:《偃师商城布局的探索和思考》,《考古》1999 年第 2 期。

部东城墙因外侧天然湖泊的影响而向西拐又南折。过去所说偃师商城平面呈“菜刀”状，并不是有意设计，而是自然河和天然水域因素造成的。因为小城的平面为长方形，形制比较规整，所以它受附近水域的影响不大。

郑州商城的形制结构和分布格局也体现了对自然环境的适应。郑州商代夯土城垣就是修建在丘陵高地的东端和北有金水河、南有熊耳河的相映地带，城址选择是十分恰当的。

郑州商城的平面略呈纵长方形，周长 6960 米，东墙 1700 米，西墙 1870 米，南墙 1700 米，北墙稍短为 1690 米。在南城墙和西城墙之外 600~1100 米处还筑有“外廓城墙”。目前还没有发现商城的东、北两面修筑外城墙。这与当时的地理环境，郑州商城所建的地理位置有着密切关系。郑州商城夯土城修筑在由市区西面延伸而来的丘陵高地，东南和北面为地势较低洼的地带或沼泽地。正因为这样，郑州商城北面和东面的低洼地或沼泽地已构成郑州商城之外的天然屏障，所以就不需要再修第二道夯土墙来作为防御设施。而郑州商城之外的南面和西面地势较高，如遇敌人的入侵必然会对郑州商城构成很大威胁。所以为了郑州商城的安全，就在郑州商城城垣之外的西面和南面又修筑了第二道夯土墙作为防御设施。①

另外，郑州商城内城城墙的筑法也是因地制宜，充分考虑了当地的自然条件。据对四面城墙所开挖部分探沟的解剖资料可知，是在拟筑的夯土城墙下面先平整地面，然后开挖出一条与城墙平行的基础槽。城墙夯土是从基础槽底部开始向上分层夯筑的。城墙的夯土原料以红褐色黏土为主，兼有少量黄土、料礓石碎块与包含陶片的灰土等。这些土质原料基本和城垣内外地下的自然土层堆积是一致的，说明郑州商城城垣是就地取土夯筑而成的。

与偃师商城一样，郑州商城东北角也不是东墙与北墙直接相接，而是一个抹角的形状，这同样也是由该地自然地理景观所决定的。郑州商城的西北城角、西南城角和东南城角都近似直角，唯北城墙东段向东南倾斜，这一带

---

① 安金槐:《对于郑州商城“外夯土墙基”的看法》，河南省文物研究所编《郑州商城考古新发现与研究（1985~1992）》，中州古籍出版社，1993。

即后世所谓的紫荆山，商城在这个东北角不呈直角。这是因为在古代这一地区就是沼泽地带，所以商人躲开这里，不作直角而作抹角状。[①]

洹北商城与殷墟都城，在布局上同样也考虑了所处地区的自然环境、生态环境因素。洹北商城与殷墟都城都滨洹水而建，以便利于都城的用水和环境美化。对于殷墟都城而言，多年的考古发掘资料表明，殷都系沿洹水的自然流向而建，经盘庚以来几代商王的经营，范围达 30 平方公里左右，而其整体布局，早在初期即具规模。紧靠洹水的南面是宫殿、宗庙区，迄今共发现了 57 座宫殿、宗庙遗址，比较集中地分布在小屯东北。其北面和东面皆邻洹水，在水源上占有有利地位。又由于这里地势较高，可以抵御洹水泛滥，所以是建立宫殿区的理想之地。宫殿区的西南和南面挖有半绕宫殿区的大沟，既可分流洹水，又可与洹水一起共同作为防御设施。在洹水以北与宫殿区隔河相望的是王陵区，因为洹水北岸地势高，周围有开阔地带，既可有效地避开河水的威胁，又有本身的扩展余地。从上述整个殷墟城市的布局来看，它是颇具匠心的。可以说它是依据当地的自然环境和洹水流向而对殷都进行特别规划的结果。

三　生态环境恶化导致商代都城的变迁

从上面所举例子来看，商代在建置都城时，往往对其所处地区的生态环境非常重视，一定要选择一个生态环境优越的地点作为建都之地。所以，现存的商代四座都城所处之地，不仅交通便利，地理位置重要，而且生态环境十分优越。那么有没有出现都城所在地生态环境恶化而引起都城变迁的境况呢?

著名历史地理学家史念海先生认为，中国历史上都城的迁徙，“除了政治、经济等诸多因素之外，三代都邑的频繁迁徙与第四纪全新世以来的新构造运动导致黄河中下游主河道及其支流水系的决口改道，泛滥成灾则有着更密切的因果关系”[②]。

---

① 安金槐:《对于郑州商城“外夯土墙基”的看法》，河南省文物研究所编《郑州商城考古新发现与研究（1985~1992）》，中州古籍出版社，1993。

② 史念海:《历史时期黄河流域的侵蚀与堆积》,《河山集·二集》，三联书店，1981。

在商代前期都城中，没有材料表明出现这种情况。不过从部分学者的研究来看，并非没有这方面的可能。比如徐岩认为：郑州商都自开创到废弃经历了很长一段时间。其废弃的原因有政治、军事等各个方面。但随着城市人口的增长和生产的发展，旧的生态环境不断遭到破坏，都城的生态环境本身也存在一些缺陷，已经无法满足都城人们生产、生活的需要，郑州地区生态环境自身存在缺陷等，这些都是都城遭到废弃的重要因素。[①]

商代中期以后，统治集团内部权力纷争，更替不已，有所谓“比九世乱”，于是商王朝的都城每20年做一次迁徙，其中包括仲丁“自亳迁于嚣”，河亶甲“自嚣迁于相”，祖乙“居庇”，南庚“自庇迁于奄”，盘庚“自奄迁于北蒙，曰殷”。对于“盘庚迁殷”，李民先生认为:“盘庚迁殷是商代历史上的重大事件，对盘庚迁都的原因，历来有种种说法，每一种说法都有其合理的一面，但又不能尽善其说。究其原因，我认为在过去的研究中（包括自己在内），是把本来复杂的问题简单化和片面化了。因为决定迁移都城，有时可能是有一个主要原因，有时也可能是由几种因素共同促成的。盘庚迁都即是由几种因素促成的，其中生态环境这一重要因素往往被人们所忽略，或往往被‘水灾’说所简单概括。”[②]

这一时期，统治者政令不修，管理混乱，更不能顾及生态环境治理，于是自然灾害频发，居住环境逐渐出现生态恶化的现象。商代中期的都城迁徙，文献记载不多。而对于盘庚迁殷，古典文献则多有记载。孔颖达《尚书正义》引王肃语云:“自祖乙五世，至盘庚元兄阳甲，宫室奢侈，下民邑居垫隘，水泉泻卤，不可以行政化。”至盘庚时，旧都的生态环境破坏又导致“万民乃不生生”(《尚书·盘庚中》)，人与自然环境之间的矛盾达到了不能令万民生存的境地，“民用荡析离居，罔有定极”(《尚书·盘庚中》)。对于生态环境的恶化，商代中期的治国明君盘庚果断作出“生生，今予将试以汝迁，永建乃家”(《尚书·盘庚中》)的明智决策，“视民利用迁”，于是选择安阳殷墟建设

① 徐岩:《试论郑州商都废弃的生态原因》,《中原文物》2009年第4期。

② 李民:《殷墟的生态环境与盘庚迁殷》,《历史研究》1991年第1期。

新都。

也就是说，盘庚迁殷是由于旧都生态环境恶化，而选择新都地点就需要考虑较好的生态环境。殷墟地区无疑是生态环境优越之地，已见前述。盘庚在新都建设中又贯彻“奠厥居，正厥位”（《尚书·盘庚下》）的总体规划原则，着眼于“用永地于新邑”（《尚书·盘庚下》）。推测后来的诸位商王，在盘庚建都规划的基础上，又会有一系列治理、保护、开发殷都环境的措施，使商代后期都城周围的自然地理和生态环境都保持在一个较好的状态，人地关系规划在一个可以掌控的范围内。所以商王朝在盘庚时期，“百姓由宁，殷道复兴”，内部稳定，外向拓展，凭借殷都交通地理的优势和自然环境的条件，“用协于厥邑，其在四方”（《尚书·立政》），诸侯降服，方国来朝，形势稳定，国力昌盛。自盘庚迁殷直至殷纣亡国就没有再迁都别处，一个非常重要的原因，恐怕正是得益于殷墟都城生态环境的优渥厚重与长期保持。

第三节 商代人们对生态环境的保护

从远古时期起，我们的祖先就有了保护自然生态环境的意识。但这种环保意识常常是不自觉的，甚至带有浓厚的迷信色彩。例如上古时代，人们认为山川等万物有灵，曾把山川与百神一同祭祀。于是就有“怀柔百神，及河乔岳”（《诗经·周颂·时迈》）的说法。古代文献也对此作出了解释：“禁九州名山川泽，所以出财用也。非是不在祀典。”（《国语·鲁语上》）“及夫日月星辰，民所瞻仰也。山林川谷丘陵，民所取财用也。非此族（类）也，不在祀典。”（《礼记·祭法》）也就是说，之所以要保护全国名山川泽，要对它们进行祭祀，是因为这里是出产物质资源的地方。这说明，古代人们之所以尊崇山川，除了万物有灵的信仰观念外，也认识到山川等自然生态乃是人类赖以生存和发展的重要资源所在，所以必须加以保护与合理利用。

商代之时，人们也明显有了这种环境保护的意识和观念，并在生产和生活中尽可能地贯彻这种理念，对身边的生态环境呵护有加，合理利用，这充分表明人与自然环境处于一种原始的良好互动关系之中。

一　商代对生态环境的保护意识

先民们有了自觉的环境保护意识，是商代时期人们对环境进行保护的一个前提。在生产力相对低下的商代，自然界及自然环境对商人来说是不可抗拒的，不能造次的，于是商人此时就对自然环境产生了恐惧心理，因此商人利用自然神崇拜的形式表达对待环境的一种态度，来表现自己的环保意识。这就是在商人宗教信仰中体现的环境保护意识。

商代人们对环境保护的意识或者说理念，表现在诸多方面。兹仅从一个方面——商代晚期田猎卜辞中捕获野生动物的变化情况来说明问题。

古代人们对待自然界和自然环境，有一种“以时入山林”的环保理念。因为他们知道，“若夫山林匮竭，林麓散亡，薮泽肆既，民力凋尽，田畴荒芜，资用乏匮，君子将险哀之不暇，而何易乐之有焉？”（《国语·周语下》）所以，古人对于自然的索取是有“时”之限制的。比如《周礼·地官·山虞》：“令万民时斩材，有期日。”《逸周书·文传解》：“山林非时，不升斧斤，以成草木之长。”《管子·八观》：“山林虽广，草木虽美，禁发必有时。”《荀子·王制》：“圣王之制也，草木荣华滋硕之时，则斧斤不入山林，不夭其生，不绝其长也。”《礼记·王制》：“草木零落，然后入山林。”《吕氏春秋·仲冬纪》：“是月也，日至短，则伐林木，取竹箭。”《睡虎地秦简·田律》：“春二月，毋敢伐材木山林及雍（壅）堤水……唯不幸死而伐绾（棺）享（椁）者，是不用时。”除了表达了对万物有灵的神祇的敬畏外，保护自然环境和持续利用自然环境资源的观念也在其中矣。

商代开国之初，商汤的一个做法，明显也是这样一种倾向。《史记·殷本纪》载：“汤出，见野张网四面，祝曰：‘自天下四方皆入吾网。’汤曰：‘嘻，尽之矣！’乃去其三面，祝曰：‘欲左，左。欲右，右。不用命，乃入吾网。’诸侯闻之，曰：‘汤德至矣，及禽兽。’”这就是著名的商汤“网开三面”的故事。

关于这一故事，许多文献都有记载，内容大体相似，但文字略有出入。

比如《吕氏春秋·异用》：“汤见祝网者，置四面，其祝曰：‘从天坠者，从地出者，从四方来者，皆离吾网！’汤曰：‘嘻！尽之矣！非桀其孰为此也？’汤收其三面，置其一面，更教祝曰：‘昔者蛛蝥作网罟，今之人学纾，欲左者左，欲右者右，欲高者高，欲下者下，吾取其犯命者。’汉南之国闻之曰：‘汤之德及禽兽矣！’四十国归之。人置四面，未必得鸟，汤去其三面，置其一面，以网其四十国，非徒网鸟也。”

《淮南子·人间训》：“汤教祝网者，而四十国朝；文王葬死人之骸，而九夷归之……故圣人行之于小，则可以覆大矣；审之于近，则可以怀远矣。”

《易经》“比卦”上六爻辞：“显比。王用三驱失前禽，邑人不诫。吉。”

马王堆汉墓帛书《缪和》：“汤之巡守东北，有火。曰：‘彼何火也？’有司对曰：‘渔者也。’汤遂见张网。有司歃之曰：‘古者蛛蝥作网，今之人缘序，左者右者，上者下者，冲突乎土者，皆来吾网！’汤曰：‘不可！我教子歃之曰：古者蛛蝥作网，今之缘序，左者使左，右者使右，上者使上，下者使下，吾取其犯命者。’诸侯闻之曰：‘汤之德及禽兽鱼鳖矣。’故共皮币以进者四十有余国。《易》卦其义曰：‘显比。王用三驱失前禽，邑人不戒。吉。’此之谓也。”[①]

古往今来，人们总是拿这个故事来说明商汤这样一个圣明君主仁爱民众、德及禽兽的盛德。但我们说，这个时候正是夏末商初，久经战乱，生态恶化，干旱不雨，民不聊生，商汤对待环境灾难，除了自己祷于桑林外，那么对待猎取鸟兽这种向自然环境索取食物的方式，有没有一种节制捕猎、令其生息繁衍的理念在其中呢？答案是肯定的。

因为在后世的文献中，经常有这样的情况被记载下来，或是已经被当作狩猎时的原则。《礼记·王制》：“田不以礼，曰暴天物；天子不合围，诸侯不掩群；天子杀则下大绥，诸侯杀则下小绥，大夫杀则止佐车。”这是在田猎时有意给野兽留一条生路，防止杀伤过多。《国语·周语上》说：“王

① 张政烺：《马王堆帛书〈周易〉经传校读·缪和》，《论易丛稿》，中华书局，2012，第264~265页。

田不取群。"《左传·隐公五年》:"故春蒐，夏苗，秋狝，冬狩，皆于农隙以讲事也。"杜注:"蒐、索，择取不孕者。"这些都是古代对田猎的限制，防止把野兽斩尽杀绝。这是周代人们保护野生动物资源的一种措施。但是我们说，这样的认识绝不是一天两天就能形成的，这必然是在长期的生产实践和日常生活中观察人与自然关系而形成的理念。那么，商代初年商汤的这一举动和言行，应当看作后世这种保护生态环境理念的权舆与雏形。

在商代晚期的甲骨田猎卜辞中，就不同时期而言，猎获野生动物也有多有少，呈一种变化的趋势。据著名古文字学家陈炜湛先生研究，"若单从片数着眼，各个时期中田猎活动最频繁，现存卜辞最多的，当然是第三期，即廪辛康丁时期了，竟有一千六百多片。其次是第一期，即武丁时期，有近一千三百片。再次是第五期，即帝乙帝辛时期，约九百片。第四期武乙文丁时期很少，仅三百六十余片；第二期祖庚祖甲时期则最少，还不足二百片"，"其间原因何在，颇值得研究。是由于祖甲'革新'政治，减少卜事，故现存田猎卜辞少？是由于武丁时期狂捕滥杀，竭泽焚林，致令祖庚祖甲时期不得不减少田猎活动，以使禽兽栖息繁衍？两种可能性似乎都存在，以常理推测，后者的可能性当更大些"。"武丁早期、中期田猎活动频繁，规模大，捕获多，到后来必然可猎之物越来越少，加以年事日高，田猎活动亦必大为减少乃至完全停止。'第一期附'中田猎卜辞稀少的现象与第二期情况正相连贯，可说是'巧合'，也可说是狂捕滥杀的一种必然后果。同样，廪辛康丁时代田猎卜辞很多，武乙文丁时期又很少，到了帝乙帝辛时期又再次多起来。综观武丁至帝辛二百余年之间，诸王田猎活动的频率确是很不平衡：多→少→多→少→多，这一方面固然是由于'好'的程度不同，另一方面恐怕是由于受自然条件与客观规律制约的缘故。"[①]

也就是说，前一个帝王捕猎过多，后一个帝王自然就会考虑到这些野生动物的休养生息，就会自觉地减少田猎活动的次数和捕杀的数量。当然，他

---

① 陈炜湛:《甲骨文田猎刻辞研究》，广西教育出版社，1995，第3~4页。

们这样做，可能并不完全是为了自然生态的恢复，而仍然是为了能够更好地捕获野生动物。不过这样一个一增一减的往复过程，客观上起到了恢复自然生态的效果，也应该看作他们保护生态环境的意识起到了作用。

二 商代都城中所见环保措施

在考古发现的几座商代都城遗址中，处处可以见到都城规划中有生态环境保护的因素。这应当是当时人们已经充分认识到环境生态的重要性的结果。商代都邑规模有扩大化的趋势，因此，环境的有效治理和保护，总体布局的合理安排，安全防范设施的加强，使众多的城市居民长期聚居一地成为现实，这一方面维持了当时的社会生活秩序，另一方面也为解决日趋上升的人地关系矛盾开辟了一新途。

1. 商代都城的布局规划中之环保意识

在考古发现的所有商代城邑遗址中，不论是小型的盘龙城、垣曲商城等方国城邑，还是大型的偃师商城、郑州商城和殷墟都城等王朝都城遗址，都是由宫殿区、居民区、墓葬区和手工业作坊区组成的。非常值得注意的是，这些手工业作坊遗址的分布有一个共同的规律，即大多数位于城址边缘，要么位于城圈的内缘，要么位于城圈的外缘，都远离宫殿区和中心区域。这绝不是一种巧合，而是一种有意识的规划，其中就蕴含了当时人们的环保意识。

偃师商城城内布局也注意到对生态环境的保护。考古发掘表明，宫城内密布大型宫殿建筑，当为王室所居。内城中除宫城外，还有两座拱卫小城及其他建筑基址，可能是王族所居之地。生产用的窖穴、窑址和普通居址分布在外城，可保持城内整洁，减少对城内的污染。偃师商城遗址内亦发现铸铜遗物。在城区东北隅的发掘中，在3个灰坑内发现有木炭屑、陶范、铜渣等与铸铜有关的遗物，[①] 这也反映出在偃师商城城区的东北隅应存在一定规模的手工业作坊遗址。更值得指出的是，在东城墙的“东一门”门道路土下有一条石木结构的地下排水沟，由城内通向城外，可以把生产生活废水及雨水及

① 王学荣、张良仁、谷飞:《河南偃师商城东北隅发掘简报》,《考古》1998年第6期。

时排到城外，这对维护城内生态平衡起着重要作用。显而易见，这种城市布局及排水设施的存在，是最高统治者精心规划和着意安排的。

郑州商城也同样有这样的保持生态环境的规划痕迹，其手工业作坊的布局更体现了这一特点。郑州商城的宫殿基址主要分布在内城中的大部分地方，宫室区置于中部及东北部，城内一般居住区有水井设施。而手工业作坊（铸铜、制骨、制陶作坊）遗址主要分布在内城墙之外、“外廓城墙”之内的地区。比如铸铜作坊遗址分布在南城外约500米的南关外和北城外约200米的紫荆山附近。在这两处铸铜作坊遗址中，分别出土有房基、铜锈地面（即铸铜场地）、炼铜坩埚、铜炼渣、木炭屑、残铜器和大量陶范模。靠近紫荆山铸铜作坊遗址的北面，还有一处人骨和兽骨作坊遗址，位于北城墙外约100米处，在这里已经发掘出大量人和牛、猪、鹿等的肢骨、肋骨与鹿角，并有大量锯开的骨料、骨器成品，骨器半成品与磨骨器用的粗、细砂质砺石等遗物。烧陶作坊遗址却在西城外约1300米的铭功路一带。在这里已经发掘出较为集中的烧陶窑11座和房基、平坦场地等遗迹，出土了大量各种泥质灰陶成品和烧裂、烧胀的陶器废品，以及制作陶器用的陶印模、陶拍子、陶垫与陶器坯子等遗物。商城东北隅C8Cl0宫殿基址西侧，发现一处较小规模的制骨遗迹，附近的一条壕沟内有100余件加工过的头盖骨和其他兽骨，其中堆放比较集中的有3处，很像是制骨作坊贮料的场所。著名考古学家安金槐先生也意识到在郑州商城中商人“把冶铸青铜器、烧制陶器和制作骨器的各种手工业作坊，都安排在内城之外或外郭城内”[①]。

从郑州商城的发掘资料看，商代二里冈的墓葬与祭祀遗存，绝大多数也发现于内城外一带。如已发现的铭功路商代墓地、杨庄商代墓地和南关外烟厂墓地等，都是围绕在内城外侧附近。又如已发现的与祭祀有关的张寨南街青铜器窖藏坑、向阳回族食品厂青铜器窖藏坑和1996年发掘的南顺城街青铜器窖藏坑等，也都是紧靠内城垣外侧附近。可见商城的修建与布局是经过精心设计的。当时似已注意到城内尤其是宫城中生态环境的保持和净化。这种

① 安金槐：《试论商代城址的地理位置与布局》，《安金槐考古文集》，中州古籍出版社，1999。

城市规划，可减轻生产过程中产生的噪声、废气、废渣对城内居住地区的污染，并确保废渣被便利地排到城外，这对保持城市的清洁和生态环境的平衡非常有利。

殷墟都城的城建规划中手工业作坊遗址分布也基本遵循这一规律，也当是有这样的环保意识在焉。殷墟都城的中心区就是宫殿区，集中在大壕沟与洹水环绕的内城之中。在洹水弯道南侧小屯村附近，在西、南两面挖有防御性深壕，与洹水相沟通，形成一面积约 70 万平方米的长方形封闭式宫室宗庙区。大壕沟以外两三公里范围内，有手工业作坊和几十处平民住地，间或有较为密集的平民墓葬群。而大面积普通墓葬区和手工业作坊区大体分布在最外围：在大沟以南的后冈西南不远的铁路苗圃北地，在薛家庄以及远离大沟以西三四公里的孝民屯，分别发现有铸铜作坊遗址，这里分别是铸造青铜礼器的作坊所在。在更远处的殷墟西陲的北辛庄以及洹水以东的殷墟东部的大司空村则发现有制骨作坊。20 世纪 30 年代在宫殿宗庙区域内部也发现了铸铜遗址，该遗址出土了部分铸铜用的坩埚及陶范、陶器等遗物，属于殷墟文化第一期。[①] 这是一处较小规模的手工业作坊，可能是仅供王室监造并使用的作坊，或者这一时期这里还不是都城宫殿区。但是随着殷墟宫殿区的建立和拓展，该铸铜作坊被废弃或被迁出，从这一居住区消失了。[②] 这一点正表明了殷人环境保护意识的逐步增强。王陵区坐落在洹北开阔高地，与宫室宗庙区隔河相望。从手工作坊的分布可以看出，一般地说，手工业作坊离宫殿区较远，大都在当时的“郊区”。

有学者对殷墟都城的如此布局分析道：“从手工作坊的分布可以看出，一般地说，手工作坊都离宫殿区较远，大都在当时的‘郊区’。这不仅对居住区，即使是对洹水也可减少‘污染’。这不知是殷人有意的安排，抑或是自然形成。但无论如何，它对环境保护起到了良好作用。”[③] 我们说这绝不是天

① 北京大学历史系考古教研室商周组编著《商周考古》，文物出版社，1979。

② 石璋如：《小屯第一本 · 遗址的发现与发掘乙编 · 殷墟建筑遗存》，“中央研究院”历史语言研究所，1959。

③ 李民：《殷墟的生态环境与盘庚迁殷》，《历史研究》1991 年第 1 期。

然形成的，而是一种有意识的人为安排，是一种在都城建设过程中的着意规划措施。因为这样做，不仅可以对居住区，尤其是宫殿区减少“污染”，对洹水也可减少“污染”。这样的布局安排，其目的就是减少城区环境污染，对环境保护起到了良好作用。

不仅商代王朝都城布局反映了这样一种环保理念，在一些考古发现的商代方国都城中，也能找到这样布局手工业作坊的做法。比如，在湖北黄陂盘龙城城址外缘西部的楼子湾一带，发现一些建筑遗迹，其中所出陶片有不少炼埚（大缸），在G2上面发现有铜渣数块，有的附在缸内残片上，这些遗存说明，盘龙城历年来发现的大量青铜器有可能是本地铸造的。[①]由此可知，盘龙城的铸铜作坊遗址也是建在其都城外缘的。

在山西垣曲商城的考古发掘中，考古工作者先是在商城南关发现了商代二里冈期文化层，其中有窑址4座。[②]这些窑址应是商代的制陶手工业作坊遗存。后来又在垣曲商城城址内南部也发现了2座属于二里冈上层时期的陶窑。[③]这些发现为寻找城内手工业作坊区提供了线索，它表明垣曲商城城址南部和城外南部很可能是当时的制陶手工业作坊区。

从商代早期至晚期的王朝都城和方国都邑分布格局来看，容易造成空气污染、噪声污染和废水污染的大型手工业作坊遗址，绝大多数分布在城址的外围边缘，远离城邑的宫殿区和中心区域。其中所体现的城市环境保护意识是一个不可忽视的因素。据考古发掘，商代城址中的手工业作坊遗址规模相当大，比如上举郑州商城的铭功路早商制陶作坊遗址在面积约1400平方米范围内，发现陶窑14座。郑州商城的南关外早商铜器作坊遗址，总面积达1050平方米，发现上千块陶范。[④]殷墟的晚商大司空村制骨作坊遗址面积约有1380平方米，骨料坑12个，共出土骨料和骨器半成品等3.5万余件。而殷墟的晚商苗圃北地铸铜遗址，估计其总面积在10000平方米以上，出土陶范

---

① 湖北省博物馆:《一九六三年湖北黄陂盘龙城商代遗址的发掘》,《文物》1976年第1期。

② 王睿、佟伟华:《1988~1989年山西垣曲古城南关商代城址发掘简报》,《文物》1997年第1期。

③ 佟伟华、王睿:《1991~1992山西垣曲商城发掘简报》,《文物》1997年第12期。

④ 赵全古等:《郑州商代遗址的发掘》,《考古学报》1957年第1期。

三四千块。[①] 如此规模巨大的手工业作坊，其对周边环境的污染程度可想而知。这些铸铜作坊、制陶作坊、制骨作坊在制造出大量的生产和生活用品之外，还会排出大量的废气、废水、废渣、粉尘，会产生大量的噪声。商人显然已经意识到手工业作坊对环境的污染与破坏，因此在建造城市时一般将大规模的手工业作坊建在城市边缘地带，以减少其对城市环境的污染。商人能够主动对城市进行规划，以保护城市的生活环境，这种意识是非常可贵的。

2. 商代都城规划建设中对水资源的利用

水是人们居住生活所不可须臾离开的，所以古人往往傍水而居。建立都城考虑在水滨丘坡地带选址，就是为了方便对水源的利用。

考古材料表明，商代都城中的供水设施比较完备，人们利用水井、护城河、蓄水池和城内纵横交错的供水管道，形成了一套完整科学的城市供水系统。人们在一定程度上摆脱了对自然河流湖泊的依赖，不再局限于河湖旁边的台地，可以更广泛地选择生产、生活的场所。这对以后历代繁荣的城市建设产生了重要的影响。

（1）商代都城利用自然河流进行都城规划

目前考古发现的几座商代都城都在河流的沿岸，并且城市大多建于河流两侧的大型台地上。这样的都城选址，主要是考虑到了城市居民对水源的方便利用。都城紧邻河流，有取水之便；同时又居于河流两岸的较高台地上，也可避免因洪涝而带来的水灾。一举两得，何乐不为呢？

偃师商城北依邙山，南临洛河，周围又有伊水、洛水、瀍水、涧水环绕。尤其紧邻洛水，是偃师商城布局的一大特色。[②]

郑州商城北临黄河，西南傍依嵩山余脉，北部紧邻金水河，金水河东西贯穿，城外东南部有熊耳河蜿蜒而过，东面不远还有圃田泽，邻近城的东部地下水源比较丰富，城内也有将河水引入城内供居民使用的蓄水池和内苑池

① 安志敏、江秉信、陈志达:《1958~1959 年殷墟发掘简报》,《考古》1961 年第 2 期。

② 段鹏琦、杜玉生、肖淮雁:《偃师商城的初步勘探和发掘》,《考古》1984 年第 6 期。

等水利设施。[①]

殷墟都城更是紧邻洹水，而且将洹水引入大壕沟组成了对都城宫殿区的防卫屏障，同时也将洹水作为城市用水的主要来源。[②]

这样一来，这些商代都城既获得了便利的水源，又避免了周期性洪水的袭击。除此之外，河流也为城市污物的排泄处理提供了一条途径，这恐怕也是当时的一种规划意图吧。

（2）商代都城周围的护城河

商代人们对水资源的开发利用，还有一个重要方面，就是将河流、湖泊等连接起来，使其环绕在都城城墙之外，形成护城河（壕）。最早的城邑护城河，应该是兼有防御敌人入侵和防止洪水来袭的双重功用的。但就城市防御系统较为完善的商代都城来说，护城河的作用毋宁说是使对这些水资源的利用效能更大，即主要是用来就近引水或排水泄洪的。

目前考古发掘的商代城邑遗址，除了焦作府城商城、小双桥遗址、洹北商城暂且没有发现护城壕或壕沟设施外，其他商城遗址均发现有护城壕或壕沟。

偃师商城的护城壕保存得最为完好，它环绕大城城墙一周，墙与壕之间是宽约 12 米的平坦之地。城壕的走向与城墙基本平行。城壕口宽底窄，横剖面近似倒梯形，外侧（北坡）坡度较陡，内侧坡度较缓，口宽约 20 米，深约 6 米，壕内下部堆积是商代淤积层。东北部与自然河道相连，东南与一大型陂池相贯通。[③]

郑州商城的夯土城垣地处郑州市市区，再加上战国时期的多次改建利用，因此城壕遗迹很难寻觅。但是发掘者认为东墙外侧有城壕。[④] 郑州商城宫殿区

① 河南省文物考古研究所编著《郑州商城——1953~1985 年考古发掘报告》，文物出版社，2001，第 4 页。

② 朱彦民：《殷墟都城探论》，南开大学出版社，1999，第 121 页。

③ 中国社会科学院考古研究所河南第二工作队：《河南偃师商城宫城北部“大灰沟”发掘简报》，《洛阳考古集成·夏商周卷》，北京图书馆出版社，2005，第 159 页。

④ 宋国定：《1985~1992 年郑州商城考古发现综述》，河南省文物研究所编《郑州商城考古新发现与研究（1985~1992）》，中州古籍出版社，1993，第 52 页。

西北部边缘也发现了一条大壕沟。已经钻探出壕沟东西长 80 余米，形制为口部稍大于底部的斜壁平底形。残存壕沟下部的南北两壁和平底，大都还保存得相当整齐，说明这是当时人工挖筑的一条比较规整的大壕沟。发掘者推测其为宫殿区周围的防御设施。[①]

殷墟都城考古发掘中目前尚未见到其城墙遗址，但是在小屯村西发现了一条大型壕沟，围绕在宫殿宗庙区西面和南面。它由小屯村西向南北延伸，北端直达洹河南岸，南端由花园庄村西通向村南，转折向东，呈东北—西南方向，东端与洹河西岸相连，南北段长约 1100 米，东西段长 650~750 米，一般宽约 10 米，最宽处在 20 米以上，自深约 5 米。[②] 有学者推测，此沟当是人工挖成的防御性壕沟，也有的学者认为其对宫殿区还起到了供水、排水的作用。

（3）商代都城中穿凿水井以付生活饮用

商代都城对于水资源的规划利用往往不止于自然河流，因为河流之水毕竟受季节水位和引取费工的影响，不能保障日益增多的城市居民之需求，况且自然河水还有是否清洁、能否直接饮用的问题。所以在商代都城中还有对别的水资源的开发利用。而人工钻凿水井是这一时期的主要方法。《世本》曰："汤旱，伊尹教民田头凿井以灌田。"可见在商汤之时，殷商人已懂得引井水浇灌了。井水作为一种清洁卫生、方便经济并且较少受气候地理条件影响的水资源，越来越受到人们的重视。那么在都城规划中，肯定会将这种凿井技术用到城市居民用水的城建工程中。

在偃师商城的宫殿建筑基址附近，发现水井数口。其中一口水井（编号为 YSJ1D4H31）发现于四号宫殿后院，井口与当时的庭院地面相平。井口呈长方形，东西长 2.1 米，南北宽 1.2 米，向下逐渐内收，至 2.5 米处东西为 1.8 米，南北为 0.9 米，下挖至淤泥不到底。在水井南北壁上各有一排脚窝，高、宽为 14~20 厘米，内深 8~13 厘米，两两相错，排列整齐，上下间距为 0.6 米。

---

① 河南省文物考古研究所编著《郑州商城——1953~1985 年考古发掘报告》，文物出版社，2001，第 238 页。

② 中国社会科学院考古研究所编著《殷墟的发现与研究》，科学出版社，1994，第 44 页。

在六号宫殿院子里也发现了两口水井（编号 J1D4 H25、H26），证明宫殿的主人可就近汲取井水，解决生活用水的问题。[①] 在宫殿西北角有另一水井（编号 J1D4H27）。此水井是用于供应宫城内用水的。[②] 限于资料，我们无法了解偃师商城水井的详细情况，但脚窝的设置反映出当时人们需经常对水井进行修理和维护。这也可以视作商代保护水资源的一项措施。

郑州商城发现的水井数量最多，形制也最为讲究。水井大多深达地下水面以下，加之周壁塌陷严重，所以多数未能发掘到底。形制以长方形竖井数量最多，并有少量圆形和椭圆形竖井。口部略大于底部，周壁微呈斜直，大都在坑的两宽壁中间各挖一竖排可供上下的脚窝。[③] 后来也曾发掘出底部残存的木质井盘设施，属形制规格较高的水井。如 1989 年 11 月，在郑州商城内中部偏东处，配合郑州电力学校建设工程中，曾发掘出一眼商代二里冈下层二期的水井。井口距井底 7.8 米。在接近井底部近 2 米深的位置，有木构井框。井框为人为加工的圆木纵横叠套而成的“井”字形，木构件之间为榫卯结构。在木构井框的底部还有 4 块粗大的长方形木拼成的井盘。这种方木的宽度和厚度均在 0.4 米左右，井盘的长度为 2.42 米，宽度为 1.34 米。井盘的制作十分讲究，在四角相套的地方，不仅加工出子母榫相互咬合，而且在方木的两端穿孔，再纵向插入圆木，形成坚固的榫卯结构，上可连井框，下可固定井盘。在井盘的外侧及井框周围，还特意涂抹了一周厚度和高度都不太均匀的青膏泥层。这层青膏泥质地细腻，结构紧密，从它的位置和结构分析，它应是用以加固井框，防止沙土塌陷的一种人为措施。井盘内侧的沙土层上，铺垫有 0.2~0.25 米厚的破碎陶片，对井水起着过滤作用。[④]

宋国定先生把商代的水井分为两类五型。一类为居民区的普通水井，数

---

① 杜金鹏:《偃师商城初探》，中国社会科学出版社，2003，第 199 页。

② 越芝荃、刘忠伏:《1984 年春偃师尸乡沟商城宫殿遗址发掘简报》,《考古》1985 年第 4 期。

③ 河南省文物考古研究所编著《郑州商城——1953~1985 年考古发掘报告》，文物出版社，2001，第 526 页。

④ 河南省文物考古研究所编著《郑州商城——1953~1985 年考古发掘报告》，文物出版社，2001，第 532 页。

量较多，一般都有脚窝。这些脚窝显然是居民维修水井、保持用水的清洁卫生时使用的上下阶梯。这说明当时普通居民经常有意识地进行水资源保护。另一类水井均位于郑州商城城内东北部或东部，多位于宫殿区，而且一般与夯土宫殿建筑之间有着十分密切的关系。这类水井现已发现 3 眼，都分布在郑州商城东城墙内的一条南北线上，与商城东墙的距离都在 100 米左右。这种现象反映出商人在营建前一定进行了规划和布局。其中位于郑州商城内特殊区域如宫殿区的水井制造比较讲究，大多要先挖一个井坑以清除流沙。城内水井的布局也有了合理的设计。奴隶主贵族及商王活动区域集中在城内中北部和东、北部，这些地方一般地势较高，因此营建水井时，不仅十分讲究，而且往往与宫殿建筑密切结合，便于合理使用和有效管理。①

藁城台西遗址是商代中期（相当于二里冈上层—殷墟二期之间）的方国都邑之一。藁城台西商代遗址已发现了 2 座水井。编号为 J1 的是一眼晚期水井，圆形，上口直径 2.95 米，深 6.02 米。从井口内下至 4 米深处向内收缩，使井底上部形成一个圆形的二层台。井底有木质井盘，由四层圆木搭成“井”字形。所用圆木未经去皮，仅两端稍加修平，互相重叠咬合，顶端插入井壁四周。井盘内外各插加固用的大小木桩 30 余根。在井盘内堆满汲水时落入的陶罐，罐子颈部还可见绳子痕迹。J2 是一眼早期水井，上口椭圆，直径 1.38~1.58 米。井底呈圆角长方形，长 1.48 米，宽 1.06 米。自井口到底深 3.7 米。井壁原涂一层厚 2 厘米的草泥土，上面密排着许多不规则的小圆孔，孔内有朽木痕迹，当是涂抹井壁时挂泥木橛的痕迹。井底有内外两层木质井盘。内盘“井”字形，由两层圆木两两相互叠压而成，高 0.24 米。四角插有加固圆井盘的木桩 5 根，西北角 2 根，其他角各 1 根。外盘高 0.64 米，结构与内盘基本相同，南面 6 层，其他三面各为 4 层。南北两面的第二层至第三层之间加插一根圆木。盘内各角也插一木桩。井盘所用圆木除两端削平外，没有更多加工。圆木之间空隙处以短木填堵。井内除少量碎陶片外，发现一圆底

① 宋国定：《试论郑州商代水井的类型》，河南省文物研究所编《郑州商城考古新发现与研究（1985~1992）》，中州古籍出版社，1993。

印文硬陶罐和一件用木瘿子制成的水桶。水桶不大，可以用手提，推测当时不一定有辘轳和桔槔一类的设置。[①]

殷墟都城居民的生活和生产用水，主要取自洹水，但贵族还饮用水质清冽的井水。在历年的殷墟宫殿区发掘中至少发现了商代水井 3 眼。[②]

从上文所述商前期的水井来看，商人建井的技术已相当先进，井深可达 5 米多，且普遍设有井盘，有的还有两层井盘，甚至井壁也进行修饰，可见商人对饮用水资源是备加珍视的。商人所凿水井已经具备了相当程度的防止塌陷、加强固定、过滤水源的功能，从一定程度上改善了饮用水的水质，克服了水土条件的制约。同时，挖凿水井在一定程度上成为城市居民摄取饮用水的广泛途径，说明当时人们在扩大生存空间的同时，已经具备了相当的饮水卫生常识，为保障身体健康，在饮用水的水质方面颇为用心。

3. 商代都城蓄水与引水设施的修建

为了解决都城用水，商代已经有了引水和储水设施，这就是建在城邑之中的蓄水池和供水管道。蓄水池是商代开发饮用水资源的又一新方法。蓄水池一般兼具蓄水和沉淀泥沙、澄清水源的作用，如河南登封春秋战国时期的阳城内发现的供水系统中就有“沉淀泥沙的澄水池”。商代的蓄水池也应具备双重功能，即不但有蓄水功能，而且具有沉淀泥沙的作用。目前在商代都城考古中已经发现 3 处这样的蓄水设备遗迹。

偃师商城宫城北部发现一个石砌水池。这是一座人工挖掘并用石块垒砌的长方形水池，东西长约 130 米，南北宽约 20 米，深约 1.5 米。池岸距离宫城的东、西、北三面城墙均 20 多米。水池全部用大小不等的自然石块砌成缓坡状，在水池的东西两端各有一渠道与之相连通。经过测量，发掘者推测西渠为注水渠道，东渠为排水渠道，西渠从宫城西墙下穿过，经两次直角折拐，与城外护城壕相通，构成注水、蓄水、排水三位一体的完整水利设施。[③] 针对偃师商城宫城内大型水池的功用问题，有学者认为它除了提供水源外，还具有帝王

① 河北省文物研究所编《藁城台西商代遗址》，文物出版社，1985，第 32~33 页。

② 中国社会科学院考古研究所编著《殷墟的发现与研究》，科学出版社，1994，第 23 页。

③ 杜金鹏、张良仁:《偃师商城发现早商帝王池苑》,《中国文物报》1996 年 6 月 9 日，第 1 版。

池苑的用途。郑州商城内的蓄水池与之有相似之处。[①] 更值得注意的是，在石砌水池旁边，发现有多口水井，其使用年代一般与水池年代相同。以此可以推测，大型水池的存在无疑会有效提高宫殿区地下水位，便于从井中汲水。

在郑州商城内也于 1986 年和 1992 年考古发掘中发现了一个石砌蓄水池和一条供水管道，时代属于商代二里冈上层。说明当时的人们已懂得引自然河水进入都城内苑池或蓄水池，来供宫殿区用水。这个蓄水池呈长方形，东西长约 100 米，南北宽约 20 米，深 1 米多，略呈东南—西北向，池壁及池底用料礓石铺垫，池壁用圆形石头加固，池底铺有规整的青灰色石板，向上一面光滑，向下一面粗糙。蓄水池往北发现有供水管道。供水管道由石板和草拌泥垒砌而成，管道内侧近方形，宽 0.55 米，高 0.68 米，底部和顶部均平铺长方形石板。[②] 该蓄水池位于宫殿基址较为密集的地方，应是贵族为"保证宫殿区的用水"，"动用大量的人力物力"，"在宫殿区修建的大型蓄水设施"。联系郑州地区西高东低的地势和金水河流经商城西北角的情况，不排除商代利用金水河流势通过水渠及管道把水引入城市的可能性。但由于此池建造规整，又位于宫殿区附近，其也应有用于美化环境、供王室游乐的功能。[③]

据学者推断，修建该水池需要挖土方量为6000余立方米，用土2000~3000 立方米，另外还需从外地运来大量石头。按当时的生产力水平，此工程规模颇大。[④] 商人动用大量人力物力建造此蓄水池，一方面说明当时有此种需要，另一方面也说明商人对于水资源的开发和有效利用是相当重视的。

洹北商城和殷墟都城至今尚未发掘出蓄水池和供水管道的遗迹。这也可能跟这两座商城所处的地理位置和水文条件有关。洹北商城紧邻洹河北岸，洹河又贯穿于殷墟之内，更有漳水、滏水、淇水相依，所以我们可以说，洹

---

① 参见杜金鹏《偃师商城初探》，中国社会科学出版社，2003，第 196 页。

② 曾晓敏、宋国定：《郑州商城考古又有重大收获》，《中国文物报》1995 年 7 月 30 日，第 1 版；河南省文物研究所：《1992 年度郑州商城宫殿区发掘收获》，河南省文物研究所编《郑州商城考古新发现与研究（1985~1992）》，中州古籍出版社，1993。

③ 张国硕：《夏商时代都城制度研究》，河南人民出版社，2001，第 193~194 页。

④ 曾晓敏：《郑州商城石板蓄水池及其相关问题》，河南省文物研究所编《郑州商城考古新发现与研究（1985~1992）》，中州古籍出版社，1993，第 87~88 页。

北商城和殷墟都城的水资源比较丰富，取水条件便利，自然河流基本能够取代蓄水池和供水管道的功能。

由上述材料可知，商代人们已经初步具备了对水资源的保护性利用的意识。商人对水资源的保护性开发利用，一方面是为了求得方便清洁的水源，以满足本身的生活用水需求；另一方面，也反映出商代贵族在利用水利资源美化生活环境，以满足其适宜生活的精神需求。

4. 商代都城的垃圾处理

《韩非子·内储说上》记载："殷法，刑弃灰。""殷之法，弃灰于公道者断其手。"这是一条非常严苛的法律，在公道上倾倒灰土垃圾就要被惩之以断手的重罚。目的就是禁止随意倾倒草木灰，一则防止浪费草木灰肥，二则为了净化环境。这是因为，商代人们生活和手工生产所用的燃料，主要来自草木或木炭，日常就会产生大量草木灰垃圾，如何处理这些垃圾，确实是一个重要问题。由此条法律就可窥见商代人们对于垃圾处理是非常重视的。

不过文献中没有多少相关资料，幸运的是，通过考古发掘材料我们知道，商代人们对于日常生活垃圾的处理也是很讲究方法的。商人对都城中固体废物和废水的处理本身就是一种环境保护措施，充分体现了商人保护自身居住环境的意识。

（1）商代都城日常生活垃圾的处理

殷商时代的人们对日常生产生活中产生的垃圾及丢弃不用或损坏的器具、杂物，往往集中起来扔到一个大坑或大沟（即灰坑、灰沟）里，然后进行掩埋，而不是随意乱扔乱丢。从此可以看出，商人为了保护自己的生活环境，已经有了集中堆放和掩埋垃圾的习惯。

在商代考古发掘中，发现数量最多的文化遗存就是灰坑。无论是偃师商城还是郑州商城，抑或是殷墟都城，在考古发掘中往往有大量灰坑、灰沟的发现。这些灰坑种类繁多，有用于储藏的窖穴，有的用于堆放手工业废料、倾倒生活垃圾和建筑垃圾、掩埋甲骨、掩埋非正常死亡者的尸体等。

应该说，这些灰坑都不是有意挖掘的，大多是商人修筑房屋就地取土后自然留下的坑穴，而大量废弃的地穴半地穴式房屋以及窖穴，自然也是可以用作倾倒和堆积垃圾的灰坑。

仅以发掘比较充分的郑州商城为例，商城遗址中的所有灰坑、灰沟都集中分布在远离宫殿区的地方。[①] 其他商代城址的情况，也大致与此相仿。即远离宫城区域，采取将生活垃圾填沟掩埋的方式，是这一时期垃圾处理的主要方法。

在偃师商城宫殿区北部的发掘中，发现一条大灰沟。大灰沟遗迹东西走向，长约 120 米，南北宽约 14 米。在大灰沟的周围有宽约 1 米的夯土围墙。[②] 两次发掘共发现早商时期灰坑 22 个，考古学家怀疑这是建筑宫殿时取土所形成的，后来成了居住在宫城内的商代贵族专门倾倒生活垃圾、堆放废弃物的地方。

殷墟都城的灰坑垃圾处理，可能已经做到了不同类型垃圾的分类填埋。比如在殷墟小屯西部发现了一条殷代大沟壕（即大灰沟），沟为南北走向，口距地表约 1.5 米，深度不一，最浅处约 3 米，最深处在 10 米以上。大段为斜坡状，由西向东倾斜。在填土中清理出人骨架 24 具，人骨架肢体多数残缺，推测是遭到上层贵族刑戮或被迫害致死的奴隶，死后被随意扔入沟内。[③] 由此可知，这个灰坑可能是专门掩埋这些死者尸体的。在商代，这些非正常死亡者的尸体，特别是地位最低的奴隶的尸体，大都被填埋在这种大灰沟里。而尸体如果不填埋，因腐烂所不断发出的臭气，对人们的健康和城市空气会造成恶劣影响，因此掩埋尸体是当时最佳的一种处置方法。

在殷墟大司空村第三区探沟 T306 中，发现有一灰坑 H321，平面呈圆形，自口往下稍外扩，底略大于口，坑内出土有破碎的鬲、盆、罐等陶片，此坑形制规整，底部平坦。由此分析该灰坑可能是专门用于倾倒日常生活垃圾的。

在殷墟大司空村遗址还发现骨料坑 12 个，各坑以出土骨料或骨质碎料、废料为主，陶片极少。这和一般以出土陶片为主的灰坑迥然不同。这 12 个骨料坑中所出土的骨料，大致可分两种类型：一种以堆积兽类的肱骨、股骨的

---

① 河南省文物研究所编《郑州商城考古新发现与研究（1985~1992）》，中州古籍出版社，1993。

② 中国社会科学院考古研究所河南第二工作队：《河南偃师商城宫城北部“大灰沟”发掘简报》，《洛阳考古集成·夏商周卷》，北京图书馆出版社，2005，第 158 页。

③ 中国社会科学院考古研究所编著《殷墟的发现与研究》，科学出版社，1994，第 77 页。

骨臼和蹄骨等废料为主；另一种以堆积长条骨料、半成品和碎料为主。[①] 发掘者认为，前者可能是堆放制作骨器下脚料的地方。我们认为，这个地方距离制骨作坊较近，这些灰坑可能就是倾倒制骨作坊中产生的废料等垃圾用的。

同样，在殷墟遗址的不同地方，分别发现了铜器冶铸作坊、制骨作坊和陶器作坊所产生的废料灰坑，清理出铜渣、坩埚碎块、骨头碎块、陶范碎片、草木灰等手工业作坊垃圾。这些垃圾日积月累，堆积如山，如果不作处理，不仅占据空间，影响工作效率，也会对环境造成影响。好在这时的手工业作坊垃圾主要是有机物质，可以分解融化在土地里。因此商人用挖坑填埋的方式处理垃圾，是回归自然的选择，顺应了自然界的循环规律。

将生活垃圾——往往是固体废物倒入这些现成的灰坑填埋，自然是最简便的垃圾处理方法。垃圾堆积到一定程度后将坑穴填平，也为后人重新利用这块地面创造了条件。在这样循环往复的过程中，废物得到了自然净化处理，又肥沃了土壤，也在一定程度上解决了环境污染问题。结合前面已经提过的都城布局规划中手工业作坊也往往分布在城外的特点，足以说明殷商时期的人们已懂得保持宫城中的干净卫生和优美环境。这些灰坑在当时对于提高商城生活质量和保持周围的环境卫生，预防病菌滋生蔓延，保障人体健康，起到了十分积极的作用。

（2）商代都城中粪便垃圾的处理

商代都城中最大的日常生活垃圾，恐怕是众多城市人口和牲畜每天排泄的粪便。粪便垃圾的处理，对于现代城市来说也是一个非常令人头疼的问题。后来的城市垃圾处理，往往是集中收集，运往城外农村进行肥田。因为人或动物的粪尿中，含有大量农田土壤所需要的宝贵的氮元素，利用它们完全可以使土地变得肥沃，使农田高产。系统地把这些城市粪便垃圾收集起来，施在田里，这是对城市和农田两者都有好处的办法。

据著名甲骨学家胡厚宣先生研究，商代人们已经学会了田间施以粪肥的

① 中国社会科学院考古研究所编著《殷墟发掘报告（1958~1961）》，文物出版社，1987，第79~80页。

农业技术。甲骨文中的（《合集》9570）字，象人大便之形，可以隶定为屎，胡厚宣释读为屎，在甲骨文中用为以人粪尿肥田的意思。[①] 卜辞有：

> 庚寅贞：翌癸未，屎西单田，受有年？十三月。（《合集》9572）
> 甲申卜，争贞：命倏屎有田，受年？（《合集》9575）
> 贞：命离屎有田？（《合集》9576）
> 乙丑卜，宾贞：屎我䵻？贞：勿屎我䵻？二告。（《合集》13625）
> 己亥卜，大贞：呼般屎有衠？（《英藏》1995）

对于此字，虽然有的学者比如张政烺、徐中舒、裘锡圭、俞伟超等人持不同意见，[②] 但我们认为胡先生的释读有道理，尤其是与农田有关的这些辞例，不作如此解释则不能讲通，因此同意其观点。卜辞中还有"屎有足，乃垦田"，指粪肥准备充足，可以开垦、平整土地了。"屎西单田"，意为在西单这个地方的农田里施粪肥。

与此可以相互发明的是，殷人不但知道用人粪尿肥田，而且懂得以"圂厕储粪"，即将家畜猪、牛、羊等圈养，这样可以在畜圈里集中动物粪便，以便于运到田地中进行施肥。甲骨文中有（《合集》524）、（《补编》2734）字，象一头猪在圈中之形，因为该猪形身上还有一支贯穿的矢（箭），因此可以隶定为彘（野猪），整个字就是彘字，实际上也就是后世的圂字。《说文》："圂，厕也。从囗，象豕在囗中也。会意。"《玉篇·囗部》："圂，豕所居也。"也就是说，古代人们以圈养猪（圂），同时圂（猪圈）也是厕所，即将人粪尿

① 胡厚宣:《殷代农作施肥说》,《历史研究》1955 年第 1 期;《殷代农作施肥说补正》,《文物》1963 年第 5 期。

② 徐中舒:《禹鼎的年代及其相关问题》,《考古学报》1959 年第 3 期；张政烺:《甲骨文"肖"与"肖田"》,《历史研究》1978 年第 3 期；裘锡圭:《甲骨文中所见的商代农业》,《全国商史学术讨论会论文集》,《殷都学刊》增刊，殷都学刊编辑部，1985；俞伟超:《中国古代公社组织的考察——论先秦两汉的单—僤—弹》，文物出版社，1988。其中，徐中舒释为"肖或俏"；张政烺释为"肖"，读为"赵"，指春耕前的除田工作；裘锡圭释为"徙"，指选择田地开垦耕种；俞伟超释为"徙"，认为徙田就是换田耕种。

和动物粪便混合在一起积肥待用。这种情况在1949年以后的广大农村依然有所保留，屡见不鲜。甲骨卜辞中这样的辞例如：

> 贞：呼作圂于𨸏？勿作圂于𨸏？（《合集》11274）
>
> 贞：于圂？（《合集》11276）

据胡厚宣先生的研究：甲骨卜辞的“贞般圂氏”，“般”即搅拌；“圂”即猪圈、厕所之属。说明殷人已经掌握了“近代肥料学上所谓的‘翻肥法’”。

人粪、畜粪施于农田，既保持了城市的环境清洁，又促进了农业生产，而农业的丰收又为畜牧业、手工业的发展提供了良好的条件，保证了城市中生产、生活发展的良性循环，是一个两全其美的举措。古代居民系统地收集粪便的方法就是在家里居住房屋旁边挖掘简单的粪坑，或者把猪圈羊圈当作厕所。商代之时人们就有了这样的环保理念和农业技术。这一做法在后世的农业生产中得以长期保留和运用。

其实这只是问题的一个方面而已。如果城市人口众多，排泄的粪便量大，而运用于农田的部分较小，过量的人畜粪便仍是一个不能解决的问题。在这种情况下，估计人们只能将这些粪便污物倒在阴沟里，让它们随意地流入城市的护城河；或者直接将排泄物倒进城边的河流里，让河水把这些都带走，以求得大自然的净化。然而，这样做会威胁到城市的环境和居民的身体健康。这在商代是没有办法的事情，甚至一直到现在，城市垃圾处理仍是一项没有办法完全解决的课题。

总之，商代都城规划建设中，已经设置了相应的基础设施，来解决和处理人们生产、生活中制造的大量垃圾和废物，以改善城市居住环境。但是，毋庸讳言，商代垃圾处理的方法还十分有限，技术相对落后，因此在对垃圾和粪便的处理过程中，势必仍会对城市的自然生态环境造成一定程度的污染。

5. 商代都城的排污管道

商代都城中人口众多，居民密集，这在前文已经有所述及。在人口相对集中的宫殿区、居住区和手工业区，都城居民日常排出大量的生产生活污水，当时又没有多少技术和方法对其进行净化，因此污水处理就成为一个非常值得上自贵族下至平民百姓重视的严重问题。

因此，商人在都城规划和建设中，也合理采取了一定的措施处理污水，建立了较为系统的排污设施。商代都城如偃师商城、郑州商城、安阳殷墟的相关考古资料表明，随着时代的发展，商代都城中的排水设施越来越系统完善，技术不断进步，所涉及的居住范围也日益广泛。

现代城市的供水系统和排水系统都是严格分开的。商代都城已有良好的供水系统如前所述。考古资料表明，商代都城中也有了一套系统的合理的排水设施，这就是排污管道。在这套都城排水系统中，包括了地面排水沟、地下排水沟两个重要方面。

（1）地面排水沟

商代都城的地面排水沟通常建在道路的两侧或基址周围。早在偃师二里头遗址（夏代都城）中，就发现了疑似宫殿排水沟的敞露明沟。①

在几座考古发掘的商代都城中，偃师商城的排水设施是保存最好的，也相对较为完备。这里发现的地面排水沟就属于这一类排水设施。在偃师商城二号基址群中每座基址四周，在台基与台基之间的中部地带，均开挖有0.7~1.3米宽、0.3~0.5米深的水沟，截面为半圆形，系一种极为简易的敞露明沟水道。每座基址周围的小沟纵横贯通，构成网状排水系统。中层建筑排水沟基本沿用下层的明水道。②

郑州商城的宫殿区、手工业作坊区以及一般居民区中，都发现有这类地面排水沟。③ 殷墟宫殿区内的下层基址发现30多条纵横交错相互贯通的水道，推测应是宫殿区的地面排水设施。④

---

① 中国社会科学院考古研究所编著《偃师二里头——1959年~1978年考古发掘报告》，中国大百科全书出版社，1999，第155页。

② 中国社会科学院考古研究所河南第二工作队：《偃师商城第Ⅱ号建筑群遗址发掘简报》，《洛阳考古集成·夏商周卷》，北京图书馆出版社，2005，第208、210、211页。

③ 河南省文物考古研究所编著《郑州商城——1953~1985年考古发掘报告》，文物出版社，2001，第207、235、327页。

④ 中国社会科学院考古研究所编著《殷墟的发现与研究》，科学出版社，1994，第58页。

（2）地下排水沟

商代都城的地下排水沟，就是为不影响地面铺路或其他功用，在地下挖掘铺设暗道作为排水沟。地下排水沟可分为两种不同的形制：一种为陶质管道；另一种为石砌或石木兼施暗道。

距今4300多年的河南淮阳平粮台龙山文化古城，就是古代城市排水设施建设的一座丰碑，城内已铺设了陶质排水管道。陶质管道由多节陶质水管连接构成，陶管用泥条盘筑法制成，平口圆腔，表面饰有绳纹，个别为素面，一端略粗，另一端稍细，管道细端有榫口，可以进行套接。每节管道小口朝南，套入另一节的大口内。从整个管道来看，北端稍高于南端，宜于向城外排水。管道周围填以料礓石和土，其上再铺以0.3米厚的土作为路面。[①] 这种公共的排水设施常见于以后的城邑遗址中，尤其在商代都城遗址中较为常见。

在偃师商城内，石砌排水管道已经发现多处，其中横贯城址的大型石木兼施的排水沟全长800多米，是城内的主要排水管道。这条水沟在路土之下，有0.4米厚的草泥土，草泥土之下是一条用木板作顶板的石壁排水沟。排水沟之底用石板铺砌，自西向东，内高外低，相互叠砌成鱼鳞状，顺序与水流方向一致。两壁用石块砌成石柱状，石柱之间每每加一根木柱，木柱与木柱共同承托着上面的木盖板和路土，自西护城河通过西一城门进入城内，直到宫城内的水池，然后流经城址东部，穿越东一城门，注入东护城河。该水沟设计科学，构筑精细，具备引水、蓄水和排水三大功能，是连接宫城、小城、大城的统一水利设施，也是目前所见最完整的商代城市水利设施。另外，偃师商城的宫殿基址内也发现了排水沟，在D4宫殿基址的东北、东南和南庑南面共发现三处石块砌成的排水沟。有的长近百米，是宫城中的重要排水设施。[②] 这些排水沟表明，偃师商城宫城内的排水设施已经相当完备。

在郑州商城中发现了地下石砌输水暗道，位于宫城墙外侧8米处，并与夯土墙基相平行，呈西北—东南走向。水管道涵洞全部使用青石板材砌筑而

① 曹桂岑、马全：《河南淮阳平粮台龙山文化城址试掘简报》，《文物》1983年第3期。

② 赵芝荃、刘忠伏：《1984年春偃师尸乡沟商城宫殿遗址发掘简报》，《考古》1985年第4期。

成，已经发掘部分残长 30 多米（两端均未到头）。其筑法是：先在地面下挖出一条口宽底窄平底的壕沟形土壁基础槽，然后在其底部用青石板平铺和重叠平铺砌出两侧墙壁，再用大石板覆盖其顶，从而形成石筑水管道涵洞。就发掘的石砌水管道大小来看，水管道宽约 1.5 米，高约 1.5 米。在水管道上相隔一定距离之处，还修筑有石板砌成的竖井形天井设施。当石砌水管道和石筑天井建成后，又在基槽内填土夯实。[①] 另外，在郑州商城宫殿区基址内一条灰沟中，也发现有保存完好的陶水管以及大量陶水管残片，可推测郑州商城宫殿下层铺设有陶质排水管道。[②]

在殷墟都城遗址的白家坟一带，发现了陶质下水管道，是南北、东西两条平口式排水管道，呈 T 形相汇。南北向的一段长 7.9 米，由 17 节陶管相接组成，东西向的一段残长 4.62 米，由 11 节陶管平口对接组成。在其北边 9 米外，还有一段东西向的陶水管道，残长 3.36 米，由 8 节陶管组成。三者相交处，由一个三通管连接，两端也与其他齐口水管相通，只是中部向外伸出一个圆形管孔，构造相当巧妙，齐口水管之间相互对接，结合处未发现涂抹黏合物的痕迹。[③] 三通水管的出现，解决了排水管道拐弯、转向和多条管道衔接的问题，是商人在水利设施技术上的一次创新。苗圃北地铸铜遗址还发现了陶质插口式水管，可以严密套合，较平口式管道显然又有了技术上的进步。[④]

相比而言，石质排水管道要优越于陶质排水管道。因为随着城市规模的扩大，排水量随之增大，仅靠陶质排水管道已经无法满足日益膨胀的城市需求。因此，大型石砌暗道应运而生。其优越性在于，它更有利于防止污水向地下渗透，从而使地下水不受污染，同时城内大型的石砌或石木混砌管道与城外的护城河相通，排水量大，更能承担全城总的排水任务，成为城市的主

---

① 河南省文物考古研究所编著《郑州商城——1953~1985 年考古发掘报告》，文物出版社，2001，第 234 页。

② 河南省文物考古研究所编著《郑州商城——1953~1985 年考古发掘报告》，文物出版社，2001，第 786 页。

③ 中国社会科学院考古研究所编著《殷墟的发现与研究》，科学出版社，1994，第 241 页。

④ 中国社会科学院考古研究所编著《殷墟的发现与研究》，科学出版社，1994，第 89 页。

要排水设施。

总之，商代都城中，不仅在贵族居住的宫城内建有排水设施，而且整个城址内部可能建有系统的排水设施。这表明排污设施在商代城邑建设中是不可或缺的。商代都城中采取铺设排水管道、开挖排水沟、修建池塘、挖掘护城河等各种措施进行排污，甚至利用自然河流净化城市污水，这表明商代都城排水设施的设计建造技术已相当完备，多种多样的城市排污措施充分体现了商人对各种各样城邑排污方式的成熟运用。

第四节　生态环境变化对商代社会历史的影响

人类生活在一定的生态环境之中，自然要受到生态环境的供养与惠益，人类的生活模式自然也就受制并依赖于一定的生态环境条件。而越是早期的人们，对于生态环境的依赖也越明显。同样地，生态环境的变化，则对人类生活和生产都有一定的影响。而越是早期的人们，其生活、社会、历史、文化等，也越受到生态环境变化的影响。

关于商代生态环境变化对社会历史发展的影响，过去学者关注不多。虽然在文献中有所谓“伊洛竭而夏亡，河竭而商亡”（《国语·周语上》）的记载，但后世多用所谓“天人感应”的学说从人君道德的角度进行说解，并未真正触及这一事件的历史脉络。实际上，这只是一个概略性的说辞，而生态环境的变化对社会历史的影响，往往并不是直接单一的，而是错综复杂的。也就是说，气候条件的变化引起干旱灾荒、河水断流，从而引发了一系列的人类相关活动，这些众多的社会的、政治的、经济的、军事的活动合力之结果，最终导致了殷商王朝的覆亡。庶几乎，这才是“河竭而商亡”的真正含义。

比较明确地有意识探讨这一问题的，有李民[①]和王晖、杨春长[②]及王星

---

① 李民:《殷墟的生态环境与盘庚迁殷》,《历史研究》1991 年第 1 期。

② 王晖、杨春长:《商末黄河中游气候环境的变化与社会变迁》,《史学月刊》2002 年第 1 期。

光[①]等。

兹综合这些研究成果并加以己意，对商代生态环境的变化造成的社会历史的较大影响，做一个粗略的梳理。

一 生态环境变化是“盘庚迁殷”的原因之一

据《水经·洹水注》引古本《竹书纪年》记载，盘庚是自奄迁至殷地的，“盘庚即位，自奄迁于北蒙，曰殷”。此外，《太平御览》卷83“皇王部”、《史记·殷本纪》正义、《项羽本纪》索隐和集解、《尚书·盘庚》正义和《通鉴外纪》卷1等处所引的《竹书纪年》，皆认为盘庚自奄迁于殷，可见《竹书纪年》的原本明确记载盘庚徙都是自奄至殷的。不过，《史记·殷本纪》正义则在另一条记载中说：“汤自南亳迁西亳，仲丁迁隞，河亶甲居相，祖乙居耿，盘庚渡河，南居西亳，是五迁也。”据此，则盘庚自耿迁于殷地。通观《尚书·盘庚》，可以看出这次迁都的原因复杂，应该是几种因素共同促成的。

《尚书·盘庚》记载：“古我前后，罔不惟民之承保，后胥戚鲜，以不浮于天时。殷降大虐，先王不怀厥攸作，视民利用迁。”这是殷王盘庚在迁都问题上对民众说的一番话，言外之意是：这次又遭大灾大难，今王也会按照先王的办法视民众利益而迁徙。“汝不谋长，以思乃灾，汝诞劝忧。今其有今罔后，汝何生在上。”意思是说：劝诫大家要从长远考虑以摆脱灾难，否则只能自作自受；若不迁徙，那就只有今日没有明天了，你们也就不会生存下去了。从上述两段话可知，盘庚迁都是因为殷人遭到了灾难。

《尚书·盘庚》又记载：“古我先王将多于前功，适于山，用降我凶，德嘉绩于朕邦。今我民用荡析离居，罔有定极。”盘庚这段话则道出了此次大灾大难是“荡析离居，罔有定极”。他特别提到，其先王为了光大殷人的事业，迁到山地以避灾害。到了现在，民众遭到大灾，流离失所，过不了安定的日子。对这段话，伪《孔传》解释说：“水泉沉溺，故荡析离居，无安定之极，徙以为至极。”

---

① 王星光、张强、尚群昌：《生态环境变迁与社会嬗变互动——以夏代至北宋时期黄河中下游地区为中心》，人民出版社，2016。

汉代出现的《书序》说："祖乙圯于耿。" 伪《孔传》说："河水所毁曰圯。" 宋人蔡沈《书集传》更进一步解释说："自祖乙都耿，圯于河水，盘庚欲迁于殷。"

从上述《尚书·盘庚》的记载以及后世的诠解中可以看出，盘庚迁殷是由河水泛滥、水泉沉溺造成的。这实质上与当时生态环境被破坏有密切关系。在中国古代历史上，社会原因和生态环境因素可以相互作用，有时又可相互转化。无怪有些经学家在解释盘庚迁殷的原因时，也曾隐隐约约谈到这两个相互作用的因素。汉末郑玄早就提出："祖乙居耿，后奢侈逾礼，土地迫近，山川尝圯焉。"（《尚书正义·盘庚上》孔颖达疏引，十三经注疏本）晋人王肃则说："自祖乙五世至盘庚元兄阳甲，宫室奢侈，下民邑居垫隘，水泉泻卤，不可以行政化，故徙都。"（《尚书正义·盘庚上》孔颖达疏引，十三经注疏本）清人王鸣盛指出："其实所以迁都之故，兼为奢侈及河圯二事，故郑兼而言之。"（《尚书后案》）

由此看来，盘庚之前，当时的社会矛盾已日趋激化，贵族夺取了大量的土地，聚敛了大量的社会财富，但他们只知奢侈淫乐，不管民众死活，人民厌倦生产，从而造成土地肥力失效，土质变坏，生态环境恶化。民众的生产、生活、居住等条件恶劣，以致在当时频仍的水灾（包括久雨积水和河水泛滥）面前逐渐丧失了起码的抵御能力。如果再不迁徙，仍在原地，那就会"有今罔后"，不能再照旧生存下去。由此可见，盘庚这次迁都的重要原因是人为因素影响了生态环境，而生态环境的破坏又反过来加重了社会因素。如此恶性循环，才迫使盘庚迁都。

二 生态环境变迁导致商人祀礼废弛

到了商代末期，气候的变化引起了严重干旱。据古本《竹书纪年》记载，文丁三年"洹水一日三绝"。《墨子·非攻下》、今本《竹书纪年》也谓纣时"雨土于薄（亳）"。商代末期从文丁之前便开始的这场气候干旱化，对商王朝政治、经济、社会生产等各方面都产生了很大的影响。

这一点从文丁之后与其前商王用牲之数的比较中便可看出。

贞，御，叀牛三百？（《合集》300）

八日辛亥，允戋伐二千六百五十六人……（《合集》7771）

□侑于蔑，卅羊？甲午贞，大御六大示，燎六小宰，卯卅牛？（《屯南》2361）

乙未酒系品上甲十，匚乙三，匚丙三，匚丁三，示壬三，示癸三，大乙十，大丁十，大甲十，大庚七，小甲三……三，祖乙……（《合集》32384）

丁巳卜，侑燎于父丁百犬、百羊，卯百牛？（《合集》34149）

辛巳卜，大贞，侑自上甲元示三牛，二示二牛？十三月。（《合集》25205）

庚寅卜：其求年于上甲，三牛？五牛？十牛？吉。（《屯南》2666）

上引《合集》300、7771两条卜辞为武丁卜辞;《屯南》2361与《合集》32384、34149三片卜辞属历组卜辞，为武丁至祖甲时期;《合集》25205条为出组，祖庚祖甲卜辞;《屯南》2666为无名组康丁卜辞。可见从武丁到康丁时所用牲数都是不少的。

但是到商末殷墟黄组卜辞中，祭祀上帝山川与先公的现象很少见，而且一个明显的变化是祭先王时所用牲品数量极少，一般都是“一牢”或“一牢又一牛”。如《合集》37032“其牢勿（物）牛？兹用”;《合集》37034“其牢又一牛？兹用”;《合集》37038“其牢又一牛，其牢？其牢又一牛，玄勿（物）牛？”但这时所用牛牲的颜色是极其讲究的，《合集》37000至《合集》37022卜问“戠牛其用”或“戠牛用”，《合集》36991卜问“白牛”，《合集》36992至《合集》36999卜问“黄牛”，《合集》37023至《合集》37137卜问用“勿（物）牛”，《合集》37310还卜问“叀骍，兹用”，等等。从《合集》35818到《合集》36354以及从《合集》36991到《合集》37361卜辞，都是卜问用牲颜色或数量的，而其数量一般是一牢或一牢加一牛，最多的不过三牢或五牢。记“五牢”的有《合集》37138、《合集》37139两片；记“三牢”或“三牛”的有《合集》37138至《合集》37142五片。这种情况与康丁之前祭祖用牲动辄几十甚至数百的情况形成了很大的区别。

其原因何在？王晖先生等认为是由商末气候环境恶化造成的。因为气候干旱，禾草不丰，牛羊畜牧养殖受到的影响很大，所以祭祀的牲品就大大减少了。经有的学者研究，黄组卜辞实际上包括文丁、帝乙、帝辛三个时期。①

黄组卜辞中用牲数量大大减少，也正好印证商末气候恶化早在文丁时就开始了。因为中国古代是非常看重祭祀之礼的，所谓“国之大事，在祀与戎”，祭祀往往比战争更加重要，在崇尚鬼神迷信的商代尤其如此。如果不是生态环境不允许，商代人们是不会轻易将其祭祀之礼衰减到如此地步的。

三 生态环境的变迁导致商王朝对南土的开拓

在殷墟甲骨黄组卜辞中，有伐盂方与伐人方的卜辞，过去学者一般简单地把它们归之于董作宾甲骨分期中的第五期帝乙帝辛时代，这是很粗疏的。

比较这个时期伐盂方和伐人方的卜辞，这两次战争所系年月刚好冲突，完全不可能属于同一王朝的战争。根据《左传·昭公四年》“商纣为黎之蒐，东夷叛之”及昭公十一年“纣克东夷而陨其身”的说法，伐人方卜辞只能归之于帝辛商纣时代，而伐盂方卜辞只能归于帝乙时代。②

从征盂方卜辞所记沿途地名看，盂方在大邑商西南方沁水流域的沁阳一带，而从征人方卜辞所记沿途地名看，人方在大邑商东南方淮水下游一带。③《三代吉金文存》13·42·3“鬳卣铭”云：“乙巳子令小子鬳先以人于汉，子光（贶）商（赏）鬳贝一朋，子曰：‘贝唯蔑女（汝）历。’鬳用乍（作）母辛彝，才（在）十月二。唯子曰令望人方畧。”以此可见人方在汉水之南，故子令小子鬳带人到汉水一带伺察人方几微动向。

王晖先生认为，商纣征人方至少有两次：一次在帝辛九祀九月至十一祀五月左右，时间长达一年又九个月；一次在帝辛十五年。后一次见小臣艅尊铭，其铭文云：“丁巳，王省夒京，王易（赐）小臣艅夒贝。隹（唯）王来正

① 常玉芝：《祊祭卜辞时代的再辨析》，《商代周祭制度》附录，中国社会科学出版社，1987。

② 王晖：《周原甲骨属性与商周之际祭礼的变化》，《历史研究》1998年第3期。

③ 陈梦家：《殷虚卜辞综述》，中华书局，1988。

（征）人方，隹（唯）王十祀又五彡（肜）日。”（《三代》11·34）

其实还有一次是在商纣二十祀时，向东南用兵也已达淮水之南的上鲁。如果把《合集》中黄组“在上鲁”和“逊于上鲁”的卜辞收集起来，便会发现某王二十祀出行往上鲁以及驻扎在上鲁的时间，至少是从二十祀五月至翌年二月10个月的时间（见《合集》36537、36850、36846、36848、36854、36856、36855、37863、36848、41772等片）。郭沫若曾认为“上鲁”即《汉书·地理志》的上虞，属会稽郡。[①]郭氏的对音释字应是不错的，只是上鲁是否就是汉代远在长江之南会稽郡的上虞，尚待进一步考证。不过，从卜辞中商王率军至上鲁所经地点及所用时间来看，上鲁之地至少也应在淮水之南，距离不会太近。

另外，帝乙帝辛时征伐地已扩展到淮水流域有更明确的记载：

> 壬辰卜贞：口〔王〕逊于召，口〔往〕来亡（无）灾？
> 戊戌卜贞：王逊于召，往来亡灾？
> 己亥卜贞：王逊于淮，往来亡灾？（《合集》36642）

此版甲骨文属黄组帝乙帝辛时卜辞，其中的“淮”就是淮水；从“召”到“淮”，只有一天的路程，此“召”可能是河南召陵一带。这是帝乙帝辛时用兵已达淮水流域的明确证据。

商末纣王时不断向东南一带出击、发展，其因何在呢？王晖先生等认为，正是商末气候环境条件的恶化，迫使商人不得不向东南一带寻求比较好的生态环境。淮水流域水资源良好，冲积土壤肥沃适宜耕垦种植，这当然是商人努力向这一带发展的客观原因。

殷墟卜辞中所反映的这种情况，在周人早期的文献中也可以得到印证。《墨子·非命上》云：“于《太誓》曰：‘纣夷处，不肯事上帝鬼神，祸厥先神禔不祀。”同书《非命中》引《太誓》的上几句异文作“纣夷之居，而不肯事

---

① 郭沫若：《卜辞通纂》，科学出版社，1983。

上帝，弃阙其先神而不祀”，同书《天志中》又引作“《太誓》之道之，曰：‘纣越厥夷居，不肯事上帝，弃厥先神祇不祀。’”尽管《墨子》的这三篇同引古本《太誓》却有不同的文字，一篇作“纣夷处”而另外两篇作“纣夷之居”“纣越厥夷居”，但其义是清楚的，是说商纣居于夷地。（孙诒让《墨子间诂》卷7《天志中》引江声云：“夷居，倨嫚也。”笔者以为江氏这种说法是不对的。“夷居”可说是“倨嫚”，但“夷处”怎么解释呢？从“夷居”的原句“纣越厥夷居”看，“越”，于也；“厥夷”是“越”（于）的宾语，“居”只能作动词讲。居、处均为居住之义。）“纣越厥夷居”中的“越”之义等于介词“于”。《夏小正》云：“越有小旱。越，于也。”也就是“纣居于厥夷”的倒装句。古本《尚书·太誓》所说商纣居于夷地，正好在殷墟卜辞中得到了印证。

商纣王数次征伐“人方”，征伐人方及出征上訾每次达两年之久，自然不会祭祀上帝及祖先神。“人方”之人在西周春秋时的金文中正作“夷”，正是“纣越厥夷居”的证据。

四　生态环境变迁导致周人的东迁与商周战争

周人的先祖在公刘时代迁至泾水流域中游的豳地，在今彬州市至旬邑一带。

《诗经·大雅·公刘》追述公刘迁至豳地时，这里土地富庶，草木繁茂，自然生态环境良好：“于胥斯原，既庶既繁，既顺乃宣，而无永叹。”而且这里有良好的水利资源，“逝彼百泉”“相其阴阳，观其流泉”。周人自先祖后稷以来便以擅长农业种植闻名，自然便把豳地视为农业定居的好地方。

但到周文王祖父古公亶父，由于北狄的侵扰，周人不得不离开豳地迁到岐山之下。古公迁岐在何时呢？武王伐纣之年今暂依夏商周断代工程初步所断定的公元前1046年，《尚书·无逸》说文王在位50年，年龄近百岁，而依《史记·周本纪》周文王出生后古公仍在世，那么古公亶父迁岐的时代可暂定在公元前1150年前后，其时距今3100多年。这个时间是3100多年前季风转变的时间，是商代末年气候发生变化之际，是黄土高原古土壤黑垆土向黄土壤转变的时期，也正是泾渭流域中上游定居农业文化向游牧文化转变的时期。

这样古公迁岐的原因也就可以据此而作深层分析了。

《太平御览》卷83引古本《竹书纪年》说文丁三年“洹水一日三绝”。文丁三年正是周人季历之时，这就是季历时气候干旱化的明证。但气候的干旱化是从季历之父古公时就开始的。《孟子·梁惠王下》引孟子之语说：“昔者大王居邠，狄人侵之，去，之岐山之下居焉。”孟子说古公迁岐是由于北狄的侵扰，而这只是问题的表层现象。实际上，北狄南下的侵扰，周人离豳迁岐，应是受当时气候干旱的威胁而产生的行动。北狄为北方游牧民族，侵扰古公所居之豳（邠），周人放弃豳而迁至岐山之下，均是由于气候环境条件的恶化。豳地正处于泾水中游，因此，北狄南下至豳地一带，而从先祖后稷开始便素有农业传统的周人从豳地迁至岐山之下，也正是泾水中上游由定居农业文化向游牧文化转变的一个现象。

商末气候环境条件的恶化不仅导致先周古公由豳迁岐，而且影响到后来周人的多次迁徙。古公迁徙到岐山之下建立都城岐邑之时，《诗经·大雅·绵》说“周原膴膴，堇荼如饴”，可知当初周原土地肥美，连苦菜也甘甜如蜜。但周文王时又迁都于程邑，《逸周书·大匡解》说“惟周王宅程”，今本《竹书纪年》也说商王纣三十三年“密人降于周师，遂迁于程”。文王迁程的原因虽不清楚，但大概也是受地理气候环境变化的影响。因商王纣时期气候干旱化严重，还出现了沙尘暴天气，《墨子·非攻下》便说纣时“雨土于薄”，今本《竹书纪年》也说帝辛纣五年“雨土于亳”，《淮南子·俶真训》说“逮至殷纣，峣山崩，三川涸”，《览冥训》也说殷纣时“峣山崩而薄落之水涸”，可见殷纣时气候环境条件的恶化程度。而岐邑位于关中盆地西部渭北黄土高原，海拔660~750米，地形高仰，历史上干旱少雨的年份较多，水资源短缺的问题很突出，严重影响农业生产，特别是农作物的种植。干旱缺水迫使周人将都邑迁往水资源状况较好的河谷平原低地。①

周文王在商王纣三十三年时将周人迁徙至程邑，程的地理位置在今咸阳市的东北面15公里左右，处于泾渭夹角地带，地理条件自然要好一些。而

① 黄春长：《渭河流域全新世黄土与环境变迁》，《地理研究》1989年第1期。

三年后文王又从程邑迁至丰邑，古文献则明确说这是由于干旱灾荒。《逸周书·大匡解》说："惟周王宅程三年，遭天之大荒。"所以今本《竹书纪年》说殷纣三十五年"周大饥。西伯自程迁于丰"，是有根据的。沣河出于秦岭山地，即使在干旱年份，也有比较充足的水源，土壤肥沃，水土资源条件良好。在气候干旱缺水之时，将都邑迁于沣河下游低洼地区，主要应是为了追求良好的生存环境，并不仅仅是出于政治军事的考虑。

商末周人（即先周时）从豳地迁至岐山，又从岐山迁至程邑，从程邑又迁到丰镐一带。迫使周人不断由北向南迁都，其主要原因应是气候干旱化。而商末居于西北方的游牧部落戎狄族侵扰周人，古公亶父、季历时周人连连与戎狄交战，其原因也是气候干旱。游牧民族因为干旱而失去水草丰美的牧场，就只好向内地侵扰，周人不满其掠夺行为，于是就有了双方的交战。

甚至商周之际的牧野大战，也是由周人及西北诸侯方国遭遇了特大旱灾而造成的。古文献中常说周文王时已三分天下有其二：《论语·泰伯》谓文王"三分天下有其二，以服事殷"，《逸周书·程典解》《荀子·大略》等书篇也有同样的说法。可知周武王克商之前的文王时代已为夺得天下做好了充分的准备。但武王克商大战的时间是值得我们注意的，因为克商事件正好发生在周人大饥荒之年。《左传·僖公十九年》："秋，卫人伐邢……于是卫大旱，卜有事于山川，不吉。宁庄子曰：'昔周饥，克殷而年丰。今邢方无道，诸侯无伯，天其或者欲使卫讨邢乎？'从之，师兴而雨。"从春秋宁庄子之语看，周武王克商是在周人饥荒之年，克商后才适逢丰年，这刚好与《国语·周语上》伯阳父所说"河竭而商亡"的情况相互印证。可见周人克商的牧野大战发生在大旱之年，是周人为了解决因旱灾发生饥荒的生存危机而做出的举动。

可见气候和经济因素也是周武王征商的重要背景和原因，过去学者多注意政治原因，现在看来是不够的。我们应该对商末气候和经济影响社会和政治的情况予以充分的注意。

余　论

过去有学者认为，气候变化的原因可从地球内热之影响、与太阳之关系、大气中化学成分之作用、地文、天文等五方面解释。① 当代学者则普遍认为，中原地区由于西北季风转向的影响，开始出现干旱化的倾向。

商代生态环境的变化，主要限于商代晚期的自然环境诸如气候、降水量、土壤土质、动植物及生态系统的变化等。生态环境变化的原因多重，但那个时代人们对于环境的利用还很有限，主要是自然本身的变化。不过其中一些人为的因素也不可忽视，人们对森林植被的乱砍滥伐，对野生动物的狂捕滥杀，也是生态环境恶化的一个重要原因。一般说来，可以作如下分别：西北季风等自然因素影响了气候、降水量和土壤等总的环境基础，而人为破坏则对生物的生存环境造成了消极的影响。当然，竭泽而渔、焚林以猎不可能使动植物完全灭绝，一些动植物的生活习性不能适应变化了的气候环境、生态系统，才是它们种类灭绝、迁徙他处的真正原因。

殷商晚期这一气候条件的变化，开启了此后数千年中国北方环境恶化的进程，而且对当时的历史发展进程也产生了一定的影响。

① 杨钟健:《古气候学概论》,《科学》第15卷第6、7期，1931年。

参考文献

一　古典文献

《抱朴子》,《诸子集成》，中华书局，1986。

（清）毕沅:《夏小正考注》，上海古籍出版社，1995。

陈立、吴则:《白虎通疏证》，中华书局，1998。

《春秋公羊传注疏》,《十三经注疏》，中华书局，1980。

《春秋穀梁传注疏》,《十三经注疏》，中华书局，1980。

《春秋左传正义》,《十三经注疏》，中华书局，1980。

（西晋）崔豹:《古今注》，商务印书馆，1956。

（宋）丁度等编《集韵》，中华书局，1998。

（清）段玉裁:《说文解字注》，上海古籍出版社，1981。

《尔雅注疏》,《十三经注疏》，中华书局，1980。

范祥雍:《古本竹书纪年辑校订补》，上海人民出版社，1957。

方诗铭等:《古本竹书纪年辑证》，上海古籍出版社，1981。

方向东:《大戴礼记汇校集解》，中华书局，2008。

（西汉）伏胜著，（清）王闿运补注《尚书大传补注》，中华书局，1991。

《古本竹书纪年辑校　今本竹书纪年疏证》，辽宁教育出版社，1997。

《管子校正》,《诸子集成》，中华书局。1986。

（晋）郭璞注，（明）范钦订《穆天子传》，中华书局，1989。

（西汉）韩婴撰，许维遹校释《韩诗外传集释》，中华书局，1980。

《韩非子集解》,《诸子集成》，中华书局 1986。

《汉书》，中华书局，1962。
（南宋）洪兴祖:《楚辞补注》，中华书局，1983。
（清）胡培翚:《仪礼正义》，江苏古籍出版社，1993。
《淮南子》,《诸子集成》，中华书局，1986。
《黄帝内经·素问》,（唐）王冰注，中医古籍出版社，1997。
黄晖:《论衡校释》，中华书局，1990。
《晋书》，中华书局，1974。
（春秋）孔门弟子辑录,（明）何孟春注《孔子家语》，齐鲁书社，1997。
《老子本义》,《诸子集成》，中华书局，1986。
《老子注》,《诸子集成》，中华书局，1986。
《礼记正义》,《十三经注疏》，中华书局，1980。
（清）李道平:《周易集解纂疏》，中华书局，1998。
（宋）李昉等:《太平御览》，中华书局，1985。
《列子注》,《诸子集成》，中华书局，1986。
（东汉）刘熙:《释名》，中华书局，1985。
（西汉）刘向:《战国策》，上海古籍出版社，1985。
刘文典:《淮南鸿烈集解》，中华书局，1998。
（唐）陆德明:《经典释文》，中华书局，1983。
《论衡》,《诸子集成》，中华书局，1986。
《论语正义》,《诸子集成》，中华书局，1986。
《论语注疏》,《十三经注疏》，中华书局，1980。
《吕氏春秋》,《诸子集成》，中华书局，1986。
《毛诗正义》,《十三经注疏》，中华书局，1980。
《孟子正义》,《诸子集成》，中华书局，1986。
《孟子注疏》,《十三经注疏》，中华书局，1980。
《墨子间诂》,《诸子集成》，中华书局，1986。
缪文远:《战国策考辨》，中华书局，1984。
缪文远:《战国策新校注》，巴蜀书社，1987。

（清）皮锡瑞:《今文尚书考证》，中华书局，1998。
《商君书》,《诸子集成》，中华书局，1986。
《尚书正义》,《十三经注疏》，中华书局，1980。
（梁）沈约附注,（明）范钦订《竹书纪年》，上海书店，1989。
（战国）尸佼:《尸子》，上海古籍出版社，1989。
《史记》，中华书局，1959。
《说文解字》，中华书局，1963。
（汉）宋衷注,（清）秦嘉谟等辑《世本八种》，商务印书馆，1957。
（清）苏舆:《春秋繁露义证》，钟哲点校，中华书局，1998。
《隋书》，中华书局，1973。
（清）孙希旦:《礼记集解》，中华书局，1989。
（清）孙星衍:《尚书今古文注疏》，中华书局，1986。
（清）孙诒让:《周礼正义》，中华书局，1987。
（清）王念孙:《读书杂志》，北京市中国书店，1985。
（清）王念孙:《广雅疏证》，中华书局，1983。
（清）王聘珍:《大戴礼记解诂》，中华书局，1983。
（清）王先谦:《诗三家义集疏》，中华书局，1987。
（清）王先谦:《释名疏证补》，上海古籍出版社，1984。
（宋）王应麟辑《玉海》，江苏古籍出版社、上海书店，1988。
（西汉）王逸:《楚辞章句》，商务印书馆，1983。
闻人军译注《考工记译注》，上海古籍出版社，1993。
向宗鲁校正《说苑校正》，中华书局，1987。
《新唐书》，中华书局，1989。
（唐）徐坚:《初学记》，中华书局，1962。
徐宗元辑《帝王世纪辑存》，中华书局，1964。
《荀子集解》,《诸子集成》，中华书局，1986。
阎振益、钟夏校注《新书校注》，中华书局，2000。
《颜氏家训》,《诸子集成》，中华书局，1986。

《晏子春秋校注》,《诸子集成》，中华书局，1986。

（东汉）扬雄:《方言》，中华书局，1985。

杨伯峻:《春秋左传注》，中华书局，1981。

杨伯峻:《列子集释》，中华书局，1998。

《仪礼注疏》,《十三经注疏》，中华书局，1980。

（东汉）应劭:《风俗通义》，王利器校注，中华书局，1985。

袁珂校注《山海经校注》，上海古籍出版社，1980。

（梁）昭明太子编《文选》,（唐）李善注，中华书局，1977。

（宋）郑樵:《通志略》，中华书局，1989。

《周礼注疏》,《十三经注疏》，中华书局，1980。

《周易正义》,《十三经注疏》，中华书局，1980。

周祖谟:《广韵校本》，中华书局，1960。

（南宋）朱熹:《楚辞集注》，上海古籍出版社，1979。

（南宋）朱熹:《论语集注》，中华书局，1957。

（南宋）朱熹:《诗集传》，上海古籍出版社，1980。

（清）朱彬:《礼记训纂》，中华书局，1998。

（清）朱右曾:《逸周书集训校释》，商务印书馆，1940。

《庄子集解》,《诸子集成》，中华书局，1986。

《庄子集释》,《诸子集成》，中华书局，1986。

（春秋）左丘明:《国语》，上海古籍出版社，1988。

二　现当代论著

（一）学术著作

〔古希腊〕阿里安:《亚历山大远征记》,〔英〕E. 伊利夫·罗布逊英译，李活译，商务印书馆，1985。

〔美〕艾兰:《早期中国历史、思想与文化》，杨民等译，辽宁教育出版社，1999。

〔日〕白川静:《中国古代文化》，加地伸行、范月娇译，台北：文津出版社，1983。

北京大学考古学系、驻马店市文物保护管理所编著《驻马店杨庄——中全新世淮河上游的文化遗存与环境信息》，科学出版社，1998。

北京大学历史系考古教研室商周组编著《商周考古》，文物出版社，1979。

岑仲勉:《黄河变迁史》，人民出版社，1957。

晁福林:《夏商西周的社会变迁》，北京师范大学出版社，1996。

陈邦福:《殷契说存》，自写石印本，1929。

陈邦怀:《殷代社会史料征存》，天津人民出版社，1959。

陈梦家:《殷虚卜辞综述》，中华书局，1988。

陈炜湛:《甲骨文田猎刻辞研究》，广西教育出版社，1995。

陈文华:《中国农业考古图录》，江西科学技术出版社，1994。

〔日〕池田末利:《殷虚书契后编释文稿》，广岛：日本广岛大学文学部中国哲学研究室，1964。

崔恒昇:《简明甲骨文词典》，安徽教育出版社，2001。

〔日〕岛邦男:《殷墟卜辞研究》，濮茅左、顾伟良译，上海古籍出版社，2006。

〔日〕岛邦男编《殷墟卜辞综类》，东京：汲古书院，1971。

丁汉波:《脊椎动物学》，高等教育出版社，1983。

丁山:《商周史料考证》，中华书局，1988。

丁山:《中国古代宗教与神话考》，龙门联合书局，1961。

董作宾:《殷历谱》，中央研究院历史语言研究所专刊，1945。

杜金鹏、王学荣主编《偃师商城遗址研究》，科学出版社，2004。

杜金鹏:《偃师商城初探》，中国社会科学出版社，2003。

高亨:《周易古经今注》，开明书店，1947。

顾颉刚:《顾颉刚古史论文集》，中华书局，1988。

郭宝钧:《浚县辛村》，科学出版社，1964。

郭沫若:《卜辞通纂》，科学出版社，1983。

郭沫若:《殷契粹编》，科学出版社，1965。

郭沫若:《中国古代社会研究》，科学出版社，1960。

国家科学技术委员会:《气候》，气象出版社，1990。

韩江苏:《殷墟花东 H3 卜辞主人“子”研究》，线装书局，2007。

河北省文物研究所编《藁城台西商代遗址》，文物出版社，1985。

河南省文化局文物工作队编著《郑州二里冈》，科学出版社，1959。

河南省文物考古研究所编著《郑州商城——1953 ~ 1985 年考古发掘报告》，文物出版社，2001。

胡厚宣:《甲骨学商史论丛》第 2 集，成都齐鲁大学国学研究所，1944。

胡厚宣:《甲骨学商史论丛》第 3 集，成都齐鲁大学国学研究所，1945。

胡厚宣:《殷墟发掘》，学习生活出版社，1955。

胡厚宣:《战后宁沪新获甲骨文集》，北京来薰阁书店，1951。

华夫主编《中国古代名物大典》，济南出版社，1993。

黄玉顺:《易经古歌考释》，巴蜀书社，1995。

翦伯赞:《中国史纲》，三联书店，1950。

〔美〕杰弗里·帕克:《剑桥战争史》，傅景川等译，吉林人民出版社，1999。

金祖同:《殷契遗珠》，上海中法文化出版委员会，1939。

浚县地方志编纂委员会编著《浚县志》，中州古籍出版社，1990。

蓝勇:《中国历史地理学》，高等教育出版社，2002。

〔英〕李约瑟:《中国科学技术史》第 5 卷，《中国科学技术史》翻译小组译，科学出版社，1976。

李旦丘:《铁云藏龟零拾》，上海中法文化出版委员会影印本，1939。

李济:《安阳——殷商古都发现、发掘、复原记》，中国社会科学出版社，1990。

李济:《李济考古学论文选集》，文物出版社，1990。

李济:《中国文明的开始》，西雅图：华盛顿大学出版社，1957。

李克让:《中国气候变化及其影响》，海洋出版社，1992。

李民、王健:《尚书译注》，上海人民出版社，2000。

李民、张国硕:《夏商周三族源流探索》，河南人民出版社，1998。

李民:《殷商社会生活史》，河南人民出版社，1993。

李孝定编述《甲骨文字集释》，“中央研究院”历史语言研究所，1965。

李学勤:《古文献丛论》，上海远东出版社，1996。

李学勤:《殷代地理简论》，科学出版社，1959。

李亚农:《殷契摭佚续编》，商务印书馆，1950。

李长傅:《禹贡释地》，中州书画社，1983。

李宗焜编著《甲骨文字编》，中华书局，2012。

梁思永、高去寻:《侯家庄第二本·1001号大墓》，“中央研究院”历史语言研究所，1962。

梁思永、高去寻:《侯家庄第四本·1003号大墓》，“中央研究院”历史语言研究所，1967。

梁思永、高去寻:《侯家庄第一本·1500号大墓》，“中央研究院”历史语言研究所，1974。

〔日〕林巳奈夫:《神与兽的纹样学——中国古代诸神》，常耀华等译，三联书店，2009。

刘钊等编纂《新甲骨文编》，福建人民出版社，2009。

《罗摩衍那》，季羡林译，江西教育出版社，2008。

罗振玉:《殷虚书契考释》，永慕园石印本，1915。

罗振玉:《增订殷虚书契考释》，东方学会，1927。

么枕生主编《气候学研究——气候与中国气候问题》，气象出版社，1993。

〔日〕末次信行:《殷代气象卜辞之研究》(附:《殷代的气候》)，京都：玄文社，1991。

缪启愉校释本《元刻农桑辑要校释》，农业出版社，1988。

彭邦炯:《甲骨文农业资料考辨与研究》，吉林文史出版社，1997。

屈万里:《殷虚文字甲编考释》，“中央研究院”历史语言研究所专刊，

1959。

饶宗颐:《殷代贞卜人物通考》，香港大学出版社，1959。

饶宗颐主编《甲骨文通检》，香港中文大学出版社，1994。

容庚、瞿润缗编著《殷契卜辞》，哈佛燕京学社石印本，1933。

容庚:《商周彝器通考》，哈佛燕京学社，1941。

单育辰:《甲骨文所见动物研究》，上海古籍出版社，2020。

商承祚:《福氏所藏甲骨文字考释》，南京金陵大学中国文化研究所丛刊甲种，1933。

商承祚:《殷契佚存考释》，金陵大学石印本，1933。

商承祚:《殷墟文字类编》，决定不移轩影印本，1923。

沈建华、曹锦炎:《新编甲骨文字形总表》，香港中文大学出版社，2001。

盛和林:《中国鹿类动物》，华东师范大学出版社，1992。

施雅风主编《中国全新世大暖期气候与环境》，海洋出版社，1992。

石璋如:《小屯第一本 · 遗址的发现与发掘乙编 · 殷墟建筑遗存》，“中央研究院”历史语言研究所，1959。

石璋如:《殷墟墓葬之四 · 乙区基址上下的墓葬》，“中央研究院”历史语言研究所，1976。

时子明主编《河南自然条件与自然资源》，河南科学技术出版社，1983。

史念海:《河山集》，人民出版社，1988。

史念海:《河山集》二集，三联书店，1981。

宋镇豪《夏商社会生活史》(修订本)，中国社会科学出版社，2005。

孙海波:《甲骨文编》，中华书局，1965。

孙淼:《夏商史稿》，文物出版社，1987。

孙诒让:《契文举例》，楼学礼点校，齐鲁书社，1993。

谭步云:《甲骨文所见动物名词研究》，《多心斋学术文丛》，新北：花木兰文化事业有限公司，2020。

唐兰:《古文字学导论》(增订本)，齐鲁书社，1983。

唐兰:《天壤阁甲骨文存考释》，辅仁大学，1939。

唐兰:《殷虚文字记》，中华书局，1981。

王国维:《观堂集林》第 4 册，中华书局，1984。

王国维:《戬寿堂所藏殷虚文字考释》,《艺术丛编》石印本，1917。

王国维:《殷礼征文》,《海宁王静安先生遗书》，台湾商务印书馆，1979。

王晖、贾俊侠:《先秦秦汉史史料学》，中国社会科学出版社，2007。

王晖:《商周文化比较研究》，人民出版社，2000。

王会昌:《中国文化地理》，华中师范大学出版社，1992。

王襄:《簠室殷契类纂》(增订本)，河北第一博物院，1929。

王襄:《簠室殷契类纂》，天津博物院石印本，1920。

王襄:《簠室殷契征文》，天津博物院石印本，1925。

王襄:《簠室殷契征文考释》，天津博物院石印本，1925。

王襄:《古文流变臆说》，龙门联合书局，1961。

王星光、张新斌:《黄河与科技文明》，黄河水利出版社，2000。

王星光:《生态环境变迁与夏代的兴起探索》，科学出版社，2004。

王云森:《中国古代土壤科学》，科学出版社，1980。

温少峰、袁庭栋:《殷墟卜辞研究——科学技术篇》，四川省社会科学院出版社，1983。

文焕然、文榕生:《中国历史时期冬半年气候冷暖变迁》，科学出版社，1996。

文焕然等:《中国历史时期植物与动物变迁研究》，重庆出版社，2006。

闻一多:《诗经新义·麟》,《古典新义》,《闻一多全集》，三联书店，1982。

吴泽主编《李平心史论集》，人民出版社，1983。

辛树帜:《禹贡新解》，农业出版社，1964。

徐协贞:《殷契通释》，中国书店，1982。

徐中舒主编《甲骨文字典》，四川辞书出版社，1989。

许进雄:《古文谐声字根》，台湾商务印书馆，1995。

许进雄:《明义士收藏甲骨释文篇》，加拿大多伦多皇家安大略博物馆，

1977。

许进雄:《中国古代社会——文字与人类学的透视》，中国人民大学出版社，2008。

许顺湛:《灿烂的郑州商代文化》，河南人民出版社，1957。

〔美〕杨晓能:《另一种古史：青铜器纹饰、图形文字与图像铭文的解读》，唐际根、孙亚冰译，三联书店，2008。

杨升南:《商代经济史》，贵州人民出版社，1992。

杨树达:《卜辞求义》，《杨树达文集》之五，上海古籍出版社，1986。

杨育彬:《郑州商城初探》，河南人民出版社，1985。

姚孝遂、肖丁:《小屯南地甲骨考释》，中华书局，1985。

姚孝遂、肖丁主编《殷墟甲骨刻辞类纂》，中华书局，1989。

姚孝遂、肖丁主编《殷墟甲骨刻辞摹释总集》，中华书局，1988。

叶玉森:《说契》，1924年石印本。

叶玉森:《殷契钩沉》，北平富晋书社影印本，1929。

叶玉森:《殷虚书契前编集释》，大东书局，1934。

叶正渤:《叶玉森甲骨学论著整理与研究》，线装书局，2008。

〔日〕伊藤道治:《中国古代王朝的形成——以出土资料为主的殷周史研究》，江蓝生译，中华书局，2002。

于省吾:《甲骨文字释林》，中华书局，1979。

于省吾:《双剑誃殷契骈枝三编》，北京大业书局，1944。

于省吾主编《甲骨文字诂林》，中华书局，1996。

于省吾主编《殷墟甲骨刻辞类纂》，中华书局，1989。

俞伟超:《中国古代公社组织的考察——论先秦两汉的单—僤—弹》，文物出版社，1988。

岳红彬《殷墟青铜礼器研究》，中国社会科学出版社，2006。

詹鄞鑫:《神灵与祭祀——中国传统宗教综论》，江苏古籍出版社，2000。

〔美〕张光直:《商代文明》，毛小雨译，北京工艺美术出版社，1999。

〔美〕张光直:《商文明》，张良仁等译，辽宁教育出版社，2002。

〔美〕张光直:《中国考古学论文集》，三联书店，1999。

张秉权:《甲骨文与甲骨学》，台北“国立”编译馆，1989。

张秉权:《殷虚文字丙编》，“中央研究院”历史语言研究所，1957~1972。

张国硕:《夏商时代都城制度研究》，河南人民出版社，2001。

张兰生:《环境演变研究》，科学出版社，1992。

张兴照:《商代水利研究》，中国社会科学出版社，2015。

张亚初编著《殷周金文集成引得》，中华书局，2001。

赵诚:《二十世纪甲骨文研究述要》，书海出版社，2006。

赵诚:《甲骨文与商代文化》，辽宁人民出版社，2001。

赵诚编著《甲骨文简明词典——卜辞分类读本》，中华书局，1988。

郑杰祥:《商代地理概论》，中州古籍出版社，1994。

中国大百科全书总编辑委员会《地理学》编辑委员会、中国大百科全书出版社编辑部编《中国大百科全书·地理学》，中国大百科全书出版社，1991。

中国科学院考古研究所、陕西省西安半坡博物馆编《西安半坡》，文物出版社，1963。

中国社会科学院考古研究所编《殷周金文集成》第15册，中华书局，1993。

中国社会科学院考古研究所编《殷周金文集成》(修订增补本)，中华书局，2007。

中国社会科学院考古研究所编著《安阳殷墟花园庄东地商代墓葬》，科学出版社，2007。

中国社会科学院考古研究所编著《偃师二里头——1959年~1978年考古发掘报告》，中国大百科全书出版社，1999。

中国社会科学院考古研究所编著《殷虚妇好墓》，文物出版社，1980。

中国社会科学院考古研究所编著《殷墟的发现与研究》，科学出版社，1994。

中国社会科学院考古研究所编著《殷墟发掘报告(1958~1961)》，文物出版社，1987。

中国社会科学院考古研究所编著《殷墟花园庄东地甲骨》，云南人民出版社，2003。

朱芳圃：《甲骨学文字编》，商务印书馆，1933。

朱彦民：《商族的起源、迁徙与发展》，商务印书馆，2007。

朱彦民：《殷墟都城探论》，南开大学出版社，1999。

邹衡：《夏商周考古学论文集》（续集），科学出版社，1998。

邹衡：《夏商周考古学论文集》，文物出版社，1980。

（二）学术论文

安金槐：《试论商代城址的地理位置与布局》，《安金槐考古文集》，中州古籍出版社，1999。

安志敏、姜秉信、陈志达：《1958 ~ 1959 年殷墟发掘简报》，《考古》1961 年第 2 期。

安志敏：《一九五二年秋季郑州二里冈发掘记》，《考古学报》1954 年第 2 期。

〔日〕白川静：《胡厚宣氏的商史研究——〈甲骨学商史论丛〉》，《甲骨文与殷商史》第 3 辑，上海古籍出版社，1991。

北京大学考古系商周考古组：《河南淇县宋窑遗址发掘报告》，《考古学集刊》第 10 辑，地质出版社，1996。

秉志：《河南安阳之龟壳》，《安阳发掘报告》第 3 期，1931 年。

曹桂岑、马全：《河南淮阳平粮台龙山文化城址试掘简报》，《文物》1983 年第 3 期。

常耀华、林欢：《试论花园庄东地甲骨所见地名》，《2004 年安阳殷商文明国际学术研讨会论文集》，社会科学文献出版社，2004。

常玉芝：《祊祭卜辞时代的再辨析》，《商代周祭制度》附录，中国社会科学出版社，1987。

常正光：《殷历考辨》，《古文字研究》第 6 辑，中华书局，1981。

陈邦怀:《降皲》,《殷代社会史料征存》，天津人民出版社，1959。

陈昌远:《古代黄河流域的气候变迁》,《中国历史地理简编》，河南大学出版社，1991。

陈朝云:《顺应生态环境与遵循人地关系：商代聚落的择立要素》,《河南大学学报》(社会科学版)2004年第6期。

陈娟娟:《两件有丝织品花纹印痕的商代文物》,《文物》1978年第12期。

陈凯东:《洹水名源考辨》,《殷都学刊》2000年第1期。

陈梦家:《古文字中之商周祭祀》,《燕京学报》第19期，1936年。

陈梦家:《商代的神话与巫术》,《燕京学报》第20期，1936年。

陈桥驿:《我国古代湖泊的湮废及其经验教训》,《历史地理》第2辑，上海人民出版社，1982。

陈雪香:《海岱地区新石器时代晚期至青铜时代农业稳定性考察》，博士学位论文，山东大学，2007。

陈智勇:《试论商代的生态文化》,《殷都学刊》2004年第1期。

陈智勇:《先秦时期的芦苇文化》,《寻根》2016年第2期。

程洪《新史学：来自自然科学的“挑战”》,《晋阳学刊》1982年第6期。

〔法〕德日进、杨钟健:《安阳殷墟之哺乳动物群》，实业部地质调查所、国立北平研究院地质学研究所印行，1936。

丁山:《殷商氏族方国志·虎氏、虎方》,《甲骨文所见氏族及其制度》，科学出版社，1956。

丁骕:《华北地形史与商殷的历史》,《“中央研究院”民族学研究集刊》第20期，1965年。

丁骕:《契文兽类及兽形字释》,《中国文字》第21册，台湾大学文学院中国文学系编印，1966。

丁文江:《陕西省水旱灾之记录与中国西北部旱化之假说》,《地理学报》第1卷第2期，1934年。

董作宾:《卜辞中所见之殷历》,《安阳发掘报告》第3期，1931年。

董作宾:《读魏特夫商代卜辞中的气象纪录》,《中国文化研究所集刊》第

3 卷，成都华西协合大学，1942。

董作宾:《获白麟解》,《安阳发掘报告》第 2 期，1930 年。

董作宾:《五十年来考订殷代世系的检讨》,《学术季刊》第 1 卷第 3 期，1953 年。

董作宾:《殷文丁时卜辞中一旬间之气象纪录》,《气象学报》第 17 卷第 1~4 期，1943 年。

董作宾:《殷墟文字乙编自序》,《中国考古报告集》之二《小屯》第 2 本，中央研究院历史语言研究所，1948。

董作宾:《再谈殷代气候》,《中国文化研究所集刊》第 5 卷，成都华西协合大学，1946。

杜道明:《论商代“神人谐和”的审美风尚》,《美学》2002 年第 1 期。

杜金鹏、张良仁:《偃师商城发现早商帝王池苑》,《中国文物报》1996 年 6 月 9 日，第 1 版。

段鹏琦、杜玉生、肖淮雁:《偃师商城的初步勘探和发掘》,《考古》1984 年第 6 期。

段万倜等:《我国第四纪气候变迁的初步研究》,《全国气候变化学术讨论会文集（一九七八年）》，科学出版社，1981。

范毓周:《殷代的蝗灾》,《农业考古》1983 年第 2 期。

方国瑜:《〈获白麟解〉质疑》,《师大国学丛刊》第 1 卷第 2 期，1931 年。

方辉等:《济南市大辛庄商代居址与墓葬》,《考古》2004 年第 7 期。

高汉玉等:《台西村商代遗址出土的纺织品》,《文物》1979 年第 6 期。

葛全胜、方修琦、郑景云:《中国历史时期温度变化特征的新认识》,《地理科学进展》2002 年第 4 期。

葛毅卿:《释滴》,《中央研究院历史语言研究所集刊》，第 7 本 4 分册，1939。

耿鉴庭、刘亮:《藁城商代遗址中出土的桃仁和郁李仁》,《文物》1974 年第 8 期。

龚高法、张丕远、张瑾瑢:《历史时期我国气候带的变迁及生物分布界限的推移》,《历史地理》第5辑，上海人民出版社，1987。

顾颉刚:《息壤考》,《文史哲》1957年第10期。

顾颉刚:《禹贡（全文注释)》，侯仁之主编《中国古代地理名著选读》第1辑，科学出版社，1959。

广西壮族自治区文物考古训练班、广西壮族自治区文物工作队:《广西南宁地区新石器时代贝丘遗址》,《考古》1975年第5期。

郭宝钧:《一九五〇年春殷墟发掘报告》,《中国考古学报》第5册，中国科学院编印，1951。

郭沫若:《释且妣》,《甲骨文字研究》，科学出版社，1983。

郭若愚:《释龘》,《上海师范学院学报》(哲学社会科学版)1979年第2期。

郭旭东:《甲骨文“稻”字及商代的稻作》,《中国农史》1996年第2期。

郭旭东:《论甲骨卜辞中的稻字》,《中原文物》2006年第6期。

韩嘉谷:《论第一次到天津入海的古黄河》,《中国史研究》1982年第3期。

韩嘉谷:《天津平原成陆过程试探》,《中国考古学会第一次年会论文集》,文物出版社，1980。

何炳棣:《华北古环境述评》，游修龄译,《农业考古》1991年第3期。

何炳棣:《华北原始土地耕作方式：科学、训诂互证示例》,《农业考古》1991年第1期。

何炳棣:《中国农业的本土起源》，马中译,《农业考古》1984年第2期，1985年第1、2期。

何业恒:《古代黄河流域的竹林》,《中南林学院学报》1981年第2期。

何业恒:《中国竹鼠分布的变迁》,《湘潭大学学报》(哲学社会科学版)1980年第3期。

河姆渡遗址考古队:《浙江河姆渡遗址第二期发掘的主要收获》,《文物》1980年第5期。

河南省文物考古研究所等:《1995年郑州小双桥遗址的发掘》,《华夏考古》1996年第3期。

河南省文物研究所:《1992年度郑州商城宫殿区发掘收获》，河南省文物研究所编《郑州商城考古新发现与研究（1985~1992）》，中州古籍出版社，1993。

河南省文物研究所:《郑州小双桥遗址的调查与试掘》，河南省文物研究所编《郑州商城考古新发现与研究（1985~1992）》，中州古籍出版社，1993。

侯连海:《记安阳殷墟早期的鸟类》，《考古》1989 年第 10 期。

侯甬坚、祝一志:《历史记录提取的近 5 ~ 2.7ka 黄河中下游平原重要气候事件及其环境意义》，《海洋地质与第四纪地质》2000 年第 4 期。

胡厚宣:《卜辞地名与古人丘居说》，《甲骨学商史论丛》初集，河北教育出版社，2002。

胡厚宣:《卜辞中所见之殷代农业》，《甲骨学商史论丛》第 2 集，成都齐鲁大学国学研究所，1944。

胡厚宣:《气候变迁与殷代气候之检讨》，《甲骨学商史论丛》第 2 集，成都齐鲁大学国学研究所，1944。

胡厚宣:《殷代的蚕桑和丝织》，《文物》1972 年第 11 期。

胡厚宣:《殷代农作施肥说》，《历史研究》1955 年第 1 期。

胡厚宣:《中国奴隶社会的人殉和人祭》，《文物》1974 年第 8 期。

胡厚宣主编《甲骨文合集释文》，中国社会科学出版社，1999。

胡焕庸:《气候变迁说述要》，《地理杂志》第 2 卷第 5 期，1929 年。

胡谦盈:《河南柘城孟庄商代遗址》，《考古学报》1982 年第 1 期。

湖北省博物馆:《一九六三年湖北黄陂盘龙城商代遗址的发掘》，《文物》1976 年第 1 期。

黄春长:《渭河流域全新世黄土与环境变迁》，《地理研究》1989 年第 1 期。

黄春长:《渭水流域 3100 多年前的资源退化与人地关系演变》，《地理科学》2000 年第 1 期。

黄纲正、王自明:《湖南宁乡老粮仓出土商代铜编铙》，《文物》1997 年第 12 期。

黄家芳:《“兕”非犀考》，《乐山师范学院学报》2009 年第 3 期。

贾兰坡、卫奇:《桑干河阳原县丁家堡水库全新统中的动物化石》，《古脊椎动物与古人类》1980 年第 4 期。

贾兰坡、张振标:《河南淅川县下王岗遗址中的动物群》,《文物》1977 年第 6 期。

江鸿:《盘龙城与商朝的南土》,《文物》1976 年第 2 期。

江俊伟:《论甲骨文"洹"字与殷墟布局》,《殷都学刊》2011 年第 3 期。

焦智勤:《卜辞燎祭的演变》,《殷都学刊》2001 年第 1 期。

荆志淳、George(Rip)Rapp,Jr、高天麟:《河南商丘全新世地貌演变及其对史前和早期历史考古遗址的影响》,《考古》1997 年第 5 期。

孔昭宸、刘长江、何德亮:《山东滕州市庄里西遗址植物遗存及其在环境考古学上的意义》,《考古》1999 年第 7 期。

孔昭宸、刘长江、张居中:《河南舞阳县贾湖遗址八千年前水稻遗存的发现及其在环境考古学上的意义》,《考古》1996 年第 12 期。

孔昭宸等:《中国北方全新世植被的古气候波动》,张丕远主编《中国历史气候变化》,山东科学技术出版社,1996。

〔法〕雷焕章:《商代晚期黄河以北地区的犀牛和水牛——从甲骨文中的[illegible]和兕字谈起》,葛人译,《南方文物》2007 年第 4 期。

〔法〕雷焕章:《兕试释》,《中国文字》新第 8 期,台北:艺文印书馆,1983。

〔英〕李约瑟、鲁桂珍:《中国古代的地植物学》,董恺忱、郑瑞戈译,《农业考古》1984 年第 1 期。

李璠等:《甘肃省民乐县东灰山新石器遗址古农业遗存新发现》,《农业考古》1989 年第 1 期。

李济:《安阳遗址出土之狩猎卜辞、动物遗骸与装饰文样》,《考古人类学刊》,第 9、10 期合刊,1957 年。

李济:《民国十八年秋季发掘殷墟之经过及其重要发现》,《安阳发掘报告》第 2 期,1930 年。

李建党:《生态环境对商代都城的影响》,《殷都学刊》1999 年第 3 期。

李炅娥等:《华北地区新石器时代早期至商代的植物和人类》,葛人译,

《南方文物》2008 年第 1 期。

李民:《殷墟的生态环境与盘庚迁殷》,《历史研究》1991 年第 1 期。

李学勤:《试论孤竹》,《社会科学战线》1983 年第 2 期。

李有恒:《河北藁城台西村遗址动物群中发现狍》,《古脊椎动物学报》1979 年第 4 期。

梁彦民:《商人服象与商周青铜器中的象装饰》,《文博》2001 年第 4 期。

〔日〕林巳奈夫:《〈安阳殷墟之哺乳动物群〉について》,《甲骨学》第 6 辑,日本甲骨学会,1958。

林蒲田:《中国古代土壤分类和土地利用》,《禹贡》九州土壤考证表,科学出版社,1996。

刘开国、丁永祥、詹汉青:《固始县葛藤山六号商代墓发掘简报》,《中原文物》1991 年第 1 期。

刘起釪:《卜辞的河与〈禹贡〉大伾》,《殷墟博物苑苑刊》创刊号,中国社会科学出版社,1989。

刘燿(尹达):《河南浚县大赉店史前遗址》,《田野考古报告》第 1 册,商务印书馆,1936。

刘一曼、曹定云:《殷墟花园庄东地甲骨卜辞选释与初步研究》,《考古学报》1999 年第 3 期。

刘钊:《“小臣墙刻辞”新释——揭示中国历史上最早的祥瑞记录》,《复旦学报》(社会科学版),2009 年第 1 期。

陆忠发:《论水稻是商代主要的农作物》,《农业考古》2008 年第 4 期。

陆忠发:《圣田考》,《农业考古》1996 年第 3 期。

罗琨:《卜辞滴水探研》,《考古学研究(五):庆祝邹衡先生七十五寿辰暨从事考古研究五十年论文集》,科学出版社,2003。

罗琨:《殷墟卜辞中的高祖与商人的传说时代》,《全国商史学术讨论会论文集》,《殷都学刊》增刊,殷都学刊编辑部,1985。

吕炯、张丕远、龚高法:《竺可桢先生对气候变迁研究的贡献》,《地理研究》1984 年第 1 期。

吕炯:《华北变旱说》,《地理》第 1 卷第 2 期，1941 年。

毛树坚:《甲骨文中有关野生动物的记述——中国古代生物学探索之一》,《杭州大学学报》(哲学社会科学版)1981 年第 2 期。

苗威:《关于孤竹的探讨》,《中央民族大学学报》(哲学社会科学版)2008 年第 3 期。

〔日〕末次信行:《[illegible]字考——殷代武丁期卜辭に見える麥栽培について》,《东方学》第 58 辑，东方学会，1979。

倪海曙:《关于水的字》(下),《语文建设》1964 年第 5 期。

聂玉海:《试释“盘庚之政”》,《全国商史学术讨论会论文集》,《殷都学刊》增刊，殷都学刊编辑部，1985。

裴明相:《郑州市商代制陶遗址发掘简报》,《华夏考古》1991 年第 4 期。

裴文中、李有恒:《藁城台西商代遗址中之兽骨》，河北省文物研究所编《藁城台西商代遗址》，文物出版社，1985。

裴文中:《跋董作宾获白麟解》,《世界周报》1934 年 3 月 18 日、25 日。

彭邦炯:《从商的竹国论及商代北疆诸氏》,《甲骨文与殷商史》第 3 辑，上海古籍出版社，1991。

彭邦炯:《商人卜螽说》,《农业考古》1983 年第 2 期。

彭明翰:《商代虎方文化初探》,《中国史研究》1995 年第 3 期。

彭裕商《卜辞中的土河岳》,《四川大学学报》丛刊第 10 辑《古文字研究论文集》，四川人民出版社，1982。

齐思和:《毛诗谷名考》,《燕京学报》第 36 期，1949 年。

钱穆:《中国古代北方农作物考》，香港《新亚学报》第 1 卷第 2 期，1956 年。

裘锡圭:《甲骨文中所见的商代农业》,《全国商史学术讨论会论文集》,《殷都学刊》增刊，殷都学刊编辑部，1985。

裘锡圭:《释“求”》,《古文字研究》第 15 辑，中华书局，1986。

裘锡圭:《说卜辞的焚巫尪与作土龙》,《甲骨文与殷商史》，上海古籍出版社，1983。

裘锡圭:《说玄衣朱襮裣——兼释甲骨文虣字》,《文物》1976 年第 12 期。

屈万里:《河字意义的演变》,《“中央研究院”历史语言研究所集刊》第 30 本上册，1959。

饶宗颐:《说河宗》,《胡厚宣先生纪念文集》，科学出版社，1998。

饶宗颐:《四方风新义》,《中山大学学报》(社会科学版)1988 年第 4 期。

山东省文物管理处:《济南大辛庄遗址试掘简报》,《考古》1959 第 4 期。

单育辰:《甲骨文所见的动物之“狐”》,《古文字研究》第 29 辑，中华书局，2012。

单育辰:《说“麇”“廌”——“甲骨文所见的动物”之五》，复旦大学出土文献与古文字研究中心网站，2009 年 9 月 23 日，http://www.gwz.fudan.edu.cn/SrcShow.asp?Src_ID=917。

单周尧:《读王筠〈说文释例〉同部重文篇札记》,《古文字研究》第 17 辑，中华书局，1989。

单周尧:《说[illegible][illegible]》,《殷墟博物苑苑刊》创刊号，中国社会科学出版社，1989。

邵望平:《〈禹贡〉“九州”的考古学研究》,《考古学文化论集》(二)，文物出版社，1989。

申斌:《宏观物理测量技术在殷商考古工作中的应用初探》,《殷都学刊》1985 年第 2 期。

石璋如:《河南安阳小屯殷墓中的动物遗骸》,《文史哲学报》(台北)第 3 期，1953 年。

史念海:《河南浚县大伾山西部古河道考》,《历史研究》1984 年第 2 期。

史念海:《历史时期森林变迁的研究》,《中国历史地理论丛》1998 年第 1 辑。

史念海:《论〈禹贡〉的导河和春秋战国时期的黄河》,《陕西师大学报》(哲学社会科学版)1978 年第 1 期。

史念海:《论历史时期我国植被的分布及其变迁》,《中国历史地理论丛》1991 年第 3 辑。

史念海:《我国古代都城建立的地理因素》,《中国古都研究》第 2 辑，浙江人民出版社，1986。

史念海:《由地理的因素试探远古时期黄河流域文化最为发达的原因》,《历史地理》第 3 辑，上海人民出版社，1983。

斯维至:《汤祈祷雨桑林之社和桑林之舞》,《全国商史学术讨论会论文集》,《殷都学刊》增刊，殷都学刊编辑部，1985。

〔日〕松丸道雄:《殷墟卜辞中的田猎地》,《东洋文化研究所纪要》第 30、31 册合编，东京大学东洋文化研究所，1963。

〔日〕松丸道雄:《再论殷墟卜辞中的田猎地问题》,《中国殷商文化国际讨论会论文》，1987。

宋国定、姜钦华:《郑州商代遗址孢粉与硅酸体分析报告》,《环境考古研究》第 2 辑，科学出版社，2000。

宋国定:《1985~1992 年郑州商城考古发现综述》，河南省文物研究所编《郑州商城考古新发现与研究（1985~1992）》，中州古籍出版社，1993。

宋豫秦等:《河南偃师市二里头遗址的环境信息》,《考古》2002 年第 12 期。

宋镇豪:《五谷、六谷与九谷——谈谈甲骨文中的谷类作物》,《中国历史文物》2002 年第 4 期。

孙德海、刘勇、陈光唐:《河北武安磁山遗址》,《考古学报》1981 年第 3 期。

孙晓奎:《洹水考述》,《安阳古都研究》，河南人民出版社，1988。

孙亚冰:《衍字补释》,《古文字研究》第 28 辑，中华书局，2010。

谭其骧:《〈山海经〉河水下游及其支流考》,《中华文史论丛》第 7 辑，上海古籍出版社，1978。

谭其骧:《何以黄河在东汉以后会出现一个长期安流的局面——从历史上论证黄河中游的土地合理利用是消弭下游水害的决定性因素》,《学术月刊》1962 年第 2 期。

谭其骧:《西汉以前的黄河下游河道》,《历史地理》创刊号，上海人民出版社，1981。

唐际根、周昆叔:《姬家屯遗址西周文化层下伏生土与商代安阳地区的气候变化》,《殷都学刊》2005 年第 3 期。

唐际根:《中商文化研究》,《考古学报》1999 年第 4 期。

唐际根等:《河南安阳市洹北花园庄遗址 1997 年发掘简报》,《考古》1998 年第 1 期。

唐际根等:《河南安阳市洹北商城的勘察与试掘》,《考古》2003 年第 5 期。

唐兰:《获白兕考》,《史学年报》第 4 期, 1932 年。

唐兰:《殷虚文字小记》,《考古学社社刊》第 1 期, 1934 年。

唐云明:《河北商代农业考古概述》,《农业考古》1982 年第 1 期。

唐云明《试谈豫北、冀南仰韶文化的类型与分期》,《考古》1977 年第 4 期。

王贵民:《商代农业概述》,《农业考古》1985 年第 2 期。

王国维:《史籀篇疏证》,《观堂集林》, 中华书局, 1959。

王国维:《殷卜辞所见先公配偶考》,《观堂集林》卷 9, 中华书局, 1959。

王国维:《殷卜辞所见先公先王考》,《观堂集林》卷 9, 中华书局, 1991。

王国维:《敦卣跋》,《观堂别集》卷 2,《观堂集林》第 4 册, 中华书局, 1984。

王晖、黄春长:《商末黄河中游气候环境的变化与社会变迁》,《史学月刊》, 2002 年第 1 期。

王晖、杨春长:《商末黄河中游气候环境的变化与社会变迁》,《史学月刊》2002 年第 1 期。

王晖:《古文字中"麐"字与麒麟原型考——兼论麒麟圣化为灵兽的原因》,《北京师范大学学报》(社会科学版) 2009 年第 2 期。

王晖:《周原甲骨属性与商周之际祭礼的变化》,《历史研究》1998 年第 3 期。

王娟、张居中:《圣水牛的家养、野生属性初步研究》,《南方文物》2011 年第 3 期。

王利华:《中古华北的鹿类动物与生态环境》,《中国社会科学》2002 年第3期。

王树明:《谈凌阳河与大朱村出土的陶尊文字》，山东省《齐鲁考古丛刊》编辑部编《山东史前文化论文集》，齐鲁书社，1986。

王树芝、王增林、许宏:《二里头遗址出土木炭碎块的研究》,《中原文物》2007年第3期。

王树芝、岳洪彬、岳占伟:《殷商时期高分辨率的生态环境重建》,《南方文物》2016年第2期。

王树芝等:《洹北商城和同乐花园出土木材初步研究》，纪念世界文化遗产殷墟科学发掘80周年考古与文化遗产论坛会议论文，2008。

王树芝等:《商代中晚期的树木利用——洹北商城和殷墟出土树木遗存分析》,《南方文物》2014年第3期。

王星光、徐栩:《新石器时代粟稻混作区初探》,《中国农史》2003年第3期。

王星光、张强、尚群昌:《生态环境变迁与社会嬗变互动——以夏代至北宋时期黄河中下游地区为中心》，人民出版社，2016。

王星光:《生态环境变迁与商代农业发展》,《环境考古研究》第3辑，北京大学出版社，2006。

王学荣、张良仁、谷飞:《河南偃师商城东北隅发掘简报》,《考古》1998年第6期。

王学荣:《偃师商城布局的探索和思考》,《考古》1999年第2期。

王宇信、杨宝成:《殷墟象坑和“殷人服象”的再探讨》，胡厚宣等:《甲骨探史录》，三联书店，1982。

王振国:《古生物学家推测：商代济南气候似江南》,《齐鲁晚报》2002年4月2日。

王振堂、徐镜波、衣波:《甲骨文时代中国生态环境背景》，王振堂、盛连喜:《中国生态环境变迁与人口压力》，中国环境科学出版社，1994。

魏慈德:《殷墟花园庄东地甲骨卜辞的地名及词语研究》,《中国历史文物》2007年第4期。

魏继印:《殷商时期中原地区气候变迁探索》,《考古与文物》2007年第6期。

文焕然、何业恒:《中国森林资源分布的历史概况》,《自然资源》1979年第2期。

文焕然:《二千多年来华北西部经济栽培竹林之北界》,《历史地理》第11辑,上海人民出版社,1993。

文焕然:《中国珍稀动物历史变迁的研究》,《湖南师院学报》(自然科学版)1981年第2期。

文焕然等:《历史时期中国野象的初步研究》,《思想战线》1979年第6期。

伍献文:《记殷墟出土之鱼骨》,《中国考古学报》第4册,商务印书馆,1949。

夏经世:《我国古籍中有关麋的一些记载》,《兽类学报》1986年第4期。

夏鼐:《汉代的玉器——汉代玉器中传统的延续和变化》,《考古学报》1983年第2期。

夏鼐:《中国古代蚕桑丝绸的历史》,《考古》1972年第2期。

夏炎:《"霾"考:古代天气现象认知体系建构中的矛盾与曲折》,《学术研究》2014年第3期。

谢元震:《释凷》,《甲骨文与殷商史》第3辑,上海古籍出版社,1991。

熊传新:《湖南醴陵发现商代铜象尊》,《文物》1976年第7期。

徐广德:《安阳薛家庄东南殷墓发掘简报》,《考古》1986年第12期。

徐广德:《河南安阳市郭家庄东南26号墓》,《考古》1998年第10期。

徐近之:《黄河中游历史上的大水和大旱》,《地理学资料》1957年第1期。

徐近之:《黄淮平原气候历史记载的初步整理》,《地理学报》1955年第2期。

徐岩:《试论郑州商都废弃的生态原因》,《中原文物》2009年第4期。

徐中舒:《殷人服象及象之南迁》,《中央研究院历史语言研究所集刊》第2本第1分,1930。

徐中舒:《禹鼎的年代及其相关问题》,《考古学报》1959年第3期。

许清海等:《殷墟文化发生的环境背景及人类活动的影响》,《中国古生物学会孢粉学分会八届一次学术会议论文摘要集》，中国古生物学会孢粉学分会、南京地质古生物研究所编印，2009。

许清海等:《中国北方几种主要森林群落表土花粉组合特征研究》,《第四纪研究》2005 年第 5 期。

杨宝成:《安阳武官村北地商代祭祀坑的发掘》,《考古》1987 年第 12 期。

杨怀仁:《古季风、古海面与中国全新世大洪水》，么枕生主编《气候学研究——气候与中国气候问题》，气象出版社，1993。

杨升南:《殷契“河日”说》,《殷都学刊》1992 年第 2 期。

杨升南:《殷墟甲骨文中的“河”》,《殷墟博物苑苑刊》创刊号，中国社会科学出版社，1989。

杨升南:《殷墟与洹水》,《史学月刊》1985 年第 5 期。

杨树达:《释汅》,《积微居甲文说》卷下,《杨树达文集》之五，上海古籍出版社，1986。

杨树达:《说滴》,《积微居甲文说》卷下,《杨树达文集》之五，上海古籍出版社，1986。

杨锡璋、刘一曼:《安阳郭家庄 160 号墓》,《考古》1991 年第 5 期。

杨杨:《田猎卜辞中的动物》,《郑州师范教育》2017 年第 1 期。

杨钟健、刘东生:《安阳殷墟之哺乳动物群补遗》,《中国考古学报》第 4 册，商务印书馆，1949。

杨钟健:《安阳殷墟扭角羚之发见及其意义》,《中国考古学报》第 3 期，1948 年。

杨钟健:《古气候学概论》,《科学》第 15 卷第 6、7 期，1931 年。

姚孝遂:《契文考释辨正举例》,《古文字研究》第 1 辑，中华书局，1979。

姚孝遂:《商代的俘虏》,《古文字研究》第 1 辑，中华书局，1979。

姚孝遂:《殷墟与河洹》,《史学月刊》1990 年第 4 期。

叶祥奎:《藁城台西商代遗址中的龟甲》，河北省文物研究所编《藁城台西商代遗址》，文物出版社，1985。

叶玉森:《殷契枝谭》,《学衡》第31卷，1924年。

于豪亮:《说“引”字》,《考古》1977年第5期。

于省吾:《从甲骨文看商代的农田垦殖》,《考古》1972年第4期。

于省吾:《关于利簋铭文考释的讨论》,《文物》1987年第6期。

于省吾:《利簋铭文考释》,《文物》1986年第8期。

于省吾:《商代的谷类作物》,《东北人民大学人文科学学报》1957年第1期。

于省吾:《释叟》,《甲骨文字释林》，中华书局，1979。

于省吾:《释龜》,《史学集刊》1982年第4期。

于省吾:《释河岳》,《双剑誃殷契骈枝三编》，北京大业书局，1944。

于省吾:《释具有部分表音的独体象形字》,《甲骨文字释林》，中华书局，1979。

于省吾:《释逆羌》,《甲骨文字释林》，中华书局，1979。

于省吾:《释澩》,《甲骨文字释林》，中华书局，1979。

于省吾:《释圣》,《甲骨文字释林》，中华书局，1979。

于省吾:《释次、盗》,《甲骨文字释林》，中华书局，1979。

于省吾:《释心》,《甲骨文字释林》，中华书局，1979。

余方平:《殷人神化淌洹二水之原因浅析》,《河南师范大学学报》(哲学社会科学版)2004年第5期。

余永梁:《殷虚文字考》,《国学论丛》第1卷第1号，1926年。

袁靖、唐际根:《河南安阳市洹北花园庄遗址出土动物骨骼研究报告》,《考古》2000年第11期。

袁靖:《论中国新石器时代居民获取肉食资源的方式》,《考古学报》1999年第1期。

岳洪彬、岳占伟、何毓灵:《2004~2005年殷墟小屯宫殿宗庙区的勘探和发掘》,《考古学报》2009年第2期。

岳洪彬、岳占伟:《河南安阳市殷墟刘家庄北地2008年发掘简报》,《考古》2009 年第 7 期。

曾晓敏、宋国定:《郑州商城考古又有重大收获》,《中国文物报》1995 年 7 月 30 日，第 1 版。

曾晓敏:《郑州商城石板蓄水池及其相关问题》，河南省文物研究所编《郑州商城考古新发现与研究（1985~1992）》，中州古籍出版社，1993。

曾晓敏等:《郑州商城宫殿区商代板瓦发掘简报》,《华夏考古》2007 年第 3 期。

〔美〕张光直:《商周青铜器上的动物纹样》,《考古与文物》1981 年第 2 期。

张秉权:《卜龟腹甲的序数》,《“中央研究院”历史语言研究所集刊》第 28 本上册，1956。

张秉权:《商代卜辞中的气象记录之商榷》,《学术季刊》1957 年第 2 期。

张秉权:《殷代的农业与气象》,《“中央研究院”历史语言研究所集刊》第 42 本第 3 分册，1970。

张德水:《夏代国家形成的地理因素》,《夏文化研究论文集》，中华书局，1996。

张二国:《商周的神形》,《海南师范学院学报》（人文社会科学版）2001 年第 4 期。

张居中:《环境与裴李岗》,《环境考古研究》第 1 辑，科学出版社，1991。

张钧成:《殷商林考》,《农业考古》1985 年第 1 期。

张长寿:《记新干出土的商代青铜器》,《中国文物报》1991 年 1 月 27 日。

张振卿、许清海、贾红娟:《殷墟地区土壤剖面磁化率变化特征》,《地理与地理信息科学》2006 年第 6 期。

张振卿:《殷墟地区土壤剖面磁化率、孢粉分析及其环境意义》，硕士学位论文，河北师范大学，2007。

张振卿等:《殷墟地区土壤剖面孢粉组合特征及环境意义》,《第四纪研究》2007 年第 3 期。

张政烺:《卜辞裒田及其相关诸问题》,《考古学报》1973 年第 1 期。

张政烺:《甲骨文“肖”与“肖田”》,《历史研究》1978 年第 3 期。

张政烺:《马王堆帛书〈周易〉经传校读·缪和》,《论易丛稿》,中华书局,2012。

张政烺:《殷虚甲骨文“羨”字说》,《甲骨探史录》,三联书店,1982;又收入《张政烺文史论集》,中华书局,2004。

张政烺:《殷虚甲骨文羨字说》,胡厚宣等:《甲骨探史录》,三联书店,1982。

张之杰:《甲骨文牛字解》,《科学史通讯》第 18 期,1999 年。

张之杰:《雷焕章兕试释补遗》,《中华科技史学会会刊》第 7 期,2004 年。

张之杰:《殷商畜牛考》,《自然科学史研究》1998 年第 4 期。

张之杰:《殷商畜牛——圣水牛形态管窥》,《科学史通讯》第 16 期,1997 年。

张之杰:《中国犀牛浅探》,《中华科技史学会会刊》第 7 期,2004 年。

赵全古等:《郑州商代遗址的发掘》,《考古学报》1957 年第 1 期。

赵锡元:《甲骨文稻字及其有关问题》,《吉林大学社会科学学报》1988 年第 1 期。

赵芝荃、刘忠伏:《1984 年春偃师尸乡沟商城宫殿遗址发掘简报》,《考古》1985 年第 4 期。

浙江省博物馆自然组:《河姆渡遗址动植物遗存的鉴定研究》,《考古学报》1978 年第 1 期。

郑慧生:《从商代的先公和帝王世系说到他的传位制度》,《史学月刊》1985 年第 6 期。

郑振香、陈志达:《安阳殷墟五号墓的发掘》,《考古学报》1977 年第 2 期。

中国科学院考古研究所安阳发掘队:《1975 年安阳殷墟的新发现》,《考古》1976 年第 4 期。

中国科学院考古研究所安阳发掘队:《殷墟出土的陶水管和石磬》,《考古》1976 年第 1 期。

中国社会科学院考古研究所安阳工作队:《殷墟白家坟遗址发现商代水

井》,《中国文物报》1997 年 8 月 31 日。

中国社会科学院考古研究所安阳工作队:《殷墟考古又有重大突破》,《中国文物报》1997 年 8 月 31 日，第 1 版。

中国社会科学院考古研究所编著《安阳殷墟郭家庄商代墓葬——1982 年~1992 年考古发掘报告》，中国大百科全书出版社，1998。

中国社会科学院考古研究所汉魏故城工作队:《偃师商城的初步勘探和发掘》,《洛阳考古集成·夏商周卷》，北京图书馆出版社，2005。

中国社会科学院考古研究所河南第二工作队:《河南偃师商城宫城北部“大灰沟”发掘简报》,《洛阳考古集成·夏商周卷》，北京图书馆出版社，2005。

中美洹河流域考古队（中国社会科学院考古研究所、美国明尼苏达大学科技考古实验室）:《洹河流域区域考古研究初步报告》,《考古》1998 年第 10 期。

周锋:《全新世时期河南的地理环境及气候》,《中原文物》1995 年第 4 期。

周昆叔、唐际根:《姚家屯遗址西周文化层下伏生土与殷商气候》,《殷墟发掘 70 周年学术纪念会论文》，中国社会科学院考古所编印，1998。

周昆叔:《对北京市附近两个埋藏泥炭沼的调查及其孢粉分析》,《中国第四纪研究》1965 年第 1 期。

周廷儒:《从自然地理现象证明历史时代西北气候变化》,《地理》第 2 卷第 3、4 期合刊，1942 年。

周伟:《商代后期殷墟气候探索》,《中国历史地理论丛》1999 年第 1 辑。

周伟:《殷墟时期气候的讨论与简述》,《殷都学刊》2004 年 3 月《安阳甲骨学会论文专辑》。

周原考古队:《岐山周公庙遗址去年出土大量西周甲骨材料》,《中国文物报》2009 年 2 月 20 日，第 5 版。

朱凤瀚:《读安阳殷墟花园庄东出土的非王卜辞》,《2004 年安阳殷商文明国际学术研讨会论文集》，社会科学文献出版社，2004。

朱培仁:《甲骨文所反映的上古植物水分生理学知识》,《南京农学院学报》1957 年第 2 期。

朱士光:《历史时期我国东北地区的植被变迁》,《中国历史地理论丛》1992 年第 4 辑。

朱士光:《全新世中期中国天然植被分布概况》,《中国历史地理论丛》1998 年第 1 辑。

朱彦民:《甲骨卜辞田猎地“衣”之地望考——兼论衣、殷、郼之地理纠葛》,《中国历史地理论丛》2010 年第 2 辑。

朱彦民:《商汤“景亳”地望及其他》,《中国历史地理论丛》2002 年第 2 辑。

朱彦民:《说甲骨卜辞之“左王”》,《中国文字》新第 32 期，台北：艺文印书馆，2006。

朱彦民:《殷卜辞所见先公配偶考》,《历史研究》2003 年第 6 期。

朱桢:(朱彦民)《“殷人尚白”观念试证》,《殷都学刊》1995 年第 3 期。

竺可桢:《华北之干旱及其前因后果》,《地理学报》第 1 卷第 2 期，1934 年。

竺可桢:《历史时代世界气候的波动》,《光明日报》1961 年 4 月 27 日。

竺可桢:《中国近五千年来气候变迁的初步研究》,《中国科学》1973 年第 2 期；又《考古学报》1972 年第 1 期。

竺可桢:《中国历史上气候变迁》,《东方杂志》第 22 卷第 3 号，1925 年。

竺可桢:《中国历史时代之气候变迁》,《国风半月刊》第 2 卷第 4 期，1933 年。

竺可桢:《中国历史之旱灾》,《史地学报》第 3 期，1928 年。

竺可桢:《中国气候上之脉动现象》，美国《地理评论》第 4 期，1926 年。

邹逸麟:《历史时期华北大平原湖沼变迁述略》,《历史地理》第 5 辑，上海人民出版社，1987。

Co-Ching Chu，“Climate Pulsations during Historic Time in China”，*The Geographical Review*，Vol.16，1926.

Hung-hsiang Chou，Jian-hua Shen，I.Lisa，“Heyes:Statisical Analysis of Shang Divinations Regarding Rain", International Conference on Shang Civilization, 1982。

三 引用甲骨文、金文著录书籍简称

陈梦家:《殷虚卜辞综述》附图，中华书局，1988。《综述》

〔日〕岛邦男编《殷墟卜辞综类》，东京：汲古书院，1971。《综类》

董作宾:《殷虚文字甲编》，商务印书馆，1948。《甲编》

董作宾:《殷虚文字乙编》，商务印书馆，上辑，1948；中辑，1949；下辑，"中央研究院"历史语言研究所 1953，又科学出版社 1956。《乙编》

郭沫若:《卜辞通纂》，日本东京文求堂石印本，1933；又日本朋友书店 1977；重印又科学出版社 1983。《通纂》

郭沫若:《殷契粹编》，日本东京文求堂石印本，1937；又科学出版社 1965。《粹编》

郭沫若主编《甲骨文合集》第 1~13 册，中华书局，1978~1982。《合集》

胡厚宣:《甲骨续存》，群联出版社，1955。《续存》

胡厚宣:《战后京津新获甲骨集》，群联出版社，1954。《京津》

李旦丘:《殷契摭佚续编》，中国科学院，1950。《摭续》

李学勤等:《英国所藏甲骨集》，中华书局，1986。《英藏》

罗振玉:《三代吉金文存》，中华书局，1983。《三代》

罗振玉:《殷虚书契》，《国学丛刊》石印本三期三卷，1911；又影印本四册 1913，重印本四册 1932。《前编》

彭邦炯等:《甲骨文合集补编》，语文出版社，1999。《合补》

许进雄:《怀特氏等收藏甲骨文集》，加拿大皇家安大略博物馆，1979。《怀特》

伊藤道治:《天理大学附属天理参考馆甲骨文字》，天理时报社，1987。《天理》

张秉权:《殷虚文字丙编》，"中央研究院"历史语言研究所，上辑一，

1958；上辑二，1959；中辑一，1962；中辑二，1965；下辑一，1967；下辑二，1972。《丙编》

中国社会科学院考古研究所编《殷周金文集成》，中华书局，1984 ~ 1994。《集成》

中国社会科学院考古研究所《小屯南地甲骨》，中华书局，上册一、二，1980；下册一、二、三，1983。《屯南》

中国社会科学院考古研究所编著《殷墟花园庄东地甲骨》，云南人民出版社，2003。《花东》

后 记

如今这部书稿，已经到了杀青校对、撰写后记的地步了。屈指算来，从最初的文本写作，到后来的内容扩展，再到现在的出版刊行，已经超过了 20 年之久。时光荏苒，弹指挥间，其间种种往事，瞬时浮现脑海，如过电影，历历在目，真令人感慨系之，唏嘘不已。

1999 年，我在南开大学出版社出版了自己的第一部学术著作《殷墟都城探论》，这是我承担的国家社会科学研究"九五"规划青年项目"殷墟考古发现与殷墟都城研究"（项目批准号为：98czs00）的最终成果。其中第五章专讲殷墟都城的环境。其内容为两部分：其一为殷墟都城的自然环境，包括安阳地区的气候条件与古今变迁、殷都周围的生态植被与原始物产、上古殷地的地质矿藏与水文土壤；其二为殷墟都城的人文环境，包括殷地建都的历史情结、盘庚迁殷的政治利益、定都于殷的军事因素。当时对于这部分内容的写作，因为涉及自然环境的内容，其中包括了不少植被、矿藏、水文、土壤等自然科学方面的知识，查阅这些资料，备觉辛苦。也因为当时殷墟都城这方面的资料匮乏，不得已就使用了一些殷都周边的其他考古发现的相关资料。因此在出版后就感觉这是一个可以扩展的课题。于是就在 2003 年，我申报了南开大学创新基金项目"从殷墟考古发现看殷商时代中原地区的生态环境"，获得资助，真正开始了该书稿基本框架的构拟与创作。至 2005 年，又申报了教育部人文社会科学研究年度规划项目"从考古发掘看殷墟都城的生态环境"（项目批准号：05JA770015），再获立项，为这个研究的完成提供了保证。

我对商代生态环境的研究，也引起了我的同事好友、南开大学著名学者、环境史专家王利华教授的重视，他在鼓励我的同时，也邀请我参加他主持的多项国家社科基金重大项目，承担其中的相关子课题。团队的规模效应要远远大于个人的单打独斗，尤其是王教授关于中国环境史的学术理念和学科理论，高屋建瓴，独具慧眼，读来醍醐灌顶，受教甚多，令人感佩不已。

至今犹记，为了集中时间完成此书稿，2010 年暑期应洛阳朋友邀请，到洛阳市新安县石井乡龙潭沟大峡谷度假。将近半个月的时间在大峡谷中度过，一人独居山野，虽不免寂寞，却颇得清净。再加戒烟、戒酒、戒荤腥，水流碧玉，山岚氤氲，满眼青黛，气候湿润，自是一番神仙境界。更兼朋友殷勤好客，时时来店晤谈，操觚谈艺，展卷论道，颇为快意；偶尔驱车带我游览周围名胜古迹，诸如渑池仰韶遗址、新安千唐志斋、伊川范仲淹墓、龙潭沟大峡谷胜景等，使我大饱眼福，获益匪浅。顿觉此一暑期虽然效率不高，也未完成书稿，有点遗憾，却也不算虚度韶光。正所谓：山中半月客，俗世一仙人。

尤其值得回忆的是，居住在生态环境依然良好的现代山林中，也见到了写作中的商代生态环境孑遗。那就是在附近新安与渑池交界处黄河湾黛眉山娘娘庙里，看到了一棵商代古柏，据树前标牌文字可知，该树已有 3600 年树龄，正在商代纪年范畴中，却依旧郁郁葱葱，枝丫繁茂，树荫翳日，高昂挺立，可谓高寿之木矣。为此还专门赋诗一首，以志盛游。

瞻商朝古柏

深山巨柏矗斜坡，
几倍老彭寿古柯。
见证兴亡多少事，
悠悠不语对黄河。

当时就拍照留念，如今也将其用在了该书稿中。不仅生动有趣，也颇有学术价值。

近年王利华教授组织出版“华北区域环境史研究丛书”，不弃谫陋，将该书稿纳入其中。经过 20 余年的写作，终于可以刊行于世面对读者了，本人与有荣焉，衷心感念！

由于此书写作持续时间太长，未能在某个固定时段内一鼓作气写完，总是断断续续，缀缀补补而成，所以问题很多。往往前面文本已有论述，后面再写时竟然不知，造成重复；更尴尬的则是前面所写与后面的论述自相矛盾。这就为此书稿的出版校对带来了极大的困难。社会科学文献出版社李森先生、贾全胜先生，非常认真，眼光独到，将这些类似的问题，都一一指出，为统一修改创造了良好的条件。真心感谢李森先生、贾全胜先生！

此书初校时，硕士生史楷平同学帮我整理了书稿的参考文献；二校时，博士生黄思淇同学代我又一次审读全稿，尤其对文中所引古籍文献和甲骨卜辞进行了原文核对，任务量大，很是辛苦，都是需要在此称谢者。

后记至此，因感慨而兴怀，故也赋诗一首殿后：

拙著《商代中原生态环境研究》即将出版

一册穷愁廿载休，

人生蹇运竟何求。

商汤祷雨天容改，

姬旦驱犀地气游。

甲骨卜辞神现兆，

殷墟考古物呈筹。

中原从此居非易，

能不乘槎向海浮？

朱彦民

甲辰五月端午后一日于津南怀爵堂南窗下

图书在版编目（CIP）数据

商代中原生态环境研究 / 朱彦民著. -- 北京：社会科学文献出版社, 2024.10
（华北区域环境史研究丛书）
ISBN 978-7-5228-2678-3

Ⅰ. ①商… Ⅱ. ①朱… Ⅲ. ①生态环境－研究－中国－商代 Ⅳ. ①X321.2

中国国家版本馆CIP数据核字（2023）第203653号

·华北区域环境史研究丛书·
商代中原生态环境研究

著　　者 / 朱彦民

出 版 人 / 冀祥德
组稿编辑 / 任文武
责任编辑 / 李　淼
文稿编辑 / 贾全胜
责任印制 / 王京美

出　　版 / 社会科学文献出版社·生态文明分社（010）59367143
地址：北京市北三环中路甲29号院华龙大厦　邮编：100029
网址：www.ssap.com.cn
发　　行 / 社会科学文献出版社（010）59367028
印　　装 / 三河市东方印刷有限公司

规　　格 / 开　本：787mm×1092mm 1/16
印　张：30.75　字　数：466千字
版　　次 / 2024年10月第1版　2024年10月第1次印刷
书　　号 / ISBN 978-7-5228-2678-3
定　　价 / 98.00元

读者服务电话：4008918866